VERÖFFENTLICHUNGEN DES

VEREINS FÜR GESCHICHTE DER MARK BRANDENBURG

gegr. 1837

Walter de Gruyter & Co.

---

vormals G. J. Göschen'sche Verlagshandlung

J. Guttentag, Verlagsbuchhandlung · Georg Reimer · Karl J. Trübner · Veit & Comp.

Berlin 1967

HUGO RACHEL / PAUL WALLICH

BERLINER GROSSKAUFLEUTE UND KAPITALISTEN

DRITTER BAND

Übergangszeit zum Hochkapitalismus
1806—1856

Neu herausgegeben,
ergänzt und bibliographisch
erweitert von

Johannes Schultze / Henry C. Wallich / Gerd Heinrich

Walter de Gruyter & Co.

vormals G. J. Göschen'sche Verlagshandlung
J. Guttentag, Verlagsbuchhandlung · Georg Reimer · Karl J. Trübner · Veit & Comp.

Berlin 1967

Die erste Auflage erschien „als Handschrift gedruckt" Berlin 1939

Vereinsveröffentlichungen Band 34, Neudrucke Band 3

Satz und Druck: Rotaprint AG., Berlin; Werner Hildebrand, Berlin; Thormann & Goetsch, Berlin

INHALTSVERZEICHNIS

VORWORT

Der vorliegende Band kann dem im Januar 1938 erschienenen zweiten verhältnismäßig bald folgen, da die Forschungsarbeit für beide gleichzeitig betrieben und auch die Darstellung dieses Bandes größtenteils vor längerer Zeit niedergeschrieben worden war. Die endgültige Fertigstellung ist leider mir allein zugefallen, da mein langjähriger Freund und Mitarbeiter, Dr. Paul Wallich, schon zu deren Beginn durch ein tragisches Geschick dahingerafft wurde. Er hat für diesen Band nur noch die Abschnitte über Levy-Delmar und Anhalt u. Wagener verfassen können. Wie sehr seine stets liebevolle Mitarbeit und sein sachkundiger Rat fehlten, habe ich seither immer wieder schmerzlich empfinden müssen und ich habe nicht ohne Zagen meine Arbeiten an diesem Werk abgeschlossen, da sie nun der überprüfenden und berichtigenden Tätigkeit des ausgezeichneten Bankfachmanns entbehren mußten. War seiner Mitarbeit somit ein vorzeitiges Ziel gesetzt, so hat doch seine stete Opferbereitschaft für dieses Werk, an dem er mit ganzer Seele hing, auch über den Tod hinaus vorgesorgt, indem die Mittel für die völlige Herstellung dieses Abschlußbandes in großherzigster Weise bereitgestellt wurden.

Auch für diesen Band sind weitaus vorwiegend Akten des Geheimen Staatsarchivs, daneben solche des Stände- und des Stadtarchivs zu Berlin benutzt. Diesen Stellen sei auch diesmal aufrichtig gedankt. Die dem Geheimen Staatsarchiv entnommenen Angaben sind, wie vorher, nur mit der Aktensignatur bezeichnet.

Berlin, im Juli 1939

Dr. Hugo Rachel

Die Kaufleute und der Geldmarkt Berlins in der Franzosenzeit

Der Zusammenbruch des Staates, den die Niederlage von Jena und Auerstedt am 14. Oktober 1806 herbeiführte, brachte auch für das Berliner Wirtschaftsleben einen Umsturz aller Verhältnisse. Mit einem Male fiel der bürokratische Oberbau fort, der bis dahin das wirtschaftliche Leben so fest zusammengehalten hatte. Die staatlichen Behörden flüchteten vor den heranrückenden Franzosen nach Ostpreußen und zugleich wurden die großen Geldinstitute, Bank und Seehandlung, dahin in Sicherheit gebracht. Ihre Fonds wurden fortan für die Kosten des Krieges verwendet. Damit wurde das Wirtschaftsleben seiner bis dahin kräftigsten Stützen beraubt, mit dem 20. Oktober wurden alle Funktionen und Zahlungen beider eingestellt. Es wurden nur die schon eingeleiteten Wechselsachen durch den hier zurückgebliebenen Bankdirektor Hundt abgewickelt, wobei das korrekte Verhalten der Berliner Kaufmannschaft rühmend erwähnt wird. Dagegen hörten alle Diskontgeschäfte auf; der Umlauf des baren Geldes stockte alsbald, Handel und Verkehr wurden längere Zeit lahmgelegt. Anderseits wurden unerhörte Abgaben erzwungen und alle Bevölkerungsklassen bis aufs äußerste ausgepreßt.

In dieser schweren Zeit erwies es sich wenigstens als ein Segen für die Handelswelt, daß sie in der neuen Börsenkorporation etwas wie eine gemeinsame Organisation besaß und in den Börsenvorstehern Vertreter, die namens der Kaufmannschaft verhandeln konnten. Um die zu gewärtigenden außerordentlichen Dinge zu erledigen und die Verhandlungen mit der Besatzungsmacht zu führen, wurde am 19. Oktober ein geschäftsführender Ausschuß gewählt, bestehend aus den Ältesten Joh. Paul Humbert von der Tuchhandlung, Pierre Jean le Comte von der Materialhandlung, dem Bankier Heinr. Friedr. Fetschow und dem Gildesekretär Joh. Georg Brock. Dazu wurden für gemeinsame Geld- und Vorschußangelegenheiten als Deputierte der Judenschaft die Bankiers Moses Sal. Levy, Michael Wolff und Sal. Nathan hinzugezogen. Diese Deputation, als Kriegsorganisation gedacht, hatte im Börsenhause ihren Sitz; sie wurde erst nach den Freiheitskriegen aufgelöst.

Nach dem Einrücken der Franzosen (23. Oktober) überstiegen die Anforderungen jedes Maß. Das für die Abwicklung der Geschäfte mit den Besatzungstruppen eingesetzte städtische „Comité administratif", in dem übrigens kein Bankier vertreten war, bekundete 9. Nov.[1], es seien schon die härtesten Maßregeln ergriffen worden, um von den reichsten Bankiers Gelder zu erhalten, allein die hierdurch erlangte Summe sei noch immer nicht hinreichend, um die Stadt vor größter Gefahr zu behüten. Es sollten daher alle Einwohner alles, was sie irgendwie an barem Geld, Tresorscheinen oder Pfandbriefen usw. entbehren könnten, anzeigen und zum Rathaus abliefern, dagegen aber städtische Schuldverschreibungen zu 5% mit vollkommener Sicherheit in Empfang nehmen. Es wurde dabei auf das patriotische Beispiel, das die Gebr. Schickler gegeben, hingewiesen, andererseits aber wurden die nachdrücklichsten Maßnahmen gegen solche, die ihre Gelder bei der allgemeinen Not zurückhielten, angekündigt. Gleich danach (12. Nov.) wurde eine erste Zwangskontribution von 400 000 Tl. auf die Einwohner umgelegt, die bei den Bankiers Gebr. Schickler, Sal. Moses Levy Erben u. Ruben Samuel Gumpertz einbezahlt werden sollten; ein bei jedem dieser Bankiers bestellter Controlleur sollte mitquittieren[2]. Die Kaufmannschaft hatte außerdem ihren Anteil an der endgültigen, im März 1807 auf 1 200 400 Tl. festgesetzten französischen Kontribution mit 211 000 Tl. zu begleichen.

Um den einzelnen ihre Kontributionsleistungen ohne zu große geschäftliche Beeinträchtigung zu ermöglichen, haben die Kaufleute ihre schon 1805 angedeutete Absicht, eine eigene Diskonto-Anstalt zu schaffen, in bescheidenem Maße ausgeführt und Ende 1806 ein „Privat-Disconto" oder „Contributions-Lombard" auf Aktien errichtet[3]. An Beiträgen dafür werden genannt: von Gebr. Schickler 30 000, M. S. Levy 10 000, Wolff Levy 2500, Gebr. Bendemann 6100, Börger 3000, Merck u. Neubronner

[1] *Lenz-Unholtz, Gebr. Schickler, S. 237*

[2] *(v. Bassewitz) Kurmark 1806—08, II., S. 241*

[3] *Rep. 74 N XVII 3 1*

3000, Mechow u. Pietsch 2500, Gebr. Jordan 2300 Tl. Das Bureau war im Gumpertzschen Hause, Burgstr. 25, die Direktion bestand aus Bendemann sen., Börger, Jordan. Förmliche Statuten wurden erst 27. Nov. 1807 beschlossen und erhielten die kgl. Genehmigung aus Memel unterm 16. Dez. 1807; die Aktien sind 1. Jan. 1808 gezeichnet. Die Zinsen, 5%, sollten halbjährlich gezahlt werden, außerdem jährlich eine Dividende von 3—5%, nach Höhe der Beteiligung gestaffelt. Die Stadt hat die Garantie übernommen, aber in ihrer drängenden Finanznot, als eben eingezahlt und erst wenig ausgeliehen war, den vorhandenen Fonds von 220 400 Tl. „mit Anwendung executivischer Mittel" an sich genommen und größtenteils für die nach Paris zu zahlende Kontribution der 1 Mill. Tl. verwendet. Die Stadt mußte nun als Schuldnerin der Aktionäre auch die für das Ausleihen festgesetzten 5% Zinsen und $^{1}/_{2}$% monatl. Provision, also 11% im Jahr entrichten, aber sie war dazu bald nicht mehr imstande und blieb bis Juli 1811 mit 36 129 Tl. rückständig. Die Kapitalschuld ging in dieser Zeit auf 211 375 zurück. Auf Drängen der Aktionäre und Gesuche der Direktoren übernahm der Staat wie bei anderen öffentlichen Kriegsschulden 1811 die Regelung und die Zahlung der laufenden Zinsen, die allerdings einschließlich Dividenden auf 6% herabgesetzt wurden. Doch blieb auch der Staat mit den Zahlungen im Rückstand, und im Sommer 1812 gab es wieder einen Ansturm der Aktionäre wegen der ausbleibenden Zahlungen.

Die Stadt hat auch auf ihre im Kriege ausgegebenen Obligationen seit Mitte 1808 keine Zinsen mehr gezahlt. Sie wurde deshalb von einigen Gläubigern verklagt und vom Kammergericht verurteilt, das Aug. 1810 die Kämmerei-Einkünfte in Beschlag zu nehmen begann.

Um den durch die Anforderungen der Franzosen plötzlich notwendig werdenden gewaltigen Geldbedarf zu beschaffen, mußte der Kredit in einem bis dahin noch nicht erlebten Maße in Anspruch genommen werden. Diese Aufgabe fiel, da die beiden großen staatlichen Geldinstitute vor dem Feinde geflüchtet waren, den Privatbankiers zu. Sehr bald stellte es sich heraus, daß von den Berliner Häusern nur 4: Gebr. Schickler, Gebr. Benecke, Sal. Moses Levy Erben (seit 1810

Delmar u. Co.) u. Liepmann Meyer Wulff über einen so umfassenden Kredit im In- und Auslande verfügten, daß sie damit erfolgreich helfen konnten. Bei der Höhe der geforderten Summen waren jedoch auch die genannten Firmen einzeln nicht imstande, sie aufzubringen, und so wurde es denn üblich, daß ein Konsortium der 4 oder auch der 3 erstgenannten — denn L. M. Wulff ging gern eigene Wege — die Stelle des fehlenden zentralen Bankinstituts einnahm. Es war eine an Mühen und Aufregungen reiche und an Nutzen und Dank arme Tätigkeit, die sie damit übernahmen, aber es gelang doch, wenn auch schwerfällig und ächzend, die drückenden Finanzaufgaben zu lösen. So kam es, daß die Berliner Bankhäuser mit der Stadt Berlin und den kur- und neumärkischen Ständen, auf denen während der Franzosenherrschaft die Last ruhte, in ausgiebige finanzielle Beziehungen trat, desgleichen später mit dem Staate.

Diese Bankiers sind einzeln schon im Herbst 1806 für die geflüchtete Regierung eingesprungen, so mit Darlehen an die kgl. Porzellan-Manufaktur, das Hofmarschallamt, später auch die Hofapotheke, die Militär-Bildungsanstalten. Solidarisch traten sie zuerst im Mai 1807 auf, indem sie dem Direktor des kgl. Nationaltheaters, Iffland, zur Aufrechterhaltung des Theaterbetriebs 5500 und nach Jahresfrist nochmals 3700 Tl. gegen Verpfändung von Seehandlungs-Obligationen vorschossen: die Zinsen, 5%, waren zu 1. Juli 1811 mit 1473 Tl. rückständig[1]. Auf die größeren, sehr verwickelten Anleihegeschäfte jener Zeit wird in der Darstellung der einzelnen Häuser eingegangen werden, namentlich in der über S. M. Levy Erben; auch auf die Ausführungen des gleichen Verfassers in Band II, S. 419—425, betr. L. M. Wulff sei hingewiesen.

Die größeren Bankiers waren bei den ungeheueren und so dringend auftretenden Kapitalerfordernissen und der Kreditlosigkeit der Regierung oft der einzige Rettungsanker und gewannen dadurch auch an Einfluß in den allgemeinen Finanzfragen. Wenigstens glaubte Hardenberg in einem Brief an Altenstein vom 14. März 1809[2] vor ihnen warnen zu müssen:

[1] *Rep. 151 a III 3,19*

[2] *K. Grabower, Preußens Steuern vor u. nach den Befreiungskriegen (1932), S. 302*

nur sehr wenige verbänden staatswirtschaftliche Kenntnisse mit kaufmännischen und nur wenige unter anderen sonst klugen Köpfen seien empfänglich für Finanzgegenstände. Er hält sie für der allgemeinen Stimmung unterworfen und interessiert und spricht dabei von „Wuchergeist, der von allen diesen Umständen allein Vorteil zieht, während andere empfindlich leiden". Die Bankiers, sagt Beguelin 5. Dez. 1809, sind vielleicht die einzigen, die während des Krieges stark verdient haben[1]. Allerdings waren die leistungsfähigeren Bankhäuser auch in einer kaum erträglichen Weise angespannt, da sie für ihre den öffentlichen Körperschaften gemachten bedeutenden Vorschüsse so saumselig befriedigt wurden, daß sie in der Möglichkeit, zu berechnen und zu verfügen, dauernd aufs äußerste eingeengt waren und dadurch wohl auch Schaden litten. Dafür ergab sich jedoch die Aussicht auf künftigen großen Gewinn. Denn es war, wie ein gründlicher Kenner, der Gildesekretär Gründler 25. Nov. 1810 ausführte, der größte Teil der zirkulierenden Staatspapiere nach und nach in die Hände von 4 bis 5 bedeutenden Handlungshäusern gelangt, die damit rechneten, daß der Staat sie früher oder später zum Nominalwert werde einlösen müssen, und sie dann Millionengewinne machen würden. Dieser Wucher sei eine Hauptursache des vielbeklagten Mangels an Umlaufsmitteln[2].

Die staatlichen Geldinstitute, Bank und Seehandlung, kehrten erst zu Ende 1809 von Königsberg nach Berlin zurück, aber sie konnten bei ihrem vom Kriege her zerrütteten Zustand für das hiesige Wirtschaftsleben zunächst wenig bedeuten. Die Seehandlung wirkte immerhin als Bankhaus des Staates bei der Abwicklung der Kontributionszahlungen an Frankreich mit. Sie mußte sich dazu der Hilfe auswärtiger Handlungshäuser bedienen und durch diese die erforderlichen Anschaffungen auf Paris, wozu sie durch Rimessen von hier aus in Stand gesetzt wurden, besorgen lassen. Dabei hat sie an dem Pariser Bankhause Tourton, Ravel et Co. 176 396 und an dem Leipziger Hause Gottlieb Schmager u. Co. über 150 000 Tl. verloren (1810/11)[3].

[1] *Rep. 151 q A 48,1*
[2] *Rep. 151 a XXI 3 a*
[3] *Rep. 74 N XXXII 3; Rep. 151 h III 1, Nr. 16*

Die Katastrophe von 1806 hatte für den Geldmarkt die außerordentlichsten Folgen. Ein sehr großer Teil des Nationalvermögens war in Obligationen der Bank und der Seehandlung, auch der Nutz- und Brennholz-Administration, des Bergwerks- und Salzdepartements, sowie in landschaftlichen Pfandbriefen angelegt. Für alle diese wurden seit dem Zusammenbruch weder Zinsen gezahlt, noch war es möglich sie einzulösen. Daher waren sehr viele Inhaber genötigt, sie um jeden Preis zu verkaufen, und die Kurse fielen jählings[1]. Sie wären ins Bodenlose gesunken, wenn nicht viele Bankiers und Kaufleute der Bank und der Seehandlung bedeutende Summen schuldig gewesen wären und diese mittelst deren eigenen Papiere am günstigsten, d. h. zum Nennwert, berichtigt hätten, so daß die Obligationen immer noch kräftig gekauft wurden. Dazu kamen aber die von den ständischen und städtischen Comités für die Kontributionsleistungen neu herangebrachten Obligationen. Während so die Masse unterwertiger Papiere übermäßig anschwoll, herrschte drückendster Mangel an Umlaufsmitteln und namentlich an barem Geld.

Der Geld- und Kapitalmangel trieb den Zinsfuß hoch. Die gesetzlichen Beschränkungen gemäß dem Edikt von 1787 (Bd. II, S. 511) waren nicht aufrecht zu erhalten, es gab keinen strafbaren Wucher mehr. Die Höhe der Zinsen war in dieser Zeit unbeschränkter Zinsnahme außerordentlich verschieden; sie bewegte sich bei den Darlehen an die Landschaften und die Stadt, also unter ganz gleichartigen und einigermaßen gesicherten Verhältnissen, zwischen 8 und 21%, am häufigsten waren 12, 15 und 18%. Der gesetzliche Zinsfuß wurde erst von 1. Jan. 1811 an wieder eingeführt.

Eine gründliche Untersuchung über die Geldverhältnisse der Zeit wurde von Leopold Krug unterm 3. April 1810 dem Finanzminister vorgelegt[1]. Er behandelt die sehr häufigen Klagen über Geldmangel und die Schwierigkeit, Kapitalien zu negotiieren, und will vor allem die Ursachen untersuchen, warum hier 10—20% Zinsen bei größter Sicherheit gegeben und genommen, ja sogar vergeblich angeboten würden, während anderseits in Hamburg der Zins auf 3% stehe, der Wechsel-

[1] *Manuskript einer zum Druck bestimmten Abhandlung. Rep. 151 a XXI 3 a III*

diskont auf sichere Häuser sich dauernd auf 6 1/2 % bis 7 1/2 % halte, und einige Pfandbriefe preußischer Provinzen, die nur 4% trugen, mit 80% und mehr hier bezahlt und sogar gesucht würden. Krug stellt fest, 1. daß die hiesigen bedeutenden Handelshäuser noch immer Depositen von Privatpersonen erhielten, für die sie bis höchstens 6% gäben; 2. daß der Zins bei Anlegung von Kapitalien auf den vereinigten persönlichen Kredit oder der Wechseldiskont der ersten Häuser sich seit beinahe 1 Jahr um 6 1/2 und 7 1/2 % bewege. Bei der großen Sicherheit, die diese Anlagen boten, werde eben reiner Zins ohne einen Assekuranzaufschlag gefordert. Der reine Zins sei also jetzt 5 bis 7%, nur 1% höher als vor dem Kriege. Wenn dagegen für Darlehen auf 3 bis 6 Monate und bei einem Unterpfand vom 3fachen Nominalwert in Obligationen (Kur- und Neumark, Seehdlg. u. a.) 10 bis 20% üblich sei, so liege das daran, daß hier sämtliche Unsicherheitsfaktoren einkalkuliert werden müßten. Der Kurs mehrerer dieser Obligationen hatte schon unter 33 1/3 % gestanden, so daß völlige Deckung nicht gewährleistet war; auch durfte der Gläubiger nach den Landesgesetzen und den Reskripten von 12. Aug. u. 4. Dez. 1809 sich nicht unmittelbar durch den Verkauf des Unterpfandes bezahlt machen, sondern nur auf gerichtliche Erkenntnis hin. Das mußte von solchen Geschäften abschrecken, zumal da auch das für viele so wichtige Erfordernis der Geheimhaltung dabei nicht erfüllt wurde, der Gläubiger noch steuerliche Nachteile und den Vorwurf des Wuchers gewärtigen mußte. K. berechnet das Äquivalent für diese Nachteile auf 9 2/3 %, so daß bei einem reinen Zinsfuß von rund 6% für diese Darlehen 15 bis 16% gerechtfertigt seien und die Ursachen der Zinssteigerung nicht in Willkür, Wucher und Schwindel beständen.

Die Kurse der öffentlichen Effekten waren je nach den politischen Aussichten erheblichen Schwankungen unterworfen, und dies rief eine vordem nicht gekannte Spekulation hervor. Das Zeitgeschäft kam damals in Berlin und überhaupt in Deutschland zuerst auf[1]. Die Bankiers, die ganze Anleihen zu

[1] *Neidlinger, Gesch. der deutschen Effektenspekulation (1930), S. 65; Über die starken Kursschwankungen, ebda S. 41 f; Lenz-Unholtz S. 267 f; Spangenthal, Berl. Börse, S. 22, 27; Brockhage, Kapitalexport, S. 47. Vgl. auch G. Buß, Berliner Börse, S. 89, 93, 104 f*

festem Kurs negotiierten, tätigten den Weiterverkauf an ihre Geschäftsfreunde hauptsächlich in der Form des „fixen" Zeitgeschäfts. Desgleichen verkauften die Armeelieferanten die ihnen an Zahlungsstatt hingegebenen Papiere, um das Risiko abzuwälzen, nach ihren Kontrakten im voraus auf Lieferung weiter. In Berlin wurden Zeitgeschäfte hauptsächlich dadurch veranlaßt, daß häufig Gelegenheit war, die sehr tiefstehenden öffentlichen Papiere zum vollen Nominalwert anzubringen, z. B. die Bank- und Seehandlungs-Obligationen bei Zahlungen an die Bank und an öffentliche Kassen. Schon 1808 wird bemerkt, daß die preuß. öffentlichen Papiere einem merkwürdigen Spiel, eben dem Differenz-, Lieferungs- oder Zeitgeschäft, unterworfen waren.

Eine Menge von Spekulanten oder „Agioteurs" ohne zureichendes Vermögen kauften und verkauften Staatspapiere auf Lieferung oder Abnehmung; sie verkauften, was sie nicht hatten und kauften, was sie nur dann bezahlen konnten, wenn sie zur Zeit der Abnahme einen höheren Preis erhalten konnten. Wenn aber die Kurse bis zum Termin der Abnahme fielen, so konnten die Spekulanten die gekauften Papiere nicht bezahlen und damit auf bessere Kurse warten, sondern mußten sie um jeden Preis losschlagen, was dann, wenn die Abnahmetermine mehrerer Jobber zusammenfielen, neues Sinken veranlaßte. So trug diese „Stock-Jobberei" sehr viel zum weiteren Fallen der öffentlichen Fonds bei[1]. Einen Höhepunkt erreichte das schwindelhafte Börsengeschäft im Februar 1809, als es hieß, es werde ein Edikt erscheinen, wonach die im Frühjahr 1806 als erstes preußisches Papiergeld ausgegebenen Tresorscheine wieder in den Kassen angenommen werden sollten, und ein beträchtliches Steigen dieser Papiere erwartet wurde. Eine wilde Spekulation setzte alsbald ein, nicht nur von Kaufleuten, sondern auch „einer Menge unberufener Persönlichkeiten ohne Vermögen, von Kaufmannsdienern und Judenburschen", die Geschäfte auf Lieferung abschlossen. Als aber bei Publikation der Verordnung bekannt wurde, daß durchschnittlich höchstens 10% in Tresorscheinen bei den öffentlichen Abgaben angebracht werden konnten, fiel der Kurs sofort und die Käufer eilten, sich davon loszumachen.

[1] *Memorial des Seehandlungs-Direktors L'Abbaye v. 13. Dez. 1808. Rep. 109 A XVIII 1*

Große Verluste traten ein, viele Spekulanten erklärten sich insolvent oder entflohen, die übrigen hatten eine so fühlbare Lektion erhalten, daß die schwindelhafte Spekulation an der Berliner Börse für längere Zeit größtenteils aufhörte[1].

Etwas später trat die noch in Königsberg befindliche Regierung Altenstein-Dohna mit dem Plan hervor, den Handel mit Staatspapieren auf Lieferung oder auf Zeit zu verbieten oder ihn indirekt dadurch zu unterbinden, daß den Mäklern verboten werde, an solchen Geschäften ferner teilzunehmen. Die Leiter der Seehandlung und der Bank in Berlin (L'Abbaye, Niebuhr) widerrieten 21. Jan. 1810 dringend, ein solches Verbot sei nicht nur zwecklos, sondern entschieden schädlich. Denn es gebe auch eine rechtliche Art des Lieferungsgeschäfts, die zur Hebung des Kurses von Staatspapieren auch seitens der staatlichen Kassen angewandt werden solle und bei guter Leitung sehr nützlich sein könne. Übrigens beeinflusse die politische Lage und der Grad des Vertrauens zu den öffentlichen Verhältnissen den Kursstand mehr als die Manöver der Spekulanten, wie denn nach dem Friedensschluß von 1809 alle Papiere gestiegen seien. Beide Finanzleute reichten dagegen einen Vorschlag ein, wodurch die noch herrschende Baisse- und Haussespekulation unterbunden und eine reelle Erfüllung der Geschäfte gewährleistet würde[2].

Das beanstandete, vom Großkanzler Beyme entworfene und vom Minister des Inneren (Dohna) gebilligte Edikt über den Handel mit Staatspapieren auf Zeit ist offenbar nicht erschienen. Denn etwas später, unter dem Ministerium Hardenberg, ließ die Staatsschulden-Section (Staegemann) selbst, um den Kurs der Staatspapiere zu stützen, Obligationen auf Lieferung kaufen[3].

Die unglaublich verworrenen Zustände begannen sich erst zu bessern, als die Regierung Hardenberg in ihrem neuen Finanzplan vom 27. Okt. 1810 es endlich grundsätzlich als Verpflichtung des Staates anerkannte, den kommunalen Körperschaften zur Abtragung ihrer aus Anlaß der Kriegszahlungen aufgenommenen Schulden durch zinsenfreie Vorschüsse zu helfen. Demnach wurden diese Schulden seit Ende 1810 getilgt, aller-

[1] *L'Abbaye, 25. Okt. 1809*
[2] *Rep. 109 A XVIII 1*
[3] *20. Jan. 1811, Ebda.*

dings sehr langsam, teilweise durch Anrechnung auf Steuern und namentlich Kontinentalgefälle.

Die Kriegs- und Notzeit hat natürlich alle Besitz- und Erwerbsverhältnisse grundstürzend verändert. Das Elend bei den breiten Massen und im Mittelstand war furchtbar, viele Tausende waren brotlos geworden, aber auch die in öffentlichen Diensten Stehenden konnten vielfach nicht besoldet werden; die meisten Fabrikanten waren verarmt, und selbst Kapitalisten ging es nicht besser, da Zinsen von Hypotheken und Staatspapieren nicht gezahlt wurden, Mieten großenteils ausblieben. Die Bankiers allein hatten noch bares Geld, und das war stark begehrt und brachte hohe Zinsen. Allerdings waren auch sie durch beträchtliche Vorschüsse, die sie den öffentlichen Körperschaften gemacht, und unerfüllt gebliebene Verpflichtungen oft in Bedrängnis. Auch von ihnen sind manche verarmt oder zusammengebrochen. Anderseits hat die Konjunktur neue Geschäfte entstehen lassen. Die Zahl der Berliner Bankiers wird für die Jahre 1807 und 1812 ziemlich gleich hoch, mit je etwa 50, angegeben. Stark zugenommen haben aber die kleinen Wechselhandlungen; ein Wechsler Leitner gibt April 1812 an, bei seiner Niederlassung, 1798, seien es 6 bis 7 gewesen, jetzt seien es 70.

Die Zahl der Wechselmakler wurde 1810/11 von 6 auf 14 vermehrt, die der Warenmakler von 12 auf 17. In einer Vorstellung vom 21. Dez. 1808 hatten 59 Bankiers und Kaufleute gewünscht, daß wegen der jetzt vielfältigen Geschäfte in Staatspapieren und der damit verbundenen fast stündlichen Kurs-Variations noch ein Fondsmakler bestellt werde, damit die veränderlichen Kurse desto schneller zu ihrer Wissenschaft gelangten. Dagegen bescheinigten 28. April 1809 150 Bankiers und Kaufleute[1] nebst den Direktoren der Bank und der Seehandlung auf Ansuchen der 6 vereideten Wechsel-Courtiers, daß deren Zahl bei gegenwärtiger Zeit, da die Wechselgeschäfte darniederlägen und der Handel mit Fonds nur sehr unbedeutend sei, genüge, zumal da jene 6 die Geschäfte zu einer Zeit blühenden Handels bestritten hätten.

[1] *Darunter merkwürdigerweise viele der obigen 59, die sich vorher ganz anders geäußert hatten. Stadt-Archiv, Maklersachen, 8 I*

Im ganzen hat Berlin als Bank- und Börsenplatz außerordentlich gewonnen, da in Zeiten so ungewöhnlicher und rasch wechselnder Konjunkturen viele Geschäfte nur an der Zentrale gemacht werden konnten. Noch gegen 1800 wurde der Breslauer Wechselkurs auswärts mehr notiert als der Berliner, und übertraf das Verkehrsleben in Breslau das Berliner; noch im Nov. 1807 wurde der Breslauer Kaufmannschaft eine höhere Quote an den Wechselvorschüssen für die französische Kriegskontribution auferlegt als der Berliner[1]. Das war allerdings eine sehr irrige Schätzung, aber es ist doch bezeichnend, wie bei nicht genauer Sachkunde die Verhältnisse damals noch beurteilt wurden. Gewiß zutreffender schreibt Eichborn Febr. 1808: Wir sind hier mit Berlin nicht in Vergleich zu bringen, einige dortige Reiche — genannt werden L. M. Wulff u. merkwürdigerweise R. S. Gumpertz — könnten allein mehr prestieren als ganz Schlesien. Derselbe hebt in einem Schreiben vom 25. Mai 1812 noch nachdrücklicher die Überlegenheit der Börse und der Bankhäuser Berlins gegenüber den nun wohl stark zurückgebliebenen Breslauer Verhältnissen hervor. Offensichtlich hat sich gerade in jenen Jahren das Schwergewicht nach Berlin verlegt.

[1] *Nach Eichborn, Soll u. Haben (1928), S. 28, 64 f, 147 f, 225 f*

Die größeren Bankhäuser

Gebr. Schickler

Dieses Haus, schon damals das älteste unter den Berliner Bankgeschäften und Großhandlungen[1], blieb auch in diesem Zeitraum führend, was den Umfang und die Vielseitigkeit der Geschäfte angeht, an Kapitalkraft im Anfang höchstens durch L. M. Wulff übertroffen. In der Notzeit Preußens hat es, unter der Leitung von Joh. Jakob Brüstlein (bis 1820), dieser Stellung durchaus Rechnung getragen und es nie an sich fehlen lassen, wenn es auf eine Hilfe für den Staat und die öffentlichen Körperschaften ankam. Das wurde auch 1813 ausdrücklich anerkannt[2]. Dabei sprach allerdings mit, daß dieses Haus vor allen andern dem Staat zu Dank verpflichtet und mit ihm verbunden war. Es erscheint daher bei den zahlreichen Anleihen für Staat, Stadt und Stände immer an der Spitze beteiligt, großenteils in Gemeinschaft mit Gebr. Benecke und Levy-Delmar, teilweise auch L. M. Wulff, wie das hier anderwärts näher ausgeführt ist. Über seine weiteren derartigen Leistungen kann noch Folgendes angegeben werden[3]. Am 19. Okt. 1806 überließ es von seinem vorrätigen Bargeld 50 000 Tl. dem Magistrat und tat dann freiwillig wohl noch mehr, denn sein patriotisches Verhalten wurde 9. Nov. andern als Beispiel hingestellt. Als die Stadt im August 1807 noch 700 000 Tl. rückständiger Kontribution aufzubringen hatte, was in Wechseln der Bankiers geschehen sollte, erklärten sich Gebr. Schickler freiwillig zur Übernahme von 1/10 bereit; das Übrige mußte auf 48 andere Häuser zum Teil zwangsweise umgelegt werden. Der Kurmark schoß das Haus neben den anderwärts erwähnten bedeutenden Konsortialdarlehen noch weitere hohe Beträge vor. Schon im April 1807 gab es 200 000 Tl. auf 3 Monate her, als es galt, den Verkauf von 300 000 Tl. Seehandlungs-Obligationen zu dem

[1] *Vgl. Bd. II, S. 209—225*
[2] *Rep. 151 h III 1,21, vol. IX*
[3] *Lenz-Unholtz, Gebr. Schickler, S. 236 ff*

damals tiefsten Kursstand für die französischen Forderungen zu verhindern. S. M. Levy Erben wollten das Geld nur gegen 3% Monatszinsen geben, Gebr. Schickler begnügten sich mit 2%. Dennoch geißelte das Beyme unter bitteren Ausfällen gegen die Undankbarkeit des Hauses als geradezu jüdischen Wucher; nach ihm hatte sich nur der wirkliche Jude L. M. Wulff als redlicher Mann erwiesen[1]. Aber wenn selbst nach dem Frieden bis zu 21% Jahreszinsen ausbedungen und gezahlt wurden, wird man 24% während des Krieges nicht als so unangemessen empfinden.

Die Stadt Berlin benötigte, nachdem kaum die sogenannte Hamburger Anleihe durch jene 4 Hauptbankiers zustande gekommen war, im Frühjahr 1808 dringend weiteres Geld. Das städtische Comitee wandte sich deshalb zunächst an L. M. Wulff, doch wollte dieser nur mit Gebr. Schickler und anderen angesehenen Häusern sich darauf einlassen. Gebr. Schickler aber lehnten 28. April rundweg die nochmalige Ausstellung von Wechseln als eine den Kredit zerstörende Maßnahme ab, nachdem sie der Stadt vorher gegen eigene Überzeugung ein solches Opfer gebracht hätten[2]. Die Anleihe kam darauf nicht zustande.

Dagegen vermittelten Gebr. Schickler 21. Nov. 1808 eine städtische Anleihe von 200 000 Tl., die dadurch verlockend war, daß die Einzahlungen halb in Tresorscheinen angenommen wurden, die Rückzahlung nebst 5% Zinsen aber nach Jahresfrist ganz in klingend Courant erfolgen sollte, und verzichteten für ihre Dienste dabei freiwillig auf Provision. Diese Anleihe wurde sogar um etwa 108 000 Tl. überzeichnet und entsprechend erweitert; der Kurs der Tresorscheine, der im Sommer bis auf 27% gefallen war, stieg dadurch auf 73—74%[3]. In einer Übersicht Staegemanns vom 8. Nov. 1811[4] worin die Pfandschulden Berlins mit 1 297 615¾ Tl. angegeben sind, ist die Schicklersche Anleihe mit 338 459 Tl. verzeichnet, darauf waren 40 000 zurückgezahlt, das übrige wurde erst nach den Freiheitskriegen getilgt.

Bei den gehäuften Anforderungen von 1812 und 1813 kam es jedoch zu Auseinandersetzungen, zumal da die älteren Vor-

1 *FBPG. 24, S. 380 f; vgl. Bassewitz II, S. 54, 68, 237 A 3*
2 *Lenz-Unholtz, S. 240 f.*
3 *Ebda., S. 241 f; Krug, Staatsschulden, S. 56, 80 ff. Vgl. Bassewitz II, 262 f*
4 *Rep. 74 N XV 22*

schüsse noch längst nicht berichtigt waren; ja, Gebr. Schickler beschwerten sich 24. Juli 1812, daß sie dabei gegen die Teilhaber Benecke u. Delmar weit benachteiligt seien.[1] Das kam allerdings daher, daß sie sich nicht, wie jene, auf eine von Staegemann vorgeschlagene Regelung mittelst weiterer Vorschüsse hatten einlassen wollen. Bei den allgemeinen Anleihen im März 1812 wurden 40 000, im Juli 25 000 Tl. von ihnen verlangt; dazu kam das gemeinsame Salzgeschäft im Mai. Das wurde zwar zunächst durch Wechsel und Prolongationen erledigt; aber im Dezember, als die mitbeteiligten Häuser nicht weiter prolongieren wollten, mußten Gebr. Schickler 33 333 1/3 Tl. bar vorschießen. Sie bezeichneten das als zu hart, da sie viele solcher Kapitalien noch entbehren müßten, erlangten aber erst im Mai bis Nov. 1813 Rückzahlung. Bei der Anleihe vom Februar 1813 wurden wieder 40 000 Tl. verlangt, wieder der höchste Beitrag nächst dem von L. M. Wulff (80 000 Tl.). Sie wollten nun aber wenigstens für den größeren Teil ihrer ausstehenden hohen Forderungen befriedigt werden, ehe sie ihr Accept wieder zur Verfügung stellten. Angewiesen, mit nachahmenswertem Beispiel voranzugehen, fügten sie sich; ja, der Disponent Brüstlein mußte auch noch 5000 Tl. auf sich nehmen. Bei der Zwangsanleihe von August 1813 standen Gebr. Schickler neben dem Wulffschen Nachlaß an der Spitze mit je 20 000 Tl. Sie zahlten mit der Bedingung, daß keine weiteren Anforderungen an sie gemacht würden. Als trotzdem 4000 Tl. nachgefordert wurden, baten sie 20. Aug. nicht nur, darauf zu verzichten, sondern auch für jene 20 000 Tl. ihnen die Sicherheiten zu geben, die sie von der Gerechtigkeit des Staates erwarten dürften, damit die ihnen anvertrauten Depositen nicht gefährdet würden[2]. Ihr Ersuchen wurde unter Anerkennung ihres sonstigen patriotischen Verhaltens abgelehnt; für Herrn Brüstlein, der auf 2000 Tl. veranlagt war, wurden 1250 gezahlt.

Gebr. Schickler brachten bei dieser Gelegenheit ihre rückständigen Forderungen an den Staat vor, die höher seien als die jedes anderen Hauses. Es waren folgende: von der Kurmark 61 520 — Juli 1812 waren nur 37 875 Tl. angegeben —, von der Stadt Berlin 18 554, für den Kontributions-Lombard

[1] *Rep. 151 e N S. 5*

[2] *Rep. 151 h III 1,21, vol. IX*

30 000 Tl.; dazu waren von der Februar-Anleihe 1812 noch 20 000, von der Salzanleihe 20 700 Tl. rückständig. Für Gewehrlieferungen standen 119 035 Tl. aus; im Juli 1812 waren es 36 192, im Februar 1813 103 104 Tl. Dazu kam eine Forderung von noch 71 405 — im Febr. an 90 000 — Tl. für große Posten Weizen und Roggen, die im Mai 1812 im Herzogtum Warschau requiriert worden waren. Im ganzen belief sich das auf 341 214 Tl.

Die Frage, wie die gewaltigen Erschütterungen der Napoleonischen Zeit sich im einzelnen ausgewirkt haben, läßt sich für das Haus Schickler, und nur für dieses, dank dessen vorzüglich bewahrter Überlieferung beantworten. Die Bilanz, die seit 1800 rasch steigend die zweite, 1803 die dritte, 1804 die vierte Million überschritten hatte, stieg seit 1807 weiter an, wenn auch langsam, bis nahe von 5 Mill. Tl., fiel 1812 auf wenig über 3 Mill., schnellte 1813 auf beinahe 6 Mill. herauf, hielt sich dann aber bis 1821 auf 3,2—3,5 Mill. Tl. Die Erträge weisen ungewöhnliche Schwankungen auf, 1807—10 wurden höhere Gewinne erzielt als je zuvor, das Jahr 1803 ausgenommen, zusammen 620 000 Tl., doch mußten davon 150 000 auf dubiöse Debitoren abgeschrieben werden; 1811—1812 aber werden Verluste in der erstaunlichen Höhe von 1 382 000 Tl. gebucht, das ist etwas mehr als alle Gewinne von 1806—1817 betrugen (1 343 000). Die Jahre 1818 und 1819 brachten wieder 575 000, 1820—1821 nur 42 000 Tl. Gewinn[1]. Bemerkenswert sind die Kursgewinne[2], die an Staatsschuld- und Tresorscheinen, mehr noch an städtischen und landschaftlichen Obligationen (+ 200 000) und an Pfandbriefen (+ 160 000) seit 1813 gemacht wurden. Nicht viel geringer war anderseits der Zinsenverlust, der 1807—21 insgesamt 350 000 Tl. betrug[3]. Die riesige geldliche Anspannung jener Zeit lassen die Summen des Cassa-Contos erkennen, die 1808 von 822 000 auf 6 361 000 und 1809 gar auf 9 260 000 Tl. emporschnellten, sich auch 1810—1811 auf über 7 Mill. und bis 1818 auf über 5 Mill. (nur 1813 nicht ganz 4 Mill.) Tl. hielten. Das Kapital-Conto, das 1804 die 2te Mill.

[1] *Lenz-Unholtz, S. 234, 298 ff.*
[2] *Ebda., S. 266, 271, 273*
[3] *Ebda., S. 298*

überschritten hatte, hielt sich 1808—1811 auf über 2½ Mill., sank dann jäh auf 1,4, ja 1813 auf unter 1 Mill., blieb 1814—20 auf 1,2—1,3 Mill. Tl., etwa dem Bestande von 1800, sank aber 1821 wieder weit darunter.

Nach alledem hat sich das Schicklersche Haus, das in den Notjahren etwa 5 Mill. Tl. in Bargeld und durch Verpfändung seines Kredits aufbringen mußte und sich damals als beachtenswerte Stütze des Staates erwiesen hatte, in jener Zeit nicht bereichert, sondern ist eher in seinen Verhältnissen zurückgeworfen worden. Der Fall läßt sich natürlich nicht verallgemeinern, man kann wohl annehmen, daß Benecke die Konjunkturen anders ausgenützt hat als das im allgemeinen zur Vorsicht geneigte Schicklersche Haus und bedeutendere Gewinne eingeheimst hat.

In der Folge, zum Teil schon in der hier behandelten Zeit, hat sich das Haus weitgehend umgestellt, die Warengeschäfte und gewerblichen Eigenbetriebe nach und nach aufgegeben und sich zum fast reinen Bankgeschäft gewandelt[1]. Das General-Waren-Conto wurde 1822 abgeschlossen und es wurden nur noch vereinzelte Geschäfte (Wein, Kaffee) betrieben; das Commissions-Waren-Conto wurde bis 1850 mit unerheblichem Gewinn geführt, die seit den 20er Jahren wieder betriebene Reederei bis 1860. Das seit 1719 bestehende Speditionskonto erlosch nach 1855, dagegen wurden anstelle der niedergehenden Zuckerindustrie seit 1855 Speichergeschäfte, auch mit Lombardierungen verbunden, unternommen[2]. Von den nach und nach liquidierten Industrie-Unternehmungen sei nur der Verkauf des bedeutendsten, der Gewehrfabrik, an den Staat, 1851, erwähnt. Während die Eigenbetriebe immer mehr aufgegeben wurden, nahmen die Konsortialbeteiligungen sichtbar zu, und trat das bank- und börsenmäßige Geschäft weitaus an die Spitze. Namentlich seit 1835 wurde die Beteiligung an inländischen Staats- und Kommunal-Anleihen, an ausländischen, besonders russischen Anleihen, an Versicherungs-, Eisenbahn- und anderen Verkehrs-Unternehmungen sehr lebhaft. Gebr. Schickler waren 1848 an 9 Eisenbahn-Unternehmungen beteiligt; in einem Schreiben an Rother von Aug. 1843 heißt es darüber:

[1] *Ebda., S. 326 ff*
[2] *Ebda., S. 325*

Gebr. Schickler scheinen bedeutend ins Zeug zu gehen, sie stellen sich überall an die Spitze mit bedeutenden Zeichnungen. Ausnahmsweise hat sich das sonst so vorsichtige Haus auch auf Anleihen an mehrere ungarische Magnaten eingelassen [1]. Die Bankkundschaft, darunter viele Mitglieder der Aristokratie des In- und Auslandes, nahm nach 1840 an Zahl zu. Stark zurückgegangen ist dagegen der Wechselverkehr, denn er betrug 1801—16 jährlich über 3 Mill., 1820 noch über 2 Mill., 1825 dagegen nur 123 000 Tl., um dann allmählich wieder zu steigen, 1850 auf 375 000, 1855 über 1 Mill. Tl. Im übrigen sollen die Umsätze des Hauses nach den Freiheitskriegen den Stand zu Anfang des Jahrhunderts noch beträchtlich übertroffen haben [2].

Der letzte in Berlin lebende Mitinhaber des Hauses, David Schickler jr., der mit Ernestine Elise v. Vernezobre verehelicht war, schied mit Ende 1820 aus der Firma, nachdem er, als einziger Nichtbeamter, in die neugegründete Hauptverwaltung der Staatsschulden unter Rother berufen worden war, der er übrigens nur kurze Zeit angehörte. Bei der Auseinandersetzung erhielt er für seinen Halbpart eine Entschädigung von 500 000 Tl. Cour., zahlbar von 1. Juli 1821 an mit monatlich 20 000 Tl., im übrigen mit 4 % zu verzinsen [3]. Das Kapital-Conto sank dadurch 1821 von 1 336 173 auf 854 280 Tl., während es 1808—1811 über 2½ Mill. betragen hatte [4]. Geschäftlich trat schon längst kein Schickler mehr hervor, desgleichen nicht der von 1775—1826 in der Leitung befindliche Neffe des alten Splitgerber, David Friedr. Splitgerber; das Haus ist vielmehr immer nur durch die Disponenten (Joh. Jacob Brüstlein, 1783—1821, dessen Sohn Carl Gustav (1821—1859) und Wilhhelm Zwicker 1837—59) vertreten. Sie nahmen in der Berliner Geschäftswelt eine dem Ansehen des Hauses entsprechende Stellung ein, ohne jedoch durch Initiative hervorzutreten. Zu den Ältesten der Kaufmannschaft gehörte keiner von ihnen. Das Haus trat dem Berliner Kassen-Verein erst bei dessen

[1] *Ebda., S. 335*

[2] *Ebda., S. 302; vgl. dagegen die Bilanzen S. 299 f*

[3] *Ebda., S. 276*

[4] *Ebda., S. 299. Der ganze damalige Geschäftsbesitz ist im Separationsrezeß S. 69 f, aufgeführt; natürlich ist das außerdem vorhandene Privatvermögen nicht berücksichtigt.*

Umwandlung zur Bank, 1850, bei, und zwar mit dem Höchstanteil von 50 000 Tl., so daß der Geh. Kommerzienrat C. G. Brüstlein dem Aufsichtsrat angehörte. Gebr. Schickler beteiligten sich auch an mehreren Gründungsbanken: der Braunschweiger (1853), Hamburger, der Österreich. Credit-Anstalt und der Berliner Handels-Gesellschaft (1856).

Levy-Delmar

Von den Anfängen der Firma Salomon Moses Levy ist wenig bekannt. Wenn die Angabe zutrifft, die der älteste Sohn des Gründers 1809 bei der Liquidation der Firma machte, nämlich daß sie annähernd 60 Jahre bestehe, so wäre sie etwa 1750 entstanden. In den Akten begegnet S. M. Levy zum erstenmal 1761, und zwar als Gläubiger eines Herz Borchard. Am 29. 9. 1764 erhielt Salomon Moses Levy aus Posen eine Konzession, und am 10. 11. 1774 ein Generalprivileg, alle seine Kinder in allen preußischen Ländern zu etablieren und ein Haus zu kaufen[1]. In den 60er Jahren wird Levy öfters in Münz-Angelegenheiten erwähnt, so 1766 bei Umprägungen in Königsberg, 1767 als Agent für die Silberverkäufe Clement's, 1767 und 1768 gelegentlich der Ausprägungen von Albertustalern für den Export, und 1769 bei Silber-Lieferungen für die Berliner Münze[2]. Im März 1767 lief eine Anzeige wegen Betrügereien, die er mit der Berliner Münze begangen haben sollte, beim König ein;[3] über deren Unterlagen ist Näheres nicht bekannt, und bei der Art, wie die Sache von Friedrich erledigt wurde, läßt sich nicht vermuten, daß ihr Ernsthaftes zu Grunde lag.

In der zweiten Hälfte der 70er Jahre ist Salomon Moses Levy gestorben. Seine Witwe, geb. Salomon Helfft, erwarb 1780 für 8000 Tl. das Haus Königstr. 16, über das Levy schon 1774

[1] *Angaben des Prof. W. M. nach den Juden-Akten d. Geh. StA. — Mit dem Sohn des Hannover'schen Hofjuweliers Moses Levy, der 1764/65 ein Schutzprivileg gegen Errichtung einer Seidenstrumpf-Fabrik erhielt — Acta Bor. Seiden-Industrie, I 448 — hat S. M. Levy nichts zu tun.*

[2] *Acta Bor., Münzwesen IV 221, 145, 194 u. 289. — Ad. Meyer, Prägungen Brandenb.-Preußens f. d. Außenhandel, S. 18*

[3] *Preuß. a. a. O., III 530*

einen nicht rechtsgültig gewordenen Kaufvertrag abgeschlossen hatte, und das in der Familie blieb, bis es 1819 für 28 000 Tl. verkauft wurde[1]. Die Witwe trat das Haus kurz nach dem Erwerb ihren beiden älteren Söhnen, den Bankiers Moses Salomon Levy und Samuel Salomon Levy ab. Unter diesen beiden, die die Firma in dem neuerworbenen Hause zunächst als Salomon Moses Levy Witwe und Erben fortführten, gewann sie besonderes Ansehen und Bedeutung. In der gleichen Zeit, in der die von den Söhnen der Friderizianischen Münzjuden gegründeten Firmen schnell emporwuchsen und ebenso schnell zusammenbrachen, entwickelte sich hier allmählich ein Haus, das nicht nur unter den jüdischen Firmen der Zeit führend wurde, sondern bei den großen Finanzgeschäften der Franzosenzeit in einer Linie mit den ersten christlichen Häusern gestanden hat.

Auch über die Geschäfte, die die Firma in den ersten Jahrzehnten nach Übernahme durch die Söhne des Gründers betrieben hat, ist im einzelnen wenig bekannt, abgesehen davon, daß sie auch weiter Münzgeschäfte gemacht und zu dem Zweck internationale Beziehungen unterhalten hat[2]. Durch königliche Verordnung vom 27. Dez. 1785, publ. 16. Februar 1786, erhielten die Brüder die Rechte christlicher Kaufleute, nachdem seit 1761 sieben andere jüdische Firmen bzw. Personen entsprechende Konzessionen erlangt hatten. Die Verordnung begründet die Konzession mit dem allgemeinen Ruf und Kredit der Firma, die besonders auch nach den Zeugnissen der Bank, der Seehandlung, der Münze und der Post, ihren „Commerce" mit solcher Ordnung, Accuratesse und Redlichkeit führe, wie es nur immer von guten christlichen Kaufleuten geschähe[3]. Anderseits wurden die von der Firma als Gegenleistung angebotenen 100 Dukaten zur Chargenkasse, sowie ihre Verpflichtung, für 500 Tl. Porzellan zu exportieren und 25 000 Mark Silber binnen einem Jahr für den Münzpreis zu liefern, in der Konzession ausdrücklich angenommen.

Das Haus machte große Geschäfte im Posen'schen, von wo der Gründer stammte. So schloß es zusammen mit Itzig u. Co.

[1] *Lüdicke, Berliner Häuserbuch, S. 150 f*

[2] *Acta Bor., Münzwesen IV 207, 323,87 ff, 490 f und 494. Ephraim, Über meine Verhaftung, S. 170*

[3] *Mylius, N. C. C. VII 39*

und Nathan Liepmann u. Co. unterm 12. Juni 1793 einen Getreidelieferungskontrakt mit dem Bankier v. Kluge in Posen auf über 500 000 Tl., worauf 300 000 Tl. angezahlt wurden. Die 3 Häuser hatten dazu von der Kgl. Bank einen ungewöhnlichen Vorschuß von 400 000 Tl. Gold und 60 000 Tl. Cour. gegen solidarischen Wechsel erhalten; der Levysche Anteil wurde am 18. Okt. 1805 auf noch 164 654 Tl. festgesetzt, wofür seit 1796 hinlängliche Pfandsicherung gestellt war[1]. Die Erledigung hatte sich dadurch verzögert, daß v. Kluge schon bald nach Abschluß fallierte und ein deswegen geführter Prozeß noch nicht beendet war. Weitere Prozesse entstanden dadurch, daß v. Kluge September 1792 der Firma Levy eine Obligation von 100 000 Tl. auf die gräflich Mycielski'sche Herrschaft Szubin gegen Anzahlung von 40 000 Tl., die durch Heymann Ephraim Veitel negotiiert wurden, zedierte[2]. Im Juli 1794 wollte die Firma, um ihre in Polen befindlichen Effekten und Güter bei den dortigen Unruhen zu versichern, eine ihr zur Spedition anvertraute Sendung Kolonialwaren, die von Hamburg für den Warschauer Kaufmann Joh. Andreas Meyer gesandt war, solange anhalten, bis sie das ihrige in Händen hätte[3]. Dies wurde jedoch auf Struensees Rat nicht genehmigt. In demselben Jahre kaufte der jüngere der Brüder, Samuel, ein Haus in der kurz zuvor preußisch gewordenen Stadt Posen.

Besonders vertrauensvoll scheinen zeitweise die Beziehungen zur Seehandlung gewesen zu sein. Mit dieser wurde 1798 für Scheidemünzprägungen ein Vertrag zur Lieferung von 5000 Mark Fein-Silber monatlich auf unbestimmte Zeit abgeschlossen. Salomon Moses Levy Wwe. und Erben erhielten dazu, gegen Sicherstellung, einen zinsenfreien Vorschuß von 30 000 Tl. in Scheidemünze. Gleichzeitig regulierten sie für die Seehandlung den Kurs der Scheidemünze. Im April 1800 wurde sie gemeinsam mit Gebr. Benecke und dem Schickler'schen Haus vom Berliner Magistrat, der dazu vom König beauftragt worden war, zur Erstattung eines Gutachtens über die Wirkungen des Goldausfuhrverbotes aufgefordert[4]. Sie kamen, allerdings ohne die

[1] *Rep. 21, 207 b 2*
[2] *Rep. 9, 28,14*
[3] *Rep. 89,11 B*
[4] *Acta Bor., Münzwesen IV 499 ff u. 505*

eingehende Begründung, die die christlichen Firmen gaben, zu dem gleichen ablehnenden Ergebnis wie diese, ein Ergebnis, dem der Minister v. Hardenberg entgegen dem Votum der Kgl. Bank beitrat.

In die breitere Öffentlichkeit ist die Firma erst durch die Ereignisse der Franzosenzeit getreten. Kurz vorher, im Oktober 1806, war der jüngere der Brüder, Samuel Salomon Levy, kinderlos gestorben. Er war seit 1783 mit Sara Itzig (1763 bis 1854), einer Tochter Daniel Itzig's, verheiratet und hat mit ihr seit 1795 in dem Hause Hinter dem neuen Packhof 3 gewohnt. Er und seine Frau waren Mitglieder der von Feßler gegründeten heiteren Mittwochsgesellschaft[1]. Die erste Vorlesung, die Fichte 1800 in Berlin über seine Wissenschaftslehre hielt, war ein Privatissimum für Levy[2], den Fichte's Sohn und Biograph einen „damals sehr geachteten und gebildeten jüdischen Bankier" nennt. In seinem am 4. September 1806, also kurz vor seinem Tode, aufgesetzten Testament[3] bezeichnete Levy als seine Hauptaktiva das Haus Hinter dem Packhof sowie eine Summe von mindestens 100 000 Tl., die er auf Grund eines mit seinem älteren Bruder und Partner abgeschlossenen Vertrages als Abfindung seines Gesellschaftskapitals aus der Firma zu erhalten hatte. Davon bestimmte er 40 000 Tl. zu Legaten an seine 4 jüngeren Geschwister und deren Kinder, während der Rest seiner Frau zufiel. Diese hat ihren Mann um beinahe 50 Jahre überlebt. Die zahlreichen Erwähnungen, die sie als Madame Levy oder auch als Tante Levy — sie war die Tante der über vierzig Daniel Itzig'schen Enkel — in der lokalgeschichtlichen Literatur findet, erinnern daran, daß sie mit ihrer großzügigen Gastlichkeit, als Freundin von Gelehrten und Künstlern und als Oberhaupt einer weitverzweigten Familie, in der Geschichte der Berliner Geselligkeit eine besondere Rolle gespielt hat. Am besten ist dies wohl von Erman[4] geschildert worden. Ihr Grabstein auf dem jüdischen Friedhof in der Schönhauser

[1] *Cosmann u. Heinsius, Denkwürdigkeiten der Mark Brandenburg, I 1110*

[2] *Mitteilungen aus dem Literaturarchiv N.F.I., 1909, S. 17*

[3] *Prov.-Archiv Brandenburg, Rep., 4 a (Kammergericht) L III 50*

[4] *A. a. O. S. 95 ff. — Ferner Fd. Eberty, Jugenderinnerungen eines alten Berliners, Aug. 1925, S. 251—255: Madame Löwy; Mitteil. d. Ver. f. d. Gesch. Berlins, 1908, S. 261 ff u. 1925, S. 36 f*

Allee in Berlin — sie war eine der wenigen ihres Familienkreises, die bei ihrem väterlichen Glauben blieben — trägt die Worte: Eines edlen Vaters edle Tochter.

Moses Salomon Levy, der mit einer Tochter des Casseler Hofbanquiers Ruben Hesse Goldschmidt verheiratet war, hat die Firma nach dem Tode seines Bruders nur noch vier Jahre fortgeführt; in dieser Zeit hat sie, z. T. unter dem Einfluß der Zeitverhältnisse, eine ganz besondere Aktivität entwickelt. Als treibende Kraft innerhalb des Levy'schen Hauses läßt sich der älteste Sohn Moses Levy's, Ferdinand Moritz Levy, der spätere Freiherr v. Delmar (1782—1858), erkennen. Noch Mitte Oktober gehörte dieser zu den Optimisten. Delbrück[1] erwähnt, daß Levy am 15. Oktober mit falschen Siegesnachrichten zu ihm gekommen sei. Nach der Besetzung Berlin's durch die Franzosen hat es Ferdinand Levy verstanden, in geschickter Weise engste Fühlung nach beiden Seiten hin zu unterhalten. Einerseits gehörte seine Firma zu den vier Häusern, die bei der Finanzierung des Staates, der Stadt und der Stände führend gewesen sind, anderseits trat sie in enge Geschäftsverbindung mit der französischen Administration, von deren leitenden Beamten der Kriegszahlmeister Labouillerie während seiner ganzen Anwesenheit in Berlin im Levy'schen Hause einquartiert war[2]. Der Oberpräsident der Marken, Geheimer Oberfinanzrat Sack, vergleicht in einem späteren Bericht die Levy'sche Firma mit den beiden andern Bankhäusern, die in den Jahren der französischen Besetzung mit Levy zusammen im Vordergrund der Geschäfte standen, mit Gebr. Schickler und mit Gebr. Benecke. Dabei kommt er zu dem Ergebnis, daß Gebr. Schickler sich in den meisten Fällen uneigennütziger und patriotischer als die beiden andern Häuser erwiesen hätten. Was die einzelnen Persönlichkeiten anlangt, so habe sich der Geschäftsführer des Schickler'schen Hauses, Brüstlein, durch Billigkeit ausgezeichnet, und nach ihm der alte Salomon Moses Levy, nicht aber dessen Sohn und Herr Benecke.

Eine Darstellung der Geschäfte der Firma Levy in den

[1] *Aus der Jugend Friedr. Wilh. IV u. Wilhelm's I, Tagebuchblätter II, S. 4*
[2] *Granier, Die Nobilitierung des Berliner Bankiers Delmar 1810. Hohenzollernjahrbuch 1912, S. 235 ff*

Kriegsjahren ist gleichzeitig eine Darstellung aller wichtigen Geld- und Kreditgeschäfte, die in jener Zeit in Berlin abgewickelt worden sind. Wir werden bei der Schilderung der Geschäfte und andern derzeitigen Firmen und Persönlichkeiten immer wieder auf Transaktionen zu verweisen haben, bei denen Salomon Moses Levy Erben oder ihre Nachfolger Delmar & Co. eine mehr oder weniger führende Rolle gespielt haben.

In der am 19. Oktober für die Verhandlungen mit den Franzosen gewählten Deputation im Börsenhause[1], machte Moses Sal. Levy alsbald den Vorschlag, man möge bei der Kgl. Bank, deren Geldbestände gerade zum Transport nach dem Osten verpackt würden, áuf den Kredit der Kaufmannschaft etliche 100 000 Tl. negotiieren, um für die vorauszusehenden dringenden Anforderungen gerüstet zu sein. Tatsächlich erhielten die Bankiers M. S. Levy und H. F. Fetschow vom Bankdirektor Hundt in formloser Weise ohne Quittung 100 000 Tl. ausgehändigt, die zur Verfügung der Deputation in den Kellern des Börsenhauses niedergelegt wurden. Indessen beschlagnahmte der Magistrat schon am gleichen 19. Oktober alle bei den Bankiers vorrätigen Gelder unter dem einfachen Versprechen der Wiedererstattung. So erzwang er auch, von den französischen Geldforderungen aufs äußerste bedrängt, unter Gewaltandrohung die Auslieferung dieser 100 000 Tl., übernahm dabei aber ausdrücklich alle Verbindlichkeit der Kaufmannschaft gegen die Hauptbank. Als er später trotzdem die Rückzahlung verweigerte, strengte die Bank 1815 gerichtliche Klage gegen die Kaufmannschaft an und nahm, damit 1818 abgewiesen, Regreß gegen die Erben von Salomon Moses Levy und Fetschow. Erst im Mai 1821 wurde die Angelegenheit dadurch erledigt, daß Magistrat und Stadtverordnete Kapital und 5% Zinsen als Schuld der Stadt an die Bank anerkannten[2].

Die wesentliche Betätigung der Berliner Bankiers richtete sich in jener Zeit auf Anleihe- und Kreditgeschäfte mit den öffentlichen Stellen, denen aus den Kriegsverhältnissen Geldbedürfnisse der verschiedensten Art, vornehmlich aber zur Zahlung von Kriegs-Kontribution an die Franzosen erwuchsen. An ein-

[1] *Vgl. oben S. 9 f*

[2] *Rep. 74 N XVII N 3 II. Lenz-Unholtz, Gebr. Schickler, S. 236 f u. Bassewitz. Kurmark Brandenburg 1806/08, III 237*

zelnen Geschäften solcher Art, die Salomon Moses Levy Erben nach der Okkupation unternahmen, sind zunächst zwei Vorschüsse an die Königliche Porzellan-Manufaktur zu erwähnen, deren Kasse am 26. Oktober von der französischen Administration weggenommen worden war. Als Lohngeld für ihre 411 Arbeiter gab Levy ihr zunächst 4000, sodann weitere 6000 Tl.[1] Ähnlich legte er der Schloßapotheke 2000 Tl. zu 5% gegen 2900 Tl. Seehandlungsobligationen vor[2].

Während es sich hier im unbedeutende Gefälligkeitsgeschäfte gegen einwandfreie Sicherheit und normale Zinsen handelte, entwickelten sich gleichzeitig wichtigere Verhandlungen mit Stellen, deren Bedürfnisse die Aufbringung ganz anderer Summen notwendig machten und ganz andere Risiken bedangen, nämlich mit der Stadt Berlin, den märkischen Ständen und dem preußischen Staate selbst. Zunächst ergab sich eine Verbindung der Firma Levy mit der Stadt Berlin infolge der Kontributionsverhandlungen, die die Besatzungsbehörden mit der Stadt führten.

Als im August 1807 von der endgültig mit 1 200 000 Tl. festgesetzten Kontribution Berlin's noch 700 000 Tl. nicht aufgebracht waren, und sechs führende Häuser, unter dem Druck Daru's und gegen Rückendeckung durch 92 andere Handelsfirmen, über diesen Betrag Wechsel auf Paris ziehen mußten, gehörten Salomon Moses Levy Erben zu den sechsen[3]. Die Wechsel waren in Raten vom 1. September 1807 bis zum 15. März 1808 fällig. Da 5% Provision für die Bankiers und 3% für Spesen gerechnet wurden — bei einem Geschäft, das im Durchschnitt nicht länger als 4 Monate laufen sollte — so ergab sich für die Stadt eine sehr erhebliche zinsmäßige Belastung. Die zur Deckung der Wechselverfälle ausgeschriebenen Steuern brachten nicht rechtzeitig genügend Mittel ein, so daß im Februar 1808 Schickler, Benecke, Wulff und Levy zur Ab-

[1] *Kolbe, Gesch. der Kgl. Porzellan-Manufaktur, S. 214*

[2] *v. Bassewitz, a. a. O. 705 f. Vgl. auch oben, S. 12*

[3] *Rep. 151 a III 3 Nr. 25 u. 29; Rep. 9 C 6 b 2 Fasz. 23; Lenz-Unholtz, a. a. O. 238. Die andern Häuser waren Gebr. Schickler, Gebr. Benecke, Liepmann Meyer Wulff, Hotho u. Welper u. Ficker u. Reinhardt, welche beiden letzteren an die Stelle von Ruben Sam. Gumpertz u. Hirsch Nathan Bendix Söhne traten.*

deckung ihrer Ziehungen auf Paris auf ihren Namen in Hamburg eine Anleihe von 1 200 000 Mark Banco aufnehmen mußten. Diese war durch Obligationen der Stadt Berlin sowie durch wechselmäßige Rückbürgschaft von 48 Berliner Kaufleuten à 10 000 Tl. gesichert. Sie war nach etwa einem Jahre zur Rückzahlung fällig, brachte den Bankiers indessen nur 5% Jahreszinsen zuzüglich der Spesen. Auch diese Anleihe konnte bei Fälligkeit nicht zurückgezahlt, vielmehr mußten die Bürgen in Anspruch genommen werden. Diese ließen es fast durchweg auf komplizierte Wechselprozesse ankommen. Die Schuld der Stadt ist schließlich wie andere städtische und ständische Schulden vom Staat übernommen worden, war indessen erst 1812 endgültig erledigt. August 1810 machte Delmar gegen den Magistrat Berlin noch eine Forderung von 75 000 Tl. geltend und schrieb dazu, er habe für sein hilfreiches Verhalten, besonders von der Stadt Berlin, nur Undank und Verdrießlichkeiten geerntet und keinerlei Nutzen gehabt[1].

Auch die Comités der kurmärkischen und der neumärkischen Stände nahmen Kreditverhandlungen mit dem aus den drei Bankfirmen Gebr. Schickler, Gebr. Benecke und Salomon Moses Levy Erben bestehenden Konsortium auf, um ihre Kriegskontributionen an Frankreich abführen zu können. Im Februar 1807 verhandelte das kurmärkische Comité mit Benecke, Schickler und Levy auf Grund eines von holländischen Bankiers gemachten Angebotes, nach dem diese 1 Million Tl. Ziehungen der drei Berliner Firmen unter deren Obligo und gegen annehmbares Unterpfand acceptieren und diesen Kredit auf 18 Monate zu etwa 14% Jahreszinsen einschließlich Provision gewähren wollten[2]. Das Geschäft kam nicht zustande, weil man sich über die Sicherheiten nicht verständigen konnte und der Geh. Seehandlungsrat l'Abbaye fürchtete, daß der effektive Zinsfuß sich auf wenigstens 20% stellen würde.

In der zweiten Hälfte 1807 tätigte das Konsortium der drei Bankhäuser mit den kurmärkischen Ständen zwei Abschlüsse über 4 Millionen und 2 Millionen Frs., mit den neumärkischen ebenfalls zwei Abschlüsse über 3 Millionen und 3½ Millionen Frs. Bei dem ersten Geschäft mit den kurmärkischen

[1] *Rep. 151 a III 3,25*

[2] *v. Bassewitz, a. a. O. III 32*

Ständen — die andern Geschäfte waren wohl ähnlich aufgezogen — erklärten die Bankiers sich solidarisch bereit[1], gegen Sicherheit in Seehandlungsobligationen, Interimsscheinen über landschaftliche Pfandbriefe und anderweitige Zusagen in neun Monatsraten fällige Wechsel in Holland acceptieren zu lassen. Die Bankiers erhielten für ihr Risiko beim Ausstellen der Wechsel 3% Provision, wozu noch 1/2% für die holländischen Accepthäuser und ein weiteres 1/2% für Rimessen-Spesen kamen. Damit hätten sich für die Stände die Kosten der Kredite angesichts ihrer Durchschnittslaufzeit von 4—5 Monaten unter Annahme eines Diskontsatzes von 5 bis 6% auf 15 bis 18% per Jahr belaufen. Die kurmärkischen Stände indessen ebenso wie die neumärkischen gerieten mit den Zahlungen in Verzug und ließen die Gläubiger, die ihre Ziehungen auf Holland nunmehr selbst abdecken mußten, wie Delmar später sagte, „in den bedeutendsten und drückendsten Vorschüssen". Die Bankiers mußten in Hamburg bei jüdischen Geschäftsfreunden Rettung suchen. Gegen die Zusage der Schuldner, die im dreifachen Nominalbetrage zu Unterpfändern gegebenen ständischen Obligationen bei Nichtdeckung zu den neuen Verfalltagen im Sommer 1810 ohne vorherige gerichtliche Klage durch vereidigte Makler an der Börse verkaufen zu dürfen, verzichteten sie auf die ihnen zustehende Provision von 3%, wodurch das Geschäft zunächst auf eine normale Zinsbasis gebracht wurde. Bei Verfall im Sommer 1810 mußte die selbst notleidende Kgl. Bank den kurmärkischen Ständen mit 262 000 Tl., den neumärkischen mit 92 000 Tl. beispringen, um die in Hamburg deponierten Pfandpapiere zu retten. Trotzdem rechneten die drei Bankiers für rückständige Kapital- und Zinszahlungen zunächst 21%, die von der Kurmark auf 6%, von der Neumark nur auf 18% ermäßigt werden konnten. Die Kapitalzahlungen konnten teilweise nur durch Verkauf der landschaftlichen Pfandbriefe zu 64% bewirkt werden. Da die Pfandbriefe dann weiter auf 40% fielen, berechnete sich Delmar im August 1811 einen Schaden von 50 000 Tl. Im Herbst 1811 übernahm der Staat die Zahlung der letzten Reste an Kapital, Zinsen und Provision, wobei Delmar im Gegensatz zu Benecke seine im Hinblick auf den Kursrück-

[1] *Rep. 151 a III 3,25; v. Bassewitz, a. a. O. III, S. 66 f*

gang gestellte Schadenersatz-Forderung fallen ließ. Er mußte den neumärkischen Ständen schließlich noch einen Nachlaß von 4000 Tl. zugestehen[1].

Am umfangreichsten gestaltete sich für S. M. Levy Erben die Verbindung mit dem Staate selbst. Im Oktober 1807 kam zwischen der Preußischen Regierung und dem wiederholt erwähnten Konsortium der drei Bankfirmen ein erstes Salz-Anleihegeschäft zustande[2]. Nachdem der Hauptteil der staatlichen Salinen in Händen der Franzosen war, mußte zur Aufrechterhaltung der Monopol-Verwaltung das Salz den französischen Behörden abgekauft werden. Zu diesem Zwecke legten die Bankiers dem Staat den Kaufpreis vor und ließen das Salz dann durch das Kgl. Salzdepartement verkaufen. Während dieser Verkauf ursprünglich für Rechnung und Gefahr der Bankiers erfolgen sollte, wurde das Geschäft schließlich auf Basis einer den Bankiers zu zahlenden Provision von 3% vom Ankaufspreis und Erstattung ihrer Unkosten abgeschlossen.

Noch während dies Geschäft schwebte, wurde Ende August 1808 ein weiteres Salz-Anleihe-Geschäft abgeschlossen, unter dem die drei Firmen 200 000 Tl. bar und 300 000 Tl. in Wechseln hergaben, die aus den Einkünften des Salzverkaufes vom Oktober 1808 bis zum Januar 1809 zurückgezahlt werden sollten. Ob neben 6% Zinsen die verlangten 8% Provision, die die Kosten des Kredites auf ungefähr 20% per Jahr gebracht hätten, voll bewilligt wurden, ist nicht ersichtlich. Die Rückzahlung fand im übrigen, trotz der dringenden Vorstellungen der Gläubiger, die ihre Fonds nicht länger entbehren zu können angaben, erst am 28. Januar 1810 statt, wodurch sich der zinsmäßige Ertrag für die Bankiers wie die prozentuale Belastung für den Staat erheblich ermäßigte.

Ein weiteres Salz-Anleihegeschäft kam im Mai 1812 mit dem gleichen Konsortium, dem noch drei Königsberger Häuser angeschlossen waren, zustande[3]. Das Haus Delmar & Co. als Nachfolgefirma von S. M. Levy Erben wollte dabei seine Beteiligung

[1] *Hier sei an die Darlehnsgeschäfte erinnert, die Liepmann Meyer Wulff in den gleichen Jahren — allerdings auf ganz anderer Basis — mit den märkischen Ständen durchführte. Vgl. Bd. II, S. 421 ff*

[2] *Lenz-Unholtz, a. a. O. S. 256 ff und Rep. 151 a III 3, Nr. 19*

[3] *Rep. 74 N XV 16 und XXXV 38; Rep. 151 e II 16*

von der Erledigung von Warschauer Forderungen abhängig machen, die es an die Kgl. Bank hatte[1]. 400 000 Tl. wurden in zweimonatlichen Tratten gegen 8000 Lasten Salz à 50 Tl. per Last vorgelegt, die zu $51^1/_2$ Tl., d. h. mit 3% Aufschlag gleich 18% Jahreszinsen von der Seehandlung zurückerworben werden sollten. Die letzte Rückzahlung auf dies Geschäft erfolgte erst im April 1816. In diesem wie in andern Fällen war eine Provision festgesetzt, die bei pünktlicher Rückzahlung des auf kurze Dauer vereinbarten Geschäftes einen sehr hohen Nutzen für die eine und eine sehr schwere Belastung für die andere Seite ergeben hätte. Man darf annehmen, daß beide Parteien schon beim Abschluß des Geschäftes mit der — dann fast immer eintretenden — Möglichkeit rechneten, daß eine verspätete Rückzahlung diese Provision durch Verteilung über eine längere Zeitspanne in ihrer zinsmäßigen Wirkung erheblich verringern würde.

In diesem Zusammenhang ist auch die Diskontierung einer Obligation von 20 000 Tl. zu erwähnen, die S. M. Levy Erben von dem Heereslieferanten Joh. Jac. Crelinger im Frühjahr 1807 übernahmen, und die dieser von der Preußischen Verwaltung für Lieferungen in dem unglücklichen Winterfeldzug erhalten hatte.

Sein größtes Engagement mit dem Staat bedeutete für S. M. Levy Erben die Beteiligung an der Aufbringung der preußischen Kriegskontribution. Im Frühjahr 1808 sollte der Staat, um die Räumung der besetzten Provinzen zu erreichen, 100 Mill. Francs an französischer Kriegsentschädigung an Daru berichtigen, halb in Pfandbriefen und halb in kaufmännischen Wechseln. Diese 50 Mill., die von Nov. 1808 an mit monatl. 4 Mill. eingelöst werden sollten, wurden auf die Kaufmannschaften der Handelsstädte in folgendem Verhältnis umgelegt: Berlin 15, Breslau 15 (!), Königsberg 12, Elbing 3, Memel 3, Stettin 2. Geh. Rat Staegemann verhandelte wegen des Berliner Anteils mit den 4 Hauptbankiers, die es am 30. März übernahmen, kaufmännische Promessen über die 15 Mill. auf Paris auszustellen. Sie hielten es aber für billig und ihres eigenen Kredits im Auslande halber für notwendig, daß auch die

[1] *Rep. 74 N XV 35. Bericht Staegemann's an Hardenberg, 15. 2. 1812*

übrigen vermögenden Kaufleute und hier sich aufhaltenden Partikuliers an dem Geschäft teilnähmen und Rückwechsel über die Summe ausstellten, und wollten eine Liste derselben einreichen. Sie hielten es ferner zu ihrer Ehre im Auslande für erforderlich, daß die von ihnen ausgestellten Promessen auch durch sie selbst eingelöst würden, waren aber, da sie keinen Vorteil beabsichtigten, zufrieden, wenn sie vom Staat oder dessen Geldinstituten Papiere behufs Einlösung ihrer Wechsel erhielten. Wegen der Rückbürgschaft waren sie schließlich einverstanden, daß sie bis zur Räumung durch die Franzosen ausgesetzt bleibe[1].

Die 4 Bankiers haben, wie aus einem etwas späteren Schriftstück[2] hervorgeht, nur 12 Mill. Francs in Wechseln auf sich selbst akzeptiert und an die Ordre des französischen General-Gouverneurs endossiert[3]; sie haben neben der Sicherheit durch Pfandbriefe u. dgl. die Rückbürgschaft der Kaufmannschaften und begüterten Partikuliers von Berlin und 7 anderen märkischen Städten erhalten.

Neben den Umsätzen mit den preußischen Stellen und Behörden hat die Firma S. M. Levy Erben zweifellos auch für die französische Verwaltung, die Levy als ihren Bankier bezeichnete[4], erhebliche Geschäfte durchgeführt. Es liegt auf der Hand, daß Unterlagen darüber in den Staatsakten sich nicht in gleichem Maße finden wie über Geschäfte mit heimischen Stellen. Immerhin wird erwähnt, daß die Firma bei starken Silberlieferungen, die sie durch dritte Hand den Franzosen in Berlin zum Zwecke der Münzprägung gemacht hatte, viel verdient hat. Ferner hat die französische Verwaltung ihr wertvolle Dokumente, unter anderen 1809 die den kurmärkischen Ständen nach dem Tilsiter Frieden abgenötigten drei Schuldverschreibungen über je 100 000 Tl. und 700 000 Tl. zum Unterpfand gesetzte Seehandlungs-Obligationen zur Einziehung und Realisation übergeben. Die Werte wurden im September 1813 preußischerseits beschlagnahmt[5].

[1] *Rep. 151 a XXI 4. v. Bassewitz a. a. O. I 554 f. Vgl. auch Bd. II, S. 425*

[2] *Vom 29. Okt. 1808. Schickler-Archiv II P 45 a*

[3] *3 Mill. fielen auf Frankfurt a. O.*

[4] *Granier, Hohenzollernjahrbuch 1912, a. a. O.*

[5] *Rep. 74 N XV 38 I*

Das Ergebnis der Jahre 1806 bis 1809 muß, trotz allen späteren Klagen, für die Firma günstig gewesen sein; allerdings sind auch die Aufregungen der Kriegsjahre und der in dieser Zeit durchgeführten großen Geschäfte an dem alten Moses Levy nicht spurlos vorübergegangen. Zum Teil damit ist der ungewöhnliche Fall zu erklären, daß eine Bankfirma auf der Höhe ihrer Erfolge in freiwillige Liquidation trat. Noch andere Gründe mögen mitgesprochen haben. Seine drei Söhne[1], die bis dahin den Familiennamen Moses Levy geführt hatten, von denen indessen keiner voller Teilhaber des Hauses gewesen war, hatten sich in Delmar — Moses = der aus dem Wasser gezogene = del mare — umgenannt und gleichzeitig, oder vielleicht schon vorher, die christliche Religion angenommen. Aus Salomon Moses Levy und Samson Moses Levy waren Ferdinand Moritz Delmar und Carl August Delmar geworden. Der Wunsch des alten Levy, sich zu entlasten und den angesehenen Geschäftsnamen seines Vaters nicht länger den Wechselfällen einer unruhigen Zeit und dazu noch der Aktivität junger Sozien auszusetzen, mag sich mit dem Ehrgeiz der jüngeren Generation begegnet haben, die vielleicht unter dem neuen Namen manche Ziele leichter zu erringen hoffte. Die Tüchtigkeit und geschäftliche Zuverlässigkeit seines ältesten, damals 27jährigen Sohnes hat Moses Levy indessen — mit Recht — nicht angezweifelt. Das geht aus dem Wortlaut des Cirkulars hervor, mit dem er zum 31. Dez. 1809 die Auflösung der alten Firma, die nur noch zur Realisierung bisheriger Geschäfte fortdauern sollte, bekannt gab und in dem er sich für die Verpflichtungen der neuen Firma seines Sohnes — Delmar & Co. — verbürgte[2]. Die zittrige Hand Moses Levy's, mit der das an das Ständische Comité gerichtete Exemplar seines Cirkulars unterschrieben ist, zeigt, daß der Absender ein verbrauchter Mann war.

Dagegen wurde sein ältester Sohn durch die besonderen Verhältnisse der Zeit in die Höhe getragen. Sack berichtet von den

[1] *Außer den beiden in seiner Firma tätigen Söhnen war noch ein dritter, Louis Delmar — Sept. 1806 noch: Levy Salomon Levy —, vorhanden, der sich schon 1806 hatte taufen lassen, und mindestens von da an nicht mehr in der Firma tätig war. Er erscheint 1812 als wenig bedeutender Kaufmann und wohnte 1818 am Werderschen Markt 5*

[2] *Ständisches Archiv B 84,16*

Festen und Bällen, die Moritz Delmar 1809 gab; ein Ball, für den russischen Generalkonsul Bethmann gegeben, soll 5000 Tl. gekostet haben. Es paßt zu der geschäftlichen Einstellung Delmar's, wenn Sack bemerkt, besonders die Franzosenfreunde innerhalb der Berliner Gesellschaft sähe man auf diesen Festen. Wohl im Verfolg seiner Geschäfte mit der Stadt Berlin wurde er 1809 zum Stadtrat gewählt[1]. Bei der Behandlung der Pläne, an die Stelle der niedergebrochenen Kgl. Bank eine selbständige öffentliche Nationalbank nach Art der Bank von England zu errichten, scheint er eine Rolle gespielt zu haben. Zusammen mit Benecke soll er vom Fürsten Wittgenstein ins Vertrauen gezogen worden sein, ehe dieser im März 1810 dem König seine diesbezügliche Denkschrift überreichte[2]. Indessen ging sein Ehrgeiz über solche Erfolge weit hinaus. Am 2. April 1810 bat er in einem Immediatgesuch an den König um die Erhebung in den Freiherrnstand, und am 11. Juli wurde tatsächlich das Freiherrndiplom für ihn ausgefertigt. Es war das erste Mal, daß in Preußen einem geborenen Juden ein Adelsprädikat verliehen wurde. Delmar dankte dafür in einem französischen Schreiben vom 23. Juni 1810 an Hardenberg und stellte aus Erkenntlichkeit gleichzeitig Quittung über 2 Mill. Fr. zur Contribution, die die Berliner Bankiers zur Zahlung übernommen hatten, ohne die noch erforderlichen Formalitäten wegen Konkurrenz der einzelnen Bankiers abzuwarten[3].

Sack und Carl Georg v. Raumer, der für den Minister des Innern v. Dohna dessen Stellungnahme zu dem Gesuch Delmar's konzipierte, kommen zu dem Ergebnis, daß Delmar's Persönlichkeit und Leistungen eine solche Würdigung nicht verdienten, ein Urteil, dem Granier sich 100 Jahre später voll anschließt. Zur Beurteilung seiner Persönlichkeit wird man sich auf die Angaben seiner beiden Zeitgenossen verlassen müssen. Sack nennt Delmar sehr eitel, stolz, ehrgeizig, einen Mann, der sich allein gern im Umgang mit Großen und vornehmen Leuten sähe. Er erwähnt eine Forderung zum Duell, die Delmar einem v. Klitzing wegen einer Differenz beim Pferdekauf übersandt

[1] *Granier, Berichte aus der Berliner Franzosenzeit 1807/09, S. 363 u. 479*

[2] *Bornhak in FBPG III 250; Mamroth, a. a. O. S. 136, 140, 143 f; Grabower, a. a. O. S. 303 f, 308*

[3] *Rep. 74 N XV 2*

habe und die beigelegt worden sei: „Das Schießen auf Pistolen und das Duell überhaupt gehört mit in den Cyclus eines ganz formierten Mannes, wie der Delmar sein will". Wie unter den jungen Juden, auch wenn sie getauft seien, häufig, habe er einen Anstrich höherer und feinerer Ausbildung, ohne daß viel dahinter enthalten sei. Anderseits sei ihm natürliche Anlage zum guten Kaufmann und Bildung durch die dazu nötigen Kenntnisse und Gewandtheit nicht abzusprechen, und wenn dies alles erst etwas gereift wäre, so ließe sich wohl ein tüchtiger Mann in seinem Geschäft erwarten. Ähnlich, aber noch härter drückt sich v. Raumer aus: „Der p. Delmar besitzt die solcher Art Menschen eigene freche Zudringlichkeit zum Umgange mit Menschen, die ihm vornehm oder elegant scheinen. Er hat einen äußerst seichten Anstrich feiner Bildung, auch wohl die natürliche Anlage zum Bankier an einem Ort wie Berlin, die dazu nötigen Kenntnisse und Gewandtheit." Man wird den preußischen Beamten die geringe Geneigtheit nachfühlen können, einem so charakterisierten Mann die ungewöhnliche Auszeichnung einer Erhebung in den Freiherrnstand zu verschaffen, ganz besonders wenn man hinzufügen muß, daß Delmar sich bei seinem Antrag wesentlich auf die Unterstützung durch die ihm befreundeten französischen Occupationsbehörden stützte. Vom gleichen Tage wie sein Immediatgesuch ist ein Brief des französischen Gesandten St. Marsan an den General-Adjutanten v. Koeckritz datiert, in dem St. Marsan Delmar's Wunsch wegen seiner Loyalität und seines Patriotismus befürwortet. Was die Bewertung der Delmar'schen Leistungen anlangt, so spricht Sack ihm seine vorgeblichen Verdienste um den Staat ab, und Raumer erhebt darüber hinausgehend gegen Delmar den Vorwurf, „versucht zu haben, durch falsche Vorspiegelungen die Bewilligung einer ausgezeichneten Gnadens-Bezeugung bei S.K.M. zu erschleichen". Beide stützen sich dabei auf die Tatsache, daß die Firma Salomon Moses Levy Erben ihre Geschäfte nicht unentgeltlich, sondern gegen hohe Zinsen und gute Sicherheiten abgeschlossen hätte; daß die Bankiers bei Fälligwerden von Krediten die Notlage der Regierung, die nicht pünktlich zurückzahlen konnte, zu besonders harten Prolongationsbedingungen ausgenutzt hätten, und daß sich hierbei Delmar — zusammen mit Gebr. Benecke —

besonders hart erwiesen habe im Gegensatz zu Gebr. Schickler, die eigentlich die von Delmar erbetene Auszeichnung verdienten. Es ist richtig, daß von den vier Hauptbankiers Benecke und Delmar den reinen Geschäftsstandpunkt vertraten, während Gebr. Schickler und selbst der sonst als harter, nüchterner Geschäftsmann geltende L. M. Wulff sich uneigennütziger zeigten und den hart bedrängten öffentlichen Körperschaften auch unter Verzicht auf zukömmliche Gebühren beisprangen. Es geht jedoch zu weit, wenn von Delmar gesagt wird, er sei ein klassisches Beispiel derjenigen, „die nicht nur dem bedrängten Staat Hilfe zu leisten nicht gewillt waren, sondern auch noch dessen politische Zwangslage benutzten, um für sich persönliche Begünstigungen zu erpressen“[1].Wie weit bei seiner Nobilitierung der Wunsch der preußischen Regierung, dem französischen Gesandten, den man in wichtigen Dingen benötigte, in einer verhältnismäßig untergeordneten Sache gefällig zu sein, ist heute kaum noch zu entscheiden. Daß man in der Berliner Gesellschaft die franzosenfreundliche Einstellung Delmar's in engsten Zusammenhang damit brachte, bestätigt eine aus Berliner Bankierkreisen stammende Überlieferung, Delmar sei vom Kaiser Napoleon zum Baron gemacht worden. In dem gleichen Sinne hat das Heroldsamt das Delmar'sche Wappen entworfen. Der Helm zeigt eine, der deutschen Heraldik fremde, französische Baronskrone[2].

Die neue Firma Delmar & Co. hat sich in den ersten Jahren ihres Bestehens ähnlich wie ihre in Liquidation befindliche Vorgängerin betätigt und wohl auch einen Teil von deren Geschäften übernommen, während ein kleinerer Teil, z. B. den kurmärkischen Ständen gewährte Vorschüsse, unter dem alten Namen noch bis 1813 liefen[3].

Bei Delmar & Co. kam indessen vorübergehend als besonders lukratives Geschäft der Handel mit Kolonialwaren hinzu. Preußen hatte sich der von Napoleon verhängten Kontinentalsperre gegen von England und Übersee importierte Waren nur gezwungen gefügt und unter der Hand den Handel darin zugelassen. Es kam dem Staat hauptsächlich darauf an, die hohe

[1] *H. Granier, Hohenzollernjahrbuch 1912, S. 235*

[2] *Weimarer Histor.-Geneal.-Taschenbuch (Semigotha) 1912, S. 113*

[3] *Ständisches Archiv, B 85,1 und 2*

Schmuggelprämie in die eigene Tasche zu leiten, und es wurde deshalb ein sehr hoher Einfuhr-Tarif für die offiziell verbotenen Waren eingeführt. Heydebreck verstand die Lage so geschickt auszunützen, daß die Staatskassen von August 1810 bis März 1813 aus Kolonialabgaben, Konfiskationen und Scheinkonfiskationen nicht weniger als 15 300 000 Tl. erzielten[1]. Da die Geschäfte mit überseeischen Einfuhrwaren wegen der hohen Abgaben entsprechend hohe Kapitalien erforderten, gelangte dieser Handel großenteils in die Hände der führenden Bankiers, die ihn teils in Kommission für auswärtige Häuser, teils auch für eigene Rechnung betrieben. Delmar & Co. gaben, ähnlich wie ihre Nachbarn, bis in die Hunderttausende von Talern gehende Beträge an, die sie für Kontinentalgefälle zu entrichten hatten.[2] Man kann annehmen, daß sie dementsprechend an diesen Geschäften verdient haben. Daß anderseits mit diesen Geschäften auch erhebliche Verluste verbunden sein konnten, zeigt das an anderer Stelle behandelte Beispiel der Anfänge des späteren Seehandlungspräsidenten Bloch.

Der Anbruch der Befreiungskriege zeigte wieder die nicht ganz geklärte Stellung, die Baron Delmar in Berlin einnahm. Mit einigen, namentlich westfälischen und französischen Diplomaten zusammen wurde er bei dem Versuch, eine Begegnung mit den einrückenden russischen Truppen zu vermeiden, in Klein-Glienicke von einer russischen Patrouille festgenommen und vorübergehend nach Königsberg verschickt[3]. Sein jüngerer Bruder Carl August, der den Feldzug mitmachte, kam als Leutnant zurück.

Die Befreiungskriege sind nicht viel mehr als frühere Kriege Preußens durch Anleihen finanziert worden. Immerhin wandte sich der Staat in den Jahren 1812—1815, wenn für Spitzenbeträge keine andere Möglichkeit der Aufbringung vorhanden schien, an seine Kaufleute mit der Aufforderung, ihm Kredit zu gewähren. Dabei rächte sich die von der Verwaltung entgegen

[1] *Mamroth, a. a. O. S. 728 ff., Höniger, Kontinentalsperre, S. 37 ff., Saring in FBPG 44, S. 92 ff.*

[2] *Vgl. auch Grabower, a. a. O., S. 440 ff.*

[3] *Louis Schneider in Mitteil. f. d. Ver. f. d. Gesch. Potsdams I (1864), 1. Sitzung, S. 28*

der Einstellung einzelner Staatsmänner und auch derjenigen des Königs[1] bis dahin festgehaltene Politik, die den inländischen Markt von Staatsanleihen ganz freigehalten hatte. Auch jetzt noch wandte man sich zunächst nicht an den Privatkapitalisten, den „Particulier“, sondern an das kaufmännische Publikum, das man in seinen Mitteln für liquider hielt und dessen Kredit man auszunutzen suchte. Die an Anleihen des Staates nicht gewöhnte Kaufmannschaft zögerte indessen mit der Geldhergabe mehr, als es Kapitalisten mit Erfahrungen auf dem Gebiet des Staatskredites getan hätten. Dadurch wiederum wurde der Staat zu Maßnahmen gezwungen, die die Grenze zwischen freiwilliger und Zwangsanleihe mehr als einmal verwischten. Dabei war für die Bereitwilligkeit der Geldgeber die jeweilige politische Lage im Zeitpunkt der Auflegung der Anleihe entscheidend, so daß Freiwilligkeit und Zwang sich innerhalb kurzer Zeiträume wiederholt abgewechselt haben. An allen diesen Geschäften ist das Haus Delmar & Co. beteiligt gewesen, zunächst führend, dann in allmählich rückgängigem Maße.

Im Februar 1812 verhandelte die Regierung mit 5 angesehenen Berliner Häusern, wozu dann noch je 2 Breslauer, Königsberger und Hamburger traten, wegen Übernahme einer Anleihe von 2 Mill. Tl. zur Deckung der Verpflegungskosten der französischen Truppen. Delmar & Co. stellten für ihre Teilnahme die Bedingung, daß eine Sache, die sie mit der kgl. Bank hinsichtlich ihrer Warschauer Forderungen hatten, erledigt werde. Das Geschäft kam jedoch ohnehin in dieser Weise nicht zur Ausführung, vielmehr wurde am 11. März 1812 eine erste Anleihe auf die Kaufmannschaften der preußischen Handelsstädte insgesamt aufgelegt. Von einer Gesamtsumme von 5 700 000 Tl. entfielen auf Berlin 2 000 000 Tl. Zunächst wurde der Schein der Freiwilligkeit aufrecht erhalten, indem die Erwartung ausgesprochen wurde, die Kaufmannschaften würden um so bereitwilliger mit ihrem Kredit zu Hilfe kommen, als jetzt alle Verpflichtungen des Staates gegen Mitglieder der Kaufmannschaft aus zu seinen Gunsten ausgestellten Wechseln und Schuldverschreibungen erfüllt worden seien. Die Anleihe galt als Vorschuß auf die Vermögenssteuer und sollte innerhalb

[1] *Vgl. Bd. II, S. 407, 409 f, 411*

eines Jahres aus deren Aufkommen abgedeckt werden. Sicherheit sollte im doppelten Betrage in Domänenpfandbriefen gestellt werden, die aus französischer Pfandhaftung frei wurden. Die Aufbringung des Betrages stieß auf die größten Schwierigkeiten, und zwar waren es die mittleren und kleineren Veranlagten mehr als die großen, die sich wehrten. Delmar & Co. standen, gemeinsam mit Gebr. Benecke, mit einer Beteiligung von je 30 000 Tl. an dritter Stelle hinter Liepmann Meyer Wulff (50 000 Tl.) und Gebr. Schickler (40 000 Tl.)[1]. Die kleineren Kaufleute waren auf 10% ihres geschätzten Vermögens veranlagt worden. Moses Levy, der Vater des Baron Delmar, der offenbar mehr Gemeinsinn besaß als dieser, wandte sich damals mutig gegen das eigennützige Verhalten einiger führenden Bankiers, die sich einer solidarischen Wechselverpflichtung versagten, und wurde deshalb angefeindet, worüber ihn Staegemann eigens unterrichtete. Obwohl es, nach Levy, an der Börse genügend leistungsfähige Kaufleute gab, durch deren Wechsel das Geld beschafft werden konnte[2], mußte die Anleihe auf Nichtkaufleute, Gewerbetreibende und Particuliers ausgedehnt und bei widerspenstigen Kaufleuten Einsichtnahme in ihre Bücher angeordnet werden. Die Betroffenen erhoben feierliche Proteste und erklärten diese Maßnahmen als einen Eingriff in das Heiligste, was ein Kaufmann habe; nie sei eine solche Anordnung, außer bei Fallissements, verfügt; sie müsse notwendig den Umsturz der kaufmännischen Stützen, Glaube und Rechtlichkeit, zur Folge haben. Trotz alledem soll die Anleihe nur etwa die Hälfte der geforderten 2 Millionen Tl. erbracht haben. Die Rückzahlung, die bis Anfang 1813 zugesagt war, scheint sich mit letzten Beträgen bis November 1814 hingezogen zu haben.

Der geringe Erfolg dieses Geschäftes veranlaßte Hardenberg bereits im Mai 1812, d. h. zur gleichen Zeit, in der er eine neue Salzanleihe aufnahm[3], zu weiteren Kredit-Verhandlungen mit einigen Bankiers der drei großen Handelsstädte, zu denen auch Delmar gehörte[4]. Hardenbergs Plan ging dahin, mehrere

[1] *Rep. 74 N XV Nr. 16 u. 35; Rep. 151 e Tit. II 11 u. 13 I—V*

[2] *Schreiben M. Levys an Geh. Staatsrat Staegemann, 30. März 1812. Rep. 151 e II 11*

[3] *Vgl. oben S. 35 f*

[4] *Rep. 74 N XV 75; Rep. 151 e II 10*

Millionen Taler durch eine Anleihe von etwa 30 führenden Firmen aufzubringen. Eine Zusammenkunft der zur Zeichnung Aufgeforderten in Berlin am 8. Juni brachte das klägliche Ergebnis von nur 257 000 Tl. Dabei hatten außer Delmar & Co. noch fünf weitere Firmen je 25 000 Tl. gezeichnet. Bei einer zweiten, auf den 11. Juni angesagten Verhandlung erschienen, um die Bankiers zu höheren Leistungen zu ermuntern, die Fürsten Hatzfeld und Wittgenstein, die ebenfalls je 25 000 Tl. zeichneten. Die von den Bankiers gezeichnete Summe blieb indessen nach wie vor weit hinter den Erwartungen zurück und es scheint, daß das ganze Anleiheprojekt daraufhin fallen gelassen worden ist. Baron Delmar wurde, wohl im Zusammenhang mit seinen Bemühungen um dies Geschäft, zusammen mit W. Chr. Benecke am 20. Juni in die staatliche Kommission zur Verwaltung der Einkommens- und Vermögenssteuer berufen[1].

Am 4. Februar 1813 veranlaßte Hardenberg von Breslau aus die Auflegung einer neuen Anleihe[2] in Höhe von 1 200 000 Tl. gegen Verpfändung der Berliner Zoll- und Accisegefälle auf ein Jahr. Er stellte dabei v. Heydebreck, dem Leiter des Departements der öffentlichen Einkünfte anheim, die Anleihe als freiwillige oder gezwungene zu behandeln. Unter anderm sollte durch ihre Auflegung die Festsetzung eines Zwangskurses für Tresorscheine vermieden werden, die von allen Seiten als weitere Zerrüttung von Wirtschaft und Währung gefürchtet wurde. v. Heydebreck ließ den Anleiheplan von 18 führenden Kaufleuten, zu denen auch Baron Delmar gehörte, begutachten und fand im allgemeinen deren Beifall. Es erfolgte eine Ausschreibung auf Grundlage der Veranlagungen bei der 2 Millionen-Taler-Anleihe von März 1812, doch unter Richtigstellung einzelner damals falsch angesetzter Einschätzungen. Das schwungvolle Aufforderungsschreiben an die zu Beteiligenden spricht von der Gefahr des Vaterlandes und fährt fort: „Die Liste der Einzahlungen soll dem König vorgelegt werden, damit er sich überzeugen kann, wer sich am meisten beeifert hat, dem Staat in der Zeit der Not beizustehen". Andernfalls aber müsse die „äußerste und unerbittliche Strenge" angewendet werden. Delmar & Co. wurden ebenso wie Liepmann Meyer Wulff's Nach-

[1] *Mamroth, a. a. O., S. 653*

[2] *Rep. 151 h III 1 Nr. 21, 22, 99 u. 100; Rep. 151 q A 48 Nr. 4 I—III u. 5*

laß und Gebr. Benecke mit 16 000 Tl. eingeschätzt, während Gebr. Schickler auch hier mit 24 000 Tl. an der Spitze standen. Unter dem patriotischen Schwung der Februartage des Jahres 1813 wickelte sich die Aufnahme dieser Anleihe im allgemeinen ohne Schwierigkeiten ab. Dagegen hat der Baron Delmar in den Verhandlungen einen baren Beitrag zunächst für fast unmöglich erklärt und sich schließlich zur Zahlung nur bereit gefunden, als ihm die Hälfte seiner Beteiligung gegen eine Forderung von 8000 Tl. verrechnet wurde, die seiner Firma 1811 durch eine Akkreditierung des Geheimen Rats v. Beguelin in Paris entstanden war. Im übrigen gingen auf die am 15. Februar eröffnete Anleihe die Einzahlungen fast restlos bis zum 2. März ein, und Heydebreck konnte schon am 24. Februar in seinem Bericht an Hardenberg den Geist der Berliner Kaufmannschaft loben. Anderseits hielt auch der Staat Wort: Die Anleihe war trotz schwieriger Umstände nach Jahresfrist getilgt.

Die Notwendigkeit, die Heeresoperationen nach dem zu Ende gehenden Waffenstillstand wieder aufzunehmen, veranlaßten Hardenberg, unterm 30. Juli 1813 die Geheimräte v. Heydebreck und Staegemann zu beauftragen, in Berlin und der Kurmark einen abermaligen baren Vorschuß von 800 000 bis 1 000 000 Tl. mittels eines Zwangsdarlehens eiligst aufzubringen[1]. Diese neue, ganz rigoros durchgeführte Auflage wurde den Betroffenen durch gedruckte vom 4. August datierte Aufforderung mitgeteilt, nach der sie den ihnen zudiktierten Betrag binnen drei Tagen an die General-Accisekasse zu entrichten hatten. Rückzahlung wurde innerhalb eines Jahres zinsenlos — die beiden ersten Anleihen hatten normale Zinsen gebracht — zugesagt. Wenn auch die Beträge im allgemeinen durchweg niedriger als bei den letzten Anleihen waren, so stieß die neue doch auf den energischsten Widerstand. Nach den finanziellen Leistungen beim Beginn des Freiheitskampfes waren Fähigkeit zu geben und Opfersinn erlahmt. Die äußere Lage war besorgniserregend. Noch keine Siege erfochten, der Waffenstillstand noch nicht beendet, der Anschluß Österreichs noch nicht entschieden. Vor allem waren für diese Anleihe keine Sicherheiten angeboten; sie beruhte nur auf Zwang. War daher der Wider-

[1] *Rep. 74 N XV 29; Rep. 151 h III 1 Nr. 21 Vol. I—XIX*

stand so stark wie noch nie, so wurde jetzt auch so scharf durchgegriffen wie nie zuvor. Schon vom dritten Tage an wurden säumige Zahler verhaftet — allerdings in ein „anständiges" Gefängnis in separierten Zimmern abgeführt — oder aber sie erhielten Zwangseinquartierung, und zwar ausdrücklich in ihre besten Stuben. Oder schließlich der Polizeipräsident versiegelte ihre Kontore und drohte mit Auspfändung ihrer Aktiven. Die Strafmaßnahmen trafen viele der angesehensten Häuser. Die Firma Delmar & Co., die zunächst auf 16 000 Tl. veranlagt war, wurde dann auf 8000 Tl. herabgesetzt und hatte auch das zu Ende September noch nicht entrichtet, ohne daß ihr eine jener Zwangsmaßnahmen widerfuhr. Schließlich gelang es ihr, den Betrag gegen ihr zustehende Forderungen verrechnen zu lassen. Sie ist somit ganz besonders günstig weggekommen. Die Anleihe, die in Berlin trotz der scharfen Eintreibung anstatt des ausgeschriebenen Betrages nur etwa 600 000 Tl. erbrachte, war erst Ende 1816 endgültig zurückgezahlt.

Nachdem Delmar & Co. sich bei der Augustanleihe so ablehnend verhalten hatten, ist es immerhin bemerkenswert, daß sie mit etwa 20 der bedeutendsten Interessenten schon am 28. Nov. die übrigen aufforderten, der Regierung im kommenden Frühjahr freiwillig denselben Betrag, aber gegen Sicherheitspfand, zur Verfügung zu stellen, was auch ausgeführt wurde. Bei der im Mai 1815 „von dem Handelsstande und den bemittelten Einwohnern Berlins erforderten Anleihe von 1 200 000 Tl."[1] die eine Neuauflage der beiden vorangegangenen Anleihen war, traten Delmar & Co. noch weiter zurück. Sie wurden mit 16 000 Tl. eingeschätzt, während sieben andere Firmen: Gebr. Schickler, Gebr. Benecke, J. H. Beer, Gebr. Bendemann, von Halle, Gebr. Berend und J. und A. Mendelssohn, mit Beträgen von 20 000 bis 40 000 vor ihnen standen.

Wenn die Beziehungen dieser bisher so aktiven Firma zur preußischen Verwaltung seit den Befreiungskriegen immer stärker zurückgingen, so waren dafür wohl verschiedene Gründe maßgebend. Der ehrgeizige Delmar ist durch seine Verhaftung und Verschickung sicher stark verletzt worden. Seine Nobili-

[1] *Rep. 151 h III Sekt. 1 Nr. 30*

tierung mag ihm gerade in den Kreisen, zu denen er sich damit den Zugang zu öffnen suchte, mehr geschadet als genützt haben. was ihm vielleicht die Freude an den Geschäften verdorben hat. Dazu kam, daß er mit seinen sehr erheblichen Forderungen gegen den Staat und andere öffentliche Stellen viele Schwierigkeiten hatte. Im Dezember 1810 spezifizierte er seine Ansprüche an die öffentliche Hand wie folgt[1], wobei er zwischen Forderungen und Engagements, d. h. von dritter Seite finanzierte eigene Verpflichtungen, unterschied:

Forderungen:

Tl. 75 000	an Magistrat Berlin
„ 9 000	„ kurmärkische Stände
„ 68 000	„ neumärkische Stände, darin 10 Monate Zinsen à 18% per Jahr.
„ 5 000	„ Feldlager-Kommission
„ 10 000	„ Beitrag zum Kontributions-Lombard
„ 4 000	„ Kontributions-Konto
„ 8 000	„ Vorschüsse für Nationaltheater, Armendirektion, Hofapotheke
„ 2 000	„ Kriegskasse
„ 4 000	„ Vorschuß an Gräfin Brandenburg durch Hofmarschall v. Massow
Tl. 185 000	
„ 300 000	Engagements: aus Wechseln zur Finanzierung der Preußischen Kriegskontributionen, der Kriegskontributionen der Stände und der für die Stadt Berlin aufgenommenen Hamburger Anleihe.

Von jenen 185 000 Tl. sollten, wie Staegemann als Chef des Staatskassen-Departements mündlich zusicherte, 100 000 im Laufe des Jahres 1810, das übrige in den ersten Monaten des nächsten Jahres zurückgezahlt werden. Doch waren auf mehrfaches dringendes Erinnern hin bis Ende 1810 erst 10 000 Tl. bar entrichtet und es wurden am 30. Dez. weitere 90 000 bewilligt. Davon sollte die Seehandlung 44 000 in Wechseln, die

[1] *Rep. 151 h III 1, Nr. 25*

[2] *Rep. 151 a III 3,25*

von J. S. von Halle auf Delmar & Co. gezogen, und zur Berichtigung von Kontinentalgefällen an sie gekommen waren, kompensieren und 46 000 in Wechseln auf hiesigen Platz, wie sie für solche Gefälle in Zahlung gegeben wurden. begleichen. Baron Delmar war damit wenig zufrieden. Er bemerkte bitter in einem Schreiben vom 23. Aug. 1811:[1] Sein Haus habe für sein hilfreiches Verhalten nur Undank und Verdrießlichkeiten geerntet, besonders von der Stadt Berlin, und keinerlei Nutzen gehabt. Auch bei den drei einzigen Geschäften, bei denen seine Firma einen Nutzen erwartet und sich ausbedungen hätte, nämlich mit der Kurmark, der Neumark und der Salzpartie, sei dieser größtenteils verloren gegangen, da die pünktliche Zahlung nicht eingehalten worden sei.

Um eine schnellere Erledigung der alten Forderungen zu erreichen, verschafften Delmar & Co. dem Staate im Oktober und November 1811 nochmals 200 000 Tl. Darlehen auf drei Monate zu 7% Jahreszinsen[2]. Dieser Betrag wurde durch die Seehandlung im Februar 1812 pünktlich zurückgezahlt. Wegen der übrigen Forderungen, wozu auch die aus der früher erwähnten Warschauer Differenz mit der kgl. Bank gehörten, erhielt Delmar im Dezember 1812 eine urkundliche Versicherung Hardenbergs über 350 000 Tl. Im Sommer 1813 verhandelte Delmar im Hauptquartier wegen endlicher Erfüllung der ihm gemachten Versprechungen und wandte sich, als er von Hardenberg hingehalten wurde, an den König selbst. Dieser schrieb von Frankfurt a. M. am 17. Dezember 1813 an den Kanzler: „Ich finde es den Forderungen der Gerechtigkeit gemäß, daß das Handlunghaus Delmar & Co. wegen der zu Gunsten des Staates gemachten Auslagen entschädigt und seiner Verlegenheit entzogen werde, da auch die Erhaltung eines der ersten, um den Staat verdienten Handlungshäuser für den öffentlichen Kredit wesentlich wichtig ist". Delmar wünschte, daß ihm zur Behebung seiner Schwierigkeiten die 219 000 Tl. Forderungen, die er gegen Sicherheiten im Herzogtum Warschau besaß, zum Realwert abgekauft würden. Nach Verhandlungen mit Staegemann erhielt er am 2. Februar 1814 100 000 Tl. auf Abschlag ausgezahlt, die die Staatskasse sich selbst nur mit großen Opfern

[1] *Rep. 74 N XVI 38*

[2] *Rep. 151 e II 4; Rep. 74 N XVI 38*

finanzieren konnte. Weitere 100 000 Tl. sollte er gegen völligen Verzicht auf die Warschauer Forderungen erhalten. Im Mai 1814 waren indessen auf jene alte Versicherung Hardenbergs noch 73 000 Tl. rückständig, und am 1. Juli 1815 mußte Delmar bei Hardenberg dringend ansuchen, ihn für seine einschließlich Zinsen 106 000 Tl. betragende Forderung endlich zu befriedigen.

Am 15. November 1813 war Moses Salomon Levy, Baron Ferdinand Delmars Vater, gestorben. Er hatte am geschäftlichen Leben noch tätigen Anteil genommen und seinen ältesten Sohn öfters vertreten. Sein Haus Königstraße 16, in dem auch Delmar & Co. ihr Geschäft führten, ging damit auf die beiden Inhaber dieser Firma über[1]. Zweifellos haben Delmar & Co. die Kriegszeit gut überstanden. Die Klugheit und Energie des Hauptinhabers und seine politischen Beziehungen haben die Firma aus allen Gefahren und Engagements der kritischen Jahre schließlich in bester finanzieller Stellung hervorgehen lassen. Wenn sich das Haus trotzdem immer mehr von den Geschäften — und zwar nicht nur von den Staatsgeschäften — zurückzog, so lag das an Baron Delmars persönlicher Einstellung, dem offenbar kaufmännisch-geschäftliche Tätigkeit nicht mehr zusagte und der sein großes Vermögen anders zu genießen trachtete. An dem großen Konsortium, das im November 1815 unter Führung des Frankfurter Hauses Rothschild zur Finanzierung der Frankreich auferlegten Kriegsentschädigung zusammentrat, nahm die Firma zwar noch teil, schied indessen bei dessen Prolongation aus. Auch bei den späteren Anleihe-Verhandlungen, die Rother mit Berliner Bankiers geführt hat, haben sie keine Rolle mehr gespielt. Nur 1820 erscheinen sie noch einmal unter den 18 Berliner Häusern, die damals die preußische Prämien-Anleihe übernahmen.

Die Charakteristik, die Sack und Raumer 1810 von Delmar gegeben hatten, bestätigt sich in dem wenigen, was wir von seinem späteren Leben wissen. Während sein und seiner Firma Name aus den Geschäften verschwindet, taucht er auf, wo Gelegenheit ist, „mit Großen und vornehmen Leuten" zusammen zu kommen. Gentz erwähnt auf dem Aachener Kongreß

[1] *Lüdicke, Häuserbuch I 151*

im Oktober und November 1818 wiederholt[1], daß er bei Baron Delmar — einmal „sehr gut“ hervorhebend — gegessen habe. Unter den anderen Gästen — Graf Zichy, Parish, Prinz Philipp von Hessen, Baron Humboldt, Fürst Arenberg — fehlte nie der Fürst Hatzfeld, der franzosenfreundliche Zivilgouverneur Berlins während der Besatzungszeit, offenbar seitdem Delmars Gönner. In einem Brief an Adam v. Müller rühmt sich Gentz, in Aachen „mit den ersten Puissances der kaufmännischen Welt, mit Baring, Labouchère, Parish, Rothschild, Delmar etc. die lehrreichsten Gespräche“ geführt zu haben[2].

In den folgenden Jahren hat Ferdinand Delmar — offenbar als reicher Mann — seinen Wohnsitz von Berlin nach Paris verlegt und sein Geschäft in Berlin von dort aus immer mehr verkleinert. 1819 verkaufen er und sein Bruder das vom Vater ererbte Geschäftshaus Königstraße 16[3]. Ein Restkaufgeld verblieb bei Ferdinand. Das Geschäft wurde zunächst Behrenstraße 45, dann Letzte (seit 1823 Dorotheen-) Straße 6, fortgeführt. 1820 verkaufte Baron Delmar den ehemaligen Küchengarten des Charlottenburger Schlosses, der auf Befehl des Königs im Mai 1810, wenige Monate vor Delmars Nobilitierung, zur Deckung der Gartenschulden zur Versteigerung gekommen war, und den damals Moses Levy für seinen Sohn um 3800 Tl. erstanden hatte[4]. 1824 trat die Firma in Liquidation, die offenbar leicht durchzuführen war, denn 1825 war die Firma schon erloschen. Carl August Delmar blieb in Berlin; er ist es wohl, der 1821—1834 als Kämmerer von Charlottenburg, wo er das Haus Schloßstraße 3 besaß, und seit 1823 als Mit-Curator der Wadzek-Anstalt genannt wird. Er bevollmächtigte von Paris aus 20. Februar 1830 den Berliner Bankier Moses Friedländer mit seiner Vertretung als Aktionär der Insel-AG. und der Verfügung über die 27 Aktien, die ihm von seinem Bruder, dem Baron Ferdinand abgetreten worden seien[5].

[1] *Tagebücher II 272, 274, 276 u. 281*

[2] *Ehrenberg, Große Vermögen I 98. Ehrenberg versieht den ihm offenbar unbekannten Namen Delmar mit einem Fragezeichen.*

[3] *Lüdicke, Häuserbuch II 150*

[4] *Gundlach, Gesch. Charlottenburgs I 270; auch S. 308. II, 454 werden die Brüder verwechselt.*

[5] *Rep. 120 C IX 4,4 I*

Baron Ferdinand Delmar hat in Paris große Geschäfte gemacht. Er soll mit einer spanischen Anleihe viel gewonnen haben und versuchte dann, im Frühjahr 1822, mit ersten Londoner und Pariser Häusern als Gegenspieler Rothschilds die Anleihe für Preußen an sich zu bringen. Er bemühte sich, dafür die Dienste des Berliner Agenten Bloch mit glänzenden Angeboten zu gewinnen, doch ist die ganze Sache gescheitert[1]. Baron Delmar scheint auch in Paris, wo er am 28. November 1858 erblindet starb, seinen vornehmen Neigungen gelebt zu haben. Heine verspottete ihn 1840 in den „Französischen Zuständen"[2] als einen ehemaligen preußischen Lieferanten, der für $1^1/_2$ Millionen Franken in Paris eine Erziehungsanstalt für verarmte junge Adlige gestiftet habe. Er war mit einer Engländerin aus der bekannten Familie Rumbold verheiratet und hinterließ keine legitimen Nachkommen. Eine Adoptivtochter aus der Familie seiner Frau erhielt 1869 von König Wilhelm I. die Genehmigung, ihrem Mädchennamen den Namen Freiin v. Delmar beizufügen.[3]

In nahen verwandtschaftlichen Beziehungen mit dem Hause Levy-Delmar standen zwei andere Berliner Bankiers: Wolff Levy und J. S. von Halle. Wolff Levy war der dritte oder vierte Sohn des alten Salomon Moses Levy. Er gründete, da die ältesten Brüder die väterliche Firma fortsetzten, ein selbstständiges Geschäft, das sich 1805 im Ephraimschen Hause, Poststraße 16, befand, 1806 und 1818 in der Scharrenstr. 3, endlich 1821 Unter den Linden 32. Es hat an Bedeutung und Vermögen das ältere Haus Levy nicht annähernd erreicht, gehörte aber zu den angeseheneren Bankhäusern und stand in den Anleihetaxen von 1813 bis 1815 etwa an der 18. bis 20. Stelle. W. Levy beteiligte sich in der Zeit der Kontinentalsperre stark an Warengeschäften und erlitt dabei einmal wenigstens empfindliche Verluste durch dänische Kaper[4]. Als unglücklich bezeichnete Levy auch ein größeres Lieferungsgeschäft mit dem Staate, da er

[1] *Bericht Blochs an Rother in London, Berlin, 13. 4. 1822, Trende, Rother-Briefwechsel, S. 104*

[2] *Werke, Ges. Ausgabe von 1862, IX 87*

[3] *Janecki in Deutscher Herold XX (1889), S. 115 f*

[4] *Rep. 74 n, 71 u. 73*

durch den von ihm gemachten „modiquen" Preis und die mehrjährige Entbehrung des bedeutenden hineingesteckten Kapitals viel verloren habe. Doch wurde ihm im Okt. 1813 vorgehalten, er sei für seine bedeutenden Forderungen daraus völlig befriedigt und damit vor anderen Staatsgläubigern begünstigt worden. Es handelte sich bei dieser sehr geheim behandelten Sache anscheinend um eine militärische Angelegenheit, und vielleicht hängt es damit zusammen, daß Levy im Anfang Juni 1812 vermeldete, er habe „Hausarrest durch den Generalstab". Doch heißt es schon im Anfang August, er sei wieder neue Engagements für den Staat eingegangen, weshalb ihm von dem auferlegten Anleihebetrag (15 000 Tl.) ausnahmsweise 1/3 nachgelassen wurde[1].

Wolff Levy, der ja ein Oheim des Barons Delmar war, erhielt 1812 das Recht, den Namen Delmar neben dem seinigen zu führen, behielt aber als Firma die alte bei. Er nahm zu Anfang 1816 seinen Sohn Edmund Theodor Delmar, bis dahin Prokurist, als Teilhaber auf. Durch dessen Schuld mußte die Firma 1819 ihre Zahlungen einstellen und mit den Gläubigern auf 45% akkordieren. Die Geschäfte wurden danach durch den alten Inhaber allein fortgesetzt, doch hörte die Firma schon 1823 auf zu bestehen, wohl infolge des Todes von Wolff Levy; in dem Hause wohnte seit 1824 Carl Delmar. Eine alte Forderung der Hauptbank von 2035 Tl. an die Erben von Wolff Levy-Delmar wurde 1847 als uneinbringlich niedergeschlagen[2].

Die Familie von Halle war ziemlich verbreitet. In Hamburg bestand ein bedeutendes Bankhaus E. W. A. von Halle u. Sohn, das auch rege Beziehungen mit Berlin hatte. In Frankfurt (Main) gab es einen Joel Enoch von Halle, der 1812 insolvent wurde und dabei preußischen Tuchfabrikanten noch 12 000 Tl. schuldete[3]. In Berlin hatten die Brüder Joel Samuel (Dez. 1727 bis Okt. 1810) und Wolf Samuel von Halle je ein Bankgeschäft; das des zweiten war anscheinend nicht bedeutend, wenigstens erscheint er 1812/13, als nunmehriger Rentner, nur sehr niedrig veranlagt. Dagegen gehörte Joel Samuel zu den größeren Ban-

[1] *Rep. 89 C XXIX 10 V*

[2] *Rep. 151 II h 1, 21, vol. 17, 18*

[3] *Rep. 50 18 d*

kiers. Er besaß auch 1785—97 mit Israel Marcus zusammen die vormals Moses Rießsche Seidenfabrik; an die Konkursmasse des Vorbesitzers hatte er 1790 noch fast 3000 Tl. Forderung. Durch seine Heirat mit Sal. Moses Levys Tochter Edel wurden er und seine Nachkommen des Levyschen Generalprivilegs teilhaftig. Er kaufte 1799 das Haus Neue Friedrichstraße 47 aus dem Nachlaß des Fabrikanten Isr. Benj. Wulff für 27 500 Tl. und betrieb darin neben seinem Bankgeschäft eine Handlung mit Farbwaren, Wein usw.; Teilhaber mit 1/6 am Reingewinn war ein Salomon Runckel. Joel wurde 1803 in die jüdische Börsen-Repräsentanz gewählt. Nach seinem Testament von 1809[1] war er recht wohlhabend, hielt auch Equipage und Pferde. Drei seiner 4 Töchter waren mit Berliner Bankiers verheiratet: Benoni Friedländer und Jos. Max. Fränkel, die als zeitweilige Teilhaber von Jos. Mendelssohn begegnen, und Aron Bendix, der seit 1811 Anton Bendemann hieß; eine, die dritte, mit dem Kaufmann Ezechiel — seit 1812 Ernst Christoph — Hesse, einem Neffen von Runckel. Der einzige Sohn, Salomon Joel, dann Friedrich Gottlieb genannt (1780 bis 11. Juli 1841) war gleichfalls Teilhaber der Handlung und setzte diese nach dem Tode des Vaters fort in Gemeinschaft mit seinem Schwager Hesse, doch unter der alten Firma J. S. von Halle. Das Haus wurde 1836 verkauft, Wohnung und Handlung befanden sich danach in Neue Promenade 7. Hesse, der Stadtrat war, wohnte schon 1829 in Burgstr. 27 und gehörte anscheinend der Handlung nicht mehr an[2].

F. G. von Halle trat vielfach als einer der angesehensten und vermögendsten Berliner Bankiers hervor, bei den verschiedenen Anleihe-Beteiligungen 1812—17 und bei fast allen Gesellschaftsgründungen. Er gehörte auch dem Ältesten-Kollegium der Kaufmannschaft seit dessen Begründung an. Halle beantragte 1834 mit der Firma Conrad u. Klemme, den Alleinverkauf für die bedrängten preußischen Alaunwerke zu übernehmen[3]. Im Dezember desselben Jahres legte er mit dem Tuchfabrikanten Heinr. Conrad Carl, späteren Vorsteher des Ältesten-Kollegiums, den Staatsbehörden den Plan vor, einen Industrie-Verein

[1] *Test. Kammerger. H III 160*

[2] *Ebenda H II 268*

[3] *Ber. Rothers 30. 11. 1844, Rep. 92 Nachl. Rother Db 9*

zu gründen, mit dem Zweck, solche Fabriken anzulegen, die in Preußen noch nicht vorhanden, aber für das Gemeinwohl von großem Nutzen seien, vor allem Baumwollspinnereien. Es sollten durch Aktienzeichnungen bis zu 1 Million Taler zusammengebracht, aber bei Zeichnung von 300 000 die Tätigkeit schon begonnen werden; Verzinsung 5%. Doch wurde die vom Staat erbetene Beihilfe und Zinsgarantie nicht bewilligt[1]. Die beiden angeregten Unternehmungen hat Rother vereitelt, um sie dann selbst durch die Seehandlung vorzunehmen.

F. G. von Halle ist früh zur evangelischen Religion übergetreten und hatte eine arische Frau, Johanna Dorothea Gruner. Er starb in recht wohlhabenden Umständen in seiner Sommerwohnung Albrechtshof. Da er nur eine Tochter hinterließ, die mit dem Regierungs-Assessor Justus v. Gruner, einem Neffen seiner Frau und vermutlich Sohn des bekannten Justus v. Gruner, verheiratet war, so wurde die Handlung gleich nach seinem Tode aufgelöst[2].

Ein Rentier Wolf Elias von Halle borgte 1832 der Stadt Freienwalde 16 000 Tl. zu 5% zum Ankauf des Gesundbrunnens gegen Verpfändung des städtischen Forstreviers[3].

Gebr. Veit

Als ein altes und sehr lange, bis 1930, hier bestehendes Haus ist das der Gebr. Veit zu erwähnen, obwohl es nie zu den bedeutendsten am Orte gehörte. Juda Veit Singer, Schwiegersohn des Samtfabrikanten Hirsch David, begann nach 1750 mit dem Verlag baumwollener Zeuge, besonders Kattun, und erhielt 1781 eine Konzession als Baumwollfabrikant. Schon 12. März 1764 hat er ein Schutzprivileg zum Etablissement seiner 6 Kinder erhalten, und in demselben Jahre gründeten daraufhin seine Söhne das Bankgeschäft Gebr. Veit u. Co., Kleine Präsidentenstraße 1. Von den 5 Söhnen war wohl der zweite, Salomon, der bedeutendste, bekannt durch die herrliche Büste von der Meisterhand Gottfried Schadows, 1803 Mitglied der engeren Börsen-Repräsentanz. Dann trat auch der vierte, Simon (1754

[1] *Rep. 109 B XI 9*
[2] *Testament Stadtger. 10 050*
[3] *Heller, Gesch. d. Stadt F. (1896)*

bis 1819), in der Geschäftsleitung hervor, während der fünfte, Philipp, ein eigenes Bankgeschäft unter seinem Namen am Hackeschen Markt gründete. Beide Firmen waren 1810 an Darlehen für die neumärkische Landschaft beteiligt und bei den Anleihen von 1812—15 getrennt, in annähernd gleicher Höhe, herangezogen. Waren sie hierbei nur mäßig veranlagt, so zeichneten Gebr. Veit bei dem Tresorscheingeschäft von 1817 einen recht hohen Betrag, 55 000 Tl. Simon Veit, der 1783 Dorothea Mendelssohn heiratete und später von ihr geschieden wurde, bestimmte in dem in seinem Todesjahr, 1819, abgefaßten Testament[1] seinen beiden Söhnen, den Malern Johannes und Philipp Veit, je 25 000 Tl. und setzte noch 13 610 Tl. für Legate aus. Er erscheint damals als einziger Inhaber der Firma, doch lebten die anderen Brüder noch; von ihnen wurden Salomon und Philipp zu Nachlaß-Kuratoren bestellt, der älteste, Joseph, war in der Handlung mit Führung der Korrespondenz, gegen 1000 Tl. Jahresgehalt, betraut, der dritte David, nicht mehr tätig. Doch leistete dessen Sohn Uhde in der Handlung anerkannt treue Dienste. Außerdem waren 3 jüdische Kontorbediente darin. 1850 wird als alleiniger Eigentümer der Firma Uhde Philipp Veit angeführt, der sich mit 10 000 Tl. bei der Bank des Kassen-Vereins beteiligte.

Ein anderer Veit, Eduard, war kurz vorher Teilhaber eines neuen, zu höherem Aufstieg bestimmten Unternehmens geworden. In Königsberg hatte Wolff Oppenheim, ein Bruder des Berliner Bankiers Mendel Oppenheim[2] ein angesehenes Bankhaus begründet, das nach Beitritt seines Schwiegersohns M. Warschauer unter der Firma Oppenheim & Warschauer bestand und von den beiderseitigen Söhnen weitergeführt wurde. Robert Wilh. Adolph W a r s c h a u e r (1816—1884), der die älteste Tochter Alexander Mendelssohns geheiratet hatte, trennte sich dann von Königsberg und gründete 1. Okt. 1849 mit Eduard Veit in Berlin das Bankhaus Robert Warschauer u. Co., das offenbar von vornherein über bedeutende Mittel verfügte, denn es trat schon im folgenden Jahre der Bank des Kassen-Vereins mit 30 000 Tl. bei. R. Warschauer gehörte zu den nam-

[1] *Kammergericht V 111 41*

[2] *Vergl. Bd. II, S. 379 f*

haftesten Bankiers Berlins und war 1856—65 im Ältesten-Kollegium der Kaufmannschaft.

Anhalt und Wagener

Anhalt & Wagener, gegründet 1775 von Otto Heinrich Anhalt (1740—1820) und dessen Schwager Heinrich Wilhelm Wagener (gest. 1820), Brüderstraße 5, an der Petrikirche, gehören zu den wenigen Berliner Bankfirmen des 18. Jahrhunderts, die sich bis in unsere Tage erhalten haben und deren Name der heute lebenden, älteren Generation deshalb noch vertraut klingt. Die Firma trieb ursprünglich hauptsächlich Großhandel und Spedition, bald auch Bankgeschäfte. Es wird erzählt, daß Anhalt nach der Schlacht bei Jena die Sprache verloren habe. Hiermit mag zusammenhängen, daß die Firma bei den Finanzierungen der Okkupationszeit wenig hervortritt. Bei der für die Stadt Berlin 1807/08 in Hamburg aufgenommenen Anleihe gehörten Anhalt & Wagener zu den 48 Rückbürgen.

Als in den Jahren 1808 und 1809 die Stände zur Bezahlung ihrer Kriegskontribution von allen Seiten Geld aufnahmen, gewährte die Firma unter Vermittlung durch Joseph Abrah. Moses den kurmärkischen Ständen 1808 ein ursprünglich kurzfristiges Darlehen von 14 000 Tl. zu 6% Zinsen und 6% Provision[1]. Sie bedangen dabei aus, daß sie bei Zahlungsverzug die ihnen gegebenen Pfänder, die jedenfalls in landschaftlichen Pfandbriefen bestanden, ohne vorherige gerichtliche Klage durch geschworene Makler verkaufen dürften. Als weder Rückzahlung geleistet noch Zinsen berichtigt wurden, schritten sie, ebenso wie andere Bankiers in gleicher Lage, zum Verkauf der Pfänder. Die Stände, die bei dem stark gewichenen Kurs der Pfandbriefe darin eine Verschleuderung erblickten, erwirkten 12. 8. und 4. 12. 1809 Erlasse des Justizministers, die den Gläubigern den Verkauf oder die Weiterverpfändung solcher Pfänder ohne vorherige Rechtsklage verboten, und zwar ausdrücklich rückwirkend auch für Fälle wie denjenigen der Firma Anhalt & Wagener, in denen unbedingte Verkaufsberechtigung vereinbart worden war. Anhalt & Wagener bezeichneten 21. 3. 1811 ein solches Verfahren als unerhört im Preußischen Staat, scheinen aber auf

[1] *Rep. 74 N XVII 1,1 a u. b*

Realisierung der Pfänder verzichtet zu haben. Am 1. Oktober 1811 erboten sie sich, auf die Hälfte ihrer mit 3780 Tl. berechneten Zinsen — einschließlich Provision 12% auf 2¼ Jahre — zu verzichten, wenn sie sofort bezahlt würden. Sie wurden abgewiesen, werden indessen am 8. November 1811 als mit 16 520 Tl. befriedigt angeführt. Anhalt & Wagener hatten auch mit dem Hause Mechow & Pietsch zusammen Pottasche an die französischen Besatzungstruppen geliefert, wofür sie zu Ende 1810 45 994½ Tl. nebst 15 861 Tl. Zinsen von den kurmärkischen Ständen zu fordern hatten[1].

Anhalt, der nie verheiratet war, hinterließ bei seinem Tode 1812 die Hälfte seines Vermögens den drei Kindern Wageners, die später auch von der Demoiselle Ficker stattliche Vermächtnisse erhielten[2]. Die Handlung wurde von H. W. Wagener unter dem alten Namen fortgeführt. Nach den Beträgen, mit denen die Firma an den preußischen Anleihen der Jahre 1812 bis 1817 beteiligt war, zählte sie damals nicht zu den führenden, wohl aber zu der Klasse angesehener, mittelgroßer Handlungen. Bei dem Versuch der Aufnahme einer Anleihe im Juni 1812 waren Anhalt & Wagener unter den 20 Firmen, an die Hardenberg herantrat. In der Zusammenkunft vom 8. Juni zeichneten sie 5000 Tl. Als sie am 13., gemeinsam mit einer Anzahl anderer Firmen, von Staegemann aufgefordert wurden, ihre Zeichnung auf 15 000 Tl. zu erhöhen, stellten sie vor, ihr Angebot sei schon im Verhältnis zu anderen Häusern groß zu nennen. Man möge doch nicht den ganzen Betrag einer so geringen Zahl von Kaufleuten auferlegen, sondern die reichen Brauer und Bäcker oder die ganze kaufmännische Korporation heranziehen. Im Februar 1813 gehörte Wagener zu den 18 „wegen ihrer Rechtlichkeit, Patriotismus und zum Teil vorzüglichen teils bekannten, teils empfohlenen Mitgliedern des hiesigen Handelsstandes", mit denen Heydebreck die neue Anleihe vorbesprach. Auch unter den Mitunterzeichnern eines Antrags vom 28. November 1813 zur Prolongation der Zwangs-Anleihe vom August 1813 ist Wagener zu finden. Wie weit die Firma unter der Kontinentalsperre ihren Warenhandel glücklich betrieben hat, läßt sich nicht ersehen. Als unverschuldete Kriegsverluste meldete sie an, daß

[1] *Rep. 74 N XVII 1 1 a*

[2] *Testament Cölln 3357. Vgl. Bd. II, S. 233*

die Franzosen ihr 1813 in Sachsen und Schlesien für 4000 Tl. und 8000 Tl. Waren als englische erklärt und fortgenommen hätten, obwohl es im zweiten Falle Berliner grüne Seife gewesen sei.

Unter dem Sohn des Gründers, Joachim Heinrich Wilhelm Wagener, der 1814—1853 der Handlung angehörte und 1861 starb, vermochte sie ihre Stellung innerhalb der Berliner Bankwelt aufrecht zu erhalten. J. H. W. Wagener jun. nahm seit 1817 mit W. C. Benecke und Jos. Mendelssohn an den Beratungen teil, die 1820 zu der Gründung der Korporation der Kaufmannschaft führten. Er gehörte dem Gremium der Ältesten von der Gründung bis 1827 an. 1817 war die Firma bei der Anleihe zur Realisierung der Tresorscheine mit 25 000 Tl. beteiligt, dagegen nicht 1831 bei der Prämienanleihe, bei der sie in den Vorverhandlungen mit 100 000 Tl. vorgemerkt war. 1824 gehörte sie zu den Mitbegründern der Insel-Aktiengesellschaft und 1842 zu dem Comité zur Begründung eines Aktienvereins für den Bau der Bahn von Berlin nach Hamburg.

Joachim Heinrich Wilhelm Wagener besaß eine berühmte Gemäldesammlung, die er dem König Wilhelm I. vermachte. Sie ging wohl nach dem Tode Max Anton Wageners, des Enkels des Gründers und letzten seines Namens in der Firma, 1866, in Staatsbesitz über und bildet den Grundstock der Nationalgalerie. 1866—1874 führte der Schwager Max Anton Wageners, der Engländer Richard Brook, seit 1851 Teilhaber und später Geheimer Kommerzienrat, die Handlung allein. Unter seiner Leitung hat das damals hochangesehene Haus nach 1870 einige bedeutende und erfolgreiche Industriegründungen durchgeführt, so diejenige der Chemnitzer Werkzeugmaschinenfabrik von Joh. Zimmermann und des Westfälischen Draht-Industrie-Vereins zu Hamm. Unter den folgenden Inhabern, die nicht mehr der Familie angehörten, firmierte die Handlung „Anhalt & Wagener Nachf.“. Sie befand sich noch immer, wie 100 Jahre vorher, in der Brüderstraße 5, war vorübergehend von der Berliner Handels-Gesellschaft kommanditiert, ging indessen mehr und mehr zurück, bis sie zu Anfang dieses Jahrhunderts ein unrühmliches Ende fand[1].

[1] *1901 „they collapsed somewhat noisily.“ Emden. Money Powers of Europe, S. 250*

Gebrüder Benecke und Wilhelm Christian Benecke

Die Brüder Etienne (Stephan) und Christian Benecke gründeten 1792 ein Waren-, Speditions-, Geld- und Wechselgeschäft, und zwar in Gemeinschaft mit Christian Heinrich Keibel, der vermutlich die jungen Leute mit Geld unterstützte. Ihr ältester Bruder Nicolas wird das väterliche Geschäft fortgeführt haben, er besaß eine kleine Seifenfabrik im Hause Stralauer Straße 56, das er 1789 zusammen mit jenem Keibel für 11 000 Tl. gekauft hatte, seit 1795 aber allein besaß. Ob die Brüder Nachkommen des 1698 verstorbenen kurfürstlichen Obersalzfaktors Martin Christian Benecke[1] waren, ist ungewiß; ihre Mutter Susanne, geborene Richard, war Französin, und sie selbst gehörten der französischen Kolonie an. Die Keibel, mit denen sie in nahen Beziehungen standen, waren eine alte Berliner Familie, von der mehrere als angesehene Kaufleute, Stadtverordnete und sonst in ehrenamtlichen Stellungen hervortraten, einer aber, Gotthilf Benjamin († 1835), es als Ingenieur-Offizier zum Generalmajor brachte. Heinrich Keibel trennte sich zu Anfang August 1795 von den Brüdern Benecke; er besaß eine eigene Waren- und Kommissions-Handlung, dann auch eine Seifenfabrik im eigenen Hause Stralauer Straße 52. Etienne und Christian aber führten nun unter der Firma Gebr. Benecke ein Bank- und Kommissionsgeschäft im Schützeschen Hause, Spandauer Straße 22, und haben anscheinend damit auch die Fortsetzung der hochangesehenen Handlung des zu Ende 1794 verstorbenen Friedr. Wilh. Schütze[2] übernommen. Dadurch wäre es wohl zu erklären, daß sie auffallend früh zu Ansehen gelangt sind. So wurde Christian Benecke, der schon im April 1795 vom Fabrikanten Beyrich zum Vormund eingesetzt war, 1796 neben den jüdischen Bankiers L.M. Wulff und Nathan Liepmann zum Kurator beim Itzigschen Konkurs gewählt, und im April 1800 wurden Gebr. Benecke neben den bedeutendsten Bankhäusern Gebr. Schickler, S. M. Levys Erben und L. M. Wulff vom Magistrat um Gutachten über das Goldausfuhrverbot ersucht[3]

[1] *Bd. II, S. 14*

[2] *Bd. II, S. 245 f. Das Haus kaufte die Witwe Etienne Beneckes 1808 von den Schützeschen Erben für 18 400 Tl.*

[3] *Acta Borussica, Münzwesen IV, S. 499, 505*

Es sind das die 4 Häuser, die nach 1806 immer wieder als die unbedingt führenden Berlins erscheinen.

Schon 1798 war in Hamburg eine zweite Handlung in Kompanie mit Johannes Moller unter der Firma Gebr. Benecke u. Moller entstanden, vielleicht auch aus dem Schützeschen Geschäftsnachlaß. Die Gründer der Handlung starben früh ohne nachfolgefähige Erben, sie hatten aber in ihrem Vetter oder Neffen Wilhelm Christian Benecke einen Nachfolger von ganz besonderen Fähigkeiten. Dieser war als Sohn des Materialwarenhändlers Michael Christian B. († 1807) zu Frankfurt (Oder) 12. Dez. 1778 geboren und trat, nachdem er die Elementarschule seiner Vaterstadt und die Handelsschule in Berlin besucht, 15jährig als Lehrling in das Geschäft seiner Verwandten, der Gebr. Benecke, ein. Er wurde 1799 dem in dem Hamburger Kompaniegeschäft tätigen Christian B. zugeteilt und hatte nun eine Reihe von Jahren Gelegenheit, in dem so viel weiter gespannten Geschäftsleben des großen Seehandelsplatzes seine Fähigkeiten entscheidend auszubilden. Ein ungewöhnliches Zusammentreffen von Umständen verschaffte dem erst 26jährigen die Leitung des Unternehmens. Christian B. starb schon im Herbst 1803 kinderlos und setzte seinen Bruder Etienne zum Erben, während seine Witwe nur ihr eingebrachtes, in der Handlung steckendes Vermögen behielt[1]. Wilhelm Christian wurde im Anfang 1806 nach Berlin zurückgerufen, da der nunmehrige Alleininhaber Etienne B. erkrankt war. Auch dieser starb 1. Mai 1806 und hinterließ außer seiner Witwe Dorothea Eleonore, geb. Rudelius[2], nur unmündige Kinder, und zwar 6 Söhne, von denen 4 am Leben blieben. Mit Etiennes Tode hörte die Teilhaberschaft an der Hamburger Handlung auf; das Berliner Geschäft aber sollte nach dem am 8. März errichteten Testament[3] fortgeführt werden, und zwar, bis einer oder mehrere der Söhne es übernehmen könnten, durch Wilhelm Christian, der als redlich und geschickt erkannt sei, als Disponenten, mit Beistand des Kassierers Wibel als Prokuristen. Diese erhielten weitestgehende Vollmacht: der Vormund der Hinterbliebenen

[1] *Testament Stadtgericht Berlin 3792*

[2] *J. G. Rudelius Ww. u. Sohn wird 1810 als eines der ersten Häuser in Frankfurt (Oder) angeführt. Rep. 74 N XV 2*

[3] *Stadtger. Berlin 3903*

hatte nur darauf zu halten, daß jährlich Bilanz gezogen werde; wenn versichert werde, daß das Vermögen auf Grund des Abschlusses von Ende 1805 sich nicht vermindert habe, solle niemand sich weiter um den Gang der Handlung kümmern oder Rechnunglegung fordern. Der Disponent solle ein Jahrgehalt von 1000 Tl. Cour und eine Tantieme von 10% des jährlichen Reingewinns erhalten. Der Erblasser fügte als Wunsch hinzu, daß jener nach Abschluß seiner Tätigkeit als Sozius aufgenommen werde; andernfalls solle er 5000 Tl. als Vergütung erhalten.

Der letztwilligen Verfügung entsprechend machte die Witwe durch Circulare vom 2. Mai der Kaufmannschaft bekannt, daß sie entschlossen sei, die Handlung für ihre und ihrer Kinder Rechnung durch Wilh. Christian Benecke fortsetzen zu lassen. Dieser hat sie seitdem vollkommen selbständig und allein bis Ende 1819 geführt. Den laut Testament beigeordneten Prokuristen hat er wohl auch nachgehends entfernt, wenigstens zeichneten unterm 24. Juli 1811 J. E. Depierre und G. L. Conze in procura. In diesem Jahre trat G. W. Averdieck aus der aufgelösten Firma Benecke u. Moller in Hamburg als erster Prokurist, neben Conze, ein.

Die Handlung befand sich indessen bei der Übernahme in sehr bedenklicher Lage. Denn Etienne B. hatte sich mit riesigen Beträgen in höchst eigenartige Geschäfte eingelassen, mit deren Realisation es ganz zweifelhaft stand. Da waren vor allem die Forderungen an David Ephraim, die bei dessen Konkurs, Sept. 1805, sich einschließlich Zinsen auf 418 282 Tl. beliefen; nur ein Teil war durch Obligationen des Fürsten Starhemberg in Höhe von 329 636 fl. einigermaßen gedeckt[1]. Im ganzen betrugen die unsicheren Activa 593 465 Tl., die Wilh. Christian unter Abschreibung von 183 801 Tl. auf ein besonderes Liquidations-Conto trug. Er traute es sich zu, die reichlich verfahrenen Geschäfte der Handlung weiter und zu Erfolg führen zu können, war aber offenbar von vornherein fest entschlossen, dabei vor allem den eigenen Vorteil wahrzunehmen, d. h. die aus seiner geschickten Geschäftsführung sich ergebenden Gewinne so weit

[1] *Vgl. Bd. II, S. 339*

wie möglich sich selbst zuzuleiten, das Risiko und die Verlustposten aber auf die Firma Gebr. Benecke abzuschieben. Das ist ihm auch durchaus gelungen: er selbst wurde ein reicher Mann, die Handlung aber führte nur eine Scheinblüte und brach, nachdem er sie verlassen, bald zusammen. In jener Absicht hat er das Liquidationskonto mit den vom Vorgänger herstammenden unsicheren Activis ausgeschieden; die darauf zu erwartenden Verluste sollten lediglich der Handlung zur Last fallen. Allerdings ergab sich nun, daß die Passiva die liquiden und disponibeln Activa weit überstiegen, so 1807 um 369 192, am wenigsten 1818 mit 77 807 Tl.; sie konnten nur mit Hilfe der unsicheren, auf Liquid.-Conto stehenden Posten, die in den beiden genannten Jahren 440 725 bzw. 405 468 Tl. ausmachten, gedeckt werden. Ferner erreichte Wilh. Chr., daß von 1. Jan. 1808 an sein Gehalt auf 1200 Rt. und die Tantieme auf 20% erhöht wurde; er verheiratete sich darauf (5. Febr.) mit der 22jährigen Marie Luise Dutitre, der älteren Tochter der bekannten, recht wohlhabenden „Madame Dutitre".

Von 1. Jan. 1811 an aber trat er in ein ganz neues, durch Verträge mit der Witwe geregeltes Verhältnis zur Handlung. Von da an nämlich genoß er, außer einer 4%igen Verzinsung seiner in der Handlung stehenden Kapitalien, die Hälfte des Reingewinns und übernahm auch die Hälfte der Verluste, diese aber nur, soweit sie sich aus den von ihm seit 1. Jan. 1811 eingeleiteten Geschäften ergaben. Er versprach dagegen 1811, den Handlungsgewinn für 1809—11 gegen den Abschluß von 1808 um 75 000 Rt. zu erhöhen, nach Abschreibung der schlechten Schulden. Bei der Vertragsverlängerung, von 1813 an, bedang er sich noch aus, daß sein Verlustanteil nicht den von ihm in die Handlung gegebenen Fonds übersteigen dürfe. Damit er diesen nicht auf ein Minimum reduziere, mußte er sich allerdings verpflichten, sein derzeitiges Handlungskapital von 100 000 Rt. für die Vertragsdauer stehen zu lassen; außerdem sollte jeder Vertragsteil jährlich nicht mehr als 25 000 Rt., einschließlich Zinsen und Gewinnanteil, aus der Handlung nehmen. Man kann als sicher annehmen, daß B. für die Dauer seines nachmals bis ult. 1819 verlängerten Vertragsverhältnisses die zulässigen 25 000 Tl. jährlich herausgenommen und seinem Privatvermögen zugeschlagen hat. Doch war ihm vertragsmäßig zur Pflicht gemacht, keine andere Handlung für seine Rechnung zu gründen oder als Gesellschafter in eine andere Handlung zu treten. W. Chr. hat es seinerseits geflissentlich vermieden, ein rechtliches Sozietäts-Verhältnis zur Handlung Gebr. Benecke herzustellen, so daß er nicht unbeschränkt, sondern nur in Höhe seines im Geschäft befindlichen Kapitals für Verlust einzustehen brauchte. Er blieb absichtlich Disponent mit begrenzter eigener Haftung, aber unbeschränkter Geschäftsvollmacht.

Aus der ersten Zeit der Leitung Wilh. Christians stammt eine Forderung des Hauses an den Staat, die sich auch als ein wenig glückliches Geschäft herausstellte. Es wurden 1806 vor dem Kriege 10 vom Minister des Äußeren Graf Haugwitz ausgestellte Obligationen über je 10 000 Tl. Cour. zum Kurse von 105% erworben. Die Zinsen, 5% jährlich, blieben von 1. Juni 1806 an hinterstellig. Nachdem eine Obligation schon vorher abgestoßen war, konnten die 9 übrigen samt 10 000 Tl. Zinsrückstand 1811 an den Kurprinzen von Hessen zediert werden, der sie für den Kauf der Herrschaft Ratibor verwendete. Gebr. Benecke baten dann noch mehrfach bei Hardenberg um bare Berichtigung der Restzinsen — Ende Juni 1812 17 375 Tl. — und machten dabei geltend, daß sie schon sehr bedeutende Kursverluste auf diese Forderung erlitten hätten[1].

Bei den zahlreichen Anleihen, die nach dem unglücklichen Tilsiter Frieden infolge der dringenden Kontributionsforderungen der Franzosen notwendig wurden, bildeten Gebr. Benecke mit den älteren Häusern Gebr. Schickler und S. M. Levy Erben ein Konsortium, dem einigemale auch L. M. Wulff angehörte. Gebr. Benecke zählten demnach unbezweifelt zu den wenigen Berliner Bankgeschäften, die über genügend Mittel und Kredit verfügten, um hohen Anforderungen gerecht werden zu können. Ob allerdings Wilh. Christian B. bei den schwierigen Anleiheverhandlungen sich auch persönlich stärker durchgesetzt hat, ist nicht zu erkennen; es ist auch kaum anzunehmen, da er noch recht jung war — Ende 1808 erst 30 Jahre alt — und neben so alterfahrenen Bankleuten wie L. M. Wulff und dem Schicklerschen Disponenten J. J. Brüstlein sowie dem ehrgeizigen und

[1] *Rep. 74 N XVI, 20*

geltungsbedürftigen Levy-Delmar wohl schwer aufkam. Zudem gaben jene Geldgeschäfte auch keinen Anreiz zur Entfaltung besonderer Talente, denn sie waren nur durch den Drang der Umstände aufgenötigt und forderten mehr Opfer als daß sie Gewinn brachten. Es läßt sich also wohl denken, daß Benecke sich dabei kühl verhielt und nur mitmachte, weil er Wert darauf legte, in der Reihe der führenden Bankhäuser nicht zu fehlen. Da diese Dinge schon anderwärts erörtert sind[1], sei hier nur erwähnt, daß zu Ende Oktober 1810, als es sich um endliche Erledigung jener Anleihen durch den Staat handelte, die Forderungen von Gebr. Benecke aus ihnen noch 146 569 Tl., dazu 18 969 Tl. an rückständigen Zinsen, ausmachten. Darin waren enthalten, der Höhe der Beträge nach, die Darlehen für die Stadt Berlin, die neu- und kurmärkischen Stände, die Feldlager-Kommission und das Nationaltheater[2].

Auf diese 5 Forderungen in Höhe von 165 538 1/2 Tl. wurde ihnen eine Kompensation von 104 571 3/4 Tl. auf Kontinentaltarifgefälle zugestanden (Dez. 1810), wobei ein Teil der ständischen Schulden als besondere Begünstigung für das Haus angerechnet wurde. Dieses berechnete seine Ansprüche im Juli noch auf 70 600, im September 1811 auf 65 224, 16. Dez. 1811 auf 59 510 1/2 Tl. Cour., worin 6% Zinsen bis 10. 4. 11. Gebr. Benecke hätten diese Forderung gern dazu verwandt, eine Schuld an die Johanniter-Ordensballey von 63 000 Tl. einzulösen, um die dafür deponierten 83 000 Tl. ostpreuß. u. märk. Pfandbriefe frei zu bekommen. Denn es bestand gerade eine Möglichkeit, sie gut verwerten und so den daran erlittenen großen Schaden mildern zu können (24. Juli und 4. Sept. 1811). Die Bitte wurde aber erst Ende November zur Hälfte erfüllt.

Die Beträge, die Gebr. Benecke, teilweise zusammen mit I. S. von Halle, 1810/11 für Kontinentalabgaben zu entrichten hatten, waren außerordentlich hoch. In der Zeit der Kontinentalsperre erforderten die Geschäfte mit überseeischen Einfuhrwaren wegen der riesigen Kontinentalgefälle so außerordentlich hohe Geldsummen, daß sie großenteils in die Hände der größeren Bankiers gelangten, die sie teils in Kommission für auswärtige

[1] *Bd. II, S. 423 ff und oben, S. 31—37*

[2] *Rep. 151 a III, 3, 19*

Häuser, teils auch für eigene Rechnung betrieben[1]. So gibt der Inhaber einer der ersten Materialwarenhandlungen (Cunos Erben) 15. August 1813 an: Der Engroshandel (in dieser Branche) sei jetzt gänzlich in den Händen einiger Bankiers, er selbst könne keine Engrosgeschäfte mehr machen und sei allein auf den Detailhandel beschränkt.

Den Gebr. Benecke wurde im Anfang 1810 bei der Accisekasse ein Kredit von 200 000 Tl. auf 8 Monate für zu bezahlende Gefälle ohne alles Unterpfand eröffnet, von dem sie aber fast keinen Gebrauch gemacht haben wollen. Danach gerieten sie jedoch mit einem Impost von etwa 250 000 Tl., den ihre auswärtigen Freunde zu bezahlen sich weigerten, in Verzug, so daß ihre Waren, die sie auf einen dreimal größeren Wert veranschlagten, auf dem Packhofe 31. Okt. mit Beschlag belegt wurden[2]. Um sie freizubekommen, boten sie 18. Dez. Tratten über 250 000 Mk.bco. auf Hamburg und 110 000 Tl.Cour in von Frankfurt a. O. auf sie gezogenen und von ihnen akzeptierten Wechseln, alle auf 3 Monate, an, wobei sie u. a. bemerkten: Außerdem leidet es bei unseren früheren merkantilischen Verhältnissen zum Staate keinen Zweifel, daß die Gen.-Direction der Seehandlungs-Societät unsere Tratten und Accepte für obige Summen sogleich als bare Zahlung annehmen würde. Zur weiteren Sicherheit wollten sie bis zur Einlösung der Wechsel eine Schuldurkunde des Fürsten Starhemberg vom 5. März 1810 über 600 000 fl. — 329 636 fl. Kapital und 270 364 fl. rückständiger Zinsen — deponieren. Sie baten aber, die Sache nicht zur Publicität zu bringen, weil von Nichtunterrichteten ihr leicht eine falsche Deutung gegeben werden könnte. Im ganzen sind von Gebr. Benecke Ende Dezember 1810 an Kontinentalabgaben 250 000 Tl. auf die angegebene Weise an die Haupt-Seehandlungs-Kasse entrichtet worden, wozu obige 104 572 Tl. durch Aufrechnung kamen.

Um eine schnellere Erledigung ihrer alten Forderungen zu erreichen, verstanden sich die Häuser Delmar u. Co. und Gebr. Ben. sowie der Kaufmann Heinrich Keibel, der für Lieferungen große Vorschüsse gemacht hatte, dazu, dem Staat im Herbst 1811 neue Darlehen, allerdings nur auf 3 Monate, zu machen,

[1] *Vgl. Hans Saring in FBPG 44, S. 97*

[2] *Rep. 151 a III 3, 19*

gegen 6% Zinsen und 1% Provision. Delmar schoß 200 000 Tl. in 3 Raten vor, Keibel und Benecke am 1. Nov. 150 000 bzw. 120 000 Tl., Gebr. Ben. hatten mit ihrem kleinsten Darlehen anscheinend den besten Erfolg, denn sie erhielten schon 29. Nov. 60 800 Tl. bewilligt, wobei allerdings über die Hälfte auf ihre Wechselverbindlichkeiten gegen die Seehandlung verrechnet wurde[1]. Delmar dagegen hatte noch lange um seine Befriedigung zu kämpfen, und Keibel hatte 1813 für Hanföl, das er 1807/8 geliefert, 30 000 Tl. zu fordern, abgesehen von späteren Lieferungsforderungen und von 33 000 Tl., die ihm die Stadt für Straßenbeleuchtung schuldete.

Wilh. Christian B. muß in jenen Jahren bereits bedeutendes persönliches Ansehen gewonnen haben. Er war seit Mai 1809 Stadtrat und wurde neben dem Bankier Levy (Vater oder Sohn?) vom Fürsten Wittgenstein für dessen aufsehenerregende, im März 1810 dem König vorgelegte Denkschrift über die Gründung einer Nationalbank zu Rate gezogen. Es ist auch anzunehmen, daß er für sein Haus durch kluge Benutzung der in so unruhigen Zeiten sich bietenden Möglichkeiten, spekulative Waren- und Differenzgeschäfte, gut verdient hat. Bei Gelegenheit der staatlichen Notanleihe von Frühjahr 1812 spielte Benecke die maßgebende Rolle. Das am 23. März zur Ausarbeitung eines Anleiheplans gewählte Comitee von 9 Kaufleuten und Bankiers versammelte sich in seiner Wohnung. Es wurde da der von Hardenberg ausgehende Vorschlag eines gemeinschaftlichen Wechselkredits der Kaufmannschaft in Höhe von 2 Mill. Tl. durch den „Widerspruch einiger der vorzüglichsten Häuser" zu Fall gebracht und statt dessen die Aufbringung des Geforderten durch Zwangsanleihe mit Umlage auch auf Gewerbetreibende und Private, vielfach nicht wechselfähige und nicht leistungsfähige Personen, gewählt. Es geschah offenbar, um nicht solidarisch für das Aufkommen einstehen zu müssen, aber es führte dazu, daß harte Maßnahmen notwendig wurden und das Ergebnis dennoch weit hinter der Forderung zurückblieb. Dieses eigensüchtige Verhalten der führenden Bankiers erregte böses Blut, der alte Moses Levy verurteilte es offen[2]. Nach ihm hätte sich der Betrag durch Wechsel der

[1] *Rep. 151 e II 4*
[2] *Vgl. oben S. 44*

Börsenkaufleute ohne Schwierigkeit aufbringen lassen, statt dessen habe ein Teil des Comitees sich von der Commune losgerissen. Herr Benecke sei der erste gewesen und habe ohne Wissen des Comitees einen Vorschuß geleistet, worüber andere sehr aufgebracht waren, um es dann aber ebenso zu machen. Über das beanstandete Geschäft unterrichtet ein ausführliches Schreiben von Gebr. Benecke an Staegemann vom 8. April[1] Danach erklärten jene sich bereit, außer ihrem Anleihebeitrag von 10 000 Tl. bar und 20 000 in Wechseln noch 50 000 Tl. in Wechseln für ein Lombardgeschäft zu geben sowie 20 000 Tl. auf Delmar u. Co. und 18 725 auf Gebr. Schickler zu girieren und so insgesamt 118 725 Tl. auf 6 Monate vorzustrecken. Der Vorteil, den Ben. mit seiner Separation erreichte, bestand offenbar darin, daß er seinen Anleihebeitrag in eine Geschäft mit Zinsvergütung, 6% ab 25. März, und befristeter Rückzahlung hineingebracht hatte.

Hardenberg maß in einem Schreiben vom 5. Mai dem Verhalten der Bankiers den mangelhaften Erfolg der Berliner Anleihe bei; der Königsberger Handelsstand habe auf dem anderen Wege 800 000 Tl. aufgebracht, während die Zwangsanleihe in dem ungleich leistungsfähigeren Berlin mit aller Mühe etwa 1 Mill. ergab. Dort wurde daher im Juni der Kaufmannschaft eine Ergänzungsanleihe auferlegt, wofür die vier führenden Häuser und Bendemann sogleich je 25 000 Tl. zeichneten, während andere sich sehr wenig oder gar nicht willfährig erwiesen. Die Beiträge der übrigen wurden danach vom Staatskanzler festgesetzt, und zwar unverhältnismäßig hoch, so daß eine ganze Reihe von Firmen auf den höchsten Satz von 25 000 Tl. kam.

Bei einer vorhergehenden Anleihe-Verhandlung der Regierung mit Vertretern der drei größten Handelsplätze (27. Mai) war Berlin durch Benecke und Delmar vertreten. Diese beiden wurden auch am 20. Juni in die staatliche Kommission zur Verwaltung der neuen Vermögens- und Einkommensteuer berufen. Benecke allein findet sich dann in dem Siebener-Comitee, das 10. Februar 1813 eingesetzt wurde, um die für ein neues Darlehen verpfändeten Berliner Zoll-, Steuer- und

[1] *Rep. 151 e II 15*

Mühlengefälle zu vereinnahmen und zu verrechnen, und das auch für die Fortsetzungen dieser Anleihe, 1814 und 1815/16, weiterbestand. In diesem „Amortisations-Comitee" waren übrigens außer Benecke und Bergius nur Juden: Bendemann, Bernsdorf, Friebe, A. Mendelssohn, L. Schlesinger.

Bei den Anleihen von März 1812 und Februar 1813 wurden Gebr. Benecke und Delmar u. Co. mit je 30 000 Tl. nur von den Häusern Wulff und Schickler übertroffen. Bei der Heydebreckschen Zwangsanleihe von August 1813 aber standen Gebr. Ben. mit 20 000 Tl. nur noch hinter Gebr. Schickler (24 000 Tl.) und gleich mit dem Wulffschen Nachlaß, während Delmar nur noch mit 16 000 Tl. veranlagt war. Außerdem wurde Wilh. Chr. Ben. noch besonders mit 5 000 Tl. herangezogen, dann aber der Gesamtbetrag auf 20 000 ermäßigt. Als nicht sofortige Zahlung erfolgte, wurde scharf vorgegangen, gegen Ben. zunächst noch verhältnismäßig glimpflich mit Versiegelung des Kontors, was sogleich (8. Aug.) durch eine Abschlagszahlung rückgängig gemacht werden konnte. Bei weiterem Zögern aber wurden am 18. Aug. 8 und am 21. Aug. 12 Exekutionssoldaten in die Wohnung gelegt, und wurde anscheinend auch zur Pfändung geschritten. Wilh. Chr. Ben. befand sich damals in Geschäftsangelegenheiten in Wien. Das Schreiben, das er auf die Kunde von den Vorgängen unterm 22. Sept. an den Geh. Staatsrat Staegemann richtete und die Antwort darauf[1] sind so aufschlußreich für die Zeitumstände und die Haltung des Hauses, daß sie hier wiedergegeben seien.

„Meine Bevollmächtigten in Berlin haben sich beschwert, daß unser Haus im Verhältnis zu andern mit einer zu hohen Summe bei dem gezwungenen Darlehen angesetzt worden und daß man mich besonders zur Verteilung gezogen hat, während ich schon als Teihnehmer an der Handlung meinen Beitrag leisten muß, außerdem aber keine eigenen Geschäfte dort treibe. Ich muß überdies die Maßregeln tadeln, die man dort durch Hinwegschaffung meiner Mobilien getroffen hat, und daß man uns aufs empfindlichste und ohne alle Rücksicht kompromittiert hat, obwohl ich beanspruchen darf, daß in einer so wichtigen Angelegenheit die Bevollmächtigten meinen Entschluß einholen

[1] *Rep. 151 h III 1,21 XVIII*

durften, ehe Maßregeln gegen sie angewandt wurden, die man nur gegen Verbrecher geltend macht. Die bei jener Gelegenheit von Ihnen gegen Herrn Averdieck[1] geäußerte Bemerkung: unser Haus habe noch nichts für den Staat gethan, sei vielmehr durch Geschäfte reich geworden, die uns die Regierung zugewandt, bedarf der Widerlegung.

Solange ich der Handlung in Berlin vorstehe, weiß ich mir (!) keines Regierungs-Geschäfts zu besinnen, das uns zugewandt worden; zu allen Regierungsgeschäften, die stets bei weitem unsere Kräfte überstiegen, und in Kreditgeben und Vorschüssemachen bestanden, sind wir durch vieles Zureden und das Gefühl genötigt worden, daß es zum Nutzen des Staates sei; selten hat man uns zur versprochenen Zeit befriedigt, und wenn wir Zinsrechnungen über bar verlegten Disconto überreichten, wodurch wir, weil die Vorschüsse unsere Kräfte überstiegen, andere Leute bereichern mußten, wurden uns solche durch bedeutende Abzüge geschmälert und wir öfters in Verlust gebracht. Wir haben Belobungsschreiben der Regierung aufzuweisen, daß wir außerdem in Gemeinschaft mit drei andern Berliner Häusern zur Bezahlung der preuß. Contribution an Frankreich 12 Mill. Francs in Wechseln ausgestellt und dadurch Ehre, Ruf und Vermögen unseres Hauses aufs Spiel gesetzt, weil die Wechsel nicht pünktlich eingelöst wurden und sich in dritter Hand befanden, ohne daß wir dafür ein Unterpfand erhalten oder einen Pfennig Provision gefordert hätten, die uns rechtmäßig zukam. Bei jeder freiwilligen Anleihe oder ähnlichen Gelegenheiten war unser Haus stets eines der ersten, die mit gutem Beispiel vorangingen, zeichnete Summen, die im Verhältnis gegen andere bei weitem seine Kräfte überstiegen, und hat bei keiner freiwilligen Aufopferung zum allgemeinen Besten zurückgestanden. Ich selbst endlich habe nach meinem Gefühl und dem eines jeden Kaufmanns, der seine höchste Ehre darin setzt, seine Unterschrift als ein unverletzbares Heiligtum betrachtet zu wissen, eines der bedeutendsten Opfer durch Unterzeichnung eines Papiers gebracht, das noch jetzt circulirt und bei Verfall unbezahlt geblieben ist,

[1] *Georg Friedr. Averdieck, Prokurist bei Ben. u. Moller/Hambg., nach Auflösung dieser Firma, 1811, bei Gebr. Ben./Berlin, bis 1815; danach eigene Handlung in Hamburg*

während schon bei der Unterzeichnung vorauszusehen war, daß dieser Fall wahrscheinlich sei. Allein auch dies that ich gern, weil es auf Befehl Sr. Maj. geschah und damals dem Staate nutzte. Für alle diese Opfer, worüber ich die klarsten Beweise beizubringen mich verpflichte, hat mein Haus die gerechtesten Ansprüche auf Dankbarkeit, nicht aber auf eine Behandlung, die es kürzlich erfahren mußte. Wenn meine Handlung zur Entschädigung für ungeheure Verluste, die es durch die allgemeinen Calamitäten der letzten Zeit erleiden mußte, durch seine Thätigkeit und Industrie von Geschäften Vorteil zog, den besondere Konjunkturen herbeiführten und wodurch wir dem Staat sehr bedeutende Abgaben zubrachten, so steht das ja der Betriebsamkeit jedes Handlungshauses offen und verdient es Lob dafür, weil dem Staat daraus bedeutender Nutzen erwächst . . .

Wie ich mich bemüht habe, die frühere Weigerung meiner Bevollmächtigten gutzumachen, bewies ich dadurch hinlänglich, daß ich mich, wenngleich die berüchtigte, für uns über alles wichtige Starhembergsche Angelegenheit meine fortwährende Gegenwart hier in diesem Augenblicke dringend erfordert, dennoch augenblicklich ins Hauptquartier begab, um jene Angelegenheit directe zu beseitigen. Ich habe eine Anweisung von R. 5000 zur Berichtigung des von meinem Hause noch nicht gezahlten Restes seines Beitrags dem Herrn Staatskanzler übergeben mit Vorbehalt der Verrechnung . . ." Die Anweisung ist am 28. August ausgestellt, „1 Monat dato Ordre des Staatskanzlers", und quittiert vom Gesandten v. Humboldt. Es waren in Berlin vorher 10 000, dann noch 4000, jetzt also im ganzen 19 000 Tl. gezahlt, womit die Sache im Oktober endlich für erledigt erklärt wurde.

Staegemann antwortete am 1. Nov. 1813 an den Banquier Herrn Benecke in Wien: Sie sind nur als Disponent, nicht als Associé der Handl. Gebr. Benecke bekannt. Über ihre Association ist nie etwas öffentlich bekannt gemacht worden, wenigstens enthalten die Nachrichten der beiden Geldinstitute des Staates hierüber nichts. Das Haus wurde mit executiven Maßregeln wie jedes andere renitirende Haus behandelt, um so mehr als Herr Averdieck erklärte, daß es nur gezwungen etwas leisten wolle. Unser Auftrag ging nicht an Sie, sondern an das hier in voller Thätigkeit operirende Handlungshaus der Gebr. B., Ihre Einwilligung von Wien brauchte und konnte nicht eingezogen und abgewartet werden. Die Frist von 8 Tagen war uns vom Staatskanzler gesetzt, weil die Operationen des Bülowschen Korps davon abhingen. Die Opfer, die das Haus dem Staat wirklich gebracht, erreichen bei weitem den Gewinn nicht, den es durch früheren Kredit bei der Bank und Seehandlung vom Staat gezogen, und es ist die öffentliche Meinung, daß dieses Haus eines der wenigen glücklichen sei, die durch die Calamitäten des Vaterlandes sich zu bereichern Gelegenheit gehabt.

Die Mißhelligkeit war wohl damit beseitigt, denn einige Wochen später befanden sich Gebr. Benecke unter den 20 bedeutendsten Teilnehmern der Augustanleihe, die deren Neuauflage anregten unter der Bedingung, daß sie durch Unterpfänder gesichert werde. Ja, bei der Rotherschen Anleihe von April 1815 taten sich Gebr. Benecke besonders hervor, indem sie über den ihnen zugeschlagenen Beitrag von 25 000 Tl., mit dem sie übrigens hinter Gebr. Schickler, Nachlaß Wulff und sogar J. Herz Beer standen, freiwillig 10 000 Tl. ab 25. Dez. auf 4 Monate zu 5% anboten. Damit traten sie allerdings an die Spitze der Darlehnsgeber und wurden für ihren patriotischen Eifer durch kgl. Handschreiben ausgezeichnet.

Es waren jedoch kaum patriotische Gefühle, die Wilh. Christian zu solchem Entgegenkommen bestimmten, sondern mehr der Umstand, daß er inzwischen in sehr rege und enge Beziehungen zur preußischen Regierung getreten war. Benecke war ein kalter, nur auf seinen Vorteil bedachter Geschäftsmann und setzte offenbar erst, als der Sieg über Napoleon feststand, entschieden auf die preußische Karte. Ja, in den Jahren 1814—15 erscheint er geradezu als Vertrauensmann der preußischen Finanzbehörden. Wir sehen ihn im Anfang 1814 mit der Angelegenheit der sächsischen Kassenbillets, eines den preußischen Tresorscheinen entsprechenden Papiergeldes, befaßt. In dem von den Verbündeten okkupierten Sachsen wurde, jedenfalls um einer Entwertung der Scheine vorzubeugen, eine Auswechselungsanstalt auf Aktien in Leipzig errichtet, für die man eine Million Taler aufbringen wollte. Benecke übernahm den Debit der Aktien in Berlin, wartete aber, bis die dortige Februar-Anleihe so gut wie gesichert war, und brachte dann die Aufforderung zu der Leipziger Anleihe durch gedruckte Prospekte zur Kenntnis des Publikums, „vorzüglich für auswärtige Interessenten"; er bemerkte aber schon 19. Februar, man scheine nicht sehr darauf zu reflektieren[1].

Am 21. Juni wurde mit ihm nach Anweisung des Finanzministers v. Bülow wegen Aufbringung einer Diskontanleihe von 150 000 Tl. gegen Verpfändung von 300 000 Tl. Tresorscheinen verhandelt. Da es ihm jedoch schwer wurde, mehr als 50 000 Tl. zu übernehmen, so wurde mit der Beschaffung des übrigen der Courtier Alexander Flesch beauftragt, der das Geschäft auch leicht und schnell erledigte und ohne daß die Darleiher erfuhren, wer ihr Debitor sei. Die beiden auf 3 bzw. 4 Monate geschlossenen Anleihen wurden noch mehrfach prolongiert, die erste bis 2. März, die zweite bis 15. Februar 1815, und dann aus der Domänen-Versicherungskasse zurückgezahlt. Der Diskont betrug wegen großen Geldmangels 10—10½%, an Provisionen und Courtage hatte Benecke für 3 Monate 250 Tl. berechnet, Flesch für 4 Monate nur 100 Tl. Courtage[2].

Im August 1814 ließ das preuß. Finanzministerium mit Benecke über ein Darlehen von 160 000 Tl. Cour. zur Erhaltung der Leipziger Auswechselungsanstalt verhandeln, und zwar sollte das Silber des sächsischen Königshauses dafür verpfändet werden. Man hatte zuerst bei Gebr. Bethmann in Frankfurt deshalb angefragt, und diese waren auch gegen nur 8% dazu bereit, verlangten aber die Garantie der verbündeten Mächte und die Einwilligung des Königs von Sachsen, was mindestens sehr weitläufig gewesen wäre. Benecke stellte zwar nicht solche Bedingungen, beanspruchte aber 12% Zinsen und 3% Provision, was für ein so sicheres Geschäft zu hoch schien. Hardenberg wurde gebeten, ihn durch unmittelbare Unterhandlungen zu gemäßigteren Bedingungen zu bewegen, auch wurde versucht, das Geld in Leipzig zu negotiieren, was aber wegen des dort herrschenden unerwartet großen Geldmangels scheiterte. Es gelang dann, Beneckes Anspruch auf 9% Diskont und 4% Provision herabzudrücken, und die Anleihe am 2. September in Dresden

[1] *Schreiben an Rother. Rep. 151 h III 1,25*

[2] *Rep. 151 h III 1,27*

auf 3, längstens 6 Monate mit ihm abzuschließen. Er versprach das Geld, sobald das Gold- und Silbergerät in Berlin überliefert und darüber ein Kauf- und Rückkaufvertrag geschlossen werde. Die wertvollen Pfänder wurden in 36 Kollis von Dresden nach Berlin gesandt und an Gebr. Benecke abgefolgt, auch wurde diesen 19. September die Garantie des Staates für Innehaltung der eingegangenen Verpflichtungen zugesichert. Auch dieses Darlehen ist mehrfach prolongiert worden; erst 11. Dezember 1815 teilten Gebr. Benecke dem Finanzministerium mit, ihre Forderung von 165 200 Tl. Cour. sei gegen Auslieferung der Gerätschaften an das sächsische Geh. Finanz-Collegium berichtigt und jenes Geschäft gänzlich abgemacht[1].

Nicht lange nach dessen Abschluß hat Benecke im Auftrage des preußischen Finanzministeriums begonnen, sächsische Kassenbillets, um deren Kurs zu heben, in Leipzig und Dresden aufzukaufen, und will dafür bis 20. Dez. schon 200 000 Tl. vorgelegt haben; ihm wurde 29. Dez. eine Abschlagszahlung von 50 000 Tl. auf Ansuchen zugebilligt. Er berechnete an Zinsen für eigene Auslagen 6%, an Provision und Courtage in Leipzig ½%, was wohl der übliche Satz war; er selbst verlangte keine Provision, sondern bedang sich dafür den etwaigen Kursgewinn beim Verkauf aus, jedenfalls, weil er damit besser zu fahren dachte. Er begann auch im Januar in Leipzig vorsichtig zu verkaufen, während mit dem Einkauf noch bis Anfang Februar fortgefahren wurde. Anfangs wurde mit kleinem Gewinn verkauft, dann aber zu immer ungünstigeren Kursen, so daß Benecke so gut wie nichts verdiente und das Geschäft schon 21. Februar als „leider sehr nachteilig" bezeichnete. Da auch der Geldmangel anhielt, der Diskont von 20. Februar bis 25. März von 6 auf 10% stieg, so lag ihm sehr daran, seine in den Kassenbillets steckenden Fonds bald zu realisieren. Es war daher recht unangenehm, daß der Verkauf nur sehr vorsichtig und langsam betrieben werden konnte, da auch von anderen Seiten her Kassenbillets ausgeboten wurden, und so die Kurse gefährdet waren. Erst 17. Juli 1815 konnte der Rest begeben werden. Benecke berichtet abschließend darüber: Das Geschäft war sehr mühsam und mit bedeutendem Risiko verknüpft, ohne

[1] *R. 151 h III 1,23*

daß wir eine Vergütung auch nur für unsere Komptoirunkosten erhielten. Wir waren nur auf Kursgewinn angewiesen, der aber infolge politischer Umstände nicht wahrgenommen werden konnte. Es waren im ganzen 244 500 Rtl. Kassenbillets für 235 657 3/4 Tl. Cour. eingekauft und für 204 497 Tl. verkauft worden, also mit einem Verlust von 31 160 3/4 Tl. für den Auftraggeber. Benecke hatte 184 041 Tl. vorgeschossen, also nach Verkauf noch 20 456 Tl. herauszuzahlen. Er erreichte wenigstens, daß ihm eine Forderung von 9 556 2/3 Tl. für Weizen, den er 1812 zur See nach Stettin geliefert, und woran er schon mehrere 1000 Tl. verloren habe, dabei angerechnet wurde[1]. Besser scheinen Gebr. Benecke 1816 beim Ankauf von 200 000 und Verkauf von 128 000 Tl. Kassenbillets abgeschnitten zu haben.

Benecke verband mit den Berichten, die er in der Angelegenheit der Kassenbillets alle paar Tage an den Minister von Bülow zu erstatten hatte, im Anfang wenigstens, als der Minister in Wien auf dem Kongreß weilte, die Mitteilungen auch sonstiger kaufmännischer Nachrichten, namentlich der Berliner Börsenkurse, die er seit 12. Jan. 1815 alle 2 bis 4 Tage, immer nachmittags um 3 Uhr, übermittelte. Bülow dankte ihm 7. Februar dafür „recht sehr" und bat ihn, damit von Zeit zu Zeit fortzufahren. Interessant ist der Bericht vom 28. März 1815: „Zur Schande unserer Börse, die leider so übermütig bei guten Geschäften als verzagt bei schlechten ist, müssen wir bekennen, daß die Nachricht von Napoleons Einrücken in Paris eine Mutlosigkeit zu Wege gebracht hat, die uns noch nicht vorgekommen ist, und die wir wahrhaftig anderen Handelsstädten verheimlichen müßten, um deren Achtung nicht zu verlieren. Es ist durchaus heute gar nichts gemacht worden. Auf die besten Disconto-Briefe war selbst zu 12% per anno kein Geld zu bekommen. Keine auswärtige Valuta irgend einer Art ist verkäuflich, selbst London à 5 Rt. 10 gr. nicht. Ein Cours von Papieren ist nicht anzugeben, kann auch heute gar nicht notiert werden, da sogar für Tresorscheine zu 76% keine Käufer waren." Es sei kein Grund „zu einem solchen Entsetzen, wie man hier während der Schlacht von Großbeeren kaum gefühlt haben muß[2]." — Nach einem Bericht der Seehandlung vom 25. März

[1] *An die General-Staatskasse 18. 3. 1816. Rep. 151 h II a 26*
[2] *Rep. 151 III 1 Nr. 23*

war der Discont auf 9% und 10% getrieben, nicht nur durch die politischen Ereignisse, sondern auch dadurch, daß die von der Seehandlung zum Betrage von 530 000 Rt. akzeptierten Wechsel des Leipziger Hauses Reichenbach & Co. in Umlauf kamen[1].

Benecke meldete weiter 1. April: „Der Zustand der Mutlosigkeit an unserer Börse hat sich seit voriger Post noch sehr vermehrt und macht viel unglückliche Leute unter allen Ständen, die sich in übertriebene und unvernünftige Spekulationen auf Staatspapiere eingelassen haben. Der Geldmangel ist unerhört, und noch immer für fremde bare Valuta selbst zu schlechten Coursen kein Preuß. Courant zu finden.“ Disconto 14%. Da der Hauptgrund „dieses überspannten Zustandes“ weniger im Mißtrauen als eben daran lag, daß Leute von wenig Vermögen große Mengen von Staatspapieren zu den früheren hohen Kursen auf 2 Monate Zeit gekauft hatten und bei Verfall nun außerstande waren, sie abzunehmen, daraus aber Verkäufe à tout prix entstanden, deren Ende noch gar nicht abzusehen war, so schlug Benecke eine staatliche Intervention zum Besten der Staatspapiere vor. Ein Vorschuß von etwa 200 000 Tl. und auch ein Verlust von 50 000 würde sich bezahlt machen, da das Vertrauen unendlich gewinnen, die Kurse bedeutend steigen würden.

Eine solche Operation war schon im Oktober und November 1814 zum Besten der Tresorscheine an der Berliner Börse unter der Hand vorgenommen worden, mit einem Einsatz von 44 000 Tl.[2] Auf Beneckes neue Anregung hin wurde er sowie der Geh. Ober-Rechnungsrat Rother nach Wien berufen und dort zwischen beiden schon 12. April 1815 ein Vertrag über Operationen zur Hebung des Kurses der Tresorscheine abgeschlossen[3]. Dieser wurde vom Finanzminister von Bülow unterm 26. April genehmigt und dahin erweitert, daß der schon begonnene Ein- und Verkauf der Tresorscheine für kgl. Rechnung in unbestimmten Summen fortgesetzt werden könne, doch sollten die baren Vorschüsse den Betrag von 200 000 Tl. nicht übersteigen. Der Kurs der Tresorscheine wurde damit schon von

[1] *Rep. 151 h III 1 Nr. 27*
[2] *Rep. 109 A XVIII 5*
[3] *Rep. 151 h II a 26*

11. bis 24. April von 73 bis auf 87½% gebracht und betrug Mitte Juli 95%. Das Geschäft, das also gleichzeitig mit dem der sächsischen Kassenscheine lief, wurde mit 2. November[1] eingestellt, nachdem an 1,2 Mill. Tl. Tresorscheine eingelöst waren. Benecke hat dabei, abgesehen von der Verzinsung seiner Vorschüsse mit ½% monatlich, ⅓% Provision und den Kursgewinn verdient, was bis 24. Juni etwa 15 000 Tl. ausmachte.

Im Frühjahr 1816 hatten Gebr. Benecke 220 000 Tl. zu fordern, wofür sie Staatspapiere in doppelter Höhe als Pfand hatten. Da dies laut Vertrag bei Nichtzahlung am 1. Mai verfallen sein sollte, und Benecke auf ein vorgeschlagenes neues Arrangement nicht einging, so wurde ein solches mit Gebr. Berend vereinbart und Benecke durch diese am 1. Mai befriedigt. Gebr. Berend traten nun eine zeitlang als Darlehnsgeber für den Staat stärker hervor, aber im Sommer 1817 wurde auch wieder ein größeres Anleihegeschäft mit Gebr. Benecke abgeschlossen. Diese erboten sich in Verhandlungen mit dem Finanzminister Bülow, 1 Million Tl. unter gewissen Bedingungen aufzubringen. Bülow teilte ihr Projekt dem Kanzler in Karlsbad mit, doch fand dieser, wie er nachträglich von Nürnberg 24. Aug. schrieb, es sehr bedenklich, darauf einzugehen, weil die Summe nicht hinreichend, Bedingungen und Kosten nicht günstig seien. Bülow versuchte nun, den dringend notwendigen Bedarf unter milderen Bedingungen zu beschaffen; da jedoch der Kredit der Seehandlung sowie der übrigen Berliner Handelshäuser schon aufs Äußerste beansprucht war und nicht länger gewartet werden konnte, da auch Benecke mit seiner Provisionsforderung von 6% auf 4% herunterging, so wurde 19. September 1817 mit ihnen abgeschlossen[2]. Danach zahlten Gebr. Benecke der Seehandlung am 15. und 31. Oktober je ½ Mill. Tl. bar oder in fremden Valuten nach dem Tageskurs, doch wenigstens zur Hälfte bar. Sie erhielten dagegen Tratten der Gen.-Salzkasse auf die Gen.-Staatskasse („Ordre eigene") gezogen, von dieser acceptiert und von der Gen.-Salzkasse in blanco giriert, von 15. Februar bis 15. Dez. 1818 halbmonatlich mit je 50 000, erster und letzter Termin je 25 000, fällig. Bedingung war,

[1] *Bis dahin reichen auch die Börsenberichte Beneckes, zuletzt nur kurze Kursnotizen*

[2] *Ausfertigung des Abkommens, gez. Beyer u. G. Benecke. Rep. 134 I.11 5.4*

daß diese nicht hier diskontiert werden durften. Man sah darin, wie in dem Umstand, daß der Vorschuß nicht aus dem Kapitalvermögen des Platzes genommen wurde, daß also keinerlei nachteilige Einwirkungen auf die hiesigen Geldverhältnisse stattfanden, einen besonderen Vorzug des Geschäfts. Zur Berichtigung der 6% Zinsen und 4% Provision wurden 29. Oktober Tratten über 43 895 Tl. 20 gr. ausgestellt. (In einem Verzeichnis an anderer Stelle sind 42 500 Tl. Zinsen angegeben.) Man berechnete damit die Kosten des Geschäfts auf 11⁵/₆%, noch immer sehr hoch, da der Diskont auf 7½% stand. Zu weiterer Sicherheit wurden die Berliner Mühlen, 7 Wasser-, 7 Windmühlen mit 62 Gängen und einem durchschnittlichen Jahresertrage von 90 000 Rt., zum Unterpfand gesetzt und darüber mit dem vorher abwesenden W. Chr. Benecke 3. Nov. ein besonderer Vertrag geschlossen. Danach waren Gebr. Benecke berechtigt, wenn ein Tratte uneingelöst blieb, sich 4 Wochen nach Verfallzeit ohne Prozeß in den Besitz der Mühlen und deren Einkünfte zu setzen, sie bis zur Einlösung zu administrieren oder durch förmliche Subhastation sich für Kapitalien, Zinsen und Kosten bezahlt zu machen.

Eine weitere Anleihe von 1 Million Tl. konnte der Staat 1817 bei den Königsberger Häusern Wolf Oppenheimer, Isaak Caspar und Tamnau Witwe & Sohn tätigen. In jenen Jahren unternahm W. Chr. Benecke in seiner zweifellos großzügigen Art auch ein großes Ankaufsgeschäft, über das genaue Nachrichten vorliegen[1]. Es handelt sich um nichts weniger als den Ankauf der von Friedrich d. Gr. begründeten kgl. Hauptnutzholz-Administration. Benecke hat noch während des Krieges bedeutende Liefermengen von Holz, Planken und Balken für Schiffbau, sowie Stabholz nach England über Stettin übernommen und darüber zwei Lieferungsverträge mit der Hauptnutzholz-Administration geschlossen[2]. Als Empfänger wird der Londoner Kaufmann Eduard Solly genannt. Die Administration machte dabei den Hauptgewinn; Benecke wird wohl nur an Provisionen nach der Höhe der umgesetzten Beträge verdient haben. Es läßt sich aber denken, daß ihm dies nicht genügte und daß er danach trachtete, dieses günstige Geschäft ganz in eigene Hand zu be-

[1] *Rep. 161 a XXVIII 91; 161 c 10 a XXXI 55*
[2] *16. Febr. 1814, 10. Jan. 1815. Rep. 161 a XXXI 55 I u. II*

kommen. Dazu bot sich schon sehr bald die Möglichkeit. Denn die Nutzholzadministration hatte durch den Umschwung der Wirtschaftspolitik ihre ursprüngliche Grundlage — Monopol in Hamburg und Transito-Abgaben auf fremdes Holz — verloren und konnte als bürokratischer Betrieb bei freier Konkurrenz nicht mehr mit Nutzen arbeiten. Ihr Geschäft scheint vielmehr im ganzen verlustbringend geworden zu sein, und da sie auch hoch belastet war, so war ihre Auflösung dringend geboten. Für Benecke ergab sich damit die Gelegenheit, deren ganze Bestände mit großem Vorteil an sich zu bringen und so seine englischen Lieferungsgeschäfte mit weit stärkeren Gewinnaussichten weiter zu betreiben. Es ist nicht ersichtlich, ob von ihm oder der staatlichen Verwaltung die Anregung zu einem derartigen Abschluß ausging; auf jeden Fall hat Benecke die Gunst seiner Lage, daß er mit einem unter allen Umständen zur Liquidation entschlossenen Partner zu tun hatte, kräftig auszunutzen verstanden.

Er erklärte sich bereit, die Activa der Administration im Gesamtwert von über 1 Mill. Tl. zu übernehmen, nämlich die Nutzholzlager zu Hamburg, Havelberg, Rathenow, Spandau, Pichelswerder und Stettin samt Baulichkeiten, die Holzbestände auf den Ablagen und in den Forsten und die zu Ende 1814 ausstehenden Forderungen, diese allerdings nur, soweit sie eintreibbar waren, während ganz aussichtslose und solche politischer Art ausgeschlossen blieben. Benecke stellte aber dabei folgende Bedingungen: 1. einen Rabatt von 20% auf die gesamten Läger, obwohl deren zu Buch stehender Wert durch eine neue Taxierung entsprechend den zur Zeit gangbaren Hamburger Preisen schon um 112 802 Tl. herabgesetzt worden war; 2. da der Kaufpreis nach Abschluß zu erlegen war, die Räumung der Läger aber nach Beneckes Schätzung etwa 10 Jahre erfordern würde, eine Zinsvergütung für diesen Zeitraum von 5% von dem gezahlten, jährlich um $^1/_{10}$ als vermindert anzunehmenden Kapital, was insgesamt wieder einen Abzug von 22% ausmachte; 3. solle das Geschäft schon pro 1815 für seine Rechnung gehen, offenbar um möglichst früh die englischen Lieferungen für sich zu haben; dagegen sollten Zinsen, Gehälter und abgetragene Schulden für dieses Jahr noch vom Staate übernommen werden.

Auf der Gegenseite war man über diese Forderungen, namentlich die Zinsvergütung, recht betroffen, aber die Hoffnung, durch weitere Verhandlungen Günstigeres zu erreichen, schlug fehl. Benecke erklärte im Gegenteil am 14. Juli, der Rabatt müsse vom ganzen Kaufwert berechnet werden, da die Direktion eine Garantie weder für die wirklich vorhandenen Hölzer noch für den Eingang der Forderungen übernahm, und er müsse ebenso wie die Zinsvergütung im voraus abgezogen werden. Es wurde nur mit Mühe erreicht, daß die Zinsvergütung nicht auch für den Rabatt gelten solle, doch mußte sie dafür auf 6% erhöht werden. Sonst wurde wenigstens durchgesetzt, daß Benecke auf Rabatt und Zinsvergütung bei bestimmten, ganz sicheren Forderungen und den eigenen Schulden an die Administration verzichtete, daß er für das Jahr 1815 alle Geschäftskosten außer Besoldungen und Zinsen übernahm und von seinem Handelsgewinn in diesem Jahr einen Abstand von 10 000 Tl., je zur Hälfte in Gold und Courant, versprach. Immerhin wurde durch die so abgemachten Bedingungen der Verkaufspreis um 45²/₅% vermindert. Die Direktion des General-Holz-Handlungs-Instituts schlug daher vor, lieber die Verhandlungen mit Benecke abzubrechen und zu versuchen, die Läger in Kommission zu verkaufen, wobei ein Verlust von nur 15—20% herauskäme, zumal da einige Läger von vorzüglicher Beschaffenheit seien; andere allerdings waren nicht assortiert und enthielten größtenteils alte, auch geringwertige und nicht gangbare Bestände. Der Finanzminister von Bülow aber entschied (18. Juli), in Anbetracht, „daß jede andere Art der Abwicklung für das Interesse des Staates nachteilig ausfallen dürfte", es solle mit Benecke auf jene Bedingungen abgeschlossen werden, nur mit dem Vorbehalt, daß er seine Zulage auf 20 000 Tl. erhöhe. Der Vertrag kam nun sogleich zustande (19. Juli 1815). Ein Zwiespalt ergab sich nur bei der Festsetzung des Agio für die in Gold bewerteten Activa. Benecke verlangte 5%, die Direktion wollte dagegen von dem kursmäßigen Agio von 8% nicht abgehen und blieb dabei fest, mußte dafür allerdings wieder eine Ermäßigung des Nachschusses von 20 000 auf 10 000 Tl. zugestehen. Benecke verlor bei diesem Tausch, da die Agio-Erhöhung 24 000 Tl. ausmachte. Die anfängliche Berechnung ergab einen Gesamtwert von 1 151 300 und nach den ausbedungenen Abzügen einen wirklich zu zahlenden Kaufpreis von 659 321 Tl. Cour.

Die staatliche Nutzholzverwaltung hörte alsbald, mit 26. Juli auf; das Institut, dessen Passiva um 1 077 901 Tl. überwogen, begann seine Verpflichtungen abzuwickeln[1], wozu namentlich die eingehenden Beneckeschen Kaufgelder dienten. Der Vertrag wurde allerdings erst mit der Bestätigung des Finanzministers gültig, und diese verzögerte sich bis 29. März 1816. Vorher war noch allerlei zu berichtigen und zu verhandeln, und es mußte schließlich ein ganz neuer, formgerechter Vertrag unter Beiziehung eines höheren Juristen vereinbart werden, um endlich die Genehmigung des Ministers zu finden. Benecke hatte diesem schon am Juli 1815 nach den ersten grundlegenden Verhandlungen erklärt: Sein Angebot sei, nachdem er nun in mehreren Punkten nachgegeben, für die Verkäufer so vorteilhaft, daß er den Kaufgegenstand um 100 000 Tl. weniger im In- und Auslande öffentlich feilbieten könne, ohne einen Liebhaber dafür zu finden, und er werde sich nicht daran gebunden halten, falls die Entscheidung darüber sich länger verzögere. Dies war aber wohl nur ein taktischer Zug, denn er hat sich nicht nur das lange Hinschleppen der Verhandlungen gefallen lassen, sondern auch noch weitere Bedingungen in Kauf genommen. So hat der Minister durchgesetzt, daß das Kaufgeld nach Bestätigung in klingendem Courant zu erlegen sei, ohne daß Aufrechnungsansprüche, Papiere und selbst Tresorscheine dabei zugelassen sein sollten; ferner sollten vom 1. Oktober an 6% für das noch nicht Entrichtete gerechnet werden. Vergebens versuchte Benecke den Beginn der Zinszahlung auf den 1. November hinauszurücken. Da der Minister auch nachdrücklich auf der Zulage von 20 000 Tl. bestand, gab Benecke sogar darin nach, nicht ohne wieder zu versichern, daß er am liebsten die schon seit 9 Monaten laufenden Unterhandlungen ganz abbrechen würde und nur nicht das Opfer der dadurch notwendig entstehenden Weitläufigkeiten werden wolle.

Dagegen erreichte er, daß trotz einer bestimmten Anweisung des Ministers der endgültige Vertrag mit ihm, dem Bankier W. Chr. Benecke, und nicht mit dem Handlungshause Gebr. Benecke abgeschlossen wurde. Er tat so, als sei ihm dies an sich nebensächlich und als wolle er damit nur vermeiden, daß er sich

[1] *Das waren hauptsächlich die privaten Depositen, die ult. 1814 685 358 Tl. nebst 16 094 Tl. rückständiger Zinsen betrugen*

als alleiniger Disponent des Hauses legitimieren müsse; tatsächlich hat er sich nur deshalb zu sofortiger Berichtigung der Kaufgelder verstanden, damit es einer vertragsmäßigen Sicherstellung durch den Namen der Firma für die Gegenseite nicht bedürfe. Da in allen früheren Verhandlungen nur Gebr. Benecke als Käufer angegeben werden und W. Chr. Benecke nur als Bevollmächtigter dieses Hauses aufgetreten ist, darf man wohl vermuten, daß er inzwischen das Geschäft als vorteilhaft genug erkannt hat, um es nun allein für sich zu übernehmen. Das Haus Gebr. Benecke benutzte er immerhin als Rückhalt, indem er mit dessen Wechseln zahlte, aber das Holzgeschäft führte er allein, und zwar unter der Firma „Benecke Holz Comptoir". So hat er den Nutzen darauf sicherlich für sich vereinnahmt, während es wohl möglich ist, daß er für die Kosten das Haus, dessen alleiniger Disponent er war, weitgehend herangezogen hat.

Im einzelnen stellt sich das Geschäft folgendermaßen dar:

Verkaufswert:	Tl. Fd'or	Tl. Cour.
a) Läger: Holzbestände, Utensilien, Gebäude	730 392[1]	143 680
b) Ausstehende Forderungen, Kassenbestände	85 276[2]	126 450
	815 668	270 130
zus.	1 085 798 Tl.	

Nachdem ein Hamburger Posten von 13 750 Tl. Gold, den Benecke besonders zu berichtigen übernommen hatte, abgezogen war, dagegen 8 % Agio für das Goldquantum = 67 153 und 20 000 Tl. Cour. Zulage hinzugerechnet waren, ergab sich ein Kaufpreis von 1 156 202 Tl. Cour. Nachdem davon a) die von 1. Jan. bis 31. Juli 1815 eingegangenen Zahlungen (52 814 Tl. Gold, 53 305 Tl. Cour.), b) einige als unbezweifelt sicher anzunehmende Außenstände, c) eine Bankschuld von Gebr. Benecke selbst für geliefertes Holz, 11 696 Tl., d) Agio 4275 Tl., im ganzen 134 982, dazu die 20 000 Tl. Zulage abgezogen waren, wurden vom übrigen, nämlich 1 001 219 Tl., ein Rabatt von 20 % = 200 244 Tl. und von den dann noch verbleibenden 800 975 Tl. die 6 %ige Zinsvergütung = 264 322 Tl. berechnet. Somit blieben 691 636 Tl. bar zu erlegen. Nach der ursprüng-

[1] *Nach Abwürdigung von 112 802 Tl. Fd'or.*
[2] *Nach anfänglicher Berechnung nur 76 247 Tl.*

lichen Ausrechnung waren es nur 659 321 Tl., hauptsächlich weil man vorher an Rabatt und Zinsvergütung etwa 27 000 Tl. mehr berechnet hatte. Dagegen wurden jetzt wegen der 1. Jan. bis 31. Juli 1815 aus den Betriebsgeldern des Instituts geleisteten, dem Käufer nicht zur Last fallenden Zahlungen als schon berichtigt angenommen 96 528 Tl., so daß noch 595 108 Tl. Courant zu erlegen waren. Dabei waren schon abgerechnet 10 000 Tl., halb in Gold, halb in Courant, die der Käufer als Beitrag zu den Gehältern des Jahres zu zahlen übernommen hatte.

Dieses endgültige Ergebnis war zwar für Benecke ungünstiger als das zuerst ermittelte (574 608 Tl.), aber vorteilhafter als ein am 7. Nov. 1815 festgestellter Ankaufspreis von 625 063 Tl.

Über 14 Jahre hatte Wilh. Christ. Benecke die ihm nicht gehörige Handlung Gebr. Benecke so gut wie unumschränkt leiten können, bis endlich einer der Erben großjährig geworden war und das väterliche Erbe antreten konnte[1]. Von 1. Jan. 1820 an übernahm der älteste Sohn Etiennes, Joh. Wilhelm, die Handlung, für seinen Erbanteil als Eigentümer, für seine minorennen Geschwister als testamentarischer Disponent. Auch jetzt vermied es W. Chr., dem Wunsche des Erblassers gemäß in Sozietät zu treten, sondern schob dafür, unter Verzicht auf die testamentarisch versprochenen 5000 Tl., seinen Bruder Gustav vor, der um 14 Jahre jünger, anscheinend ganz unvermögend war und den so viel älteren, hochangesehenen Bruder als unbedingte Autorität und Respektsperson betrachtete, auch bei diesem wohnte. Joh. Wilhelm und Gustav Benecke mußten einen rechten Sozietätsvertrag auf 4 Jahre schließen, wonach beide Gewinn und Verlust aus den von 1. Jan. 1820 an eingeleiteten Geschäften teilen sollten. W. Chr. schied als testamentarischer Disponent aus, behielt jedoch ausdrücklich für die Dauer des Vertrages, „zur besseren Beförderung des Interesses der Handlung", „die obere Leitung der Geschäfte uneingeschränkt und mit einer allein entscheidenden Stimme, auch nach wie vor das Recht, die Firma der Handlung zu zeichnen". Es heißt dann noch: wenn beide Sozien über ein mehr als 10 000

[1] *Das Folgende nach Rep. 97 XI B 83 III*

Rtl. betragendes Geschäft sich nicht einigen können, und W. Chr. nicht durch seine allein entscheidende Stimme der Meinung eines der beiden den Ausschlag gibt, muß es ganz unterbleiben. W. Chr. sollte außerdem die jährlichen Bilanzen prüfen, hat sie aber geflissentlich nicht mehr unterzeichnet. Er hat sich also die Oberleitung, doch ohne jede Verbindlichkeit, vorbehalten.

Über seine pekuniäre Beteiligung wurde in 2 Verträgen folgendes vereinbart: W. Chr. läßt sein in der Handlung habendes Kapital bis zum Ende der Sozietät darin stecken, er übernimmt ½ vom Gewinn- und Verlustanteil seines Bruders — also ¼ von allem Gewinn und Verlust — er darf von den 20 000 Rtl., die Gustav jährlich aus der Handlung nehmen konnte, 15 000 für sich entnehmen und ist ermächtigt, bei Auflösung der Sozietät zur Feststellung von Gewinn und Verlust an die Stelle von Gustav zu treten. Selten dürfte wohl ein Sozius so unverhüllt als Strohmann eines mächtigen Interessenten hingestellt worden sein. W. Chr., der sich alles Mögliche vorbehielt, vermied es auch jetzt, sich irgendwie zu binden; so konnte er später auch mit Recht erklären, daß er mit Prüfung der Bilanzen keinerlei Gewähr für sie übernommen habe. Er versprach auch nur unverbindlich, die Einziehung der noch immer nicht erledigten Starhembergschen Forderung, die von entscheidendem Einfluß auf das Handelsvermögen war, fernerhin zu betreiben, soweit es seine übrigen Verhältnisse zuließen.

In den folgenden Jahren hat sich Wilh. Chr. Benecke nach seiner eigenen Angabe wenig um die Handlung bekümmert. Das einzige größere Geschäft, das er von der Handlung aus, aber für seine eigene Rechnung machte, war die Norwegische Anleihe von 1820/21. Außerdem beteiligte er sich an der Abwicklung eines weiteren Verlustpostens, der durch den im Jan. 1820 ausbrechenden Bankerott des verwandten Hauses G. H. de Wilde u. Sohn in Amsterdam[1], entstand. Denn diesem hatten Gebr. Benecke seit 1818 hohe Vorschüsse gemacht, die schon in der Bilanz von 1819 als unsicher auf Liquid.-Conto übertragen werden mußten, mit 166 114, 1820 aber schon 207 646 Tl. Um der Firma de Wilde ein besseres Abkommen mit ihren Gläubigern zu ermöglichen, gaben die Witwe Benecke u. W. Chr.

[1] *Heinrich de Wilde aus Amsterdam, Bankier zu Frankfurt (Oder), war Schwager von Etienne Benecke*

Benecke aus ihren Privatmitteln je 26 973 Tl., die sie allerdings auf Liquid.-Conto buchen ließen; das de Wildesche Haus in der Jägerstraße wurde mit 29 000 Tl. realisiert.

Mit der Handlung ging es bald nach dem Ausscheiden von W. Chr. bergab. Seit 1821 soll kein Gewinn mehr erzielt worden sein, ult. 1822 war trotz aller verschleiernden, absichtlich günstig gehaltenen Buchungen ein unzweifelhaftes Defizit vorhanden, das sich 1823 noch vergrößerte. Denn während die beiden Sozien nebst der Witwe 1821 noch über ein, allerdings bis auf 26 539 Tl. zusammengeschmolzenes Handlungsvermögen verfügten, hatten sie 1822 ein Defizit von 27 362, 1823 von 56 478 Tl. Mit Absetzung der Liquidations-Conten aber belief sich das Defizit an disponibeln Mitteln 1822 auf 234 197, 1823 auf 277 665 Tl., ungerechnet 184 360 Tl. Activa, die noch als gut galten, aber später im Konkurse als nicht realisierbar sich erwiesen. Allerdings wurde der Geschäftsstand derzeit längst nicht als so ungünstig erkannt, wie es die nachherige Revision der Bücher ermittelte, und auch später nicht in dem Maße als hoffnungslos von den Interessenten eingestanden, aber daß die Handlung schief lag und zurückging, ist dem klugen W. Chr. unmöglich verborgen geblieben. Er hielt es unter diesen Umständen für geraten, seine Beziehungen zur Handlung schon vor Ablauf des Vertrages ganz zu lösen und schon mit 1. Mai 1823 auszuscheiden. In einem Circular von 2. Mai zeigten die beiden Sozien der Kaufmannschaft an, daß sie „unter wahrhaft dankbarer Anerkennung der bisherigen verdienstvollen Geschäftsführung des W. Chr. Benecke dem erneuerten Wunsche desselben nachgäben, ihn mit dem heutigen Tage von den ferneren Dispositionen der Handlung zu entbinden“, und daß derselbe aufhöre, die Firma zu zeichnen. Sicher auf dessen Rat schied auch sein Bruder Gustav mit Ablauf des Vertrages, also mit Ende 1823, aus; dafür trat Joh. Wilhelms jüngerer Bruder Etienne als Sozius ein.

Es folgte nun noch die finanzielle Auseinandersetzung der Handlungs-Erben mit den ausgeschiedenen Vettern. Es soll dabei zu sehr heftigen Erörterungen und Vorwürfen gegen die Geschäftsführung von W. Chr. gekommen sein; der Vormund, Kaufmann Rudelius aus Frankfurt (Oder) und die Witwe, sollen „höchst nachteilige Beschuldigungen“ erhoben, und der erstere

250 000 Tl. wegen unrichtiger Buchungen beansprucht haben. Das Mißverhältnis zwischen dem traurigen Stand der Handlung und dem gesicherten Reichtum ihres langjährigen Leiters war eben zu offensichtlich. Die Sozien waren aber in so bedrängter Lage, daß sie es auf eine langwierige rechtliche Durchfechtung ihrer Ansprüche nicht ankommen lassen konnten, und mußten zufrieden sein, daß W. Chr. im gütlichen Verfahren einige Opfer brachte, die augenblicklich Hilfe gewährten. In dem 15. Februar 1824 geschlossenen Auseinandersetzungs-Rezeß ließ W. Chr. sein bisher in der Handlung befindliches Kapital — dies betrug in den Jahren 1816—18: 166 875, 168 402, 173 153 Tl. — zwar nicht stehen, zahlte aber teils für an ihn gemachte Ansprüche teils für ihm überlassene Activa 120 000 Tl.; darunter waren 80 000 Tl., die der Witwe für den Verlust ihres Handlungsvermögens zugesichert und von denen 40 000 im Nov. 1824 wirklich gezahlt wurden. Doch soll das nicht zur Handlung geflossen sein. Ferner räumte W. Chr. der Handlung als Vorschuß einen Kredit über 75 000 Rt. bei Averdieck u. Co. in Hamburg ein, die von 1. März an in Monatsraten von je 15 000 erhoben werden konnten. Die Sozietäre haben nur 30 000 Tl. des Vorschusses benutzt; sie waren nämlich sehr verletzt, daß W. Chr. in seinem Schreiben an die Hamburger Firma seine Meinung über das Haus Gebr. Benecke offenbart und die Garantie für dieses in Höhe der Vorschüsse übernommen habe, und bezeichneten dies als „wahrlich lächerlich". Sie haben auch bei der Auseinandersetzung den Vorschlag von W. Chr., die Ältesten der Berliner Kaufmannschaft oder den Bankier Reichenbach in Leipzig zuzuziehen, abgelehnt. Offenbar glaubten sie nur an augenblickliche Schwierigkeiten, für die sie sicherlich gutenteils die Geschäftsführung von W. Chr. verantwortlich machten und die sie zu überwinden vermeinten.

Im Rezeß selbst wurde, nachdem alle Ansprüche u. Differenzen beider Teile ausgeglichen, die Handlungsbücher und Bilanzen genau geprüft waren und W. Chr. Erläuterungen dazu gegeben hatte, diesem und seinem Bruder Entlastung erteilt, und anerkannt, daß sie mit Wissen und Willen oder aus Fahrlässigkeit oder Irrtum das Interesse der Witwe Ben. oder deren Kinder nicht gefährdet hätten. W. Chr. verpflichtete sich hingegen erneut, für Beitreibung der Starhemberg'schen Forderung, von der die Suffizienz der Handlung vorzugsweise abhing, ferner zu sorgen. W. Chr. will schon damals den Inhabern geraten haben, zu liquidieren, weil er sie für unerfahren und nicht für fähig hielt, den erworbenen Kredit wie ein gewandter Kaufmann zu benutzen. Denn dies war für ihn ausschlaggebend, nicht das Verhältnis der Activa und Passiva in den Büchern. Hatte er doch selbst mit einer enormen Unterbilanz begonnen und bestand während seiner ganzen alleinigen Geschäftsführung buchmäßig ein Defizit an disponibeln Zahlungsmitteln von 2—300 000 Tl., dazu 150 000 Tl., die „Madame Ben." aus ihrem väterlichen Nachlaß in die Handlung gebracht, die aber nicht mehr vorhanden waren und dennoch mit 4% verzinst werden mußten. Obwohl man also der Auffassung sein konnte, daß W. Chr. die Handlung hätte gar nicht übernehmen, sondern gleich Konkurs beantragen sollen, obwohl auch gleich danach die Kriegskatastrophe mit allen ihren Folgen hereinbrach, hat W. Chr. die Handlung nicht nur erhalten, sondern einen Reingewinn von 1 265 000 Rtl. erzielt. Die lebendigen Tatsachen, der Mut, die Tüchtigkeit des Leiters und seine geschickte Handhabung des Kredits waren entscheidend, nicht die toten Zahlen der Bücher.

Erst indem die äußerst fähige Leitung fortfiel, wurde der Kredit geschwächt und die Lage gefährlich. In einem 1821 eingeleiteten Promessengeschäft auf Prämienscheine sollen 1824/25 noch an 33 000 Tl. Gewinne eingekommen sein, das waren aber wohl die einzigen, und sie dienten nur zur Abdeckung der von W. Chr. gemachten Vorschüsse. Die Zahlungsunfähigkeit stellte sich schon bald heraus, die Inhaber griffen zu dem verzweifelten Mittel, die ihnen anvertrauten Depots in bedeutender Höhe anzugreifen. Infolge der Krise von 1825/26 kam es zum Zusammenbruch und mußten Gebr. Benecke sich 30. Jan. 1826 für zahlungsunfähig erklären. An disponibeln Activis war ein Mangel von 633 678 Rt. Über das Vermögen der Handlung wurde der Konkurs (17. Februar) eröffnet, wider die beiden Inhaber — die Mutter war im April 1825 gestorben — die Kriminaluntersuchung wegen fahrlässigen Bankerotts und damit zusammenhängenden qualifizierten Betruges, dessen sie auch vollständig überführt wurden, eingeleitet. Der ältere Bruder, Joh. Wilh., starb während der Untersuchung, der jüngere,

Etienne, wurde ordnungsmäßig zu 3 Jahren Festungsarrest verurteilt und wanderte nach deren Verbüßung nach Mexiko aus. Er ist da wieder zu Wohlstand gekommen und hat in seinem Testament die vollständige Befriedigung seiner alten Gläubiger angeordnet, an die auch 1868 ihre mehrere 100 000 Tl. betragenden Restforderungen durch die Berliner Firma Heyl u. Co. ausbezahlt wurden[1]. Beim Konkurs, dessen Abwicklung 1833 noch nicht beendet war, sind für die Mehrzahl der Gläubiger nicht mehr als 30% ausgekommen. Das Beneckesche Haus, Spandauer Str. 22, war an den Professor Bethmann-Hollweg verkauft, aber schon 1826 vom General-Postamt für 38 000 Tl. erworben worden.
Als wirklicher Bestand war für ult. 1823 aus den Büchern ermittelt: Passiva oder fremde Kreditoren 1 116 404, disponible u. realisierbare Activa 468 043 (dazu die 1824 von W. Chr. gezahlten 120 000), unsichere und weitaus größtenteils wertlose Activa 772 000, von denen tatsächlich nur 15 000 (Starhemberg) flüssig wurden. Der Minus-Saldo von 1824 betrug demnach 528 361 Tl., wovon 15 000 nachträglich abzurechnen waren. Dabei hatten alle Jahresbilanzen, ausgenommen die von 1813, mit Gewinn abgeschlossen.

Was die äußere Betätigung in jenen Jahren anlangt, so waren Gebr. Benecke bei der Rotherschen Prämien-Staatsschuld-Anleihe von 1820 neben Gebr. Schickler und den Frankfurter Rothschild Hauptunternehmer, ja, Wilh. Chr. Ben. erscheint dabei als die kräftigste Stütze Rothers. Allerdings äußerte er schon 5. Jan. 1821 in einer Konferenz: er könne nicht begreifen, wie er und die übrigen Kaufleute ein solches Geschäft, wie es noch von keinem Staat in der Welt gemacht worden sei, hätten eingehen können, was Rother sogleich Hardenberg mitteilte[2]. Die Anleihe war nämlich günstiger für den Staat als für die Teilnehmer, was offenbar erst nachträglich erkannt wurde. Rothschild und der große Hamburger Bankier Salomon Heine haben sich auch anscheinend bald herausgezogen, aber Benecke blieb weiterhin der Vertrauensmann dabei und war als einziger der Unternehmer ständiges Mitglied der Immediat-Kommission

[1] *Bär 1880, S. 348*
[2] *Trende, Briefwechsel Rother, S. 100*

zur Verteilung der Prämien. Das Verhältnis zu Rother hat sich offenbar damals recht eng gestaltet, so daß Ben. jenen in einem Schreiben vom 23. Febr. 1824 „Mein sehr verehrter Freund" anreden konnte[1].

Benecke wurde auch bei dem seit Ende 1823 von Rother begreiflicherweise sehr geheim betriebenen Plan, eine preußische Landesbank zu errichten und damit die Konvertierung der Staatsschulden von 5 auf 4% zu verbinden, neben dem Wiener Salomon Rothschild in das Vertrauen gezogen. In einem ausführlichen Gutachten vom 21. Mai 1824[2] entwickelte er seine auf gründlicher Kenntnis des in- und ausländischen Bankwesens beruhenden Gedanken, wobei er namentlich die Überzeugung vertrat, daß es mit einer Reform der bestehenden Hauptbank nicht getan, sondern die Gründung einer völlig neuen Anstalt erforderlich sei. Er hält darin eine allmähliche, durch Errichtung dieser Nationalbank vorzubereitende Zinsreduktion der Staatspapiere selbst auf 3½—3% für zweifellos ausführbar und zweckentsprechend, wenn auch Kaufleute und Particuliers bisher von ihren Kapitalien 5,6 bis 7% zu ziehen gewohnt wären. Er schildert die außerordentlich günstigen Erfahrungen, die mit der 1799 gegründeten Bank von Frankreich gemacht waren, die mit vergleichsweise geringen Barmitteln ungeheure Geschäfte mache und Erfolge erziele, weil sie durch Vertrauen und zweckmäßige Einrichtung unterstützt worden sei. In Preußen, wo ein ähnlicher Umschwung des Betriebes und der Geschäfte fehle, würde er mit dem Beginn der Bank sich einstellen, und man werde in mehreren Jahren kaum begreifen, wie ein so schnelles Wachsen der Geschäfte möglich war, und ein Institut der Art so lange entbehrt werden konnte. Er schildert ferner eingehend die Verhältnisse der 1817 errichteten Österreichischen Nationalbank und macht detaillierte Vorschläge für die hier zu errichtende. Diese solle alle Bankgeschäfte betreiben, das alleinige Recht der Notenausgabe im preuß. Staat besitzen und das Recht, 6% Zinsen zu nehmen, Steuer- und Stempelfreiheit genießen, Filialen errichten dürfen. Fonds 50 Mill. Tl. Cour. oder 50000 Aktien à 1000 Tl., Einschuß 10 Mill. sofort in bar, 40 Mill. in Staatsschuldscheinen,

1 *Ebenda*

2 *Rep. 89 D III 9; Rep. 109 B XI 3 I*

zu 4% verzinslich, im Lauf eines Jahres, damit der Kurs nicht gleich über Pari gehe. Mit diesen in 10 Jahren nicht reduzierbaren Staatsschuldscheinen könne die Bank alle 5%igen Staatspapiere einlösen und in einer zweiten Operation die Umschreibung in 3½ oder 3%ige Papiere bewirken. Die Aktionäre sollten durch einen Ausschuß von 50—100 der größten Aktienbesitzer repräsentiert werden, diese 12 Direktoren wählen, an deren Spitze ein Gouverneur mit Stellvertreter stehen, außerdem ein kgl. Kommissar bestellt werden.

Benecke hat auch offenbar für die beabsichtigte Gründung geworben; es lagen bei seinem Hause bis 24. Nov. schon Aufträge von mehr als 1 Mill. Tl. vor. Der Plan wurde nachher doch durch die reaktionären Kreise zu Fall gebracht, während die Bankwelt sich sehr lebhaft für ihn eingesetzt hatte.

Dem 1823 gegründeten Berliner Kassen-Verein traten außer Gebr. Benecke auch Wilh. Chr. Benecke für seine Person und bald sein Bruder Gustav bei; sie blieben auch Mitglieder, als die Firma Gebr. Benecke infolge ihres Konkurses im Febr. 1826 ausscheiden mußte. Kurz danach trat Wilh. Christian entschieden für den Verein sogar gegen seinen Freund Rother ein, als dieser mit dem Bankpräsidenten Friese zusammen einen heftigen Vorstoß gegen den Verein unternahm und beide dessen Auflösung beantragten. Benecke als derzeitiger Vorsteher und der Syndikus Marchand wiesen daraufhin, 31. März 1826, die nützlichen Zwecke und die unzweifelbare Sicherheit des Vereins ausführlich nach, und da dies durch eine kommissarische Untersuchung bestätigt wurde, lehnte der Innenminister jedes Einschreiten gegen ihn ab.

Als Rother den Gedanken der Staatsschulden-Konversion 1829 auf neuer Grundlage wieder aufgriff durch den Plan, die Rothschild-Anleihe von 1818 in eine 4%ige umzuwandeln, wurde Benecke durch den ihm befreundeten Salomon v. Rothschild in enges Vertrauen gezogen. Beide kamen überein, daß sie die Ausführung der Zinsenreduktion als eine Ehrensache ansehen wollten, und Benecke hat sich auch außerordentlich rührig dafür betätigt. Er reiste zweimal nach Paris, um mit Rothschild zu verhandeln, und korrespondierte mit diesem, den Ministern Fürst Wittgenstein und Graf Lottum und einer weiteren, nicht genannten Person darüber[1]. Seine Schreiben aus Paris, Genf, Florenz und Rom lassen erkennen, daß er sich im Herbst und Winter 1829/30 auf einer großen Reise befand. Auf Rothschilds Vorschlag beteiligte er sich an dem 3 860 400 £ betragenden Geschäft persönlich mit 200 000 £, also 1 350 000 Tl. Es scheint nicht, daß Streben nach Geldgewinn oder die Aussicht darauf ihn dabei leitete.

Danach aber trat er nicht mehr in öffentlichen Finanzangelegenheiten hervor. An dem Prämiengeschäft von 1832 nahm er nicht teil, obwohl das eine besondere Anziehungskraft für die Berliner Bankwelt hatte; in demselben Jahre legte er den Vorsitz in der Hagel-Assek.-Ges. nieder. Im Oktober 1833 wird er auch nicht mehr als Mitglied des von ihm mitbegründeten Berliner Kassen-Vereins angeführt, während sein Bruder Gustav diesem noch einige Jahre angehörte. Schon 1829 gehörte Benecke nicht mehr dem Ältesten-Kollegium der Kaufmannschaft an. Dieses allmähliche Zurückziehen aus der Öffentlichkeit hing vermutlich damit zusammen, daß die Gerüchte über unehrenhaftes Verhalten gegenüber der ihm anvertrauten Handlung Gebr. Benecke nicht verstummen wollten.

Es war natürlich allgemein aufgefallen, daß Wilh. Chr., der 1806 kein Vermögen besessen, als ein notorisch reicher Mann die Handlung den Söhnen seines ehemaligen Prinzipals insuffizient übergeben hatte, und diese nach 2 Jahren fallierten. Es wurde nachträglich aus den Büchern ermittelt, daß er 1806—23 an Gehalt und Gewinnanteil 457 675, an Zinsen und Disconto (1812—23) 156 503 Tl. aus der Handlung bezogen, dazu aber etwa 842 000 Tl. an sonstigen Geschäftsgewinnen mit Mitteln der Bank für sich gemacht habe. Dazu gehörten namentlich: der Ankauf der Bestände der kgl. Nutzholz-Administration, mehrere 1815 gemachte höchst bedeutende Geschäfte mit Westfälischen Obligationen, das 1820 mit Norwegen geschlossene Anleihegeschäft[2], der Ankauf und Betrieb des Modumschen Blaufarbenwerks in Norwegen. W. Chr. Benecke, der bei seinem Rücktritt von der Leitung des Bankhauses erst etwa 40 Jahre alt war, blieb danach noch in vielfältiger Weise tätig. Er hatte 1821 sein Holzkomptoir im Hause der Firma, Spandauer Str. 22,

[1] *Trende, Briefwechsel Rother, S. 131 f, 133*

[2] *Brockhage, Kapitalexport, S. 144*

besaß in Norwegen auch ein Holz- und ein Eisenwerk, vermutlich von der Anleihe herrührend, Grundstücke in Berlin, Charlottenburg und Pichelswerder, war Hauptgründer und langjähriger Direktor der Berliner Feuerversicherungsanstalt von 1812 und auch sonst an Vereinen und Geschäftsgründungen führend beteiligt, war auch 1820—27 der erste Vorsitzende der Korporation der Kaufmannschaft. Er erwarb ferner die Herrschaft Gröditzberg im Haynau-Goldberger Kreise, eine der schönsten Besitzungen der Monarchie, die früher den Herzögen von Liegnitz, zuletzt dem Grafen von Hochberg gehört hatte, mit prachtvollem Schloß und 2 Dörfern, und wurde 4. April 1829 in den erblichen Adelsstand erhoben, nachdem er schon vorher den Roten Adlerorden 3. Kl. erhalten hatte. Er wohnte 1822 bis 1823 Neuer Packhof 4, seit 1824 Behrenstr. 46, später in dem von ihm erworbenen Hause Unter den Linden 78. Er konnte das Leben eines großen Herrn führen, lebte teilweise auf seinem schönen Gute und machte größere Reisen.

Wilh. Chr. war unmittelbar, nachdem Gebr. Benecke ihre Zahlungsunfähigkeit erklärt hatten, mit einem an seine Freunde versandten Promemoria vom 1. Februar 1826 dem schon damals laut gewordenen Verdacht, daß er die Insolvenz verschuldet habe, entgegengetreten. Er wies darin nach, daß er im Gegenteil eine ursprünglich insolvente Handlung zu bedeutender Höhe emporgeführt, und der Zusammenbruch nur durch verfehlte Leitung verursacht sei. Aber die geschädigten Beneckeschen Gläubiger hatten begreiflicherweise ein großes Interesse, eine Teilhaberschaft und Ersatzpflicht des reichen W. Chr. Benecke festzustellen. In Kreisen früherer Komtoirangestellten war schon lange von unrichtigen Buchungen und langjähriger faktischer Insolvenz die Rede; schon 1819 soll de Wilde im Besitz einer Denunziation von Komtoiristen gegen Benecke gewesen sei. Verdächtig war auch, daß dessen Mandatar, Justizrat Marchand, zugleich Kurator der Konkursmasse war und daß dieser schon 1827 die Absicht äußerte, die Handelsbücher einstampfen zu lassen. Diese Dokumente waren auch lange Zeit verschwunden, wurden erst nach allerlei Nachforschungen seitens der Gläubiger irgendwo aufgefunden und erst nach 1833 beim Stadtgericht deponiert. Auf Grund der Bücher reichte endlich ein früherer Angestellter, Kaselack, der sich durch Cession in den Besitz einer englischen Gläubigerforderung gesetzt hatte, eine förmliche Denunziation ein (26. 3. 33), doch lehnte das Kammergericht die Einleitung der Untersuchung wider W. Chr. ab und der Justizminister Mühler bestätigte dies (13. 5. u. 28. 6. 33). Indessen erhoben die Gläubiger Zivilklage, um W. Chr. ersatzpflichtig zu machen, und es ergaben sich dabei so starke Verdachtsgründe, daß auch ein Strafverfahren wegen Teilnahme an einem fahrlässigen Bankerott eingeleitet wurde[1]. Der Kriminalsenat des Kammergerichts erkannte 16. Mai 1840 den Banquier und Rittergutsbesitzer W. Chr. Benecke von Gröditzberg jenes Vergehens für überführt an und verurteilte ihn kostenpflichtig zu dreijährigem Festungsarrest, Verlust aller kaufmännischen Rechte und der Befugnis zum Handelbetrieb ohne besondere Erlaubnis. Auf Verlust der Nationalkokarde, des Roten Adlerordens 3 Kl. und des Adels wurde nicht erkannt, da ein Mangel an ehrliebender Gesinnung und ein „grobes Verbrechen" nicht vorliege. Denn die Klage wegen mehrfacher Betrügereien, wodurch er sich zum Nachteil der Handlung bereichert habe, konnte wegen Verjährung nicht verfolgt werden, sondern blieb nur Grundlage der im Wege des Zivilprozesses erhobenen Entschädigungsansprüche; die Verurteilung erfolgte nur wegen Urheberschaft und Teilnahme am fahrlässigen Bankerott. Sie stützt sich in der 144 Folioseiten umfassenden Begründung darauf, daß W. Chr. trotz der geflissentlich anders formulierten Verträge von 1806—1823 der eigentlich verantwortliche Leiter gewesen sei und daß unter ihm die Insolvenz entstanden sei. Auf die sogleich eingelegte Berufung hin kam der Appellations-Senat jedoch zu grundsätzlich anderer Auffassung und zu völliger Freisprechung und legte Benecke nur die Kosten des Berufungsverfahrens zur Last.

In den Klageschriften wird vorgeworfen, daß W. Chr. bei seinen Buchungen immer die Ausfälle den Erben allein zur Last brachte (insgesamt 889 531 Tl.), die Gewinne aber auf diejenigen Konten eintrug, an denen er gewinnbeteiligt war, auch wenn sie nicht dahin gehörten, und daß er auch sonst bei Ausmittelung und Verteilung des gemeinsamen Handels-

[1] *Die umfangreichen Prozeßakten des Kammergerichts, Rep. 97 XI B 83 III, boten die Unterlagen für einen großen Teil dieser Darstellung*

gewinnes die Witwe und die Erben schwer übervorteilt habe. Er soll auch Geschäfte haben eintragen lassen, die gar nicht stattgefunden haben. Unter anderem hat er 1807—12 auf den Effektenbestand des Hauses für Kursverluste 194 077½ Tl. auf dem Liquid.-Conto, also zu Lasten der Witwe, abgeschrieben, dagegen die Kursgewinne, die dadurch gemacht wurden, daß der Bank und Seehandlung Obligationen in Höhe von 355 032½ Tl. zum Nennwert zurückgegeben werden konnten, mit 165 740 Tl. den gemeinsamen Conten zugeschrieben, wovon er sich 53 138 und an 2 weiteren derartigen Buchungen noch 33 158 Tl. Anteil berechnete.

Ein fast undurchdringliches Wirrsal stellt die schon öfters erwähnte große Forderung des Hauses an den Fürsten Starhemberg dar, auf die ungeheure Mühen und Kosten verwandt wurden, mit dem Ergebnis, daß auf das zuletzt 325 100 Tl. betragende Conto nicht mehr als 15 271 Tl. an die Benecke'sche Konkursmasse, gegen Entsagung aller weiteren Ansprüche an den Fürsten und an Ephraim-Schmidt[1], gezahlt wurden. Es mußten die schwierigsten Auseinandersetzungen mit den anderen Gläubigern, namentlich Ephraim-Schmidt in Wien, sowie mit den österreichischen Behörden und Gesetzesbestimmungen geführt werden. Benecke hat sogar, als Wien in französischer Hand war, die Forderung im damaligen Betrage von 681 720 fl. durch Vertrag vom 1. Okt. 1809 an das Pariser Haus Tourton Ravel u. Co. zum Schein zediert, um dadurch zum Ziel zu gelangen, wofür diesem Hause 10%, später sogar 20% Provision zugesichert wurden. Die Schuld betrug nach einer vom Fürsten 5. März 1810 ausgestellten Verschreibung an Kapital 329 636 und an rückständigen Zinsen 270 364 fl. Conventionsgeld[2].Das Conto Starhemberg war 1806 und 1807 von W. Chr. selbst durch zweimalige Abschreibungen von 418 162 auf einen anzunehmenden wirklichen Wert von 180 000 Tl. nebst 34 338 Tl. Beitreibungskosten herabgesetzt worden, aber durch Zurechnung von Zinsen und gewaltiger Unkosten bis 1819 wieder auf 326 209 Tl. gestiegen, während die darauf einkommenden Beträge hauptsächlich auf gemeinschaftliche Conten gebucht wurden. Im ganzen wurde das Conto für 1819

[1] *Vgl. Bd. II, S. 339*
[2] *Rep. 151 a III 3,19*

um etwa 210 000 Tl. zu hoch gebucht befunden, ungerechnet die enormen Reise-, Porto- u. a. Kosten und Honorare, die einmal für ihn 18 170, für Bankier Tourton 20 869 Tl. betrugen, in grellem Mißverhältnis zu dem dafür erzielten Ergebnis. W. Chr., der allein 1813 von Mai bis Dezember in dieser Sache sich in Wien aufhielt, soll auch einen Verlust von 37 583 Tl., den er bei Spekulationen im Wiener Kurs erlitt, dem ihn selbst nicht betreffenden Liquid.-Conto aufgebürdet haben. Im ganzen sind auf jene Forderung unter der Verwaltung von W. Chr. Benecke 191 322 Tl. beigetrieben worden, teilweise durch Zwangsverwaltung der fürstlichen Grundstücke und den Verkauf des Palais am Minoritenplatz; dagegen gingen für Unkosten und Tantiemen 169 377 Tl. ab, so daß als Nettoeinnahme nur 21 944 Tl. blieben. W. Chr. aber hatte als gemeinschaftliche Gewinne 147 542 gebucht, wovon er selbst 73 771, die Erben 21 944 Tl. netto bezogen. Diese verloren also nicht nur ihre ganze Forderung an Starhemberg mit 331 813 Tl., sondern mußten noch 51 726 für W. Chr. zuschießen. Durch eine fingierte Buchung waren u. a. die Erben mit 63 246 Tl. belastet, und hatte W. Chr. einen Gewinn von 31 792 Tl. Die Buchungen von W. Chr., die im Erkenntnis als willkürlich und unbegreiflich bezeichnet werden, hörten erst mit Eintritt der Sozietät auf.

Ein zweiter großer Verlustposten ergab sich aus dem Verhältnis zu dem Hause G. H. de Wilde u. Sohn in Amsterdam. Nachdem die aus der Masse übernommenen Aktivposten — Schiffsparten, Obligationen auf Plantagen u. Schuldforderungen — ebenso wie Roggengeschäfte, die sich aus jener Verbindung ergaben, allerlei Verluste gebracht, wurde bei der Auseinandersetzung im Febr. 1824 die endgültige Einbuße auf insgesamt 103 000 Tl. festgesetzt, die je zur Hälfte auf W. Chr. und die Inhaber entfielen. Diese beiden großen Verlustposten ungerechnet standen auf den 4 Liquid.-Conten (von 1806, 1810, 1811 u. 1820) 1823 noch 153 617 Tl., die bis auf 25 225 abgeschrieben werden mußten. Als sonstige schlechte Aktiva gab W. Chr. für ult. 1823 106 142 Tl. zu, von denen 63 500 als Ausfall abzuschreiben seien. Im Konkurs erwiesen sich aber 184 000 als nicht realisierbar.

Nach einer anderen Berechnung machten die völlig unwerten Aktiva ult. 1823 772 274 Tl. aus, von denen am Tage der

Konkurseröffnung noch 768 696 unrealisiert waren. Von diesen entstammten 388 234 dem Liquid.-Conto von 1806, die übrigen 380 462 Tl. aber waren Ausfälle aus der Zeit von W. Chr. Benecke, und er hätte 186 648 Verlust auf seinen Teil nehmen müssen. Dazu noch seinen Anteil am Verlust von 1823 mit 11 223 und das von ihm übernommene Debet seines Bruders Gustav mit 14 400, zus. 212 271 Tl. Er aber überließ nur sein nominelles Guthaben mit 32 788 der Handlung und zahlte 45 000 bar dazu, also 134 483 zu wenig. Außerdem zahlte er gegen Abtretung mehrerer guter Aktiva 75 000 Tl.

Bezeichnend ist auch folgender Fall: Eine Frau von Berg stand auf dem Liquid.-Conto von 1806 mit einem Debet von 12 934½ Tl. Dazu wurden nach und nach für Zinsen, Provision und Extravergütung 43 893 auf andere Conten gebucht, schließlich 1814 ein Vergleich geschlossen und bis 1818 insgesamt 30 533 Tl. darauf bezahlt. Davon entfielen auf W. Chr., der am Kapital gar nicht beteiligt war, 13 228, auf die Erben 17 305, doch blieben diesen nach Abzug des Kapitals nur 4 371 Tl. Bei 3 Posten des Liquid.-Contos von 1806, auf die teilweise Zahlungen eingingen, buchte W. Chr. sich 2 945 Tl. Gewinnanteil, obwohl dabei kein Gewinn, sondern große Verluste waren. Aus einer Rechnung mit M. C. Benecke u. Co. in Frankfurt/O., offenbar dem von Wilh. Christians Vater Michael Christian († 1807) herrührenden Geschäft, sollen Gebr. Benecke mit Zuziehung ihres ehemaligen Vormunds de Wilde eine Forderung von 61 000 Tl. Kapital und 80 400 Tl. Zinsen hergeleitet haben, um die sie von W. Chr. verkürzt worden seien. Auch aus dem Impost -Conto von 1812, das die Kontinentalgeschäfte enthielt, wurden bedeutende Ansprüche geltend gemacht.

Leider sind wir über den Zivilprozeß gegen Benecke nicht unterrichtet; er ist aber vermutlich gleichfalls fruchtlos verlaufen, denn Benecke erscheint bis zuletzt im Besitz seiner Güter. Er wird noch 1846 als Besitzer des Hauses Unter den Linden 78 angeführt. Dagegen hat sein persönliches Ansehen durch die zu Tage getretenen Tatsachen seiner Geschäftsführung jedenfalls stark gelitten. Er wird 1840 noch als Vorsteher mehrerer preuß. Aktiengesellschaften bezeichnet, ist aber 1846 bei keiner der Berliner Eisenbahn-Gesellschaften beteiligt, und wird damals nur als Rittergutsbesitzer und Mitglied des Vereins zur Erziehung verwahrloster Kinder, dessen Vorstand er 1825 war, angeführt. Sein Bruder Gustav schied erst 1848 aus der Korporation der Kaufmannschaft aus.

Wilhelm Christian Benecke war zweifellos eine der befähigsten und stärksten Persönlichkeiten der Berliner Bankengeschichte, und steht sicherlich einzigartig da in der Kunst, bei moralisch verwerflicher Handlungsweise sich eine große äußere Stellung von bedeutendem Ansehen zu sichern. Er muß es verstanden haben, selbst Nächststehenden als unantastbarer Ehrenmann zu erscheinen; so bestimmte ihn der Hamburger Kaufmann Georg Friedrich Averdieck, der 1811—15 Prokurist bei Gebr. Benecke war und ihn also genau kannte, im Januar 1815 testamentarisch[1] zum Mitvormund, was doch einen einwandfreien Vertrauensbeweis darstellte. Wenn auch Benecke sein Ansehen in der Geschäftswelt späterhin eingebüßt haben mochte, so konnte er sich doch seines übel erworbenen Reichtums und entsprechend glänzender Lebensstellung noch recht lange erfreuen, denn er starb erst bei Ausbruch des Deutschen Krieges im 88. Lebensjahr zu Berlin (4. Juni 1866). Die Witwe folgte ihm erst 1875 im Alter von 89 Jahren. Sein durch ihn zur Adelswürde emporgehobenes Geschlecht hat ihn allerdings nicht lange überdauert. Denn obwohl er 3 Söhne und 3 Töchter gezeugt hatte, so erloschen die Benecke von Gröditzberg bereits mit dem Tode des jüngsten dieser Söhne, der 13. 4. 1902 zu Dresden im Alter von 84 Jahren starb[2].

[1] *Berl. Stadtger. Test. 31*
[2] *Adliges Taschenbuch 1917*

Die Mendelssohn[1]

Moses Mendelssohn starb im Beginn des Todesjahrs des großen Königs als Geschäftsleiter und Teilhaber einer kleinen Seidenfabrik[2] und hinterließ außer der Witwe Fromet, geb. Guggenheim, 6 Kinder, 3 Söhne und 3 Töchter, in sicher bescheidenen Umständen. Immerhin war etwas Kapitalvermögen vorhanden, nach dem Testament der Witwe von 1792[3]. Diese lebte bei ihrer zweiten Tochter in Neustrelitz, dann Altona, wo sie 1812 starb. Die älteste Tochter, Brendel, später Dorothea, war seit 1783 mit Simon Veit, einem kleinen Bankier, verheiratet; die Ehe, der die späteren Maler Johannes und Philipp Veit entsprossen, wurde 1798 geschieden und Dorothea vermählte sich 1804 mit Friedrich Schlegel.

Von den Söhnen war der älteste, Joseph, geb. 11. August 1770, der eine ausgezeichnete Bildung genossen hatte, Buchhalter bei der Handlung Itzig & Co.[4], als er im Januar 1792 mit anderen jungen Leuten der jüdischen Gemeinde die Gesellschaft der Freunde gründete. Schon bevor jene Handlung zusammenbrach (1796), hatte sich Joseph selbständig gemacht und 1795 ein Wechsel- oder Bankgeschäft in der Spandauerstraße gegründet. Er betrieb es seit 1. Jan. 1799 in Kompanie mit Moses Friedländer (1774—1840), dem zweiten Sohn des bekannten David Friedländer[5], in dessen Hause Burgstraße 25 unter der Fa. „Mend. et Fr." Sie akkreditierten, als ein anderes Berliner Haus versagte, Alexander von Humboldt für seinen Aufenthalt in Spanien (1799). Mit den Gebr. Humboldt erhielt sich ein inniges Freundschaftsverhältnis lebenslang. Mit Aus-

[1] *K. Zielenziger, Juden in der deutschen Wirtschaft (1930), S. 52—63: Das Haus M.*
[2] *Vgl. Bd. II, S. 281*
[3] *31. 12. 1792, publ. 15. 6. 1812. Test. Kammergericht M 157. Vgl. Silberstein, Moses M's. Witwe, in Ztschr. f. Gesch. d. Juden in Dtschl. III (1931), S. 125*
[4] *Vgl. Bd. II, S. 372*
[5] *Bd. II, S. 378*

gang 1803 löste Joseph die bisherige Geschäftsverbindung wieder und nahm seinen reichlich sechs Jahre jüngeren Bruder Abraham, der in Paris als Kassierer beim Bankhause Fould gewesen war und sich nun mit Lea Salomon verheiratete, als Teilhaber auf. Die Firma hieß seitdem „J. & A. Mendelssohn" und befand sich im Ephraimschen Hause, Poststraße 16. Doch gründeten die Brüder 1804 auch ein Geschäft in Hamburg unter der Fa. „Gebr. Mend. et Co." und zogen selbst dahin, während sie ihr Berliner Geschäft durch Bevollmächtigte, Philipp Joseph Veit und Emden, wahrnehmen ließen. Daher befanden sich Gebr. Mendelssohn et Co. 1809/10 unter den Hamburger jüdischen Häusern, die den vier Berliner Hauptbankiers wegen ihrer unerledigten Forderungen an die märkischen Stände beisprangen; sie haben zusammen mit Moses Salomon Fränckel einen Teil des Gesamtbetrages, 75 000 Mark banco, kreditiert. Dagegen war ihr Berliner Haus 1808 nicht unter den 48 Rückbürgen der sogenannten Hamburger Anleihe für die Stadt Berlin und galt demnach nicht als erheblich. Das Hamburger Geschäft wurde aber aufgegeben, als die Stadt französisch geworden war (1810).

Seit 1811 erscheinen J. & A. Mendelssohn wieder ganz in Berliner Geschäften tätig. Abraham siedelte im Sommer 1811 nach Berlin über und wohnte bei der Schwiegermutter, Neue Promenade 7. Schon im Januar gaben die Brüder an, daß sie sehr bedeutende Summen, in den beiden letzten Wochen allein 62 000 Tl., für Tarifierung von Kolonialwaren bar erlegt hätten und baten, für die ansehnlichen dergleichen Zahlungen der nächsten Zeit drei Rückbürgenforderungen zu je 5 000 Tl., die sie in Händen hatten, verwenden zu dürfen[1]. Gebr. Schickler klagten im Juli 1811 wider die „Wechsler" J. & A. Mendelssohn, weil in einem von ihnen in Zahlung gegebenen Beutel von 500 Tl. 9½ Tl. fehlten, was damals öfters vorkam. Andererseits erhob die Mendelssohn'sche Handlung Dezember 1813 Wechselklage gegen Gebr. Schickler wegen zwei Wechselforderungen von 2110 Mark banco und 650 Tl.[2]. In früherer Zeit finden sich die Mendelssohn nur in einer nicht eben bedeutenden Angelegenheit erwähnt. Sie gingen Juni-Juli 1806 gegen die Masse

[1] *Rep. 151 a III 3. 56*

[2] *Schicklersches Hausarchiv II M 32*

des verstorbenen Buchhändlers Heinrich Froelich wegen einer Wechselforderung von 4000 Tl. sehr rigoros vor und bestanden auf Versiegelung und Konkurs, obwohl die anderen Gläubiger, die von einer Fortführung des Betriebs unter Gläubigerverwaltung besseres erhofften, erbittert widersprachen und das Gericht erster Instanz sich diesen anschloß[1].

Die Brüder haben offenbar in den Jahren zwischen den Kriegen gute Geschäfte gemacht. Sie hatten zudem in dem jungen Joseph Maximilian Fränckel, einem Neffen von Josephs Frau, seit 1806 einen vermögenden stillen Teilhaber. Im Jahre 1812 waren die Gebr. Mendelssohn so gekräftigt, daß sie unter den zwanzig ersten Handlungen Berlins aufgeführt werden. Dem entsprach es auch, daß sie bei der Zwangsanleihe vom März 1812 auf 15 000 Tl., also unter den bedeutenderen Firmen veranlagt wurden; sie zahlten aber nur 10 000, und zwar bar. Als im Juni eine erneute Anforderung kam, gehörten die Mendelssohn zu denjenigen, die jede Beteiligung ablehnten. Sie wurden darauf vom Kanzler selbst 8. und 12. Juni mit dem höchsten Anschlag, 25 000 Tl., belegt. Williger zeigten sie sich bei den Anleihen des folgenden Jahres, Abraham Mendelssohn wurde sogar im Februar seitens des Kaufmannsstandes in das Siebener-Comitee gewählt, das die Tilgung der Anleihen bis 1815 besorgte. Die Firma entrichtete damals auch die geforderten 15 000 Tl., da gute Sicherheit dafür gegeben wurde. Bei der ungesicherten Zwangsanleihe vom August war die Firma mit 9600, dann 7000 Tl. veranlagt. Die Zahlung wurde verweigert, umso mehr als die Brüder sich in Breslau befanden, vermutlich wegen einer großen Gewehrlieferung — 40 000 Flinten aus Österreich —, die sie angeboten hatten[2], was vor der Kriegserklärung Österreichs geschehen sein muß. Ihre Wohnung sollte militärische Zwangsbelegung erhalten, was nur dadurch abgewendet werden konnte, daß der Buchhalter Giermann 11. August mit aller Mühe 4000 Tl. binnen 24 Stunden verschaffen konnte; es mußten dann noch 3000 Tl. hinzugezahlt werden[3]. 1815 finden sich J. & A. Mendelssohn mit 20 000 Tl.

[1] *Rep. 9 D 8. 51*

[2] *Rep. 91 A XI. 3*

[3] *Rep. 151 h III 1. 21 I*

unter den acht ersten Häusern; nur fünf waren höher, das vorher so bedeutende Delmarsche aber niedriger veranlagt.

Die Firma zog zu Anfang 1815 von der Poststraße nach dem Hause Jägerstraße 51[1], in dem sich die Apotheke zum König Salomon befand und das Joseph 1839 von deren Besitzer für 70 000 Tl. an sich brachte. Es ist bis jetzt Sitz der Firma geblieben, allmählich mit Hinzuziehung der Nachbargrundstücke (Nr. 49, 50, 52). Die persönlichen Verhältnisse waren immer noch bescheiden, wie aus dem im November 1813 aufgesetzten Testament Josephs Mendelssohn hervorgeht[2]. Denn er überließ darin seiner Ehefrau Henriette, Tochter des Strelitzer Hofagenten Nathan Meyer, die Wahl, entweder die Hälfte des gemeinsamen Vermögens oder einen festen Betrag von 12 000 Taler als Erbe zu übernehmen; man kann daraus folgern, daß er sein reines Vermögen, allerdings sicherlich bei vorsichtigster Schätzung, auf 24 000 Taler bemaß, wovon 8000 von der Frau eingebracht waren.

Nach den Befreiungskriegen betätigten sich J. & A. Mendelssohn neben den Frankfurter Häusern M. & A. Rothschild und F. Gontard & Söhne in den mit der Übermittlung der französischen Kriegsentschädigung für Preußen verbundenen Geschäften, die in Vorschüssen und der Verrechnung auf die von Frankreich einzuziehenden Zahlungen bestanden[3]. Sie waren dabei 1817 mit Delmar & Co. verbunden und lieferten mit diesen 900 000 Tl. an diskontierten Wechseln der Generalstaatskasse ein, wobei an Provision 22 500 Tl. verbucht wurden. Im gleichen Jahre zeichneten sie für die Tresorschein-Anleihe von 2,1 Millionen Tl. 100 000 Tl., d. h. ebenso viel wie Gebr. Benecke, während das Haus Delmar sich gar nicht beteiligte. Auch dessen Zusammenarbeit mit Gebr. Mendelssohn bei den französischen Kriegsentschädigungen hörte nun auf; diese gingen vielmehr 1818 mit Zacharias Friebe zusammen und beide haben bis Ende des Jahres 303 281 Tl. Vorschuß auf die laufende und 671 100 Tl. auf die noch einzuziehende Entschädigung an die Seehandlung eingezahlt; an baren Vorschüssen waren von Mendelssohn 50 000 und 61 200 Tl. geleistet.

[1] *Abraham wohnte 1815 Markgrafenstr. 48*

[2] *29. Nov. 1813. Stadtgericht Berlin 4284*

[3] *Rep. 134 L II 2,9; Rep. 134 L II 5,5 u. 9*

Diese beiden Häuser waren auch an einem Konsortium beteiligt, das im Anfang Februar 1818 sich erbot, eine größere Anleihe für den Staat aufzubringen, nachdem dieser sich um eine solche im Ausland mit unbefriedigendem Erfolg bemüht hatte[1]. Zu jenem Konsortium gehörten sonst nur die beiden ersten Berliner Häuser Gebr. Schickler und Gebr. Benecke und der Elbinger Kommerzienrat Jebens. Sie stellten dem Präsidenten des Schatzministeriums Friese vor, daß sie selbst das Geschäft zu günstigeren Bedingungen machen könnten, als sie im Ausland zu erlangen seien, und suchten die beim Ministerium obwaltenden Bedenken gegen eine große inländische Anleihe zu zerstreuen, zumal da sie alles aufbieten würden, um ihnen bekannte ausländische Kapitalisten heranzuziehen. Es war für die staatlichen Stellen offensichtlich überraschend, daß das Geschäft auch an dem so gering geschätzten Berliner Markt und mit inländischen Bankiers gemacht werden könne. Schon sehr bald (11. Februar) kam ein vorläufiges Abkommen im Schatzministerium zustande, wonach die Konsorten eine Anleihe von 15 Millionen Tl. zu einem Zinssatz von 5% eröffnen wollten dergestalt, daß bei der eingehenden Valuta 73% für voll berechnet werden sollten. Sie garantierten für das Zustandekommen des halben Anleihebetrages, und zwar jeder der vier Berliner Häuser für 1,65, Jebens 0,90 Millionen Tl. Der Berliner Vorstoß hatte jedenfalls für den Staat den Vorteil, daß nun ein förmlicher Wettlauf um die Anleihe entstand und daß die Angebote sich gegenseitig steigerten. Schließlich schloß Rother doch in London 31. März mit Rothschild ab, da dieser sich nochmals zu günstigeren Bedingungen herbeiließ und die Anleihesumme bis auf 30 Millionen Tl. erhöhte.

Joseph Mendelssohn weilte damals wegen der Kriegsentschädigungssache in Paris, wo die Firma 1815—27 ein eigenes Abwicklungs-Comptoir hielt; er hatte von dort aus den Staatskanzler in Engers aufgesucht und ihm 18. März nochmals die Berliner Vorschläge anempfohlen. Er wurde aber beschieden, daß diese hinter den von Rothschild gebotenen Vorteilen zurückblieben und daher der Abschluß mit diesen betrieben werden solle. Am 20. hatte Mendelssohn wieder eine eingehende Unterredung

[1] *Rep. 134 L II 5,8*

mit Hardenberg über jenes Geschäft und Rothers Mission. Er schrieb noch an demselben Tage an diesen nach London und erbot sich, falls es mit der Sache dort nicht gehen solle, auf den ersten Wink von Paris zu kommen und ihm sein Geschäft in Hamburg, Frankfurt und wo er wolle, zu gewünschten Bedingungen zu machen. Andernfalls erinnerte er nochmals an das ihm gemachte Versprechen, seinem Hause 300 000 £ bei der englischen Anleihe zu reservieren und fügte hinzu: „Ich brauche jetzt wahrlich Verdienst, es ist mir in der letzten Zeit manches schief gegangen, und in dieser Angelegenheit habe ich doch meinen Eifer wenigstens an den Tag gelegt". Auf Rothers Wunsch werde diesem „ein kleines reserviertes Interesse nicht refutiert werden können"[1].

Obwohl Joseph Mendelssohn den Bescheid des Staatskanzlers nach Berlin mitgeteilt hatte, wendeten sich die anderen Interessenten am 15. April erneut an das Schatzministerium mit der Bitte, das mit ihm kontrahierte Darlehnsgeschäft zum Abschluß zu bringen, da sie sich mit ihren Kapitalien seit länger als zwei Monaten darauf eingerichtet hätten, und fragten dabei: Warum der Staat Geld im Auslande borgen wolle, wenn es mit geringeren Kosten im Inlande zu haben sei. Im Ministerium wurde eine ziemlich grobe Antwort darauf verfaßt, die allerdings nicht abgesandt wurde; darin wurde den Bankiers vorgeworfen, sie hätten die Stimmung gegen den ersten englischen Anleiheplan dazu ausnutzen wollen, um einen in seiner Art ebenso nachteiligen Kontrakt für sich zu erzwingen, man hätte von ihnen ein Angebot von mindestens 80% erwartet, ihre Spekulation sei nur durch ihre eigene Knauserei mißlungen, von müßig liegenden Kapitalien könne keine Rede sein, da sie ihre Papiere in Zahlung geben wollten usw. Joseph Mendelssohn aber war entsetzt über das Schreiben seiner Mitinteressenten, da es bezüglich seiner Unterredung mit dem Staatskanzler direkte Unwahrheiten enthalte, und entschuldigte sich deswegen 26. und 30. April von Paris aus aufs eindringlichste bei Rother. „Es ist entsetzlich", schrieb er, „von einem Bruder und einem nahen Freund (Friebe?), die von boshaften Menschen instigiert sind, so mit reinen Unwahrheiten hinter dem Rücken mißhandelt zu werden."

[1] *Trende, Briefwechsel Rother, S. 90 f*

Er bat Rother, seinen Freund, wie er sich mit dessen eigener Erlaubnis nennen dürfe, dringend um Mitteilung, wieviel er von der Anleihe definitiv für ihn subskribiert habe und wohin die Einzahlung zu richten sei. Einiges davon hatte Mendelssohn schon auf Lieferung verkauft, das meiste anderen zugesagt.

Diese Angelegenheit ist wohl nach Wunsch erledigt worden; nach den Akten des Schatzministeriums wurden an J. u. A. Mendelssohn und Z. Friebe im März 1820 noch 100 000 £ Obligationen für 503 310 Tl. abgegeben[1]. Nach den Akten der Kgl. Bank[2] hat die Handlung Mendelssohn & Fränkel 1822 bei der Strandung eines englischen Schiffes an der Küste von Suffolk 14 Obligationen jener Anleihe im Wert von 5000 £ verloren. Den inzwischen getrennten Bankiers Mendelssohn & Co. und Joseph M. Fränkel wurden seit 1929 die Zinsen, auch die rückständigen erstattet, 1831 auch der Kapitalsbetrag, allerdings nur gegen Hinterlegung von 1830er Obligationen in gleicher Höhe. Im Dezember 1836 wurde ihr Antrag, ihnen dies Unterpfand zurückzugeben, und mit einem Wechsel vorlieb zu nehmen, befürwortet, da jene Papiere als endgültig verloren anzusehen seien und eine für alle Fälle verbindliche Erklärung „bei dem bekannten Wohlstand" der Antragsteller genüge.

Mit dem Hause Rothschild ergaben sich geschäftliche Beziehungen, ja, 1818 erscheint Mendelssohn geradezu als Berliner Verbindung des Frankfurter Hauses. Es kam nun auch zu gemeinschaftlichen Operationen. Die Häuser Rothschild & Söhne, Gontard und Mendelssohn erboten sich 11. Oktober 1818, die Übertragung der auf dem Aachener Kongreß ausbedungenen französischen Zahlungen an Preußen zu übernehmen; es wurde auch mit ihnen ein Vertrag abgeschlossen (30. Okt.), doch ist nicht ersichtlich, ob dieser zur Wirksamkeit kam[3]. Sicher war das der Fall mit einem Rentenkaufgeschäft der Regierung in Paris, worüber am 21. Mai 1819 ein Abkommen des Schatzministeriums mit Rothschild und Mendelssohn getroffen wurde[4]; Mendelssohn schloß dabei zugleich im Namen Rothschilds ab. Es handelte sich um die Finanzierung der von der französischen

[1] *Rep. 134 VIII 4 1 a*

[2] *Rep. 89 C XXVIII Gen. 22*

[3] *Vgl. FBPG Bd. 46, S. 88*

[4] *Rep. 134 L II 5,6*

Regierung nach der Convention vom 25. April 1818 auf die Privatforderungen preußischer Untertanen zu zahlenden Renten. Die beiden Häuser übernahmen es, die auf ihren Namen eingetragenen Renten zu verkaufen und den Betrag an die Seehandlung abzuführen. Sie leisteten darauf einen Vorschuß von 1 Million Tl., der bis zur Beendigung des Rentenverkaufs stehen bleiben sollte, und berechneten sich 5% Zinsen jährlich und 1/2% Provision ein für alle Mal. Die Zahlungen an die Seehandlung bewirkten J. u. A. Mendelssohn größtenteils durch Übersendung von barem Silber aus dem Auslande, das sie in der Kgl. Münze zu preußischen Talern umprägen ließen. Auf ihren Antrag wurde die Generalmünzdirektion 10. Juni angewiesen, ihnen für das Silber die höchsten zulässigen Preise und für die einzelnen Einlieferungen so schleunig wie möglich zu zahlen.

Mit der Regierung Hardenberg bestand ein enges Vertrauensverhältnis; so wies Staegemann im Januar 1819 einen preußischen Geschäftsträger in Paris an, seine Briefe an den Staatskanzler und ihn selbst jederzeit „an unseren dort anwesenden Banquier, Herrn Mendelssohn", zur Beförderung abzugeben[1].

Mit Ende des Jahres 1821 schied Abraham Mendelssohn aus der Firma aus; es wird in der gedruckten Kundmachung vom 31. Dezember 1821 eigens versichert, daß lediglich sein Wunsch, „sich für jetzt von den Geschäften zu entfernen", für die Auflösung der Firma bestimmt sei. Die Handlung, die sich, wie zuvor, „hauptsächlich mit Besorgung von Aufträgen in Wechseln sowohl als in Staatspapieren und Waren„ beschäftigte, wurde fortgesetzt unter der neuen Firma „Mendelssohn & Fränckel", indem nun J. M. Fränckel als zweiter Teilhaber zeichnete; als dritter trat Josephs Sohn Alexander (1798—1871) hinzu. Der Führende blieb nach wie vor Joseph M. Fränckel schied ohnehin mit Ende 1827 aus, um, obwohl erst vierzigjährig, fortan das Dasein eines wohlhabenden Rentners zu führen. Er starb erst 1857 im eigenen Hause, Unter den Linden 6 (Wert 50 000 Tl.) und hinterließ drei Töchter, die mit adligen Herren verheiratet waren[2]. Das Bankhaus trägt

[1] *Trende, a. a. O. S. 91 A*
[2] *Test. 14. 12. 1848. Berl. Stadtger. 13 627*

seit seinem Ausscheiden den Firmennamen „Mendelssohn & Co.", den es nunmehr beibehielt.

Joseph M. blieb bis zu seinem Tode, 24. November 1848, an der Spitze seiner Gründung, obwohl er ein Alter von 78¼ Jahren erreichte. Er hat sein Haus aus sehr kleinen Anfängen zum nahezu führenden Berliner Bankgeschäft emporgebracht. Zwar ist das wenig ältere Haus von Gebr. Benecke rascher emporgestiegen, brach aber 1826 kläglich zusammen, und das alte Haus Gebr. Schickler blieb zwar noch immer das reichste, aber seine Disponenten reichten an Joseph Mendelssohn bei weitem nicht heran. Dieser war geistig hochstehend, fein gebildet und immer bereit, anregend und unternehmend seiner Zeit voranzugehen. Wenn Rother 1831 nur drei Berliner Bankhäuser als leistungsfähig bezeichnet, nämlich Gebr. Schickler, Mendelssohn & Co. und eine jüngere, sonst nicht besonders hervortretende Firma, Jacobsohn und Rieß, so ist doch kein Zweifel, daß unter den Leitern dieser Häuser Joseph Mendelssohn weit hervorragt. Sein großes Ansehen in der Berliner Geschäftswelt geht daraus hervor, daß er schon bei der Gründung der Korporation der Kaufmannschaft (1820) erster Stellvertreter des Vorstehers (W. Chr. Benecke) wurde und von 1834—46 Vorsteher des Ältestenkollegiums war. Überall, wo es einem gesunden Fortschritt zu dienen galt, erscheint Joseph Mendelssohn führend oder mithandelnd beteiligt, mit einer bis in das hohe Alter erstaunlichen Rüstigkeit und Vielseitigkeit. Er beschäftigte sich 1821 eifrig mit Plänen, wie dem „krankhaften Zustand der Geldcirculation im Lande" mit seiner beständigen Geldklemme und seinen krampfhaften Zuckungen abzuhelfen sei, da „unsere sogenannte Hauptbanco" ganz gelähmt war[1]. Von Horchheim bei Ehrenbreitstein, wo er sich 1818 einen Sommersitz geschaffen hatte, sandte er im Juli den Entwurf zu den Statuten einer zu jenem Zweck dringend erforderlichen Notenbank an Rother und gab einige Wochen später auf dessen Schreiben hin weitere Ausführungen darüber. Es ist daraus nichts geworden, weil man bei den staatlichen Stellen zu keinem Entschluß kam. Doch hatte man auch für diesen wohl vorgesehenen Fall an ein anderes Unternehmen gedacht und Mendelssohn mit dem Agenten

[1] *Rep. 109 B XI 1*

Bloch im Mai über dieses „neue Geschäft", wie es etwas geheimnisvoll bezeichnet wurde, verhandelt. Es ist vermutlich das, was als Berliner Kassen-Verein in aller Stille 1823/24 ins Leben kam. Offenbar war Joseph Mendelssohn der Vater dieser Gründung, was sich schon darin bekundet, daß seine Devise — Kranich mit Kugel, im Schilf stehend, und Inschrift „Ich wach" — auch die des Vereins wurde. Dieser bestand nur aus 10 oder 11 Mitgliedern, unter denen die Beneckes, in der ersten Zeit wenigstens, waren, aber nicht das Haus Schickler. Obwohl der Verein von den staatlichen Geldanstalten heftig befeindet wurde, hat er sich ausgezeichnet bewährt, indem er für Berlin wenigstens jene vielbeklagten Übel zu beheben half. Als gesunde Gründung hat er sich auch dadurch erwiesen, daß er sich dauernd behauptete und so 1923 auf ein hundertjähriges Bestehen zurückblicken konnte.

Als der Plan einer Nationalbank 1824 wieder ernstlicher aufgenommen wurde, stand Joseph Mendelssohn neben W. Chr. Benecke bei den Verhandlungen mit Rother und den Aktenzeichnungen voran und konnte auch durch seine Pariser Beziehungen die Beteiligung von zwei dortigen Bankhäusern mit 800 000 Tl. anmelden[1]. Obwohl die Gründung auch jetzt nicht zustande kam, hielt Mendelssohn an der Notwendigkeit einer vom Staat beaufsichtigten privaten Notenbank fest und brachte das noch im hohen Alter in die Öffentlichkeit mit seiner Schrift: Über Zettelbanken mit besonderer Hinsicht auf eine Preußische Landesbank, Berlin 1846[2]. Die im gleichen Jahr erfolgende Umwandlung der Hauptbank wird seinen Absichten wenig entsprochen haben, jedenfalls gehörte er dem Central-Ausschuß nicht an.

Bei der Rotherschen Prämienanleihe von 1832 wurde Joseph Mendelssohn als Hauptunternehmer durch seinen Freund Bloch gewonnen; es war nicht leicht und bedurfte der regen Bemühungen eines Vermittlers, des Bankiers Moritz Robert, um Mendelssohn für das Geschäft allmählich einzunehmen[3]. Er übernahm dann allein für 2½ Millionen Tl. Aktien von den auf Berlin entfallenden 5,15 Millionen Tl. Er gehörte ferner

[1] *Rep. 109 B XI 3 1*

[2] *Vgl. v. Poschinger, Bankwesen I 262*

[3] *Rep. 109 Anh. II 3 1*

mit seinem Freund J. M. Fränckel zu den Gründern der Preußischen Renten-Versicherungs-Anstalt von 1838, die einem Wunsche Rothers entsprach. Mendelssohn war weiterhin ständig bemüht, den Geldmarkt und das Leihegeschäft für den gemeinen Nutzen zu besserer Wirksamkeit zu bringen. Dem entsprach der von den Häusern Mendelssohn & Co. und Gebr. Schickler 1844 beim König selbst eingereichte Plan einer Aktiengesellschaft zu hypothekarischer Beleihung von Grundstücken, der allerdings damals noch nicht verwirklicht werden konnte. Ferner Mendelssohns Vorschlag bei Rother 1845, daß die Bank Giroanweisungen oder „Checks", die erst nach vierzehn Tagen zahlbar sein sollten, ausgeben möge. Endlich noch der von ihm und anderen Berliner Geschäftsleuten 30. März 1848 an Rother gerichtete Vorschlag, daß zur Behebung der völligen Geldklemme eine Discontobank mit einer Million Tl. errichtet werde. Berliner Gesellschaften, bei denen J. Mendelssohn als Anreger, Mitbegründer und zeitweiser Leiter tätig war, sind die Hagel-Assecuranz-Gesellschaft von 1822 und ihre Neugründung von 1832, die Gemeinnützige Bau-Gesellschaft zur Herstellung von Kleinwohnungen von 1847/48, der Freihandels-Verein von 1847. Auf dem Eisenbahnmarkt hat sich Mendelssohn an der Gründung der Berlin—Hamburger Bahn (1842) und verschiedener kleinerer beteiligt; Rother vermerkt 5. Okt. 1846 ein Gerücht, wonach M., unterstützt von Bloch, das Geld für die Bahn nach Ostpreußen in London verfügbar zu machen versucht habe. Den Spekulationstaumel hat er nicht mitgemacht; wie Bloch, der ihn im August 1843 in Horchheim besuchte, an Rother schreibt, als der Einzige, der sich von Geschäften, die ihm nicht zusagen, fernhalten kann, und so gern er selbst gewinnen möchte, doch Festigkeit genug hat, gleichsam zuzusehen, wie die anderen Geschäfte machen[1]. Das war etwas außerordentliches für einen Bankier in einer Zeit, da selbst die solidesten Geschäftsleute sich dem nicht zu entziehen wußten und ein so vorsichtiges Haus wie Gebr. Schickler sich äußerst lebhaft an Zeichnungen beteiligte. Daß Joseph Mendelssohns Interessen auch ganz andere Gebiete umspannten, beweist seine 1846 veröffentlichte Schrift über Rosettis Ideen zu einer neuen Erläuterung des Dante und der Dichter seiner Zeit.

[1] *Trende, a. a. O., S. 172*

Dem von Joseph Mendelssohn begründeten und so lange geleiteten Hause war das Glück beschieden, daß es von begabten und tüchtigen Nachfolgern durch vier Geschlechter hindurch fortgeführt und zu größter Bedeutung erhoben werden konnte. Es war schon um die Mitte des 19. Jahrhunderts das erste Haus am Platze, Gebr. Schickler endlich überflügelnd, und brachte es bald zur Weltgeltung. In den 50er Jahren begann das Geschäft mit russischen Anleihen, und seit dem darauffolgenden Jahrzehnt wurden die Mendelssohn die Bankiers des Zarenreiches. Josephs Sohn Alexander (1798—1871) erlebte noch die Reichsgründung und den gewaltigen Aufschwung der deutschen Wirtschaft. Sein Sohn und Nachfolger Franz (1829—89) wurde durch Kaiser Friedrich III. in den erblichen Adelstand erhoben. Ihm folgten seine Söhne Robert (1851—1917) und Franz (1865 bis 1935), Präsident der Berliner Handelskammer (1914—32), des deutschen und internationalen Handelstages.

Die zweite, von Josephs Bruder Abraham begründete Linie der Familie führt den Zunamen Bartholdy, der auf Abrahams Gattin Lea Salomon zurückgeht; sie war durch ihre Mutter Bella eine Enkelin Daniel Itzigs. Leas Bruder Jacob Ludwig Salomon (1779—1825) fügte, als er 1805 in Dresden zur protestantischen Religion übertrat, den Namen Bartholdy dem seinigen zu, nach der im Familienbesitz befindlichen ehemals Bartholdyschen, dann Itzigschen Meierei vor dem Stralauer Tor. Er trat später in den diplomatischen Dienst und war von 1815 bis zu seinem Tode preußischer Generalkonsul in Rom, bekannt als Förderer deutscher Künstler, die mit ihren Gemälden die Casa Bartholdy schmückten. Seine Mutter und Geschwister wie auch sein Schwager Abraham Mendelssohn nahmen 1812 gleichfalls den Beinamen Bartholdy an. Abraham trat mit seiner Gattin 1822 zum christlich-protestantischen Bekenntnis über, nachdem er seine Kinder schon 1816 hatte taufen lassen. Die älteste Schwester war schon 1804 darin vorangegangen und wurde 1808 katholisch; auch die Schwester Henriette wurde eifrige Katholikin. Joseph verharrte allein in der jüdischen Religion. Abraham Mendelssohn-Bartholdy fügte seit der Taufe auch den Vornamen Ernst bei. Er besaß nicht die geschäftlichen Fähigkeiten seines älteren Bruders. Nach seinem Austritt aus der Firma blieb er am geschäftlichen Leben nicht unbeteiligt, lebte aber vorwiegend seinen literarischen, künstlerischen und gesellschaftlichen Neigungen. Seit Herbst 1825 wohnte er im erworbenen eigenen Hause, Leipziger Straße 3, einem vornehmen, geräumigen Wohnsitz mit großem Garten, vorher Besitztum des Ministers von der Recke. Es wurde 1856 für 100 000 Tl. an den Staat verkauft und an seiner Stelle später das Herrenhaus errichtet.

Über den sonst hochgeschätzten Mann urteilt Josephs naher Bekannter Bloch 1832 auffallend scharf[1]: Er habe wohl 3/4 seines Vermögens und seine kaufmännische Stellung größtenteils verloren, und zwar durch eigene Handlungsweise, gehöre aber zu den Leuten, die sich nie geirrt haben und stets anderen die Schuld zuschieben wollten, er sei ein unglücklicher, verbitterter und unverträglicher Mensch. Zu dem argen Mißgeschick, das er mehrfach in seinen Geschäften erlitt, kam allerdings hinzu, daß er zuletzt nahezu erblindet war. Und doch war sein Haus eine Stätte des Glücks: hochbegabte, prächtige Kinder, ein wundervolles Familienleben, ein Kreis wertvoller Verwandter und Freunde waren da vereint. „Unsere wohlgesinnten, gutgearteten Kinder beglücken unser Leben durch unausgesetzte Beweise von Liebe und Gehorsam", heißt es in seinem Testament[2]. Von den Söhnen war der ältere, Felix, (1809—47) der Musiker, früh zu Berühmtheit gelangt, so daß sein Vater von sich selbst mit leichter Bitterkeit zu sagen pflegte: Er sei früher der Sohn seines Vaters gewesen und sei jetzt der Vater seines Sohnes. Die Töchter fanden in dem Maler Wilhelm Hensel und dem Mathematiker und Professor P. G. Lejeune-Dirichlet ausgezeichnete Gatten von hohem Ansehen. Der zweite Sohn Paul Hermann, 1813 in Berlin geboren, folgte dem Beruf des 1835 verstorbenen Vaters. Er trat 1833 in das Bankhaus Mendelssohn & Co. ein, wurde 1837 Mitinhaber und erhielt gleichzeitig die Leitung der in Hamburg neu gegründeten Firma Paul Mendelssohn-Bartholdy. Diese bestand unter Verantwortlichkeit und Haftung des Stammhauses bis 1888 und pflegte die internationalen Beziehungen. Seinen festen Wohnsitz hatte der äußerst tüchtige Paul in Berlin, 1842 und später im Firmen-

[1] *Rep. 109 Anh. II 3 I*
[2] *25. 2. 1833. Berl. Stadtger. 6878*

hause. Es blieben seither beide Linien in der Leitung des Hauses vereint. Bei der Gründung der Bank des Kassen-Vereins 1850 beteiligten sich Alexander für Mendelssohn & Co. mit 50 000 und Paul Mendelssohn-Bartholdy besonders mit 25 000 Tl.

Über die Vermögensverhältnisse des Bartholdyschen Zweiges erfahren wir aus den testamentarischen Bestimmungen der 1842 verstorbenen Witwe Abrahams, Lea, daß die beiden Töchter Fanny Hensel und Rebecka Lejeune-Dirichlet 2700 bzw. 2300 Tl. zur Aussteuer und einen jährlichen Zuschuß von je 750 Tl. neben den Zinsen ihres großmütterlichen Erbes erhielten, die beiden Söhne Felix und Paul je 1500 bei Verheiratung und je 6000 Tl. als Prälegat; außerdem waren über 2500 Tl. zu Legaten ausgesetzt[1].

Paul Mendelssohn-Bartholdy heiratete sehr früh, 1835, eine Tochter des im Januar desselben Jahres verstorbenen, sehr wohlhabenden jüdischen Bankiers Heinrich Carl Heine, Hackescher Markt 11. Sie erbte gleich jedem ihrer acht Geschwister 30 000 Tl., wozu noch ein Fideikomiß-Anteil von 15 000 Tl. für Kinder kam[2].

Der jüngste Bruder Josephs, Nathan (1782—1852) hat sich als preußischer Patriot in der Napoleonischen Zeit hervorgetan und wird 1828 als Leutnant und Fabrikenkommissar angegeben. Auch er war mit einer Enkelin Daniel Itzigs, Henriette Marianne Hitzig verheiratet. Geschäftlich ist er nicht hervorgetreten.

[1] *1835—40. Berl. Stadtgericht 8044*
[2] *Test. ebenda 6719*

Fränkel (Fränckel), Friebe

Die Fränkel gehörten zu den ersten Familien der jüdischen Gemeinde und mehrere von ihnen spielten im 18. Jh. eine Rolle im Berliner Geschäftsleben[1]. In den Beginn des 19. Jhs. ragen noch hinein ein Hirsch Meyer Fränkel und 4 Brüder Joseph Fränkel mit den Vornamen Benjamin, Heymann, Hirsch und Michael. Der letztere war der ältere Schwager von Joseph Mendelssohn, er und namentlich seine Frau waren in den Kreisen um Schleiermacher und W. v. Humboldt befreundet; beider Sohn Joseph Maximilian war längere Zeit Sozius von Joseph Mendelssohn[2]. Bemerkenswerter sind die Söhne der beiden älteren Brüder. Benjamins Sohn Samuel, geb. 1773, erhielt seine Ausbildung in der Handlung seiner Vettern Moses und Salomon Levy und ging als deren Vertreter um 1800 nach Warschau, gründete da aber nachher ein eigenes Bankgeschäft unter der Firma S. A. Fränkel, denn seit der Taufe, Ende 1806, nannte er sich Samuel Anton. Er war Jahrzehnte hindurch der führende Bankier in Warschau, machte namentlich die zahlreichen russischen und polnischen Anleihen und verschaffte ihnen einen großen Markt in Berlin. Hier war er mit dem Hause Magnus eng verbunden, als Schwager des Gründers und Schwiegervater seines Sohnes; eine zweite Tochter heiratete einen Grafen v. Heyden-Cartlow. Aus der Ehe von Heymann Joseph Fränkel mit der Tochter von Zacharias Veitel Ephraim (1777) ging als einziger, 1781 geborener Sohn Zacharias Fränkel hervor, der uns noch näher beschäftigen soll[3]. Weiter ist zu erwähnen Moses Salomon Fränkel, der in Hamburg ein Bankhaus gründete.

Zacharias Fränkel, der von mütterlicher Seite ein Urenkel von Veitel Ephraim war, führte diese beiden Namen neben den seinigen; seit 1812 aber hieß er Wilhelm Zacharias Friebe. Sein Vater Heymann Joseph, der im

[1] *Vgl. Bd. II, Reg.*
[2] *Vgl. oben, S. 100, 105*
[3] *Bd. II, S. 341 f.*

Jan. 1824 starb, war 1803 im jüdischen Börsen-Comitee, muß aber bald sein Bankgeschäft dem noch jugendlichen Sohn überlassen haben. Wenigstens trat dieser bei den Darlehnsgeschäften der Franzosenzeit allein, und zwar sehr rege hervor, wenn auch weniger als Geldgeber denn als immer tätiger Vermittler. Bei der sogenannten Hamburger Anleihe für Berlin, 1808, befand er sich als einziger der Fränkel unter den 48 Rückbürgen, übernahm dazu die Garantie für einen weniger leistungsfähigen jüdischen Rückbürgen und erwarb noch die Forderungen von 4 anderen. Das geschah anscheinend in dem Bestreben, Schwierigkeiten zu beheben, die dadurch entstanden, daß der Beliehene nicht zahlte und die Rückbürgen selbst ihre Wechsel einlösen mußten. Denn ein Gewinn war dabei kaum zu machen. Eben dahin zielten die Bemühungen Fränkels, einen Vergleich über die Zahlungen der Rückbürgen herbeizuführen (Dez. 1809), wobei ihm selbst Kosten entstanden; in Anerkennung dessen wurden ihm vor anderen wenigstens die Zinsen vergütet. Den 4 Berliner Hauptbankiers, die mit ihren Darlehen für die Kurmark in Bedrängnis gerieten, leistete Fränkel im Sommer 1810 einen großen Dienst, indem er ihnen zusammen 650 000 Mark bco. bei den Hamburger Häusern Moses Sal. Fränkel, E. W. v. Halle u. Sohn und Moses Herz Söhne verschaffte. Dies wurde vielleicht durch verwandtschaftliche Beziehungen Fränkels ermöglicht. Als ferner der alte L. M. Wulff wegen 141 000 Tl., die ihm die kur- und neumärkischen Comitees schuldeten, über den 1. Aug. 1812 nicht weiter prolongieren zu können erklärte, sprang wieder Fränkel in letzter Stunde bei, um eine Protestierung der Wechsel und Erschütterung des Berliner Kredits zu verhüten. Er verzichtete zugunsten Wulffs auf bare Zahlung von 20 000 Tl., die ihm auf seine sonst nicht bekannten Kapitalforderungen an die Stände bewilligt waren, begnügte sich dafür mit einer Anweisung auf Kontinentalgefälle und brachte wegen des übrigen Betrags eine Prolongation auf neuer Grundlage zustande. Dafür wurde ihm neben dem Diskont von 6 und 8% eine Provision von 2% vergütet[1].

Sehr rege war Fränkel bei den staatlichen Anleihen 1812

[1] *Rep. 151a XXI 71*

bis 1815 beteiligt. Im Februar 1812 war er bereit, mit ersten Häusern von Berlin, Breslau, Königsberg und Hamburg eine Anleihe von 2 Mill. Tl. gegen Verpfändung der Salzbestände und von Domänen-Pfandbriefen aufzubringen. Das Geschäft kam aber in viel geringerem Umfang im Mai zustande, und Fränkel wirkte dabei nur als Bevollmächtigter der 3 Königsberger Häuser mit. Bei den allgemeinen (Zwangs-) Anleihen steht Fränkel der Veranlagung nach etwa an 12. Stelle unter den Bankiers und zahlte durchschnittlich halb so viel wie Gebr. Benecke. Bei der Märzanleihe 1812 ging er, wie er 12. Sept. an Hardenberg schrieb[1], bei sonst allgemeiner Unlust beispielsgebend voran und zahlte als erster seine 15 000 Tl. bar, obwohl $^{2}/_{3}$ in Wechsel entrichtet werden konnten. Dadurch habe er bewirkt, daß die übrigen ohne Zwangsmittel folgten, sich aber auch mancherlei Vorwürfe zuzogen. Auch im Juni, als viele sich ganz versagten, zeichnete er sogleich 15 000 Tl., was allerdings nachträglich durch Staegemann auf 25 000 erhöht wurde. Bei seiner steten Bereitwilligkeit und Findigkeit wurde er bei allen Verhandlungen unter den ersten herangezogen und auch in das Siebener-Comitee gewählt, das seit Febr. 1813 die Tilgung der Anleihen besorgte. Im August 1813 aber verweigerte auch er die Zahlung; er wurde mit Verhaftung bedroht, erhielt einen Tag militärische Zwangsbelegung und hat dann seine 6400 Tl. entrichtet.

Friebe, vermutlich mit dem Staatsrat Scharnweber, war Verfasser eines Finanzplans, den Hardenberg 22. Febr. 1813 als besonderer Beachtung wert bezeichnete. Darin wurde die Errichtung einer privaten Nationalbank mit einem Fonds von 3 Mill. Tl. und die Ausgabe von 10 Mill. Tl. Papiergeld an Stelle der Tresorscheine vorgeschlagen und das näher ausgeführt[2].

Nach dem Kriege beteiligte sich Friebe in Gemeinschaft mit J. u. A. Mendelssohn an den Vorschüssen auf die französischen Kriegsentschädigungen und an dem Angebot einer großen Anleihe für den Staat, 1818, erscheint also bei diesen Gelegenheiten in der Reihe der ersten Bankhäuser[3]. Bei den Tresorschein-Vorschüssen 1817 dagegen zeichnete er nur in Vollmacht der

[1] *Rep. 74 N XV 35*

[2] *Rep. 74 N XXXI 14*

[3] *Näheres oben, S. 101 ff.*

Hamburger Handlung H. Heckscher u. Co. 125 000 Tl. Bei den Prämien-Anleihen von 1820 und 1832 war er eifrig beteiligt und gehörte zu den namhaftesten Mitgliedern der Börse, die im Herbst 1824 von Rother bei dem Plan einer Landesbank und Zinsenkonversion in das Vertrauen gezogen wurden und die ersten Aktienzuteilungen erhielten. Dagegen gehörte er dem Kassen-Verein nicht an und dem Ältesten-Kollegium nur 1820—23. Schon 1826 gab er ein Vereins-Amt wegen Kränklichkeit auf, war aber Stadtverordneter noch gegen Ende der 30er Jahre und stand seinem Geschäft bis zuletzt vor. Dieses war, zuletzt wenigstens, nicht groß; 1840 werden nur ein Buchhalter und ein Kontorbedienter darin erwähnt, denen 500 und 300 Taler vermacht wurden.

Friebe ließ sich 1816 von seiner Gattin Deborah, geb. Hirsch Levy, scheiden und heiratete im folgenden Jahre Caroline Walch, nachdem er mit seinen Kindern zum Christentum übergetreten war. Er starb 14. Dez. 1840[1] und soll ein Vermögen von 3 Mill. Tl. hinterlassen haben, was sicher übertrieben ist. Immerhin muß das Nießbrauch-Kapital, das er seinen Enkelkindern vermachte und wovon 1% den Armen bestimmt war, an 1 Mill. Tl. betragen haben[2]. Außerdem fielen seiner Witwe 50 000 Tl. und der Nießbrauch eines Kapitals von 40 000 Tl. zu, jeder der 3 Töchter 1. Ehe, deren zwei nacheinander mit dem Sohn des bekannten Generals der Freiheitskriege v. Thielemann verheiratet waren, 60 000 Tl. Dazu kamen eine Reihe von Legaten und der Anteil am Ephraimschen Fideikomiß. Sein Vater hatte schon eine Familienstiftung von 45 000 Tl. zu wohltätigen Zwecken errichtet[3]. Friebe wohnt 1812 in Spandauer Straße 81, später im eigenen Hause Behrenstraße 39. Er besaß viele Hypotheken in Alt-Berlin und kaufte 1828 das Schlößchen in Wilmersdorf, Wilhelmsaue, von Bankier Benecke. Ein Geschäftsnachfolger war nicht vorhanden. Der Name Friebe sollte als Beiname von einem der Enkel geführt werden, wofür diesem 20 000 Tl. zugesichert waren; auf diese Weise ist er dann an einen v. Batocki gelangt.

[1] *Nicht 1842, wie Bd. II, S. 342 angegeben*

[2] *Test. 5. 6. 1837, Nachtrag 29. 6. 1840. Berl. Stadtger. 8380*

[3] *Test. 2. 2. 1838. Kammerger. F 21*

Bendix, Bendemann, Bernsdorff

Die Bendix waren eine in Berlin altansässige und zahlreich vertretene Judenfamilie. Seit dem Ende des 18. Jhs. traten als vermögende Bankiers hervor die 3 Söhne des Nathan Samuel Bendix, der 1784 noch lebte: Hirsch, Levin und Samuel, sämtlich mit Zunamen Nathan Bendix, geboren 1740, 1742 und 1745. Der älteste, der 1760 eine Tochter des reichen Joachim Moses Friedländer aus Königsberg heiratete, starb 1798, und sein Geschäft wurde fortgeführt durch seine Söhne Abraham Hirsch (1769—1857) und Aron (1775—1866) unter der Firma „H. N. Bendix Söhne“, dann aber, seit 1807 oder bald danach „Gebr. Bendemann“. Denn die Brüder hießen seither August Heinrich Bendemann und Anton Bendemann. Dieser, Neue Friedrichstr. 48, ließ sich auch 1811 samt seiner Frau, Fanny v. Halle, taufen; er erscheint 1828—35 als mehrfacher Hypothekeninhaber und Rentier[1]. Er ist der Vater des schon mit 21 Jahren berühmt gewordenen Malers Eduard Bendemann (1811—89) und Großvater des Admirals Felix Bendemann (geb. 1848), der 1905 geadelt wurde. Geschäftlich bedeutender war wohl der ältere Bruder, der 1846 Geh. Kommerzienrat war und Kronenstr. 29 wohnte; er war noch jüdisch geblieben.

Der zweite jener Brüder Bendix, Levin, der seinen Familiennamen beibehielt, hatte nach eigener Angabe nur ein unbedeutendes Geschäft, Breitestr. 30, und wurde auch bei den Anleihen sehr viel geringer als die beiden anderen Zweige veranlagt. Von Nachkommen ist nichts bekannt.

Der dritte, Samuel, trat wesentlich gewichtiger hervor und kam in den Einschätzungen zu den Anleihen den Gebr. Bendemann nahe, obwohl er nach seinen Klagen schon 1805 und seit 1806 schrecklich verloren habe. Er war seit 1800 Besitzer des Hauses Burgstr. 9, jetzt 13, war bei der Tresorschein-Anleihe, als einziger, ziemlich hoch, mit 75 000 Tl. beteiligt und starb erst 1835, also 90jährig. Sein Sohn Michael (1770—1845)

[1] *R. Lüdicke, Berl. Häuserbuch, Reg.*

gründete früh ein eignes Bankgeschäft und war 1812—15 noch besonders, doch erheblich niedriger veranlagt, obwohl er 10. 4. 1812 behauptete, sie hätten jetzt ein und dieselbe Handlung. Er legte zugleich eine genaue Spezifikation seines Vermögens vor, das 57 000 Tl. betrug, dazu ein 1805 vom Schwiegervater erhaltenes Erbteil von 14 000 Tl. Er zahlte schließlich neben den 15 000 Tl. des Vaters noch 4000, wie dieser, bar, denn beide vertraten den für Bankiers etwas eigenartigen Standpunkt, daß Wechsel auszustellen nicht solide und ehrlich sei[1]. Er wohnte zuletzt unter den Linden 15[2]. Vater und Sohn hießen seit 1812 Bernsdorff.

Ein Samuel Bendix, dessen Verwandtschaft mit jenen nicht angegeben werden kann, hieß seit 1812 Bentheim; er starb 1819 als Inhaber einer Waren- und Messehandlung in guten Vermögensumständen und hinterließ zehn Kinder[3].

Gebr. Bendemann waren im Febr. 1812 bereit, mit Gebr. Benecke, Delmar u. Co. und Friebe-Fetschow zusammen dem Staat ein Darlehen von 2 Mill. Tl. zu beschaffen, was allerdings nicht zustande kam. Der ältere Bendemann gehörte nebst seinem Oheim Samuel (Bernsdorff) dem jüdischen Börsen-Comitee von 1803 und dem Siebener-Comitee für die Anleihen von 1813—15 an. Er wurde von Staegemann 13. und 14. Aug. 1813 besonders ersucht, gewissenhaft zu gutachten, welche Reklamanten zur Zahlung gezwungen werden könnten, und die sofortige Aufbringung von weiteren 100 000 Tl. durch die größeren Häuser zu veranlassen[4]. Bendemann antwortete 15. Aug.: Ich habe mir dadurch, daß ich mich jedesmal mit ausgeschriebenen Kontributionen und Anleihen befaßt, den Haß meiner Mitbürger zugezogen und bekanntlich meine Gesundheit dabei zugesetzt, bin auch bei jeder Gelegenheit am stärksten herangezogen und unverhältnismäßig mit Einquartierung belastet worden. Die jetzige Anleihe hat mich vollends verhaßt gemacht, die Beschaffung der 100 000 Tl. durch mich würde ohne allen Erfolg sein. Es würde weit schwieriger sein, von denen, die schon gezahlt und die auch an der Februaranleihe noch zu fordern

[1] *Angaben von April 1812 (Rep. 151 e III 11 u. 13*
[2] *Test. Kammerger. B II 376*
[3] *Ebenda B III 320*
[4] *Rep. 151 h III 1, Nr. 21 III*

haben, einen vergrößerten Vorschuß zu erlangen, als die zur Zahlung anzuhalten, die noch nichts und auch zu jener Anleihe nichts gegeben haben. Darauf wurde jedoch sofort den 37 „prominenteren" Kaufleuten eine Nachzahlung von 50 600 Tl. auferlegt und gegen die Säumigen, darunter Bendemann selbst, 18. Aug. militärische Exekution verhängt. Bendemann hatte schon 8. Aug. Zwangsbelegung mit 24 Mann erhalten, sein Oheim Levin und sein Vetter Michael waren sogar verhaftet worden.

H. D. Cohn (Ewald)

Hirschel David Cohn, Heiligegeiststr. 3, war um 1800 Bankier, 1803 auch als Fabrikant bezeichnet, und Besitzer zahlreicher Hypotheken in Alt-Berlin; beim Konkurs von Itzig u. Co. 1796[1] erscheint er als Gläubiger mit 6300 Tl. Er war nach eigener Angabe 1806 recht vermögend, erlitt danach aber viele Verluste. Cohn beschaffte 1808 für die Stadt Berlin 76 000 Tl. auf seinen auswärtigen Kredit, als die letzten Zahlungen an die Franzosen geschehen sollten, damit sie die Residenz räumten, und niemand dazu sich bereit fand. Er forderte nur 6% Zinsen, obwohl der Diskont 12% betrug[2], und will sogar 1807, als die Communen 18—24% Zinsen versprachen, deshalb kein Geschäft mit ihnen unternommen haben, weil es nach seiner Überzeugung nicht löblich wäre. Für die kurmärkischen Stände besorgte er zu 1. Sept. 1809 auf 3 Monate 44 600 Tl. zu 12% gegen vierfaches Unterpfand. Bei Nichterfüllung verklagte er das ständische Comitee, das auch zur Zahlung von Kapital und Zinsen verurteilt wurde[3]. Cohn hielt sich darauf für berechtigt, einen Betrag von 100 000 Mark bco., der in Wechseln der 3 Hauptbankiers durch ihn nach Hamburg gezahlt werden sollte,

[1] *Vgl. Bd. II, S. 373 f.*

[2] *So nach seiner Angabe v. 4. Mai 1812 (Rep. 74 M L I 3). Nach Bassewitz II 262 lieh er der Stadt 11. u. 14. Nov. 1808 20 000 u. 30 000 Tl. zu 5% Zinsen, 5 1/2 Provision, auf 6 Monate u. 5. Dez. noch 6000 auf 2 Monate*

[3] *Rep. 74 N XVIII 1 1 b*

zurückzuhalten, um ihn auf seine Forderungen zu verrechnen; er wurde aber auf Klage zu sofortiger Herausgabe verurteilt (23. Juli 1810)[1]. Zu jener Forderung war durch Zession noch eine von 11 440 Tl. zu 8% gekommen, so daß zu Ende 1810 einschließlich Zinsen 64 444 Tl. unerledigt waren. Als im Frühjahr 1812 eine Abschlagszahlung zugesichert wurde, wurden 10% Nachlaß darauf ausbedungen. Noch 1. März 1817 waren 2100 Tl. unbezahlt.

Bedeutende Verluste erlitt Cohn bei dem anderwärts geschilderten verunglückten Kolonialwarenhandel des Königsberger Juden A. Bloch, für den er 1810 Kommission übernommen hatte. Er behauptete 4. Mai 1812[2], über 35 000 Tl. dabei zu verlieren, und wollte für die von ihm zu entrichtende Kolonialtarifgefälle 1/3 seiner russischen Forderung von 116 000 Tl., einer Zession Blochs, angerechnet haben, was offenbar nicht geglückt ist.

Bei den vorliegenden Umständen ist es erklärlich, daß Cohn sich heftig sträubte, als er bei den drei ersten Zwangslanleihen 1812—13 unter den reicheren Bankiers mit 15—25 000 Tl. veranlagt wurde. Er soll sogar eine falsche Verlustbuchung gemacht haben, um einen geringeren Ansatz zu erzielen[3]. Indessen hielt auch das Börsen-Comitee seinen ersten Anschlag von 20 000 Tl. seinen Vermögensverhältnissen für angemessen. Bei der Augustanleihe 1813 war der alte Bankier tot und zwei Söhne, Samuel und Ferdinand Moritz führten die Handlung, in der die Witwe und zwei andere Geschwister 51 000 Tl. stecken hatten. Sie erklärten ihren Anschlag von 8000 Tl. als unverhältnismäßig hoch, denn sie seien um nichts reicher an Vermögen als Gebr. Veit, die nur auf 1500 Tl. angesetzt waren, nur das ihr Comptoir vielleicht größere Geschäfte mache[4]. Sie erreichten aber nicht mehr als eine Herabsetzung auf 5000 Tl. und zahlten dies, nachdem der eine, Samuel, verhaftet worden war. Die Brüder nahmen etwas später den Familiennamen Ewald und die Vornamen Anton Martin und Ferdinand Heinrich an und firmierten seit 1815 „A. u. F. Ewald" für „H. D. Cohn". Ihr

[1] *Rep. 9 Y 2, 297 a*
[2] *Rep. 74 M LI 3*
[3] *Anzeige von 1817. Rep. 151 e II 11*
[4] *Rep. 151 h III 1, Nr. 21 I*

Bankhaus zählte zu den mittleren von gutem Ansehen. Sie gehörten zu den Gründern des Kassen-Vereins und planten damals (1823) sogar in Gemeinschaft mit dem großen Hause Reichenbach ein sehr bedeutendes Geschäft, die Übernahme der preußischen Chausseebauten für 4 Mill. Tl. F. H. Ewald gehörte 1822—31 dem Ältesten-Kollegium der Kaufmannschaft an, Anton Martin ist vor 1831 gestorben. Doch lebten noch zwei Schwestern und zwei Brüder, Simon Heinrich (Juni 1813 getauft, vorher Salomon Hirsch Cohn) und Carl Adolph, dieser als Rentier, Burgstr. 17, mit einem ansehnlichen Vermögen in ausländischen Anleihepapieren, Hypotheken und Staatsschuldscheinen[1].

Magnus

Der Gründer dieses zu hohem Ansehen aufgestiegenen Hauses war Emanuel Meyer Magnus, Textilfabrikant aus Schwedt. Er heiratete 1794 eine Tochter des wohlhabenden Bankiers Benjamin Josef Fränkel in Berlin und muß sich um jene Zeit dort als junger Kaufmann niedergelassen haben; er wohnte 1802 in Spandauer Str. 13. Vor 1808 sind beide Gatten zum Christentum übergetreten und haben die Vornamen Johann Matthias und Luise Marianne angenommen; Firmenbezeichnung war „J. M. Magnus". Er schoß den kurmärkischen Ständen im Sept. 1809 7000 Tl. zu 15% durch den Bankier Abr. Gans und im Febr. 1810 5000 zu 10% unmittelbar vor. Man kann daraus schließen, daß Magnus, der 1809 noch als Fabrikant bezeichnet wird, inzwischen zu eigenen Bankgeschäften übergegangen ist. Bei allen Anleihen von 1812 bis 1817 erscheint Magnus schon unter den namhaftesten Bankiers, nach der Höhe der Beiträge an 8. oder 9. Stelle; er gehörte auch zu den wenigen, die bei den Zwangsanleihen nicht wegen Unvermögens reklamierten. Er war schon 1812 Besitzer des Hauses Behrenstr. 46, das in der Folge einer der hervorragendsten Mittelpunkte des gesellschaft-

[1] *Test. Berl. Stadtger. 5765. Er starb 1833 christlich*

lichen Lebens der Hauptstadt wurde, und konnte seinen sechs begabten Söhnen eine sehr sorgfältige Erziehung angedeihen lassen. Er kaufte ferner 1816 das Rittergut Sakrow von der Witwe des Geh. Rats Henry für 27 000 Tl. und legte da eine Essigbrauerei und eine Bleizuckerfabrik an. Nach seinem Tode, 2. Aug. 1821, wurde diese Fabrik von den 5 Söhnen unter der Firma „J. M. Magnus Erben" fortgeführt, bis der ganze Besitz Sakrow 1840 an den König verkauft wurde, für 100 000 Tl.; ursprünglich waren 170 000 gefordert worden.

Von den Söhnen haben sich der dritte, Eduard, ursprünglich Samuel (1799—1872) als Maler und der vierte, Heinrich Gustav, ursprünglich Joseph (1802—1870) als Physiker, Chemiker und Technologe bedeutende Namen gemacht. Der zweite, Friedrich Martin, ursprünglich Meyer (1796—1869) war seit 1818 Teilhaber des Vaters und setzte das Bankgeschäft im väterlichen Hause, allerdings unter der neuen Firma „F. Martin Magnus", fort. Er war seit 1818 mit der Tochter Fanny seines Mutterbruders, des bedeutenden Warschauer Bankiers Samuel Anton Fränkel verheiratet und stand mit diesem Hause, das die russischen und polnischen Anleihen auf dem Berliner Markt vermittelte, in engen geschäftlichen Beziehungen. Solche ergaben sich öfters auch mit Gebr. Schickler. So nahm Magnus von diesen 31. Juli 1837 ein Darlehen von 200 000 Tl. auf ein Jahr zu 5% und gab polnische Obligationen von 1835 im Nennbetrage von 380 000 poln. Gulden als Unterpfand[1]. Dem Berliner Kassen-Verein trat er erst nach 1833 bei, war aber bald neben Mendelssohn angesehenstes Mitglied und wurde nach Gründung der Bank des Kassen-Vereins Vorsitzender des Verwaltungsrats. F. M. Magnus gehörte zu den ersten Berliner Bankiers; er wurde 1853 in den Adelsstand und im Dez. 1868 in den Freiherrnstand erhoben und starb als Herr von 3 Gütern im Görlitzer Kreise 17. Febr. 1869 zu Görlitz. Diese Güter gingen auf seinen Sohn Martin aus zweiter, mit Henriette v. Prittwitz und Gaffron 1857 geschlossener Ehe über. Von den 3 Söhnen erster Ehe führte der zweite, Viktor (1830—72), das Bankhaus weiter und beteiligte sich 1870 an der Gründung der Deutschen Bank, starb jedoch schon 3 Jahre nach dem Vater, kinderlos, so daß

[1] *Schickler-Archiv II M 23*

die Firma erlosch. Die beiden anderen Söhne wurden Gutsherren in Sachsen und der Oberlausitz[1].

Ein Meyer Magnus, der 1845 Fabrikbesitzer, Burgstr. 16, war und 1858—83 zum Ältestenkollegium gehörte, ist mit jenen Magnus nicht verwandt.

Marpurg und Schultze

Gottlieb Wilhelm Marpurg und Carl Wilhelm Jakob Schultze hatten im Anfang des 19. Jhs. eine gemeinschaftliche Wechselhandlung, wie üblich verbunden mit Warengeschäften, An der Schleuse 14. Sie sollen in der ersten Zeit der französischen Besetzung innerhalb von 3 Monaten 60 000 Tl. am Wechselgeschäft verdient haben. Sie gehörten zu den 48 Rückbürgen von 1808, und zwar zu der Minderheit, die zu Ende 1809 die bare Zahlung der zweiten Rate verweigerte. Daß sie freiwillig in der Notzeit Darlehen gemacht hätten, läßt sich nicht finden. Sie lösten mit Ende April 1810 ihre Verbindung auf und setzten jeder für sich die Geschäfte fort, und zwar Marpurg an der alten Stelle, während der rührige Schultze, der die Regelung der Activa und Passiva übernahm und somit als eigentlicher Fortsetzer der früheren Handlung anzusehen ist, am Werderschen Markt 5 seine Wechselstube eröffnete. Nach der Veranlagung für die Zwangsanleihen von 1812/13 zu urteilen, hatte er seinen einstigen Sozius schon damals erheblich überholt. An den freiwilligen Anleihen 1814—17 waren beide wieder nicht beteiligt.

Marpurg hatte inzwischen falliert infolge des unglücklichen Beginns des Freiheitskampfes. Marpurg hatte eine Spekulation mit Staatspapieren auf den Sieg der Verbündeten gegründet und konnte, als nach der Schlacht bei Bautzen und der Einnahme Hamburgs durch die Franzosen die Kurse auf den tiefsten Stand sanken, seine Verbindlichkeiten nicht mehr erfüllen, zumal da er sich auch für Leipziger und hiesige Handelshäuser stark engagiert hatte, und letztere infolge Nichterfüllung ihrer For-

[1] *Freiherrl. Taschenbuch 1933*

derungen durch den Staat versagten. Von mehreren Gläubigern mit Wechselexecution bedroht, berief er sich auf die Wohltat der Güterabtretung, und so wurde 12. Juni 1813 der Konkurs eröffnet, die Bekanntgabe des offenen Arrests aber noch unterlassen. Als Activa werden 180 000 Tl. gute und sichere Schulden und ein Lager von Kolonialwaren in Leipzig von 31 200 Tl. angegeben, dagegen Wechselgläubiger mit 182 910, Buchgläubiger mit 67 146 Tl. Ein großer Teil war durch Verpfändung von Staatspapieren, worin überhaupt die Hauptmasse der Handlung bestand, gedeckt. Die Leipziger Waren, deren Beschlagnahme durch die Franzosen man befürchtete, konnten verkauft werden, und als im August die Staatspapierkurse täglich anzogen, hofften die gerichtlich bestellten Curatoren mit gütlicher Abwicklung unter der Hand den Gläubigern nutzen und den Falliten erhalten zu können. Indessen lehnte der Justizminister 4. Sept. ein Abweichen von dem eingeschlagenen Rechtswege ab[1]. Marpurg konnte sich jedoch dank der eingetretenen glücklicheren Umstände wieder herstellen. Er wird 1820, am alten Ort, An der Schleusenbrücke, unter den angeseheneren Wechselhändlern genannt und stand 1821 in einem Prozeß mit der neumärkischen Landschaft.

Wesentlich bedeutender war jedoch sein früherer Partner. „Der schwarze Schultze" am Werderschen Markt, geb. 1773, war ein Mann von Verstand und Tatkraft, der überall im Vordergrund stand und im Ältestenkollegium der Kaufmannschaft von Anbeginn bis zu seinem Tode, 4. Mai 1842, zu den Vorstehern gehörte. Seine geschäftlichen Erfolge erhellen daraus, daß er außer seinem (1839) mit 60 000 Tl. bewerteten Wohn- und Geschäftshause 1825 das Gut Schlabendorf im Luckauer Kreise für 40 000 und das ehemals herzoglich Weißenfelssche Schloß zu Dahme für 8000 Tl. kaufen konnte. Nach seinem Tode wurde das Gut für 80 000, das Schloß für 10 000 Tl. verkauft, beides in dem von ihm 1839 angegebenen Wert. Auch das Berliner Haus wurde verkauft; an seiner Stelle ließ der Modewarenhändler Hermann G e r s o n (1804—61) einen prächtigen, vielbestaunten Neubau errichten (1848), der später aber wieder einem noch größeren Bau Platz machte (1889).

[1] *Rep. 9 Y 2 310*

Schultzes Bild, auf Seite 80 der Korporations-Geschichte, läßt die scharfe Intelligenz, die rührige und energische, wohl etwas schroffe Art des Mannes wohl erkennen. Dem entspricht auch, was man sonst von ihm weiß. Aus seinem Personal, seiner gewiß tüchtigen und harten Schule sind mehrere bekannte Bankinhaber hervorgegangen: Jacquier und Securius, C. N. Engelhard, Breest und Kuckerling; dagegen hatte er mit den eigenen beiden Söhnen Unglück. Es scheint, als wäre die Härte des Vaters dabei nicht ohne Schuld. Jedenfalls wurde der ältere Sohn entmündigt — er wohnte verheiratet am Leipziger Platz 3 —, der jüngere hat sich fortbegeben und in Dresden ein eigenes Bankgeschäft aufgetan, während der Vater die Fortsetzung seines Lebenswerks durch die Söhne als unmöglich ansah und die alsbaldige Auflösung seines Geschäfts nach seinem Tode verfügte, die innerhalb eines Jahres vollzogen sein müßte[1]. Über die Söhne urteilt er mit schonungsloser Härte: sie hätten durch ihre fortgesetzte unordentliche und verschwenderische Wirtschaft notwendig gemacht, daß ihnen ihr Erbe nicht ausgeantwortet werde. So habe der zweite trotz eines jährlichen Wechsels von 2000 Tl. sein mütterliches und großelterliches Vermögen von etwa 10 000 Tl. durchgebracht und sein ganzes Silberzeug und alle Pretiosen verkauft — vielleicht doch wohl, um sich außerhalb des väterlichen Machtbereichs ein eigenes Dasein zu schaffen. Beiden Söhnen wurden nur lebenslängliche, allerdings reichliche Renten ausgesetzt, der Nachlaß selbst aber für ihre Kinder bestimmt; weiter wurde verfügt, daß, wenn jene die Erziehung ihrer Kinder vernachlässigten, die Testamentsvollstrecker bis zur Hälfte ihrer Renten zurückbehalten und zur Erziehung verwenden dürften. Kurz vor seinem Tode milderte Schultze seine Bestimmungen hinsichtlich der Söhne: er verdoppelte ihre Renten auf je 4000 Tl. jährlich, mit der Begründung allerdings, daß sein Vermögen inzwischen, d. h. von 1837 bis 1842, so angewachsen sei, um dies zu ermöglichen; und er ließ ferner zu, daß ihnen ein Jahr nach seinem Tode auch ein Kapital von je 20 000 Tl. gegeben werden könne, wogegen dann die Rente auf 3000 heruntergehen sollte.

Das Schultzesche Bankgeschäft war umfangreich. Außer einem

[1] *Test. v. 25. 9. 1837 mit einer Ergänzung und 5 Kodizillen von April und Mai 1842. Berl. Stadtger. 8668*

Prokuristen (Disponenten), Paulisch, der 800 Tl. bezog, waren (1842) drei Buchhalter und Kassierer, zwei Kommis, ein Lehrling, zwei Kassenboten, dazu ein Hauswart mit Frau beschäftigt. Das liegende Vermögen allein bewertet Schultze auf 150 000 Tl. Cour.; das bewegliche Vermögen darf man wohl als mindestens ebenso hoch annehmen, da die Geschäfte, wie es 1842 heißt, von bedeutendem Umfang waren. Bezeichnend für Schultze ist, daß er zu Testaments-Vollstreckern nicht Berufsgenossen, Bankiers oder Kaufleute, wie es sonst üblich war, bestimmte, sondern neben Paulisch zwei Juristen. Er setzte ihnen anständige Honorare aus, für Paulisch nach vollzogener Liquidation 500 Tl. Jahrespension. Alle übrigen Angestellten wurden mit Legaten bedacht, in Höhe von insgesamt 4270 Tl.; für milde Zwecke hatte Schultze nichts übrig.

Es sei anschließend ein älterer Namensvetter dieses Mannes angeführt, der deshalb erwähnenswert ist, weil aus seinem im Juni 1814 verfaßten Testament[1] hervorgeht, daß auch unter der Ungunst jener Zeiten gediegener und gesicherter kaufmännischer Wohlstand erhalten geblieben ist. Der Kaufmann der Materialhandlung Johann Gottfried Schultze besaß an Immobilien drei Häuser in Berlin: sein Wohnhaus Königstr. 30, daß er 1774 für 11 300 Tl. gekauft hatte und für das er während des Krieges 18 000 Tl. hätte erhalten können; ein Haus am Stadtgraben unweit der Königsbrücke (Königstr. 69), 14 000 Tl. Cour., und eins auf dem neuen Markt, 5000 Tl. Gold wert; ferner ein wertvolles Allodialgut im Strelitzschen, Staven, mit bedeutenden Forsten, das verpachtet war, dessen Bestand ihm aber sehr am Herzen lag und für das er 6000 Tl. an Baugeldern bestimmte. Offenbar handelte es sich hierbei um einen Erwerb aus Konjunkturgewinnen, die damals auch sonst vielfach in Gütern angelegt worden sind. Außerdem hinterließ Schultze Bargeld, Staatspapiere und hypothekarische Kapitalien; das Warengeschäft hatte er anscheinend aufgegeben, da er nur Töchter hatte[2]. Diese verkauften auch das Wohnhaus schon 1816

[1] *Berl. Test. 4334 mit Nachtrag v. 27. 1. 1815. Schulze starb 5. 2. 1815. Er war bei der Zwangsanleihe 1812 auf 8000 Tl. veranlagt, aber auf 5000 ermäßigt.*

[2] *Eine war mit dem Buchhändler Karl Friedrich Amelang verehelicht, eine heiratete den Justizkommissar Horn, zwei heirateten nachher adlige Offiziere*

für 25 000 Tl.; das Gut sollte gemeinsamer Besitz der Nachkommen ohne Anteil Zugeheirateter bleiben. Die letztwilligen Verfügungen Schultzes lassen einen Mann erkennen, der die Grundsätze eines rechtlichen, ordnungsliebenden und sparsamen Kaufmanns unverrückbar hochhielt. So ermahnte er die Töchter dringend, daß sie, wenn unverehelicht, mit 500 Tl. jährlich, doch ungerechnet die Erträgnisse ihres nicht unbedeutenden Mutterguts, auskommen möchten, womit sie recht gut und anständig leben könnten. Die bereits verehelichte Tochter hatte 8000 Tl. vorwegbekommen; für eine etwa minorenn sich verheiratende wurden 5000 Tl. ausgesetzt. Für die Armen wurden nur 50 Tl. bestimmt.

Bleichröder

Der Gründer dieses berühmt gewordenen Hauses[1] ist Samuel, Sohn des Gerson Jacob aus Bleicherode a. Harz, daher Bleichröder genannt. Dieser, als Knabe nach Berlin gekommen, hatte 1773 mit 2 anderen Juden eine Fabrik eiserner Haken und Schnallen in Wriezen angelegt und argen Mißerfolg dabei erlitten, war später Lieferant bei der Rheinarmee und schließlich, gegen 1800, kleiner Parfümfabrikant in der Kronenstraße[2]. Sein Sohn Samuel, 15. Juli 1779 zu Wriezen geboren, eröffnete hingegen 22. Juli 1803 ein Wechselgeschäft, verbunden mit Lotteriekollektion, in abgelegener Gegend, Rosenthaler Str. 44, unter der Firma S. Bleichröder. Das Geschäft war so unbedeutend, daß es zu den Zwangsanleihen seit 1812 nicht einmal veranlagt wurde, und auch in der Folgezeit wird es nie genannt. Entscheidend wurde, daß das mächtige Haus M. A. Rothschild u. Söhne, das sich in Berlin im wesentlichen durch Mendelssohn u. Co. vertreten ließ, sich in den 30er Jahren aus irgendwelchen Gründen entschloß, diese Vertretung dem kleinen Bankier S. Bleichröder zu übertragen. Die notorisch strenge Rechtlichkeit des Mannes und seine Empfehlung durch den Agenten

[1] *K. Zielenziger, Juden in der dt. Wirtschaft (1930). S. 64—74: Das Haus B.*
[2] *H. Rachel, Berliner Wirtschaftsleben, S. 211*

und nachmaligen Präsidenten Bloch sollen ausschlaggebend gewesen sein. Jedenfalls findet sich, daß Bleichröder am 4. April 1837 im Auftrage des Hauses Rothschild eine größere Zahlung (50 000 Tl.) an Gebr. Schickler übermittelte[1]. Er hatte seitdem an fast allen deutschen Rothschild-Anleihen Anteil. Mehrere Kölner Häuser bedienten sich mit der Zeit gleichfalls des Rothschildschen Agenten. Schon setzten auch die später so ausgedehnten Beziehungen zum Hofe ein, denn 1842 beschaffte Bleichröder auf Veranlassung des Fürsten Wittgenstein das englische Geld für die Reise des Königs nach England. Ein weiteres bedeutungsvolles Gebiet wurde um jene Zeit mit den Eisenbahnbeteiligungen betreten: seit 1845 war Bleichröder Bankier der Rheinischen und Köln-Mindener Eisenbahn-Gesellschaften und brachte deren Prioritäten unter; die schwere Eisenbahnkrise wurde unerschüttert überstanden. Erst 1850 findet sich das Haus bei einer großen Berliner Gründung beteiligt, der der Kassen-Vereins-Bank, mit 10 000 Tl., also unter den kleineren Bankiers. Dies entsprach dem äußeren Zuschnitt, denn 1854 noch bestand nur das kleine Geschäft in der Rosenthaler Straße[2].

Samuels ältester Sohn Gerson (22. Dez. 1822—19. Febr. 1893) hat das immer noch bescheidene väterliche Unternehmen zu Weltruf emporgeführt; er wurde der Vertrauensbankier der Regierung und des Hauses Bismarck, der reichste Mann Berlins. Seit 1. Mai 1847 war er Teilhaber des Vaters und führte nach dessen Tode, 30. Dez. 1855, die Firma S. Bleichröder allein weiter. Der jüngere Bruder Julius, seit 1½ Jahren Teilhaber, schied aus und gründete ein eigenes Bankgeschäft Julius Bleichröder u. Co., das keine besondere Bedeutung erlangte; immerhin brachte es auch Julius zum Geheimen Kommerzienrat und mehrfachen Millionär. Gerson nahm dagegen seinen Vetter Julius Leopold Schwabach aus Breslau, der seit 1847 in der Firma tätig war, zum Prokuristen und seit 1866 zum Teilhaber an († 1898). Die Nachkommen beider blieben in der Leitung der Firma vereinigt. Deren Aufstieg beginnt hauptsächlich mit der Mobilmachungs-Anleihe von 1859, wobei sie führend war, und liegt somit außerhalb des hier behandelten Zeitraums. Es sei daher nur angedeutet, daß Gerson, der wie sein Vater zeit-

[1] *Schickler-Arch. IB 88*

[2] *Aufzeichnungen Adalbert Delbrück, S. 50*

lebens Jude geblieben ist, zu Ende 1865 Geh. Kommerzienrat und für seine Verdienste bei der französischen Kriegsentschädigung 8. März 1872 in den Adelsstand erhoben wurde, daß er die Herrschaft Gütergotz von den Erben des Ministers v. Roon erwarb und daß er in der Bismarckzeit nach den Kriegen nicht nur in Finanzfragen, sondern auch in der hohen Politik eine Rolle spielte, wie kein Berliner Geschäftsmann zu irgend einer Zeit.

Unternehmer verschiedener Art

Die Beer

Die Familie Beer war in Berlin altansässig und wohlhabend. Die Kinder des Naphtali Herz Beer gehörten 1717 zu den Erben des reichen Jost Liebmann[1] als dessen Enkel, von ihnen wird 1726 ein Jakob Herz in Berlin namentlich erwähnt; Elias Jakob Beer wird 1750 unter den neu privilegierten Schutzjuden und 1766 in einer Wechselklage genannt.

Der hier in Betracht kommende Jakob Herz Beer war ein Urenkel Liebmanns und wurde in Frankfurt (Oder) 10. Juni 1759 geboren; es ist nicht bekannt, wann und als was er nach Berlin gekommen ist. Er heiratete gegen 1790 die 9 Jahre jüngere zweite Tochter Malke (Amalie) des nachmals reichsten Mannes von Berlin, Liepmann Meyer Wulff, und trat damit in dessen ihm 1787 verliehenes Generalprivileg ein. Beer hatte 1794 große Lieferungen für die preußischen Truppen in Polen auszuführen und soll nach den Anschuldigungen eines jüdischen Konkurrenten den Staat arg geschädigt haben, indem er durch seine Umtriebe höhere Preise erzielt habe. Da Bestrafungen deswegen nicht erfolgten, dürfte die Beschuldigung nur dem Neid eines weniger erfolgreichen Geschäftsgegners entsprungen sein[2]. Beer kaufte 1799 das neben dem Joachimsthalschen Gymnasium gelegene Haus Heiligegeiststraße 4, worin sich bis dahin das Klinische Institut befand, für 11 750 Tl. und wohnte darin. Um dieselbe Zeit erwarb er eine 1795 durch einen Siedemeister angelegte Zuckersiederei und betrieb sie im gleichfalls eigenen Hause, Spandauer Straße 72. Die Fabrik beschäftigte 1805 25 Arbeiter und war demnach die kleinste unter den damaligen 4 Berliner Siedereien; am Ende ihres Bestehens, 1849 aber kam sie der großen Schicklerschen Siederei in der Menge des ver-

[1] *Vgl. Bd. II, S. 30—42*

[2] *Grünhagen, Eine südpreußische Kriegslieferung von 1794, in Ztschr. d. Hist. Ges. d. Prov. Posen XII (1897), S. 53 ff*

steuerten Materials schon nahe. Beer soll überhaupt, nach Ebertys Erinnerungen[1], große Zuckerraffinerien im In- und Auslande, namentlich in Italien, begründet und damit ein glänzendes Vermögen erworben haben. In Berlin übernahm er noch 1806, kurz vor dem Kriege, die Fortführung der Farbwaren-Handlung Moses Friedländer durch einen Gesellschaftsvertrag mit diesem.

Beer war also in der Hauptsache Fabrikant und Warenhändler. Obwohl er öfters auch als Bankier bezeichnet wird, so trat er als solcher nicht geschäftlich hervor. Vielmehr sind die Darlehen, die von ihm 1808—09 den Ständen gemacht wurden, durch den Bankier A. Gans vermittelt worden; nachweisbar sind solche von 15 000 und 10 000 Tl. für die Kurmark und von 13 000 Tl. für die Neumark. Gläubiger der Stadt Berlin wurde Beer nur unfreiwillig, indem er als einer der 48 Rückbürgen für die sogenannte Hamburger Anleihe Wechsel über 10 000 Tl. ausstellen und diese dann selbst einlösen mußte; er gehörte übrigens zu der Minderzahl derjenigen, die die Einlösung der zweiten Rate verweigerten und es auf gerichtlichen Kampf ankommen ließen (Dez. 1809). Später wurde ihm ein Teil dieser Vorschüsse auf Kontinentalgefälle angerechnet (Dez. 1810). Mit Bankgeschäften hatte er insofern zu tun, als er seinem Schwiegervater in dessen letzten Jahren zur Hand ging. Nach dessen Tode, August 1812, war er Nachlaßverwalter zusammen mit seinem Schwager Veitel Heymann Ephraim (Viktor Ebers) und dem Fabrikanten Liebermann Schlesinger. Das große Vermögen L. M. Wulffs war, wie erwähnt, für die zahlreichen Enkel bestimmt, den Schwiegersöhnen fiel unmittelbar nur das Heiratsgut der Frauen, je 15 000 Tl., zu[2]. Als Vertreter der übrigen Kuratoren schloß Herz Beer zu Ende Oktober 1812 ein Abkommen mit dem Staatskanzler über die Rückzahlung von 121 000 Tl., die von den „aus reinem Patriotismus" den märkischen Ständen gemachten Wulffschen Darlehen noch zu berichtigen waren[3]. Die ratenweise Tilgung geriet jedoch nach wenigen Monaten ins Stocken, so daß Beer selbst für Einlösung der fälligen Wechsel sorgen mußte. Er war zwar berechtigt,

[1] *Ausg. 1925, S. 99, 105*

[2] *Bd. II, S. 428*

[3] *Rep. 74 N XVII 9*

die als Sicherheit übergebenen Pfandbriefe und Tresorscheine bei Zahlungsverzug zu verkaufen, ließ sich aber davon noch zurückhalten. Als jedoch zu 1. Aug. 1813 noch 70 000 Tl. ausstanden, drohte er ernstlich mit dem Verkauf und sollte nun mit einem Abschlag von 20 000 bis 30 000 Tl. beruhigt werden. Statt dessen wurde er genötigt, 16 000 Tl. je zur Hälfte bar und in Wechseln, zur Zwangsanleihe beizutragen, indem man ihn sonst zu verhaften drohte. Beer hatte zudem seinen Anschlag als unverhältnismäßig hoch bezeichnet. Er stand damit nämlich an vierter Stelle, hinter Schickler, Nachlaß Wulff und Benecke; im Februar hatte noch Delmar über ihm gestanden und im Juli 1812 noch eine Anzahl anderer. Dagegen wurde bei der Anleihe von 1815 Beer so hoch wie der Wulffsche Nachlaß mit 32 000 Tl. veranlagt und nur noch von Gebr. Schickler übertroffen, während Benecke mit 25 000 Tl. darunter blieb. Demnach galt Beer nun als die reichste Einzelperson der Stadt, und man müßte aus den Anlageziffern folgern, daß seine Vermögensumstände sich gerade in den Kriegsjahren bedeutend gehoben haben.

Dennoch trat er bei den öffentlichen Anleihegeschäften wenig hervor, was wohl damit zu erklären ist, daß er seine Mittel in Fabrikation und Handel spielen ließ und nicht eigentlich Bankier war, wenn er auch jetzt immer als solcher bezeichnet zu werden pflegte. Zwar stand er bei einigen 1815 und 1816 der Staatsschulden-Tilgungskasse gemachten Anleihen mit 15 000 und 20 000 Tl. an der Spitze der Geldgeber, nachdem seine älteren Vorschüsse vermutlich abgedeckt waren. Aber bei dem Tresorscheingeschäft von 1817, an dem alle namhafteren Berliner Bankiers sich beteiligten, zeichnete Beer nur für den Wulffschen Nachlaß mit den beiden anderen Kuratoren 90 000 Tl. Bei der im Februar 1818 durch Schickler, Benecke, Friebe und Mendelssohn mit dem Schatzminister vereinbarten, allerdings nicht zustande gekommenen Anleihe von 15 Mill. Tl. wurde Beer überhaupt nicht hinzugezogen und beklagte sich darauf beim Minister, daß man ihn übergangen habe, obwohl er dem Staate seine Hilfe jederzeit uneigennützig gewährt und namentlich 1815 nicht unbedeutende Summen zu landesüblichen Zinsen, ungeachtet des hohen Diskonts, hergegeben habe. In der Antwort wurde seine patriotische Gesinnung anerkannt, aber bedauert, daß seine Teilnahme nicht mehr möglich sei[1]. Beer wurde auch bei der Rotherschen Prämienanleihe von 1820, zu der die Berliner Bankiers sich drängten, übergangen, während neben den führenden sogar eine Reihe wenig bedeutender Firmen herangezogen wurde. Nach Rothers späterer Angabe hätten die nicht beteiligten Juden, an ihrer Spitze Herz Beer, sich gerächt, indem sie durch allerlei Kabalen das Geschäft in seinen Anfängen geschädigt hätten. Beim Prämiengeschäft von 1832 wurde die Firma I. H. Beer mit ihrer Zeichnung von 100 000 Tl. wieder nicht berücksichtigt. Beim Kassen-Verein war Beer gleichfalls nicht beteiligt. Er hat auch sonst, darin vielleicht dem Beispiel seines Schwiegervaters folgend, das Hervortreten in die Öffentlichkeit vermieden; so war er bei den Anleihen 1812—15, obwohl einer der Höchstveranlagten, nie in Ausschüssen beteiligt. Dagegen wurde er schon 1803 neben R. S. Gompertz Börsenvorsteher und war 1823—26 im Ältesten-Kollegium der Kaufmannschaft. Er hat sich 1813 als uneigennütziger Patriot hervorgetan, und seine Gattin wurde für ihre Tätigkeit im vaterländischen Liebesdienst mit dem Luisenorden ausgezeichnet. In der Zeit nach den Freiheitskriegen war das Beersche Haus, das er nun am Tiergarten-Exerzierplatz, dem späteren Königsplatz besaß und mit ungewöhnlicher Pracht ausgestattet hatte, eine Stätte glänzendster Geselligkeit und ein Sammelplatz der ersten Kreise Berlins und aller Berühmtheiten von nah und fern[2].

Der Ehe von Jakob Herz Beer sind hochbegabte Söhne entsprossen. Der älteste, Jakob Liebmann (1791—1864) wurde als Musiker weltberühmt, allerdings unter verändertem Namen, als Giacomo Meyerbeer, indem er den anderen Vaternamen der Mutter, Meyer, mit dem eigenen verband und den Vornamen volltönender gestaltete[3]. Er war offenbar der Liebling seines Großvaters Wulff, der diesem einen Enkel sein großes Haus Ecke Königs- und Neue Friedrichstraße vermacht hat. Der vierte Sohn, Michael (1800—1833) war ein vielversprechender dramatischer Dichter. Das Geschäft führte nach dem Tode des

[1] *Rep. 74 N XV 47*

[2] *F. Eberty, Jugenderinnerungen eines alten Berliners (Ausg. 1925), S. 100 ff.*

[3] *Als Berliner Bürger erhielt er die polizeiliche Genehmigung zur Führung des Namens Meyerbeer 26. 1. 1822. Berl. Häuserbuch I S. 263*

Vaters, zu Ende 1825, der dritte Sohn, Wilhelm (4. Jan. 1797 bis 27. März 1850), fort, eine zeitlang mit dem zweiten und unbedeutendsten Bruder, Heinrich, zusammen, der aber im November 1834 ausschied. Wilhelm Beer hat sich vor allem einen Namen als Astronom gemacht. Er richtete 1824 auf dem Hause am Tiergarten eine wohl ausgerüstete Sternwarte ein, zusammen mit dem damaligen Seminarlehrer Joh. Heinr. Mädler, und stellte diesen als Astronomen an[1]. Die Zusammenarbeit beider wurde auch fortgesetzt, als Mädler 1836 Observator an der kgl. Sternwarte wurde, und endete erst mit dessen Berufung an die Universität Dorpat, 1840. Beide haben grundlegende Beobachtungen, namentlich vom Mars und vom Mond, angestellt und sie in vier wertvollen Werken veröffentlicht (1830—41). Später trat Wilhelm Beer als Finanzmann und Politiker hervor. Er befürwortete 1845 in einer Schrift: Bemerkungen über Zettelbanken und Papiergeld, die Errichtung von Privatbanken und richtete im gleichen Jahr (27. Okt.) an Rother Vorschläge zur Behebung der obwaltenden Schwierigkeiten auf dem Geldmarkt, namentlich hinsichtlich der Eisenbahnaktien, und auch der Börsenspekulation. Darin wollte er u. a. die Silberausfuhr, die von lauter namhaften Häusern betrieben werde, für ein halbes Jahr bei Zuchthausstrafe verboten wissen[2]. Erfolg hatte er damit nicht. Jedenfalls trat Wilhelm wesentlich mehr als sein Vater als Bankier und in der Öffentlichkeit hervor. Er gehörte dem Ältesten-Kollegium der Kaufmannschaft, seit 1836, ferner der Direktion der Potsdam-Magdeburger und der Niederschlesisch-Märkischen Eisenbahn-Gesellschaft sowie dem Central-Ausschuß der Preußischen Bank von 1846 an und wurde Mitglied der ersten preußischen Kammer. Schon vorher war er mit dem Titel Geheimer Commercienrat ausgezeichnet worden. Noch im Februar 1850 trat er der Bank des Kassen-Vereins mit 10 000 Tl. bei, womit er allerdings hinter zahlreichen anderen Bankhäusern zurückstand. Die Zuckersiederei muß in seinem Todesjahr aufgegeben worden sein, da sie mit der mächtig emporkommenden ländlichen Rübenzuckerfabrikation nicht Preis halten konnte.

Wilhelm wurde noch von seiner Mutter überlebt, die erst

[1] *Allg. Dt. Biogr. II, 250; XX 37*

[2] *Rep. 109 B VI 2*

1854 im Alter von 86 Jahren starb, hochverehrt wegen ihrer Herzensgüte und Wohltätigkeit. Von seinen beiden Söhnen siedelte der eine, Julius, nach Paris über, der andere, George, verlor in der Krisis von 1873 sein Vermögen und starb einige Jahre später in Berlin.

Gebr. Berend

Die Söhne von Bacher Beer aus Tirschtiegel, Samuel Bacher Berend und Levin (dann Louis) Bacher Berend, bis 1812 in Potsdam ansässig, waren bedeutende Heereslieferanten[1]. Ihre Lieferungen sind von November 1806 bis in den Sommer 1815 nachweisbar; bedeutend war namentlich die Entreprise der Militär-Lazarette jenseits der Weichsel, die sie 1812 zusammen mit Abraham Gans hatten, dessen Nachkommen später in einem Prozeß über 20 000 Tl. von ihnen herausschlugen. Die Gebrüder Berend gaben Aug. 1813, an, sie hätten für ihr Lazarett-Geschäft Kredite aufnehmen müssen und seien größtenteils in zurzeit unrealisierbaren Staatspapieren bezahlt worden; sie müssen aber nachher durch deren Kurssteigerung viel gewonnen haben. Um die Wende 1812 zu 1813 siedelten sie nach Berlin über und begründeten hier das Bankhaus „Gebr. Berend & Co.“; 1814 ließen sie sich bei der Kaufmannschaft der Tuch- und Seidenhandlung aufnehmen. Samuel erwarb 1814 das stattliche, neben dem sogenannten Niederländischen Palais gelegene Haus Unter den Linden 35, das früher dem Wollfabrikanten Hesse gehört hatte; Louis etwas später das Haus Nr. 19.

Bei der Anleihe im Juli 1812 wurden die Brüder mit 50 000 Tl., weitaus am höchsten, veranlagt; sie erklärten, sogar 100 000 zeichnen zu wollen, wenn ihre Lazarett-Forderungen dafür angerechnet würden. Bei den Anleihen von 1813 gehörten Gebr. Berend zu den Höchstveranlagten. Sie beschwerten sich zwar, als sie im Febr. mit 15 000 Tl. „weit über ihre Kräfte“ angesetzt wurden, waren aber mit einer Versicherung von Klewitz zufrieden, daß ihnen aus der verhältnismäßig hohen Repartition

[1] *Über sie ausführlich: Paul Wallich in FBPG Bd. 33 (1921), S. 369—407*

kein Präjudiz erwachsen solle und zahlten in 3 Akzepten auf 3, 4 und 6 Monate. Im April aber mußten sie auf Geheiß des Staatskanzlers wieder einen Kredit von 30 000 Tl. in sicheren, von ihnen akzeptierten und bei der Generalkasse deponierten Wechseln auf 3 und 4 Monate Sicht einräumen, und zwar zinslos, da ihnen ihre früheren Forderungen an den Staat berichtigt worden seien. Sie steuerten auch mehrere 1000 Tl. zur Ausrüstung der Freiwilligen und Anschaffung von Gewehren bei. Im Juli mußte sich der jüngere Berend im Hauptquartier bereit erklären, jene Akzepte zur Verfallzeit immer wieder zu erneuern, solange der Krieg währte; der ältere, Samuel, akzeptierte um dieselbe Zeit 4100 Tl. behufs Verproviantierung der Festung Spandau „auf die uneigennützigste Weise" auf sich. Trotzdem wurde dieser am 7. Aug. gefänglich eingezogen, da er für die zur Zwangsanleihe mit 12 000 Tl. herangezogene Firma erklärte, nur 4000 in mehreren Tagen anschaffen zu können; sie hätten mehr als irgend einer im Verhältnis für den Staat geleistet, seien aber wieder über Gebühr herangezogen. Der Geh. Staatsrat Sack verwandte sich sogleich für sie, da er die Brüder immer sehr bereit gefunden, zum allgemeinen Besten etwas zu tun. Auf seinen Antrag wurde ihr Beitrag, unter Anrechnung jener 4100 Tl., auf 7900, dann 5900 Tl. gesetzt, und Samuel am 10. entlassen gegen Einzahlung von zunächst 3900 Tl. Die restlichen 2000 zahlten sie 6 Tage später, mit dem Bemerken allerdings: „obwohl wir nicht wissen, wie wir unsere übrigen Engagements decken sollen, da wir sehr wenig bares Geld liegen haben"[1].

Nach den Befreiungskriegen hatte die Firma Gebr. Berend & Co. vermöge Assignation der Gen.-Kriegskasse eine Forderung von 173 557 Tl., die eigentlich schon 3. Januar und 5. Februar 1816 fällig war und deren Berichtigung, wie es zu Anfang März hieß, nicht länger aufgeschoben werden konnte. Die Kassenlage aber war äußerst gespannt. An Gebr. Benecke schuldete man 220 000 Tl., wofür sie ein vom Gen.-Gouvernement Sachsen herrührendes Pfand in Staatspapieren von 440 000 Rt. in Händen hatten, das bei Nichtzahlung am 1. Mai laut Kontrakt verfallen sein sollte. Außerdem waren noch 300 000 Tl. ungedeckt.

[1] *Rep. 151 h III 1, nr. 21, vol. I u. VII*

Es wurde den Gebr. Benecke vorgeschlagen, die deponierten Scheine zu einem angebotenen günstigen Kurse zu kaufen, sich und Gebr. Berend bezahlt zu machen und noch 300 000 durch Accepte zu geben, doch gingen sie nicht darauf ein. Auch andere Versuche, Geld zu bekommen, führten nicht zum Ziel. Endlich trat man den Gebr. Berend & Co. näher, von denen man wußte, daß sie große Summen disponibel hatten, die aber durch Drängen auf Bezahlung sich mißliebig gemacht hatten und deren frühere Bedingungen als nicht annehmbar befunden worden waren[1]. Nun wünschten sie wieder eine Gelegenheit, mit dem Staate in neue Geschäftsverbindung zu treten; vermutlich schmeichelte es sie auch, den großen Benecke übertrumpfen zu können. Das Finanzministerium wiederum suchte dabei zugleich die sächsischen Kassenbillets in dem von Sachsen an Preußen abgetretenen Gebiet, die niemand haben wollte, loszuwerden. Es wurde nun mit Gebr. Berend & Co. 7. März 1816 ein Vertrag abgeschlossen, wonach sie sich verpflichteten, sämtliche in den Staatskassen befindlichen, auf 400 000 Tl. geschätzten sächsischen Kassenbillets B und C, die auf keine Weise anzubringen waren, zu einem Kurse von 93% zu kaufen, während der damalige Leipziger Kurs 96% und darüber war. Dafür waren, nach Abzug ihrer eigenen Forderung, 198 443 Tl. Cour. in zweimonatlichen von der Seehandlung auf sie gezogenen und und von ihnen akzeptierten Wechseln zu zahlen. Die Kassenbillets wurden Ende März von Merseburg nach Leipzig geschickt und bei Reichenbach & Co. zur Disposition der Gebr. Berend niedergelegt. Da es im ganzen 535 000 Tl. waren, zahlten diese den Überschuß von 135 000 oder 125 550 Tl. am 19. April bar. Sie übernahmen ferner die Befriedigung von Gebr. Benecke mit 220 000 Tl. zum 1. Mai, gleichfalls in von der Seehandlung auf sie gezogenen Wechseln und erhielten dafür von den bei Benecke verpfändeten Staatspapieren für 220 000 Tl. Reichenbachsche Steuerscheine zum Kurse von 82%, den Rest in sächsischen Staatsobligationen. Die Steuerscheine hatten sie sich ausbedungen, da sie deren schon eine bedeutende Menge in Händen hatten und daher verhindern wollten, daß durch etwaigen Verkauf ihnen der Markt verdorben werde. Damit ferner nicht

[1] *Rep. 151 h III. 1. 39; Rep. 89 C 38, 19*

allzuviele auf Gebr. Berend gezogene Wechsel per 1. Mai an die Börse kämen, behielten sie sich vor, solche gegen das Disconto des Verkaufstages selbst an sich zu kaufen. Für die 220 000 Tl. erhielten sie 1% Provision in Kassenbillets A von der Seehandlung. Schließlich erboten sich Gebr. Berend, der Seehandlung auf Verlangen einen ferneren Kredit über 300 000 Tl. vom 1. Mai an in Wechseln auf 2—3 Monate gegen 1% Provision zu geben.

Ein Geschäft mit den Kassenbillets A, woran ihnen offenbar mehr lag und das ihnen durch Handschlag zugesagt war, wurde rückgängig gemacht, worüber sie sich 30. März beklagten, da sie schon ihre Maßregeln an der Börse getroffen hätten und nun in Verlegenheit kämen. Viel härter war es aber, als es in Leipzig, wo die anderen Kassenbillets allein verkäuflich waren, sich als völlig aussichtslos erwies, zu dem von der sächsischen Regierung künstlich hochgesetzten Kurse zu verkaufen, während Verkäufe zu niedrigeren Kursen von der Polizei verhindert wurden. Gebr. Berend glaubten, vom Finanzministerium hintergangen zu sein, und es muß unangenehme Auseinandersetzungen gegeben haben. Das Finanzministerium beruhigte jene damit, daß es ihnen auf jeden Fall ihre 3% Kursgewinn garantierte, und gab ihnen Empfehlungen. So gelang es ihnen endlich, mit der sächsischen Regierung 28. Juni 1816 einen verhältnismäßig günstigen Kontrakt zu schließen, wodurch ihnen ihre Kassenbillets B und C zu dem damals sehr annehmlichen Kurse von 93½ und 94% abgenommen wurden. Gebr. Berend forderten aber vom preuß. Finanzministerium außer der ihnen zustehenden Kursdifferenz von 2½ und 2% noch Zinsersatz für 3 Monate, Provisionen, Spesen u. a., was man ihnen nicht zugestehen wollte.

Nach längeren Verhandlungen einigte man sich dahin, Gebr. Berend durch ein anderes Geschäft zu entschädigen[1]. Sie hatten einen großen Posten sogenannter Kalckreuthscher Obligationen, die während der Belagerung Danzigs 1807 vom Gouverneur Graf Kalckreuth ausgestellt waren, teils gedruckte für eine den begüterten Einwohnern auferlegte Anleihe, teils bloß schriftliche Quittungen für Lieferungen. Die ersteren wurden durch

[1] *Rep. 89 C 38, 19; Rep. 134, LII. 5. 3.*

eine C. O. vom 13. Juni 1816 als eine vom 1. Februar 1814 an verzinsliche Staatsschuld anerkannt, für die geschriebenen Obligationen, die erst geprüft werden sollten, wurde durch C. O. vom 22. Nov. 1817 die Verwandlung in Staatsschuldscheine und deren Austeilung vom 1. Jan. 1818 an genehmigt. Obwohl der Finanzminister selbst jene Cab.-Ordre erwirkt hatte, ließ er zu, daß in dem mit Gebr. Berend unterm 29. Jan. 1817 geschlossenen Kontrakt davon zu deren Gunsten abgewichen wurde. Darin versprachen sie, 200 000 Tl., je zur Hälfte im Februar und März, bar oder in sicheren sofort zahlbaren Wechseln, gegen 6% Zinsen und 1% Provision zu leihen, wofür sie durch Akzepte der kgl. Hauptbank gedeckt werden sollten. Dagegen versprach ihnen der Finanzminister, ihre Kalckreuthschen Obligationen, wovon der größere Teil nur ausgeschriebene waren, mit 92 457 Tl. in Staatschuldscheinen und die seit März 1807 rückständigen Zinsen von 5% bar zu bezahlen. Sie mußten versprechen, 1. dieses Geschäft durchaus zu secretieren, damit der Zudrang der Besitzer solcher Obligationen nicht lästig werde, 2. die erhaltenen 4 Pakete Staatschuldscheine 3 Monate uneröffnet liegen zu lassen und danach nicht mehr als eins jeden Monat zu verkaufen, damit die Scheine bei gegenwärtigem hohen Diskont nicht auf einmal den Kurs an der Börse drücken könnten.

Das Geschäft war für Gebr. Berend äußerst günstig. Für 38 530 Tl. gedruckte Obligationen zu 66% und 53 907 Tl. geschriebene zu 64%, die mit den zulässigen Zinsen zusammen bare 66 912 Tl. ausmachten, erhielten sie 92 450 Tl. Staatsschuldscheine zu 72% = 66 564 Tl. und bar an Zinsen 37 319, zusammen 103 883 Tl., also einen Gewinn von 40 971 Tl. Das machte auf ihre wirklich gezahlten 198 000 Tl. 20⁷/₁₀%, ungerechnet die 7% Zinsen und Provision. So wurde es nachträglich bei der Prüfung durch die Oberrechnungskammer ermittelt. Der inzwischen abgegangene Graf Bülow rechtfertigte die Haltung des Finanzministeriums in einem ausführlichen Schreiben vom 7. April 1822[1] und bestritt dabei auch, daß die Verluste so bedeutend gewesen seien, wie angegeben. Nach mehrmaligem Anmahnen der Oberrechnungskammer wurde endlich 31. Jan.

[1] *Rep. 89 C 38. 19*

1829 entschieden, die Sache auf sich beruhen zu lassen, da Bülow nach seiner Versicherung durch das Geldbedürfnis des Staates zum Abschluß eines solchen Vertrages veranlaßt worden sei. Das Darlehen der 200 000 Tl., abzüglich der gleich einbehaltenen Provision von 2000 Tl. wurde im Februar 1817 in Wechseln auf Berliner Häuser bezahlt; 12 776 Tl. Zinsen wurden nachträglich ratenweise getilgt.

Schon am 27. März 1817 wurden zwei weitere Darlehensgeschäfte mit Gebr. Berend abgemacht[1]. Sie stellten einmal der Generaldirektion der Seehandlung für die Ausgleichungskommission in Dresden die zum Ostertermin in Leipzig fälligen Zinsen von der sächsischen Staatsschuld in Höhe von 193 807 Tl. Cour. zu 1. April in 3-Monats-Wechseln zur Verfügung, gegen 1% Provision und 6% Zinsen. Ferner schossen sie 300 000 Tl. Cour. in Bargeld, Tresorscheinen und Wechseln auf 9 Monate vor, gegen Unterpfand von Domänenpfandbriefen und Staatsschuldscheinen. Dafür wurden 4% Provision, 6% Zinsen gerechnet, außerdem 1/2‰ Maklercourtage. Auch wurde eine Lieferungsforderung, die sie von 1814 her an die ehemalige Minden-Ravensbergische Regierungs-Commission hatten, in Höhe von 18 477 Tl. abgerechnet. Zahlung geschah gleichfalls an die Seehandlung, 21. April 1817, Rückzahlung mit 313 500 Tl. 1. Jan. 1818. Dazu kam nach Abkommen vom 27. April 1817 ein Darlehen von 300 000 Tl. an die Hauptbank zu Mitte Mai auf 2 Monate gegen Wechsel, die auf die Hauptbank gezogen wurden, wieder zu 6% Zinsen. Eine einmalige Provision von 1 1/2%, also 4500 Tl., wurde damit begründet, daß das Geld größtenteils auf auswärtigen Wechselplätzen kostbar beschafft werden müsse, weil es am hiesigen Platze, wie der hohe Stand des Disconto beweise, so selten sei. Gebr. Berend verpflichteten sich, für etwaigen weiteren Bedarf noch 200 000 Tl. zur Verfügung zu halten, zahlbar 8 Tage nach ergangener Aufforderung; es sind auch 29. Sept. 200 869 Tl. von ihnen an die Seehandlung eingezahlt worden. Der Finanzminister sicherte ihnen dagegen, da sie sich immer bereitwillig gegen den Staat betragen hätten, auf Ansuchen zu, daß sie bei der bevorstehenden Silberlieferung zur Ausprägung der neuen Scheidemünzen unter

[1] *Rep. 134 LII. 5,1*

gleichen Bedingungen den Vorzug vor jedem anderen In- oder Ausländer haben sollten.

Im Oktober 1817 wurde wieder wegen eines schleunig erforderlichen Betrages von 500 000 Tl. mit Gebr. Berend verhandelt[1]. Deren Bedingungen erschienen indessen so hart, daß bei der Seehandlung angefragt wurde, ob sie es nicht wohlfeiler besorgen könne. Es blieb jedoch nichts anderes übrig, als mit Gebr. Berend abzuschließen. Diese zahlten 21. bis 25. Okt. 570 263 Tl., davon 378 000 in Wechseln, das übrige bar, an die Gen.-Staatskasse gegen Akzepte der Hauptbank und berechneten dazu 18 000 Tl. für Provision, Spesen und Zinsen. Die Rückzahlung erfolgte teils zu Anfang Januar, teils am 30. April 1818.

Währenddessen hatten die Brüder noch Mittel für Beteiligungen flüssig. Bei einer Anleihe, die zur Realisation der Tresorscheine und der diesen gleichstehenden sächsischen Kassenbillets lit. A mit den bedeutenderen Vertretern der Berliner Bank- und Handelswelt über einen Betrag von 2,1 Mill. Tl. 8. Aug. 1817 abgeschlossen wurde, zeichneten Gebr. Berend & Co. zweimal je 100 000 und S. B. Berend außerdem noch 50 000 Tl.[2] Sie standen damit an erster Stelle, noch über Gebr. Schickler mit 200 000 Tl.; allerdings wurde bei der Einzahlung der eine 100 000 Tl.-Posten durch J. N. Liman für das Hamburger Haus M. J. Jenisch übernommen. An der Rothschild-Anleihe von 1818 beteiligten sich Gebr. Berend mit 1500 £ oder etwa 100 000 Tl.

Sie sahen sich ferner nach dauernden Anlagen um, zumal als ihre Vorschüsse an den Staat frei geworden waren. Im Februar und März 1818 verhandelte Louis Berend mit der kgl. Haupt-Brennholz-Administration in der Absicht, deren ganze Anlagen und Bestände käuflich oder erbpachtweise an sich zu bringen und „den Holzhandel so lebhaft als möglich zu betreiben". Die Administration wich jedoch einer Entscheidung aus. In demselben Jahre (3. Juli und 3. Sept.) aber erwarben die Brüder die Häuser Neue Friedrichstr. 9 und 10 für 18 000 und 17 000 Tl. und gründeten da eine Zuckersiederei als Gesellschaftsunter-

[1] *Ebenda*

[2] *Rep. 109 A XVIII 5*

nehmen. Für die Herrichtung gewannen sie erste Kräfte: der Stadtbaurat Langerhans besorgte den Umbau, der verdienstvolle Chemiker S. Hermbstädt die Einrichtung der Raffinerie (1818—19). Samuel Berend gründete ferner 1825—26 eine chemische oder Holzessig-Fabrik im Hause Molkenmarkt 6, in Gemeinschaft mit S. Heinr. Kunheim und wieder unter Beistand von Hermbstädt. Mit Kunheim müssen schon ältere Beziehungen bestanden haben. Eine wohl ad hoc gegründete Firma Friedberg, Kunheim u. Co. hatte 1813—14 die Verpflegung der Nordarmee übernommen und stellte Sicherheit durch einen von Gebr. Berend in Potsdam 11. Okt. 1813 akzeptierten Wechsel über 30 000 Tl., deren Sicherheit übrigens zuvor durch Geh. Rat Sack anerkannt werden mußte[1]. Vermutlich steckten Gebr. Berend unter der Bezeichung „Co."; die oben erwähnte Forderung von über 18 000 Tl. an Minden-Ravensberg von 1814 stammte gleichfalls aus diesem Geschäft.

Die Brüder erwarben auch nahegelegene Landsitze: Samuel ein Grundstück in Pankow, Louis 1820 einen Teil des Charlottenburger Schloßgeländes (11 Morgen) von Baron Delmar nebst einigen Baulichkeiten der Schloßverwaltung. Er ließ dort das noch bestehende Landhaus nach Schinkels Plan ausführen, verkaufte indessen den Besitz bald wieder und soll ein Gut erworben haben.

Samuel Bacher, der älteste und anscheinend bedeutendste der Brüder — ein dritter, David, war nur gegen Gehalt und Geschenke angestellt — starb im Januar 1828[2]. Seine 3 Söhne führten die Fabriken weiter: die Zuckersiederei in Sozietät mit ihrem Oheim Louis, der 1830 Kommerzienrat wurde und im Mai 1839 starb, worauf sein Sohn Bernhard an seine Stelle trat; die chemische Fabrik unter der Firma S. B. Berend Söhne mit Herrn Kunheim, der mit 1000 Tl. Gehalt und Gewinnanteil angestellt war. Diese Fabrik ging jedoch schon 1829 ganz an Kunheim über.

Von Samuels Söhnen trat wieder der älteste, Bernhard Samuel, geb. 1801, am meisten hervor. Er wurde Stadtverordneter, Kommerzienrat, Ältester der Kaufmannschaft (1855—61), Kurator der Rentenversicherungsanstalt und stand an der Spitze

[1] *Rep. 91 A LXIX. 42*

[2] *Testament 12. Jan. 1827. Kammergericht B II 381*

mehrerer Vereine. Er war der eigentliche Leiter der Zuckersiederei, doch wurde diese 1850 wie die meisten Rohrzuckerbetriebe als nicht mehr ertragbringend aufgegeben. Dafür gründete Bernhard ein Produkten- und Kommissionsgeschäft, woran er seine 3 Söhne und als stillen Teilhaber seinen Bruder Hermann, früher Herz, beteiligte[1]. Der dritte Bruder Philipp, war anscheinend wenig gut geraten; sein Schwiegervater, der Bankier Michael Bernsdorff, schloß ihn schon 1826 in seinem Testament[2] von der Verwaltung und dem Nießbrauch des Vermögens seiner Frau gänzlich aus, und sein Bruder Bernhard erwähnt ihn in dem seinigen (1843) gar nicht. An dem väterlichen Geschäft hatte er keinen Anteil mehr; er wird 1845 als Rittergutsbesitzer, wohnhaft Behrenstr. 47, angegeben. Das schöne Haus Unter den Linden, in dem er früher wohnte, war damals wohl nicht mehr im Besitz der Familie. Doch wird 1855 das bebaute Grundstück Köpenicker Str. 68 als den Brüdern gemeinsam gehörig angegeben.

Gebr. Berend u. Co. sind dem Berliner Kassen-Verein 1831 beigetreten, die Firma galt demnach auch als Bankgeschäft. Desgleichen wird Bernhard Samuel 1843, wie sein Vater 1827, als Banquier, nicht als Fabrikbesitzer bezeichnet. Bei der Gründung der Bank des Kassen-Vereins, 1850, war die Firma mit 50 000 Tl. unter den 7 am höchsten Beteiligten. An der Subskription auf die preußische Prämienanleihe von 1854 beteiligte sie sich mit 55 000 Tl. Wenn hingegen Bernhard Samuel jedem seiner 5 Kinder 5000 Tl. zur Aussteuer gab und seiner Frau 20 000 Tl. als freies Erbe bestimmte, so läßt das auf einen vergleichsweise nicht sehr bedeutenden Wohlstand schließen.

Bernhard Samuel starb am letzten Tage des Jahres 1864 in der jüdischen Religion. Das Geschäft, nunmehr eine offene Handelsgesellschaft, ging danach rasch zurück und erlosch, kaum noch bemerkt, 1879, nachdem schon einige Jahre zuvor der alte Hausbesitz in der Neuen Friedrichstraße verkauft und verlassen worden war. Von den 3 Söhnen lebte der älteste, Hermann, am längsten; er starb 11. Mai 1895 als Rittergutsbesitzer zu Klein-Beeren und Besitzer von Mariendorf bei Berlin, mit 69 Jahren.

[1] *Test. Verfügungen von 1843, 1855 u. 1858. Stadtgericht 10 791*

[2] *Kammergericht B II 376*

Güterbock, Berr

Levin Isaak Güterbock, ein polnischer Jude strengster Glaubensrichtung, ist als Viehhändler in Berlin wohlhabend geworden, während seine Brüder Saul und Aron in Benschen und Bretz offenbar dürftig lebten, da er ihnen je 1000 Tl. vermachte. Jener hatte nebst seinem Sohn Baer Levin und seinem Schwieger- und vermutlich Brudersohn Hirsch Leiser Güterbock seit 1806 die Fleischlieferungen für die französischen Magazine in Berlin und bis 1813 für die französischen Besatzungen der Oderfestungen Stettin und Küstrin. Vater und Sohn machten auch der Neumark Darlehen (1810), während der Schwiegersohn Geldgeschäfte mit der Kurmark hatte (1809). Die beiden Jungen gründeten um jene Zeit die Handlung L. J. Güterbock Söhne in der Klosterstraße, während der Alte noch einige Jahre als Rentner in dem von ihm neu erbauten Hause Jüdenstraße 25 lebte und da 13. Juni 1815 im 69. Lebensjahr starb. In der Handlung der Söhne hatte er zuletzt nur noch 10 000 Tl. Cour. stecken, das ganze übrige Vermögen, hauptsächlich in Staatspapieren, städtischen und ständischen Obligationen bestehend, verwahrte er in einer blechernen Schachtel, verschlossen und versiegelt. Seiner zweiten Frau konnte er 24 000, seiner zweiten Tochter als Heiratsgut 15 000, den Enkeln 16 000, armen Verwandten 8000 Tl. und noch allerlei für wohltätige und rituelle Zwecke bestimmen[1].

Teilhaber bei den Lieferungsgeschäften war Jean Berr, vermutlich ein Sohn des reichen Straßburger Heereslieferanten Cerf Berr[2] — ursprünglich ein Pfälzer Jude Herz=Hirsch Beer (1726 bis 1794) —, dessen großes Vermögen in der Napoleonischen Zeit verloren ging; Jean Berr war 1812 Kommerzienrat. Als weiterer Teilhaber erscheint dann noch der Kaufmann Simon Loehr, Behrenstraße. Diesen zusammen sollten im Nov. 1811 auf Abschlag ihrer Forderungen 140 000 Tl. dringend gezahlt werden. Es gelang, sie mit Staatspapieren zu befriedigen, die nach

[1] *Test. Kammergericht G III 122*

[2] *Vgl. Bd. II, S. 373*

1/2 Jahr, 20. Mai 1812, gegen klingend Courant mit 5% Vergütung eingelöst wurden. Zugleich wurden aber 60 000 Tl. auf 3 Monate gegen Unterpfand und 5% Zinsen neu von ihnen entliehen[1]. Zur Märzanleihe hatten die Söhne Güterbock, auf 20 000 Tl. veranlagt, 10 000 bar gezahlt, der Vater 6000 anstatt 10 000 Tl. Zur Anleihe von Februar 1813 gaben die Söhne, damals unter den 18 hervorragenden Geschäftshäusern Berlins angeführt, 12 000 Tl., und auch Berr erscheint jetzt mit 9000 Tl. Güterbock Söhne besaßen in jener Zeit das Domänenamt Kienitz, was wohl auch mit ihren Forderungen an den Staat zusammenhing.

Im August 1813 verlangten sie[2], als sie wieder mit 8000 Tl. herangezogen wurden, daß zunächst ihre bedeutende Forderung an den Staat, außer der sie noch im Mai bei einem Lieferungsgeschäft mit 56 000 Tl. hängen geblieben seien, berichtigt würde. Darauf wurde der eine Güterbock 7. August verhaftet, während der andere mit Berr beim Staatskanzler im Hauptquartier war. Jene zahlten dann 6000, ihr Vater 1500 Tl. Berrs Comptoir sollte versiegelt und ausgepfändet werden, sein Buchhalter Hoffmann konnte es nur abwenden, indem er augenblicklich 3000 Tl. beschaffte und auf Abschlag der geforderten 6400 hingab. Mehr wollte Berr, als er im Oktober wieder in Berlin war, aber nicht zahlen, da er 90 000 Tl. vom Staat zu fordern habe und darin sein ganzes Vermögen bestehe[3]. Mit Exekution bedroht erklärte er sich endlich (4. Nov.) bereit, den auf ihn gezogenen Wechsel über 3400 Tl. bar einzulösen.

Güterbock Söhne und Berr hatten schon 1812 nach dem Tode von L. M. Wulff das gewinnbringende Postfuhr-Unternehmen Berlin-Potsdam samt den Posthaltereien zu Berlin, Zehlendorf (Lehnschulzengut) und Potsdam (Posthof, Am Kanal 15) an sich gebracht[4]. Seit 1825 wurde es von Berr allein weitergeführt, die anderen bisherigen Teilnehmer erhielten Jahresrenten bis zu 4000 Tl. Berr, der längst ein guter Preuße geworden war — er machte sich im Frühjahr 1813 um die preußischen Verwundeten verdient — und sich Johann Gottfried nannte, lebte in

[1] *Rep. 151 e II, Nr. 4 u. 5*
[2] *Rep. 151 h III 1, nr. 21, vol. I*
[3] *Ebenda, vol. XVIII*
[4] *Vgl. Bd. II, S. 397*

seinem Posthof in Potsdam und starb da 1836 an 70 Jahre alt mit einem Nachlaß von weit über 100 000 Tl.[1] Das Unternehmen wurde durch einen Neffen, Johann Carl Berr, fortgeführt, der 1875 als Geh. Kommissionsrat starb.

Die Firma Güterbock Söhne, die 1820 zu den ersten Speditions- (und Bank-) Geschäften gehörte, Klosterstr. 44, wurde damals von Baer Levin Güterbock geführt. Er starb 28. Nov. 1833, Spandauer Str. 81, als vermögender Rentner in der jüdischen Religion und hinterließ 8 Söhne und 1 Tochter[2]. Sein Geld war teilweise in Grundbesitz angelegt: ein Haus mit Garten bei Pankow hat er 1827 an Gebr. Berend verkauft; er besaß vor allem ein Gut Breitenfelde bei Marienwerder (1832), sein ältester Sohn Eduard (1801—75) eins bei Königsberg, Kraussen (1834). Dieser war später Postfuhrunternehmer und Geh. Kommissionsrat in Königsberg; ein anderer Sohn, Moritz (1802—75), hat mit seinem Bruder Martin (1806—54) vor 1834 das Bankhaus Moritz Güterbock & Co., Burgstr. 24, begründet, in das auch 2 weitere Brüder Ferdinand (1808—70) und Gustav (1820—1910) und Eduards zweiter Sohn Georg (1831—1901) nach und nach eintraten. Moritz wurde Geh. Kommerzienrat, sein Sohn Adolph und sein Enkel Richard waren Rittergutsbesitzer auf Schloß Mengelsdorf in Oberschlesien (dieser noch 1914).

Crelinger

Das Handlungshaus Lazarus Crelinger & Co., dessen Berliner Bevollmächtigte die Gebr. Jordan waren, hatte 1788 auch eine Handlung in Berlin, und Lazarus Crelinger selbst wird als (preußischer) Schutzjude bezeichnet[3]. Ein Abraham Crelinger, vermutlich ein Sohn des Lazarus, wird als Mitglied der jüdischen Gesellschaft der Freunde 1792—95 angegeben. Danach kommt er nicht mehr vor; er wird sich durch die Taufe in den Joh. Jakob Crelinger verwandelt haben, der seit 1796 die preußischen

[1] *Jul. Haeckel, Der alte Posthof in Potsdam (Havelländ. Erzähler 30. 12. 1931)*
[2] *Test. 29. 5. 1827, Stadtger. Berlin 4507*
[3] *Rep. 21. 207 b 2*

Truppen an der Demarkationslinie und in den westfälischen Provinzen vertragsmäßig belieferte. Er hat sich dabei, wie der Kammerdirektor v. Rohr ihm bezeugte, als billigdenkenden, klugen und sein Wort jederzeit streng erfüllenden Mann erwiesen, der mit seinen Kontrakten zudem 10 bis 12% unter dem Durchschnittspreis aller übrigen geblieben sei[1]. Auch 1806 übernahm Crelinger, inzwischen Finanzrat in dem damals preußischen Hannover geworden, starke Viktualienlieferungen für die preußische Hauptarmee als Mindestfordernder, hatte aber damit großes Unglück infolge der Niederlage und der Flucht des Heeres. Es wurde noch nicht 1/3 der beschafften Vorräte abgenommen, und Bezahlung erfolgte überhaupt nicht, obwohl Crelinger sich seit Februar 1807 in Memel monatelang darum bemühte. Seine Forderungen wurden längst nicht in voller Höhe anerkannt — statt 404 906 nur 257 678 Tl. —, und er erhielt nur für einen Teil Verschreibungen, mit denen er seine dringendsten Verpflichtungen abzugelten suchte. Solche Obligationen kamen teilweise an Berliner Firmen: S. M. Levy (20 000 Tl.), I. N. Liepmann (20 000), Henoch Sohn (10 000), W. Oppenheim (9000), L. M. Wulff (3000), die sich 1808 um Bezahlung bemühten, und zwar vergeblich, obwohl einige deswegen nach Königsberg reisten. Für Crelinger brachte auch ein neuer Vertrag über Belieferung der ostpreußischen Truppen, der im Mai/Juni in Höhe von 273 432 Tl. abgeschlossen wurde, nur Schaden und wurde auch nicht ganz erfüllt. Crelinger muß aber damals auch für Dänemark große Lieferungen übernommen haben und soll durch Verkauf des dafür erhaltenen Papiergelds an der Hamburger Börse 1808 den dänischen Kurs geworfen haben[2].

Er war im Juni 1810 noch in Hannover wohnhaft und erreichte im August eine anscheinend abschließende Zahlung von über 61 000 Tl. in Tresorscheinen; auch jene Obligationen wurden danach endlich eingelöst. Crelinger wurde dann, vielleicht um ihn für die im preußischen Dienst erlittenen Verluste zu entschädigen, als Geh. Finanzrat, doch ohne Besoldung, angestellt und siedelte von Hannover nach Berlin über. Hier erscheint er bei der Zwangsanleihe von März 1812 unter den Nichtkauf-

[1] *Rep. 124 q II 20 a 1*
[2] *Trende, Niebuhr, S. 105*

leuten veranlagt, und zwar als einer der leistungsfähigsten mit 15 000 Tl. Er hatte im Auftrage des Staats wieder Lieferungen für die Verpflegung der gegen Rußland marschierenden Truppen zu besorgen und erhielt dafür im Mai nach Anweisung Hardenbergs einen Vorschuß von 100 000 Tl. in alten Tresorscheinen nach dem Nennwert[1], nachdem ihm schon im April auf seine dringenden Forderungen 20 000 Tl. aus einer Anleihe abbezahlt werden sollten. Im Juni wurde er mit dem Geh. Legationsrat Caesar von Hardenberg beauftragt, ein Darlehnsgeschäft von 2 bis 3 Mill. Gulden in Frankfurt (Main) zustande zu bringen[2]. Es gelang auch, mit den dortigen Bankhäusern Metzler und Gontard ein vorläufiges Abkommen über Aufbringung von 2 Mill. Fl. zu schließen (16. Juli), doch blieben deren Versuche, Subskriptionen zu erhalten, erfolglos, wie übrigens gleichzeitige Niebuhrs in Holland, da der preußische Staat zu wenig Kredit genoß. Es glückte aber anscheinend, bei Wolf Zach. Wertheimer in Frankfurt eine Anleihe aufzulegen; sicher konnte Crelinger mit diesem im Januar 1813 über zwei Anleihen von je 300 000 fl. abschließen, diesmal nicht zusammen mit Caesar, sondern mit dem Geh. Sekretär Leo von der Seehandlung.

Im Februar 1813 war Crelinger bei der Berliner Zwangsanleihe mit 10 000 Tl. veranlagt und gab darüber Akzepte, obwohl er einwandte, daß er gar keine kaufmännischen Geschäfte mehr betreibe. Im August sollte er 5000 Tl. geben und verwahrte sich wieder lebhaft dagegen, da er nicht zum Handelsstande gehöre; er zahlte endlich 4000 Tl.[3] Er war damals Intendant bei der Nordarmee; seine Wirksamkeit als solcher soll Boyen nicht günstig beurteilt haben[4]. Im April 1814 berichtete Crelinger aus Berlin, daß nach seinen Nachrichten aus Amsterdam eine preußische Anleihe von 2 bis 3 Mill. fl. dort gute Aussichten habe und nur 8% koste[5]. Sie kam auch zustande, ob durch Crelinger, ist nicht gewiß. Bei der Berliner Anleihe vom Frühjahr 1815 wurde Crelinger zu 8000 Tl. veranlagt, lehnte

[1] *Rep. 151 c VII 48*

[2] *Rep. 74 N XV. 30; Rep. 151 e I 48*

[3] *Rep. 151 e I 25*

[4] *Trende, Rother-Briefe, 45*

[5] *Rep. 151 a XXI 7 a*

aber die Beteiligung ab, da er dem Staat seinen Kredit zur Einrichtung der Reserve-Magazine in Rotterdam gegeben habe.

Mit dem Ende der Kriege dürfte seine Tätigkeit für den Staat ein Ende gefunden haben. Crelinger gehörte seitdem zu den angesehensten Bankiers in Berlin und machte ein großes Haus, wo u. a. die Fürstin Hardenberg und Blücher verkehrten. Crelinger verband sich 1823 mit den Bankiers Reichenbach und Ewald, um den preußischen Chausseebau zu finanzieren. Rother, mit dem er befreundet war, zog ihn als eines der namhaftesten Mitglieder der Börse zu den Verhandlungen über die Nationalbank, Okt. 1824, hinzu und sicherte ihm 2000 Aktien à 560 Tl., soviel wie Schickler, zu[1]. Crelinger bat nachträglich (25. April 1825) „seinen Freund" Rother im Vertrauen, ihm als Entschädigung dafür, daß alle ihm unter Hardenberg gemachten Versprechungen unerfüllt geblieben seien, während andere seit 1814 Geld genug verdient hätten, eine um 1 Mill. Tl. höhere Beteigung als anderen, die sich schon vollgesogen hätten, zu bewilligen, womit er aber nicht auf Rothschild anspielen wolle. Diesem war nämlich die Hälfte der Aktien (35 000) zugeteilt. Crelinger wünschte außerdem, daß er wie andere zum Direktor vorgeschlagen werde, denn das fordere seine und seiner Kinder Ehre, wenngleich er seines Alters wegen nicht annehmen werde. Rother erwiderte ausweichend, er glaube noch gar nicht an das Zustandekommen der Bank, und behielt mit diesem Zweifel recht.

Mit Crelinger nahm es ohnehin schon bald ein Ende, als es nämlich infolge übermäßiger Spekulation in fremden Staatsanleihen im Februar 1826 zu einem gewaltigen Krach kam[2]. Unter den 20 oder mehr Handelshäusern, die damals zusammenbrachen, waren die bedeutendsten Reichenbach mit 3, Gebr. Benecke mit 1,4 und Crelinger mit 1 Mill. Tl. Crelingers Name wurde in der Folge äußerst populär in Berlin, nicht durch ihn, sondern durch die hochgefeierte Schauspielerin Auguste Crelinger (1795—1865), die als Witwe des Schauspielers Stich 1827 den ältesten Sohn des Bankiers, Otto, ehelichte. Ein anderer Sohn, Ludwig, war 1848 zeitweilig Leiter des Constitutionellen

[1] *Rep. 109 B XI 1*

[2] *Neidlinger, a. a. O., S. 49 f., 51 f.*

Clubs, 1853 Gründer und erster Direktor der Victoria-Versicherungs-Gesellschaft.

Coste

Ein bedeutender Heereslieferant war der auch als Fabrikant bezeichnete Jean Coste. Er ist, wie Berr, offenbar mit den französischen Truppen 1806 hierher gekommen und dann in der Kurmark ansässig geworden. Er belieferte die französischen Truppen in der Kurmark, dann in den 3 Oderfestungen, zuletzt nur in Glogau, seit Anfang 1813 die preußische Armee; in den letzten Jahren stand er in Kompanie mit einem Philipp Trübe. Bei weiteren Lieferungen wurde ihm vom General-Gouvernement Sachsen im Sept. 1814 bezeugt, daß er seinen Kontrakt prompt erfüllt und das übernommene Geschäft zur Zufriedenheit beendigt habe[1].

Wenn es Coste an sich nicht fehlen ließ, so hatte er um so größere Mühe, bezahlt zu werden. Die kurmärkischen Stände schuldeten ihm aus 2 Geschäften vom Frühjahr 1808 20 000 und 66 280 Tl.; seit Juni 1809 wurden 15% Verzugszinsen gerechnet. Zu Ende 1810 waren noch 26 400 Tl. Kapital und 6651 Tl. Zinsen hinterstellig, von der Stadt Berlin aber noch 253 136 Tl. Kapital und 25 282 Tl. Zinsen, zu 9%. Seit 1. Jan. 1811 galten nur noch 6% Zinsen; der Berliner Magistrat versuchte sogar, den Zins auf 5% herabzusetzen, weil Coste kein recipierter Kaufmann und Inhaber kaufmännischer Rechte sei. Dabei gab dieser an, er habe, um der Stadt im Drang der Umstände zu helfen, Geld zu 15 und 20% negotiieren müssen. Zudem hat man ihn, als er zur Märzanleihe 20 000 Tl., davon 2/3 in Wechseln, geben sollte, gerichtlich für wechselfähig, demnach als rechten Kaufmann erklären lassen. Er lehnte übrigens diese Zahlung ab, da der Staat ihm 300 000 Tl. schulde und seinen Kredit verdorben habe; die seinem Sozius Trübe zudiktierten 10 000 Tl. dürften auch nicht gezahlt worden sein. Ähnliches wiederholte sich bei den weiteren derartigen Anleihen; im Aug. 1813 erreichte Coste

[1] *Rep. 151 a III 3. 24*

auch, daß die von ihm geforderten 5000 Tl. verrechnet werden sollten, wogegen die 3000 Tl. des damals im Hauptquartier abwesenden Trübe noch Ende Oktober nachgefordert wurden[1].

Staatlicherseits begründete man einmal (Juli 1811) die überaus schleppende Befriedigung Costes damit, daß seine Forderung nicht durch bar geliehenes Geld, sondern ein lukratives Lieferungsgeschäft entstanden sei. Coste hat in der dadurch verursachten Bedrängnis nicht, wie andere, seine Unterpfänder verschleudert, wozu er berechtigt war, und sich somit keine Prozesse aufgehalst, sondern versuchte, durch Entgegenkommen Befriedigung zu erreichen. So erbot er sich, für 126 400 Tl. staatliche Holzbestände zu übernehmen (Dez. 1810), und bot im Juni 1811 einen Rabatt von 25% auf 50 000 Tl. seiner Berliner Forderungen an, um nur sogleich 37 500 Tl. für eigene, dringende Verpflichtungen zu erhalten. Ja, zu Ende Sept. 1811 gestand er auf seine ganzen, noch 219 054 Tl. betragenden Forderungen einen Abzug von 25% zu, sofern das Übrige beim Ankauf von Domänen in Zahlung genommen werde. Diese Sache kam auch seit Okt. 1812 in Fluß: Coste kaufte selbst 2 Domänengüter, Amt Gr. Machnow und Vorwerk Stahnsdorf bei Storkow, und der Bankier Gans vermittelte Schuldverschreibungen aus Costes Besitz als Zahlungsmittel für andere Domänenkäufer. Solche Käufe müssen äußerst vorteilhaft gewesen sein, da Staatsschuldscheine gegen Ende des Jahres auf 32—33% und städtische noch etwas niedriger standen; bei einer kleineren Verrechnung von 18. Febr. 1813 war der Kurs schon 43%.

Costes Forderungen an den Staat aus den Festungsbelieferungen waren noch sehr beträchtlich, als er zu Anfang 1813 über neue Heereslieferungen für über 770 000 Tl. abschloß. Er mußte dafür seinen ganzen Kredit aufbieten, wurde aber wieder so zögernd bezahlt, daß er mit Wechselklagen von allen Seiten bestürmt wurde, und schon Exekutionen gegen ihn ergingen; er mußte, um der wechselmäßigen Verhaftung zu entgehen, sich verbergen und weitere Lieferungen aufgeben. Nach Liquidation vom 28. Okt. 1813 hat er auf seine Forderung von 700 442 Tl. 345 201 Tl. in Naturalien und 128 483 Tl. bar erhalten, so daß er noch 226 758, 11. Jan. 1814 noch 214 708 Tl. zu be-

[1] *Rep. 151 h III 1. 21, vol. XVI u. XVIII*

anspruchen hatte. Im Juni 1814, als er neue Lieferungsverträge mit dem Wittenberger und Niederlausitzer Kreis abgeschlossen hatte, waren es noch 180 000 Tl. Der Sozius Trübe hatte im Herbst 1813 sich erboten, auf jene Forderung das bedeutende staatliche Forstrevier Grabow in Kauf zu nehmen.

Coste hat trotz allem guten Wohlstand erworben. Er besaß 1813 auch die Meierei im Tiergarten, 1820 ein Haus und Garten in der Münzstraße und starb 7. Juli 1834 als Gutsbesitzer zu Gr. Machnow ohne eheliche Nachkommen. Seinem Bruder Peter Abel hatte er Stahnsdorf, einem unehelichen Sohn Joh. Ludwig Hagemeier ein Gut Brusenfelde bei Stettin überlassen. Beide erhielten auch Teile des Nachlasses, andere fielen an die 3 Kinder einer verstorbenen Tochter und einen Stiefsohn, den Sohn des Schauspielers Gern[1].

Henoch

Der Berliner Schutzjude Moses Henoch hatte, wie das General-Direktorium 14. Juli 1795 berichtete, ein gutes Vermögen erworben und bei der entreprenierten Fabrik, mit Lieferung von Schabracken und andern Montierungsstücken an Offiziere der Rheinarmee und bei sonstigen Aufträgen allgemeine Zufriedenheit gefunden. Die erbetene Erteilung eines Generalprivilegs konnte zwar nicht genehmigt werden, doch wurde ihm die Ansetzung aller seiner Kinder als ordentlicher Schutzjuden erlaubt[2]. Ein Sohn von ihm, Israel Moses, der sich wohl zum Unterschied von einem anderen, um 1812 durch seinen Bruder Samuel unterstützten Israel Henoch[3], Henoch Sohn oder Henochsohn und erst nach 1820 bloß Henoch nannte, erscheint seit 1806 als Heereslieferant in Kompanie mit einem Carl Anton Lehmann. Er lieferte 1806 Bedarf für Lazarette und Magazine, namentlich Säcke, Decken und Matratzen, und erlitt dabei ähnliche Verluste wie Crelinger, obwohl es sich bei ihm um viel kleinere Beträge handelte. Von Gläubigern verklagt

[1] *Test. v. 12. 11. 1829. Kammergericht C II 104*

[2] *Rep. 21. 207 b 2*

[3] *Test. Samuel Henoch 16. 12. 1812. Kammerger. H III 216*

und vom Kammergericht zur Zahlung verurteilt, war er im Okt. 1807, wie Crelinger, in Memel und nahm dort in seiner Not für seine Restforderung, 18 597 Tl. und eine Crelingersche Verschreibung von 10 000 Tl., Tresorscheine in Höhe von 29 320 Tl. für voll an. Der dabei erlittene Kursverlust von 3225 Tl. wurde ihm trotz aller Bitten nicht ersetzt; desgleichen wurden seine Anträge, ihn für nicht abgenommene Materialien im Wert von 7869 Tl. mit 3800 Tl. zu entschädigen, abgelehnt[1].

Trotzdem konnte Henochsohn 1809 der neumärkischen Landschaft ein Darlehen machen und schloß 1812 wieder einen größeren Lieferungsvertrag mit dem Staat, wieder in Kompanie mit Lehmann. Er erhielt als Unterpfand Papiere in Höhe von annähernd 300 000 Tl., wurde aber im Frühjahr 1813 für den größeren Teil mit Tresorscheinen zu 42% bezahlt und mußte diese, um seinen Verpflichtungen nachzukommen, zu 30% und darunter verkaufen. Die übrigbleibende Forderung von 120 000 Tl. sollte nach einem in Breslau mit dem Staatskanzler getroffenen Abkommen bestimmt am 1. Aug. berichtigt werden, was jedoch nicht geschah[2].

Bei der Zwangsanleihe von März 1812 wurde H. mit 6000 Tl. veranschlagt, dann auf 2000 herabgesetzt und zahlte nur 1500 Tl. Im Febr. 1813 dagegen wurde er, vielleicht auf Grund jenes großen Lieferungsgeschäfts, mit 10 000 Tl. herangezogen; auf seine Vorstellung wurde ihm, wie anderen, versichert, daß kein Bargeld, sondern nur sein Kredit beansprucht werde. Trotzdem mußte er den halben Betrag der ausgestellten Wechsel selbst einlösen und dazu Geld auf sein Haus am Schloßplatz (13) aufnehmen. Denn nach seiner Versicherung hatte er infolge der unglücklichen Verhältnisse seit 1806 sein Vermögen größtenteils verloren. Als er zu der neuen Zwangsanleihe wieder 10 000 Tl. beisteuern sollte, klagte er am 6. Aug., er habe nicht einmal genug bar Geld zum Lebensunterhalt für seine Familie und sei zudem durch langwierige Krankheit am Betrieb von Lieferungs- und anderen Geschäften verhindert, während sein vorheriger Teilhaber Lehmann große Geschäfte bei der Armee treibe, bei denen er selbst gar nicht beteiligt sei. Nach etwas späterer Angabe hatte jedoch auch Henochsohn 27 000 Tl. „bei der Armee

[1] *Rep. 124 q II, 20 b*

[2] *Rep. 151 h III. 1. nr. 21, vol. I*

zu fordern"[1]. Jetzt erklärte er, seinen Beitrag erst dann zu entrichten, wenn er vom Staatskanzler Anweisung zur Erhebung jener 120 000 Tl. erhalten habe; dann versicherte er, nichts geben zu können, und wenn man ihn auf die Folter bringe. Er sollte sogleich verhaftet werden; da er aber tatsächlich bettlägerig war, wurden ihm statt dessen am 10. Aug. 16 Mann und am 13. noch 1 Unteroffizier und 20 Mann eingelegt, und zwar im besten Teil der Wohnung, mit Beköstigung und Exekutionsgebühren, und ihm Hausarrest angeordnet. H. wohnte zur Wiederherstellung seiner Gesundheit im Tiergarten und wurde von der Zwangseinquartierung so drangsaliert, daß er den kommandierenden General v. Bülow um Hilfe angehen mußte, der durch seinen Adjutanten die Ruhe herstellen ließ (15. Aug.). H., der dann mit 8000, in der kaufmännischen Klassifikation nur 4500 Tl. angesetzt war, kam schließlich mit einer Zahlung von 1000 Tl. davon.

Seine damalige Notlage wird dann durch Abgeltung seiner Ansprüche behoben worden sein. H., der öfters, auch in amtlichen Schreiben, als Bankier bezeichnet wird, richtete nach den Kriegen einen privilegierten Droschkenbetrieb nach russischem Muster in Berlin ein, die ersten Jahre in Verbindung mit dem Pferdehändler Mortier. Er wurde durch diese „Henochschen Droschken" eine stadtbekannte Persönlichkeit und hat offenbar damit gut verdient. Später hat er auch den Omnibus hier eingeführt, indem er 1839 die Erlaubnis erwirkte, 3 Omnibusse an dem vor kurzem eröffneten Potsdamer Bahnhof für die ankommenden Züge aufzustellen. H. hatte schon 1819 das Rittergut Gleißen in Oststernberg, mit schönem Rokokoschloß, erworben und sogleich viel dafür getan[2]. Er legte ein Alaunwerk und eine Seidenfabrik, diese in Sozietät mit Gebr. Baudouin, an und gründete sogar ein Stahlbad, das schon 1824 ausführlich beschrieben wird. Gleißen war eine zeitlang ein wegen seiner landschaftlichen Reize und seiner Mineral- u. Moorbäder gern besuchter Kurort. Auch ein Braunkohlenbergwerk wurde später in der Nähe begründet. H. hat ferner, obwohl strenger Jude, dem Dorf eine schöne Kirche nach Plan von Schinkel bauen lassen (1837) und hat da zum Andenken seiner früh ver-

[1] *15. Aug. Ebda. vol. IX*

[2] *Elise v. Hopfgarten: Gleißen i. Nm. (Dt. Allg. Ztg. 19. 9. 1924 M.)*

storbenen Frau Caroline, geb. Levison, eine Stiftung begründet, aus der jährlich ein Aussteuergeld von 50 Tl. verlost wird. Als er den Besitz in hohem Alter 1842 verkaufte, verfiel das Bad wieder. In seinem Testament von 1828 konnte H. außer dem mit 200 000 Tl. bewerteten Gleißenschen Besitz und dem Droschkengeschäft über ein Kapitalvermögen von 130 000 Tl. verfügen[1]. Für seine Verdienste ist er zum Geh. Kommerzienrat erhoben worden.

Sein älterer Sohn Hermann, der 1833 das Haus Neue Friedrichstr. 76 kaufte, gründete den Droschkenhof in Berlin, wurde Stadtverordneter, Direktor der Niederschles.-märkischen Eisenbahn, Geheimrat und Mitgründer der Victoria-Versicherungs-Gesellschaft (1853).

[1] *Kammerger. H III 304*

Darlehnsvermittler, Agenten, Diskonteure

Abraham Gans

Die öffentlichen Körperschaften suchten, wie öfter erwähnt, ihre hohen, dringenden Zahlungsverpflichtungen in der Franzosenzeit mit Hilfe der vier größeren Berliner Bankhäuser zu decken. Die aus dieser Verschuldung entstehenden Schwierigkeiten haben sie dann wohl genötigt, sich 1808 und namentlich 1809 auch an kleinere jüdische Wechsler zu wenden, die ihnen weitere Darlehen verschafften, um dabei Provisionen zu verdienen. Von solchen hat sich weitaus am stärksten Abraham Gans bemüht, in weitem Abstand vor Hirschel David Cohn, J. N. Liman, J. M. Geber, J. A. Moses, Selig Lazarus. Gans hatte während des Krieges 1806/7 für die Kurmark die Getreidelieferungen an die französischen Truppen besorgt[1]. Er hat dann 1809 den kurmärkischen Ständen fast 135 000 Tl. verschafft bei einer Reihe von Geldgebern, unter denen die Fabrikanten Moses Hirsch und J. Herz Beer mit 33 000 und 25 000 Tl. voranstehen. Für Provision und Zinsen wurden 15% berechnet, nur bei 4000 Tl., die ein Herr v. Pfuel gab, 18%. Damit war die Schuld bis Ende 1810 auf 163 517 Tl. angewachsen. Die neumärkische Landschaft, als deren Agent Gans bezeichnet wird, stand bei ihm mit 182 910 Tl. zu Buch, von denen damals 140 000 als getilgt angegeben werden. Von dem für die Stadt Berlin vermittelten Betrag ist nur soviel bekannt, daß zu Ende 1810 davon 25 395 Tl. durch Verkauf der Unterpfänder getilgt waren. Dasselbe war mit einem großen Teil der kurmärkischen Darlehen geschehen[2].

Die Gläubiger hatten nämlich bei einem großen Teil der Darlehen ausbedungen, daß sie bei Zahlungsverzug die Pfänder ohne vorherige gerichtliche Klage, wie das Landrecht vorschrieb, nur nach Anzeige beim ständischen Comité, durch geschworene

[1] *v. Bassewitz, Kurmark 1806—08, I. 230*
[2] *Rep. 74 N XV. 22; 74 N XVII. 1. 1 b*

Mäkler verkaufen und sich daraus bezahlt machen dürften. Da weder Rückzahlung geleistet, noch Zinsen berichtigt wurden, gerieten die Gläubiger in eine verzweifelte Lage und schritten zum Verkauf der ihnen verpfändeten Papiere, was bei deren niedrigem Kursstand eine Verschleuderung war. Die Stände dagegen erwirkten gerichtliche Verfügungen und selbst Erlasse des Justizministers (12. 8. und 4. 12. 1809), wonach die Gläubiger ihre Unterpfänder ohne vorherige Rechtsklage weder verkaufen noch aus den Händen geben, also auch nicht weiterverpfänden durften. Diese Verfügung wurde rückwirkend selbst auf solche ausgedehnt, bei denen die Verkaufsberechtigung ausbedungen war, was als unerhört im preuß. Staate bezeichnet wurde[1].

Gans selbst wurde namentlich wegen eines Darlehns von 34 000 Tl., das seit 1. Juni 1809 ohne Fristsetzung lief, beim Kammergericht verklagt, weil er das gegebene dreifache Unterpfand an ständischen Obligationen nicht verpflichtungsgemäß bei einem sicheren Handlungshause deponiert habe, und das ständische Comitee beantragte 23. Jan. 1811 gerichtliche Arrestierung oder Observation gegen ihn. Doch verbot sogleich Hardenberg, an den sich Gans gewandt hatte, jeden derartigen Eingriff, indem er diese ganzen, dem öffentlichen Kredit höchst nachteiligen Maßregeln ernstlich mißbilligte, und veranlaßte die Einstellung der gerichtlichen Verfahren gegen Gans und andere. Ja, er ließ jenem die 34 000 Tl. in Tresorscheinen von der Staatsschulden-Tilgungskasse vorschießen, „in Rücksicht bedeutender Verluste, die er in Geschäften für den Staat erlitten“, nur mit der Verpflichtung zu allmählicher Wiedererstattung[2]. Gans selbst erklärte sich 23. April bereit, den ganzen Betrag der anvertrauten Obligationen binnen 24 Stunden herauszugeben, wenn ihm die dafür beschafften Kapitalien samt Zinsen und Provisionsvergütung zurückgezahlt würden.

Wie schwierig die Beschaffung der Gelder sein konnte, zeigt der Fall eines Darlehns von 8000 Tl. für die Neumark zu Anfang 1810. Der Kaufmann Diedrich Wilhelm Engel gab dies nur auf 3 Monate, bedang Rückzahlung in Metall, nicht Papiergeld aus und ließ sich dafür nicht nur den dreifachen Betrag in neumärkischen Obligationen geben mit dem Recht, sie bei Ver-

[1] *Vgl. oben S. 15 u. 57*
[2] *Rep. 74 N XXXII. 15*

zug ohne weiteres zu verkaufen, sondern auch eine wechselmäßige Versicherung, sich nach Belieben auch an Gans und dessen gesamtes Vermögen halten zu können. Er erhob in der Tat nach Ablauf der Verfallzeit die Wechselklage und erreichte in 1. und 3. Instanz ein ihn zur Wechselexekution berechtigendes Urteil[1].

Gans schoß auch auf Veranlassung des Seehandlungs-Direktors l'Abbaye dem Kadettenkorps und der Militärakademie im Juli 1809 14 050 Tl. auf 1/2 Jahr gegen 13 1/2 % Zinsen und Provision vor, mit der Berechtigung, bei Nichtzahlung die zu Pfand gesetzten Papiere im Nennwert von 31 879 Tl. verkaufen zu dürfen[2]. Für die General-Direktion der Seehandlung beschaffte er in demselben Jahr 40 000 Tl., die rechtzeitig zurückgezahlt wurden. Nun konnte aber Gans nur etwa die Hälfte der dafür im dreifachen Betrage verpfändeten Tresorscheine zurückgeben, da sie von einigen in Bedrängnis geratenen und inzwischen fallierten Darlehnsgebern verkauft worden waren. Da Gans für das Fehlende teilweise unrealisierbare Papiere lieferte, wurde er schließlich von der Seehandlung (Juli 1811) verklagt und kostenpflichtig verurteilt, allerdings ohne Erfolg (Juni 1812)[3]. Er war damals abwesend, denn er hatte mit Gebr. Berend die Belieferung der Militärlazarette jenseits der Weichsel. Im folgenden Jahre war er während des Waffenstillstands neben dem Breslauer Kaufmann Friesener Hauptunternehmer bei der heimlichen Einfuhr von Waffen und Munition aus Österreich und Ungarn nach Schlesien[4]. Hardenberg, der ihn begönnerte, rühmte überhaupt später von ihm, er habe dem Staate, besonders seit 1806, in mehreren Beziehungen und zum Teil unter sehr schwierigen Umständen nicht unbedeutende Dienste geleistet.

Gans starb schon im September 1813, arm und verschuldet. Seine ausgedehnten Darlehnsgeschäfte hatten ihn infolge der mangelnden Rückzahlung und der unsicheren Rechtslage in arge Bedrängnisse gebracht. Noch im Herbst 1812 erinnerte er an seine unerledigten Forderungen an die kurmärkischen Stände,

[1] *3. Mai u. 9. Juni 1810. Rep. 9 C 6 b 2. 22*

[2] *Rep 109 A XVIII. 4*

[3] *Rep. 109 XIII. 6 b*

[4] *FBPG 46, S. 75 u. 102*

wurde aber weiter vertröstet. Doch hatten ihn einige Gläubiger zum Arrest bringen wollen und sind dann durch bare Bezahlung seitens des Staates beruhigt worden, wie Selig Lazarus im April 1812 bekundet, der nicht zu jenen gehörte und daher von Gans noch seine 3000 Tl. wegen der Neumark zu fordern hatte[1]. Zu den Anleihen von 1812/13 war Gans gar nicht veranlagt, wird demnach als mittellos gegolten haben. Der ihm gewährte Vorschuß von 34 000 Tl. war bei seinem Tode nur zu einem sehr geringen Teil zurückerstattet; die Seehandlung konnte für ihre samt Zinsen auf 26 369 Tl. sich belaufende Forderung nach dem Kriege dank der Geschicklichkeit Rothers zum größten Teil befriedigt werden, indem es gelang, die von Gans hinterlegten, teilweise sehr faulen Papiere allmählich zu verkaufen oder zu übereignen[2]. Aus der Nachlaßmasse selbst war nichts zu holen, doch gewannen die Erben nachträglich aus einem Prozeß gegen Gebr. Berend wegen der Lazarett-Entreprise über 20 000 Tl.[3].

Ein Sohn des Bankiers war der am 22. März 1797 in Berlin geborene Jurist Eduard Gans, der 1825 zum Christentum übertrat und als Hegelianer und Professor an der Berliner Universität (1826—39) derzeit einen großen Namen hatte. In jeder Hinsicht ausgesprochener Jude stand er im schärfsten Gegensatz zu seinem berühmten Fachgenossen v. Savigny[4].

Von anderen Gläubigern der kurmärkischen Stände fallierten Joseph Abr. Moses, ein Schwiegersohn L. M. Wulffs, und Isaak Moses Geber 1809, die Handlung Geber u. Moses 1810. Die Mosesschen Forderungen gelangten an Anhalt u. Wagener (14 000 Tl. zu 12%) und an Gans (8563 Tl. zu nur 8%); die Geberschen (14 000 Tl. zu 16% und 32 928 Tl. zu 12%) waren mit Ausnahme von 3000, 1810 zurückgezahlten Tl. 1817 noch ungetilgt, da der Konkurs noch nicht erledigt war[5]. Zwei Söhne Gebers, der seit 1813 Gerhard hieß, aber streng jüdisch blieb[6]. waren wieder kleine Bankiers, von der Kaufmannschaft wegen

[1] *Rep. 151 e II. 13*
[2] *Rep. 74 N XXXII. 15*
[3] *Bassewitz a. a. O., S. 288*
[4] *Eberty, a. a. O., S. 311 ff.*
[5] *Rep. 74 N XV. 38 I*
[6] *Test. v. 3. 2. 1828. Kammerger. G III 208*

dringenden Verdachts „fraudouleusen Bankerotts“ angefeindet und bei der Augustanleihe 1813 von 1000 auf 2000 Tl. hinaufgesetzt. Sie zeigten dagegen 2 Rassegenossen — B. L. Lindau u. Gebr. Bamberger — als zu gering veranlagt an und zahlten nur 200 Tl. als dem Stande ihrer Bücher entsprechend, zumal da sie noch 4000 Tl. vom Staat zu fordern hätten[1].

J. N. Liman

Ein kleiner, aber im Anfang des Jahrhunderts häufig genannter Bankier war Isaak Nathanael Liman. Er war viel beschäftigt, weil er infolge seiner strengen Rechtlichkeit allgemeines Vertrauen genoß. Seine Darlehen an die Kurmark werden zu Ende 1810 mit 5000 Tl. zu 15% und 24 000 Tl. zu 12% angegeben. Nach eigener Angabe vom 7. August 1813 hatte er damals zu fordern: von der Kurmark 26 000, der Neumark 46 333, von der Stadt Berlin 3500 Tl.; Zinsen habe er seit den letzten Arrangements nicht erhalten, müsse aber diese Kapitalien seinen Gläubigern mit 12 und 15% verzinsen und ihnen zudem für den Minderwert der zum Unterpfand gegebenen dreifachen Sicherung bei deren niedrigem Kursstand haften, da er von den ständischen Comitees nur für 3 Jahre Sicherheit erhalten habe[2]. Er erinnerte noch 1816 mehrfach an die Erledigung seiner Ansprüche gegen die kurmärkische Kriegsschulden-Kommission[3]. Dem Staat verschaffte Liman in der zweiten Hälfte 1812 kurzfristige Darlehen von 20 000 und 9000 Tl. zu 5%[4], zu den Anleihen von März 1812 und Februar 1813 gab er je 3000 Tl. Bei der Augustanleihe von 1813 war er auf 2000, dann 1600 Tl. veranlagt, wurde aber nach seinem Antrag auf 500 ermäßigt, da er so hohe unerledigte Forderungen hatte und 9 Kinder besaß, da er ferner 3 Söhne und einen Schwager bei den reitenden Jägern ausgerüstet hatte und unterhielt, was, mäßig gerechnet, 3000 Tl. aus seinen Mitteln ausmache. Zwei

[1] *Rep. 151 h III. 1. 21 VI*
[2] *Rep. 151 h 1. 21, vol. XI*
[3] *Rep. 74 N XVII. 1. II*
[4] *Rep. 151 e II. 3*

seiner Söhne fielen im Kriege; zu ihrem Gedächtnis stiftete Liman 1000 Tl. für den Invaliden-Unterstützungsfonds[1].

Seit 1814 wurde Liman neben dem Courtier Alexander Flesch dazu benutzt, für die Staatskassen eine Reihe kurzfristiger Anleihen am Berliner Markt aufzunehmen, was nicht unbedeutende Courtagegebühren einbrachte[2]. Liman wurde daher allgemein als Agent der Seehandlung und sogar der Bank angesehen, so daß sich gleich nach seinem Tode ein Bankier Friedr. Wolff unter Berufung auf patriotische Dienste um seine „Stelle" bewarb. Er wurde indessen vom Ministerium bedeutet, daß die Seehandlung dem Verstorbenen nur zuweilen Geschäfte zu besorgen übertragen habe, ohne eine vertragsmäßige Verbindung einzugehen, und von der Bank könne in diesem Zusammenhang überhaupt nicht die Rede sein[3]. Bei der Tresorschein-Anleihe 1817 zeichnete Liman 25 000 Tl. und übernahm noch 100 000 von Gebr. Berend für Jenisch in Hamburg.

Liman starb 20. Jan. 1819, 57 Jahre alt, evangelisch, im eigenen Hause, Poststraße 3, in gutem Wohlstand. Er hinterließ aus 3 Ehen 3 Söhne und 4 Töchter und konnte seinen Kindern je 10 000 Tl. zur Ausstattung bestimmen, außerdem noch 3000 Tl. und Jahresrenten von 950 Tl. für Verwandte, auch dem Diener 1000 und dem Hausknecht 500 Tl. vermachen. Die Handlung, zuletzt unter der Firma Liman u. Sohn, hörte mit seinem Tode auf, da keiner der überlebenden Söhne Anteil daran hatte[4].

[1] *11. Nov. 1814. Urk. Stadtarch. Berlin*

[2] *Rep. 151 h III. 1, nr. 27 u. 31*

[3] *Rep. 134 XLIV. 3*

[4] *Test. v. 6. 10. 1818. Berl. Stadtger. 1337*

Czechiel

Eine zeitbedingte Erscheinung war der Bankier Emanuel Ezechiel. Er hatte ein Bankgeschäft, Ezechiel u. Co., in Brandenburg und erst nach 1806 auch eines unter gleicher Firma in Berlin, während sein Teilhaber Louis in Brandenburg blieb. Ezechiel behauptete einmal, bis zu dem unglücklichen Kriege ein reicher Mann gewesen zu sein (1816). Aus Lieferungsverträgen mit der kurmärkischen Kammer und dem ständischen Comitee hatte er von diesem 57 700 Tl. zu fordern, wofür seit 29. März 1809 Verzugszinsen, 12%, berechnet wurden. Er wurde, wie andere, verklagt, weil er bei Nichtzahlung einen Teil der gesetzten Pfandpapiere verkaufte, wozu er ausdrücklich berechtigt war; das Verfahren wurde auf Veranlassung Hardenbergs eingestellt. Auf die Forderung, die zu Ende 1810 insgesamt 69 855 Tl. ausmachte, wurden im April 1812 37 000 Tl. aus Vorschüssen Beneckes abbezahlt. Ezechiel behauptete 26. Juni 1811, er habe in seinen sehr bedeutenden Geschäften mit der Kammer und dem Komitee viel zugesetzt, da er sie nicht wie Lieferungsgeschäfte, sondern wie rein kaufmännische Angelegenheiten betrieben habe[1].

Ezechiel wurde, erkennbar seit Frühjahr 1811, zu allerlei Geldoperationen verwendet, zu denen der Staat in seiner Notlage sich gedrängt sah, bei denen aber seine eigenen Organe nicht hervortreten durften, sondern ein geschickter und verschwiegener Mittelsmann nötig war. Er war, wie es einmal heißt, der Adjutant des derzeitigen Finanzleiters Staegemann, dem er auch in einer gewissen ästhetischen Anlage ähnelte[2]. An der Berliner Börse mußte Ezechiel, neben dem Bankier Liman, Staatspapiere in vorsichtiger, den Kurs nicht gefährdender Weise verkaufen. Zugleich war er mit Vorschlägen zur Regelung einer im Vorjahr in Holland abgeschlossenen Anleihe betraut. Er beantragte, daneben eine fingierte Anleihe in Berlin aufzulegen, was zwar nicht durch eine Behörde, durch ein Hand-

[1] *Rep. 74 N XV 22*

[2] *Grabower, a. a. O., S. 186*

lungs-Comptoir aber sehr einfach sich machen lasse und womit auch Staegemann einverstanden sei. Ezechiel wollte sich von dem mit Durchführung der Anleihe in Holland betrauten Amsterdamer Hause Ueberfeld u. Serrurier gegen $^1/_3$—$^1/_2$% Provision die Einwilligung verschaffen, daß die Anleihe gleichzeitig hier aufgelegt werde, doch nur zum Schein, indem der Betrag, bis zu 2 Mill. Tl., tatsächlich von der Seehandlung oder der Staatsschulden-Section in verschiedenen Staatspapieren hergegeben, dafür Obligationen à 1000 fl. holld. ausgeschrieben und diese gegen Pfandbriefe in Holland umgetauscht werden sollten, während der Staat seine Papiere, als wären sie durch die Anleihe eingezogen, wieder zu sich nehme. Ferner lasse sich der alte Plan des Bankiers Gans, aus der holländ. Anleihe eine wirkliche Lotterie zu machen, vielleicht ausführen, da die Spielsucht noch immer sehr groß sei[1].

Ezechiel hat im Spätsommer 1811 tatsächlich eine Anleihe zustande gebracht, die aber geheim behandelt und nur als „das auf Hohen Befehl geleitete Anleihe-Geschäft" oder „Fonds-Anleihegeschäft" bezeichnet wurde[2]. Es werden nur die Zahlungen, die Ezechiel davon 1811—12 nach und nach auf spezielle Anweisungen, vor allem für Festungsverpflegung machte, angegeben. Es geht daraus hervor, daß die Anleihe nicht auf einmal, sondern in Teilbeträgen je nach Anforderung beschafft wurde.

Ezechiel überreichte 1. April 1813 seine Schlußrechnung „über das bewußte Anleihe-Geschäft" und schreibt dabei: „Ich glaube es zu verdienen, daß mir der Saldo von 119 141 Tl. 14 gr. unaufgehalten gezahlt wird, weil ich diesen Gegenstand nicht länger beruhen lassen kann. Das Geschäft kommt auf 6% Zinsen und $^1/_2$% Provision aus und ist gewiß das wohlfeilste das seit 1806 gemacht worden ist". Die daraus für dringliche Zwecke gemachten Zahlungen betrugen von Sept. 1811 bis März 1812 323 311$^2/_3$, mit Stempel, Provision und Zinsen 338 148$^3/_4$ Tl. Die Seehandlung erkannte die Berechnung als richtig an, der berechnete Zinsfuß von 6% sei äußerst gering, da bekanntlich der Disconto im vorigen Jahre oft bis 12% gestanden habe, und Ezechiel durch seinen Privatkredit einen so bedeutenden Vorschuß gewiß nur mit größerem Disconto leisten konnte; auch

[1] *An Hardenberg, 14. Mai 1811. Rep. 151 a XXI Nr. 70*
[2] *Rep. 151 e II Nr. 6*

der Betrag von 1617 Tl. an Provision, Courtage und anderen Unkosten sei für das große Geschäft sehr billig. Ezechiel hat für seine Vorschüsse Tresorscheine und Pfandbriefe im Nennwert von 367 870 Tl. mit Genehmigung Staegemanns für 190 905 Tl. nach und nach verkauft und auf seinen Saldo bis 8. Okt. 1813 noch 101 007 Tl. aus Verkäufen von Tresorscheinen und Wolle erhalten, so daß ohne die zu verrechnenden Zinsen noch 18 134 Tl. blieben. Er hat auch weiterhin Pfandbriefe und anderes im staatlichen Auftrage verkauft und berechnet bis April 1815 an Verzugszinsen, Courtage und Provision dafür 19 647 Tl.

Ezechiel hat ferner 1811—12 Ein- und Verkäufe von Wolle auf den Märkten zu Berlin und Breslau getätigt, ein sehr mühseliges Geschäft, das zudem Verlust brachte, da die Einkäufe insgesamt mit 261 604, die Verkäufe mit 240 961 Tl. abschlossen. Er berechnete für sich 2% Provision von der Gesamtsumme oder 4819 Tl., „gemäß kaufmännischer Usance".

Schließlich werden noch Münzoperationen im staatlichen Auftrag erwähnt, die nach Angabe von April 1815 5597 Tl. Gewinn erbracht hatten. Ezechiel hatte dafür eine Affinerie in Betrieb, die ihm nach den Kriegen vom Staat abgenommen wurde; die Bezahlung stand 1817 noch aus, und zwei Jahre später beklagte Ezechiel den neuerdings erleidenden großen Verlust daran[1].

Es waren „forcierte Operationen" und geheime Aufträge, zu denen man Ezechiel verwendete, veranlaßt durch außerordentlichen Geldbedarf für die französische Truppen- und Festungsverpflegung 1811—12. Sie wurden bei der Seehandlung separatim gebucht. Die dabei ununumgänglichen Kurseinbußen beim Verkauf von Wertpapieren betrugen über 285 000 Tl., während der Gewinn, den Ezechiel durch Agioüberschuß und Münzoperationen einbrachte, noch nicht 10 000 Tl. ausmachte[2].

Bei den Anleihen von März 1812 und Febr. 1813 war Ezechiel unter den mittleren Bankiers mit je 10 000 Tl. veranschlagt, bei der von Aug. 1813 mit 4000 Tl., die ihm aber erlassen wurden. Der vielbeschäftigte Mann hat sich auch auf dem Wiener Kongreß betätigt[3]. Da er sich ausgezeichneter russischer

[1] *Mai u. Okt. 1819. Rep. 74 N XVI 62*

[2] *Rep. 151 c II Nr. 6*

[3] *Rep. 74 N XVI 62*

Beziehungen rühmte, wurde er durch höhere Staatsbeamte, doch nur unverbindlich und mündlich, veranlaßt, dort in der polnischen Frage im preußischen Sinne einzuwirken. Er soll sich auch sichtlich darum bemüht haben, doch ohne ein weiteres Ergebnis, als daß manche brauchbaren Notizen durch ihn beschafft wurden. Die Aufwendungen eines 3/4jährigen Aufenthalts mit den Gefälligkeiten und versteckten Bestechungen, die er anwenden mußte, erforderten jedoch über 25 000 Tl., wofür er mehrfach um Entschädigung bat, ohne aber einen Anspruch auf solche nachweisen zu können.

In Berlin brachte er sich danach wieder für Finanzgeschäfte in Erinnerung. Er erbot sich unterm 11. Juli 1815, für Rechnung des Finanzministeriums einige 100 000 Francs Westfälische Obligationen, die niedriger standen als die übrigen Staatspapiere, am Vortag aber von 42 auf 48 heraufgegangen waren, bis zum Kurse von 55% durch vereidete Mäkler einzukaufen und sie binnen 1 Jahr mit 10 und binnen 1/2 Jahr mit 5% höher auf jederzeitiges Verlangen mit 3 Tagen Kündigung abzuliefern. Er hielt dies für eine unbedingt vorteilhafte Operation, da der Kurs voraussichtlich wesentlich höher steigen werde und Zahlung erst bei Ablieferung zu geschehen brauche. Doch wurde mit Dank für die gute Absicht abgelehnt, da es nicht zulässig sei, von Seiten des Staates solche Operationen mit Effekten zu machen[1].

Daß aber staatlicherseits doch recht verfängliche Geschäfte gemacht worden sein müssen, beweist eine spätere Äußerung des Grafen Bülow: er habe 6. Mai 1816 um seine Entlassung gebeten, da er als Finanzminister gezwungen sei, Geschäfte zu machen, die an Schwindelei grenzten und dem Wohl des Staates wie seinen persönlichen Gefühlen aufs höchste zuwider seien[2]. Der inzwischen zum Kommerzienrat ernannte Bankier Ezechiel aber klagte im Juli 1816 bei Hardenberg: In den vergangenen schweren Zeiten habe man ihm Geschäfte von großem Belang übertragen, „doch keine Kontraktgeschäfte, Entreprisen, Lieferungen u. dgl. für den Privatmann gewinndarbietende Geschäfte; ich schaffte immer Rat, der Kredit meines eigenen Hauses mußte hierunter leiden, aber ich ließ jedes Urteil über

[1] *Rep. 151 a XXI 3 a V*
[2] *Rep. 189 C 38,19*

mich ergehen, um nur das, was man wünschte, zu erfüllen". Als man endlich im Glück war und er auf nutzbringende Geschäfte hoffte, habe man ihm von allen Seiten den Rücken gedreht, ja geantwortet, man wolle lieber mit recht reichen Leuten zu tun haben. Trotz seiner Bitten um einen kleinen Anteil an der Kontributionsübermachung sei ihm dieser auf eine empfindliche Art aus den Händen gespielt worden. Seit Hardenberg am Ruder, sei ihm keine Begünstigung zu Teil geworden. Offenbar galt er nicht als recht vertrauenswürdig. Jedenfalls kamen bei der nachfolgenden Abwicklung früherer Geschäfte mit ihm einige Winkelzüge zu Tage, die es verstehen lassen, daß man ohne Not seine Dienste nicht benutzen wollte[1].

Ezechiel hatte 1811—12 50 000 Tl. Staatsschuldscheine zum Verkauf erhalten und will sie im April 1812 für 23 057 Rt. verkauft haben, erbot sich aber erst 1. Juli 1816, diesen Betrag abzuführen, als der Kurs der Papiere inzwischen natürlich bedeutend gestiegen war, so daß der dringende Verdacht entstand, daß Ezechiel sich hierbei einen erheblichen Sondernutzen habe verschaffen wollen. Er wollte einem Versäumnis Staegemanns die Schuld geben, wurde aber genötigt, 50 000 Rt. Schuldscheine zu deponieren, die er zum hohen Kurs kaufen mußte, bis die Streitsache ausgetragen sei. Doch entschied Hardenberg aus besonderer Rücksicht im Juli 1817, daß die Staatsschuldscheine gegen Auszahlung des angegebenen damaligen Verkaufspreises (ohne Zinsen!) ihm zurückgegeben werden sollten. Die Sache war indessen im Mai 1819 noch nicht erledigt, denn Ezechiel bat damals — „in Anbetracht des neuerdings erleidenden großen Verlusts an der Affinerie" —, die 20 471 Tl., die er zufolge eines abgeschlossenen Vergleichs aus den kgl. Kassen noch zu erhalten habe, auf die 23 057 Tl. anzurechnen, so daß er die deponierten Papiere herausbekommen könne[2]. Es ergab sich ferner im April 1817, daß Ezechiel im Saldo 40 528 Tl. herauszugeben hatte, dazu 6824 Tl. Zinsen für den so lange zurückgehaltenen Posten. Diesen selbst wollte er auf seine Affinerie, die ihm der Staat abgenommen und wofür Bezahlung noch ausstand, verechnet haben; es wurden ihm aber nur die Zinsen von

[1] *R. 74 N. XVI,62*
[2] *Rep. 74 N XVI 62*

Hardenberg erlassen für seine Bemühungen und Kosten auf dem Wiener Kongreß[1].

Das gesellschaftliche Ansehen des Bankiers Ezechiel hat anscheinend nicht gelitten, wenigstens wird erwähnt, daß 1824 der Graf Harrach, Vater der Fürstin Liegnitz, Gast bei ihm war[2].

Die Zerrüttung des Geldmarkts und Kreditwesens nach dem Zusammenbruch von 1806, das Fehlen der großen staatlichen Geldanstalten, die Freigabe des Zinsfußes, die wilden Kursschwankungen — das alles wirkte dahin, daß, wie stets in solchen Zeiten, vielerlei zweifelhafte, vorwiegend jüdische Geschäftsleute auftauchten, um dieses Durcheinander zu ihrem Vorteil auszunutzen. Die ungesunden Zustände, an denen sie interessiert waren, verschlimmerten sie durch ihre Betriebsamkeit. Viel geklagt wurde über das wucherische Treiben der „Agioteure" und „Diskonteure". Da das Diskontierungsgeschäft der Bank und der Seehandlung fortfiel und auch nach deren Rückkehr nicht aufgenommen wurde, der Versuch einer Diskontierungs-Anstalt der Kaufmannschaft gescheitert war[3], so wurden die Diskontierungsgeschäfte von privaten Kapitalbesitzern betrieben. Von ihnen waren auch die großen Bankiers abhängig. So erklärten die Bankiers Benecke, Delmar, Vertreter von Gebr. Schickler, Bendemann, Z. Fraenckel u. Wolff Oppenheim (Königsberg) im Juni 1812 bei einer Anleiheverhandlung[4]: Sie wären bekanntlich keine Disconteurs, sondern machten Geschäfte, zu denen sie Geld brauchten, das die Disconteurs ihnen hergäben. Brächten sie jetzt ihre Wechsel an den Markt, so würden sie diskreditiert, indem die Disconteurs, die sich jetzt zurückzögen, da sie das Geld allein zu disponieren hätten, teils aus bösem Willen, teils aus Ängstlichkeit ihrem Wechsel den Discont verweigern würden. Und etwas später sagten sie: ihrem Kredit sei durch die Disconteurs schon sehr geschadet. Nach dieser Darstellung, wenn sie nicht absichtlich übertrieben ist, waren die eigentlichen Herren des Geldmarktes nicht die Bankhäuser, sondern einige betriebsame Kapitalinhaber und Spe-

[1] *Ebda.*
[2] *Trende, Rother-Briefwechsel*
[3] *S. oben, S. 11*
[4] *Rep. 151 e II 10*

kulanten. Bei diesem Geschäft konnte auch ein mäßig hohes Kapital ohne bedeutendes Risiko reichen Nutzen bringen, da das Geld nur kurzfristig ausgeliehen und somit häufig umgesetzt wurde, und der Diskont hoch war.

Ein sehr geschickter Konjunkturjäger war der christliche Kaufmann Diedrich Wilh. Engel, den wir schon als besonders rücksichtslosen Kapitalverleiher kennen gelernt haben[1]. Er hat, wie er im April 1812 angibt, seinen Warenhandel vor 2 Jahren, d. h., als es mit dem Kolonialwaren-Schmuggel nicht mehr ging, beinahe ganz aufgegeben und mit dem herausgezogenen Geld Discontogeschäfte betrieben, von denen er sagt, daß sie allerdings viel Aufsehen erregten, weil man dasselbe Kapital alle 1 oder 2 Monate umsetze, so daß man für reich gehalten würde. Sein disponibles Vermögen an barem Geld und Wechseln gibt er allerdings nur mit etwas über 30 000 Tl. an, er hatte aber noch einen erheblichen Besitz an Pfandbriefen, Obligationen, Hypotheken, ein großes Haus[2], und ein Gut in Mecklenburg (Gramtzow, 41 000 Tl.), dann auch vorübergehend eins in Pommern (Woldcwitz). Denn der Güterkauf bot gleichfalls eine gute Gelegenheit, Wertpapiere vorteilhaft zu verwenden. Er gab nun den Handel ganz auf, da er es wohl für an der Zeit hielt, sich wieder umzustellen, ließ sich bei der Kaufmannschaft streichen und war im August 1813 im Begriff, auf seine Güter, zu deren Erwerb und Instandsetzung er mehr als sein Vermögen verwandt habe, überzusiedeln, um sie selbst zu bewirtschaften. Engel war auch bei den Anleihen ziemlich hoch veranlagt und konnte zahlen, wenngleich er sich dagegen sträubte und es gar auf militärische Exekution ankommen ließ. Er starb 1842 wohlhabend, 80 Jahre alt[3].

Als Disconteure werden sonst noch (Aug. 1813) angezeigt der Jude Baruch L. Lindau, der bedeutende Börsengeschäfte mache, und die Lederhändler Gebr. Bamberger, Spandauer Str. 17, die stets diskontierten und ihr bares Vermögen, das auf 70—80 000 Tl. geschätzt werde, immer zusammen hätten.

[1] *Vgl. oben, S. 156 f.*

[2] *1812 Gertraudtenstr. 14, zu 16 000 Tl., 1842 Friedrichstr. 208, nicht unter 40 000 Tl. wert*

[3] *Test. v. 7. 5. 1842. Stadtgericht 10 438*

Nach ihrer Veranlagung zu Anleihen und zur Vermögenssteuer stehen sie allerdings hinter Engel wesentlich zurück.

Auch der Kaufmann und Gildeälteste der Materialwarenhandlung, Joh. Aug. Börger, Spandauer Straße, vormals Geschäftsträger der inzwischen aufgelösten Emdener Heringsfischerei-Compagnie und Aktionär der Zuckersiederei-Comp. machte, nachdem er die Konjunktur der Kolonialwarengeschäfte nicht ausgenutzt hatte, Diskontogeschäfte, angeblich mit ihm von entfernten Verwandten anvertrauten Geldern. Er wurde daher als Banquier bezeichnet und bei den Zwangsanleihen verhältnismäßig hoch angesetzt. Er klagte darauf sehr beweglich, daß es weit über seine tatsächlichen Verhältnisse gehe. Die im Aug. 1813 geforderten 2400 (ursprünglich 3000 Tl.) zahlte er erst nach militärischer Exekution aus jenen Depositen, ohne, wie er angab, zu wissen, wie er sie wieder erstatten solle[1]. Der neue Geschäftszweig lockte auch Zuzug von außerhalb. So wurde eine Firma Meyer Pincson u. Co., Neue Friedrichstr. 22, von einer Hamburger Firma, Bendix Meyer, gegründet und machte hier an der Börse, wie April 1812 zugegeben wird, ansehnliche Discontogeschäfte für Rechnung ihrer Hamburger Freunde. Leiter war Bendix' Bruder, Hirsch Meyer, Compagnon der Kaufmann M. Pincson, „ein wohlhabender Lederhändler“. Im Frühjahr 1813 allerdings hörte der unumschränkte Kredit, den sie beim Hamburger Stammhaus genossen, auf und konnten keine größeren Geschäfte mehr getätigt werden. Das ganze war eine reine Gelegenheitsgründung, für die Pincson Namen und Lokal, Neue Friedrichstr. 22, zeitweilig hergegeben hatte.

Da war ferner ein Simon Wolff Oppenheim, den A. Mendelssohn im Februar 1813 als „sehr wohlhabend“ zur Anleihebeitragsleistung vorschlug. Da er nach eingezogener Erkundigung wirklich ansehnliche Disconto- und Warengeschäfte trieb, so wurde er auch zu dem Beitrag gezwungen, obwohl er sich hartnäckig weigerte, mit dem Vorgeben, er besorge seit 12 Jahren hier lediglich die Geschäfte seines Bruders Heymann Oppenheim in Breslau, treibe keine für eigene Rechnung, sei somit nicht mehr als ein Handlungsdiener, auch nicht als Mitglied der Börsenkorporation eingeschrieben.

[1] *Rep. 151 h III 1, nr. 21, vol. I u. VII*

Die guten Berliner Erfolgsmöglichkeiten haben auch einen Stettiner Kaufmann G. F. Lobedan hergezogen. Er gab im August 1811 Handlung und Bürgerrecht in Stettin auf und zog mit einem bedeutenden Vermögen nicht etwa hierher, sondern nach dem sächsisch gewordenen Kottbus. Er hielt sich aber hauptsächlich in Berlin, wie er sagte, „als privatisierender Fremder" auf und trieb, wie festgestellt wurde, sehr bedeutende Discontogeschäfte an der Börse. Offenbar wollte er die Konjunktur hier ausnützen, ohne zu den hohen preußischen Lasten herangezogen zu werden, oder hielt es aus anderen Gründen für vorteilhafter, als nichtansässiger Fremder seine Geschäfte hier zu betreiben. Die Möglichkeit hierzu bot die Einführung der Gewerbefreiheit und die Aufhebung früherer, den Fremdenhandel erschwerender Schranken.

Eine merkwürdige Erscheinung war auch Hirsch Philipp, seit 1813 mit dem Beinamen Herford, Neue Friedrichstraße 24, damals schon 70 Jahre alt. Er befand sich unter den 48 wohlhabenden Kaufleuten, die als Rückbürgen bei der Hamburger Anleihe dienten, und wird auch im Aug. 1811 als reicher Mann bezeichnet. Er wurde daher bei den Zwangsanleihen hoch veranschlagt, erreichte aber mit vielem Klagen wesentliche Minderung, im August 1813 sogar von 4000 auf 300 Tl. Es erwies sich dabei, daß dieser als „Banquier" bezeichnete Mann keine kaufmännisch geführten Bücher vorlegen konnte, sondern nur ungeordnete Aufzeichnungen, daß er auch kein kaufmännisches Personal hatte, keine kaufmännischen Wechsel besaß und auch keine ausstellen konnte, da er auf keine bestimmte Einnahme rechne und keine Zahlungszeit angeben könne. Er trieb offenbar nur dunkle Gelegenheitsgeschäfte, konnte aber auch 1817, seinem Testament[1] nach, über mindestens 80—100 000 Tl. verfügen. Der Banquier Selig Lazarus, seit 1813 Samuel Lion Lessing, Königstr. 31, befand sich gleichfalls unter den 48 Rückbürgen, hatte auch den märkischen Ständen Darlehen gemacht und zeigte sich bei den Zwangsanleihen erheblich leistungsfähiger als der Vorgenannte. Sein Geschäft war offenbar viel gediegener und wurde auch nach seinem Tode, Juni 1815, weitergeführt durch den einzigen

[1] *Kammerger. H II 209*

Sohn und bisherigen Teilhaber Ludwig Lessing, vorher Louis Lazarus[1]. Dieser war bei der Tresorschein-Anleihe von 1817 mit 25 000 Tl. beteiligt.

Geld- und Silber-Kommissions- und Speditionsgeschäfte von ziemlichem Umfang betrieb die Firma Meyer Calmus u. Co., Papenstr. 9. Der Hauptinhaber hatte anscheinend starke auswärtige Beziehungen, ein Bruder, Moses Calmus Lissa, war Bankier im Haag; außerdem will er sich das Vertrauen seiner auswärtigen Korrespondenten dadurch erworben haben, daß er sich anderer, gewinnbringender Geschäfte enthielt und überaus geringe Provisionen nahm. Bei den Zwangsanleihen zahlte er, teilweise unter der Taxe, doch bar, weil Wechsel zu geben seinem Handel und Kredit nachteilig sein könnte. Das Vermögen des Calmus belief sich nach seinem Testament von 1815[2] auf mindestens 36 000 Tl. netto. Er starb 1834, hatte aber sein Geschäft lange vorher an seine jüngeren Verwandten und Teilhaber, Leonhard Lipke und Jonas Isaak Caro abgegeben. Es ging nun, zum regelrechten Bankgeschäft entwickelt, unter der Firma Leonhard Lipke & Co. Lipke spielte eine nicht unbedeutende Rolle in Berlin; bezeichnend ist, daß man ihn bei den Zuteilungen zur Prämienanleihe von 1832 deshalb berücksichtigte, weil er ein bedeutendes Gewicht an der Börse habe und man ihn daher nicht als Gegner des Geschäfts haben wollte. Auch gesellschaftlich machte er etwas daher, so waren am 20. Jan. 1818 Blücher und der berühmte Arzt Heim seine Gäste. Ganz vertrauenswürdig war er aber wohl nicht. So wurde im Febr. 1824 eine mißbräuchliche Ausnutzung der Prämien-Verteilungskasse durch ihn gemeldet, indem er sehr hohe und nicht formgerechte Wechsel auf sie ausstellte. Benecke mußte Rother über die peinliche Angelegenheit beruhigen[3]. Dem Kassen-Verein gehörte die Firma von Anfang an, und noch 1839 erscheint Lipke an der Spitze des Verwaltungs-Ausschusses. Nicht lange danach muß er aber falliert haben. Seine Frau, die ihr nicht unbedeutendes Vermögen dabei gerettet hatte, verfügte 1846 letztwillig[4]: Meinen Ehemann, den Bankier L. Lipke, ent-

[1] *Testament von 1810. Kammerger. L III 136*

[2] *Stadtgericht Berlin 174*

[3] *Rep. 109, Anh. II 4*

[4] *Stadtger. Berlin 12311*

erbe ich, da derselbe dergestalt in Schulden versunken ist, daß durch selbige sein Pflichtteil ganz verzehrt werden würde. Der rührige Mann hatte sich inzwischen wohl auf andere Geschäfte geworfen; er erlangte 1842 ein Patent auf zwei in England erfundene Wollbereitungs-Maschinen, die auch bald in einigen Fabriken eingeführt wurden[1].

[1] *Rep. 120 D IV. 1,21 II*

Fabrikanten

Kein Zweig des Berliner Wirtschaftslebens unterlag in der hier behandelten Zeit so einschneidenden Veränderungen wie das Großgewerbe. Es wurde schon besonders schwer betroffen durch das Kriegsunglück von 1806, die ungeheuren Lasten, die Verarmung, den Kapitalmangel, die Verengerung des Marktes und andere empfindliche Folgen für Erzeugung und Absatz. Dazu traten aber entscheidende Umwälzungen in der Wirtschaftsverfassung. Durch die Einführung der Gewerbefreiheit, 2. November 1810, wurden das ganze Privilegien- und Konzessionswesen, die ausschließlichen Gerechtsame, das Verbot der Landgewerbe beseitigt. Es wurde weiterhin das Verbots- und Hochschutzsystem aufgelockert und durch die liberale Zoll- und Steuer-Gesetzgebung von 1818/19 ersetzt. Mit beiden war das Merkantilsystem zu Fall gebracht und der Grundsatz einer nahezu unbeschränkten Konkurrenzfreiheit durchgeführt. Unter der Hülle des merkantilistischen Hochschutzes war man vielfach zurückgeblieben: die Arbeitsweise war veraltet, die Vorteile der Arbeitsteilung wurden kaum genutzt, Maschinen waren nur wenige eingeführt, auch diese bald überholt, in exakter und feiner Ausführung konnte man keinen Vergleich mit den westlichen Ländern aufnehmen. Es kam hinzu, daß die industriell viel höher entwickelten rheinisch-westfälischen Lande seit 1814 zum Staatsgebiet gehörten und damit als gleichberechtigte Wettbewerber auf dem inneren Markt erschienen, daß die Engländer mit ihren maschinell hergestellten, daher sehr billigen Waren eine, namentlich für die Baumwoll-Manufaktur mörderische Konkurrenz eröffneten; die Gründung des Zollvereins (1833) brachte eine weitere Verstärkung der Konkurrenz, namentlich Sachsens. So wurden im Zeitalter der Freiheitskriege zwar manche hocherstrebten inneren Freiheiten errungen, aber auch die Bedingungen des Daseinskampfes wurden ungleich schärfer. Es mußte unter völlig geänderten Verhältnissen auch mit anderen Methoden gearbeitet werden. Man mußte sich anpassen und vielfach umstellen, Arbeitsvorgänge hier vereinigen und dort zerlegen, manche auch örtlich verlagern; so mußte sich die Weberei großenteils aus der Hauptstadt nach kleinen Orten mit mäßigeren Lebenskosten verziehen. Ferner wurde eine fortschreitende Mechanisierung der Betriebe notwendig, um wettbewerbsfähig zu bleiben. Das waren, in kurzen Zügen, die allgemeinen Verhältnisse, die hier nur angedeutet werden können[1].

Durch das Unglück von 1806 wurden besonders schwer die in Berlin so reich vertretenen Seidenwaren- und Luxusmanufakturen betroffen, zumal da bald durch den Estèveschen Akzisetarif der Schutz gegen das Eindringen der französischen Waren fast fortfiel. Die großen Seidenfabrikanten[2] klagten 6. Juli 1809 beim König selbst, ihr Absatz sei seit 3 Jahren bis auf 1/10 gesunken, so daß sie nach und nach den größten Teil ihrer Arbeiter entlassen, und über 1500 Seidenarbeiter auswandern mußten; ohne Wiederherstellung des Schutzes durch Einfuhrverbot oder wenigstens 25% Akzise stehe ihr aller Dasein auf dem Spiel[3]. Als im März 1812 der Berliner Kaufmannschaft eine Anleihe von 2 Mill. Tl. auferlegt wurde, baten die bedeutenderen Textil-, voran wieder die Seiden-Fabrikanten, sie damit zu verschonen[4]. Das wurde zwar abgelehnt, aber bei der Durchführung dieser und der weiteren Zwangsanleihen ergab es sich, daß die Fabrikanten wenig leistungsfähig waren. Dabei ist allerdings zu berücksichtigen, daß die Inhaber gewerblicher Betriebe weit weniger als Bankiers über Geld und Kredit verfügen können, da sie beides für Fortführung ihrer Geschäfte benötigen. Nur wenige konnten es mit namhafteren Bankiers und Kaufleuten aufnehmen, nämlich: das Gemeinschaftsunter-

Näheres bei: H. Weber, Der vaterländische Gewerbsfreund, 2 Bände, 1819, 1820; Festschrift der Korporation der Berliner Kaufmannschaft, 1870; Paul Hirschfeld, Berlins Großindustrie, Bd. I, 1897; K. Matschoß, Die Berliner Industrie einst und jetzt, 1906; Berlins Aufstieg zur Weltstadt (Osborn, Donath, Feldhaus), 1929. Aus diesen Werken sind viele Einzelheiten für das Folgende ohne nochmalige Angabe entnommen

2 *Es sind die 7 in Bd. II, S. 81, A. 1 angegebenen*

3 *Rep. 9 LL 1*

4 *Rep. 74 N XV. 16*

nehmen der Zuckersiederei-Comp.[1], der Baumwollfabrikant Moses Hirsch, die Teppichfabrik Hotho u. Welper[2] und die Ephraimsche Gold- und Silber-Manufaktur. Ihnen kamen noch der Seidenfabrikant Beyrich und die Inhaber der Specht-hausener Papierfabrik, Ebart u. Stentz, nahe. Diese 5 waren bezeichnenderweise auch als einzige Fabrikanten unter den 48 Rückbürgen der Stadtanleihe von 1808. Die anderen, auch solche mit rühmlich bekannten Namen, sind entweder auffallend gering veranlagt oder mußten bei nachträglicher, kaufmännischer Schätzung oder auf Einspruch zurückgesetzt werden, oft sehr erheblich. Am kräftigsten erscheinen noch die Baumwollfabrikanten, die sich demnach auch in der Notzeit besser gehalten haben als die früher übermäßig emporgetriebenen Seidenmanufakturen und die schon lange im Rückgang befindlichen Wollmanufakturen. Von den beiden großen Wollfabriken war das Lagerhaus so heruntergekommen, daß es gar nicht mehr veranlagt wurde, und Gebr. Hesse hatten 1809 geschlossen[3], als bedeutendster erscheint jetzt noch Kaapcke.

Unter den Seidenfabrikanten stand nach 1806 Ferdinand Beyrich obenan. Seine Handlung und Fabrik hatte er 1772 mit Isaak Blanc begonnen und führte sie seit 1783 allein, im eigenen Hause, Brüderstr. 3, dessen Wert mit 30 000 Tl. festgesetzt wurde. Später, wohl 1811, konnte er das nachmals Haeselersche Gut Harnekop, südwestlich Wriezen, kaufen, das er auf 50 000 Tl. bemaß[4]. Er war 1809 nebst seinen Fachgenossen Barez und Gabain an Darlehen für die Neumark beteiligt, was sonst ungewöhnlich bei Fabrikanten war. Bei der Anleihe vom März 1812 klagte er, wie andere, über zu hohe Veranlagung, wurde auch von 10 000 auf 8000 Tl. herabgesetzt und zahlte schließlich 6000. Bei der Zwangsanleihe vom Aug. 1813 mußte er verhaftet werden, ehe er seinen Beitrag, 1500 Tl. nach der kaufmännischen Taxe — die ursprüngliche war 3200 — entrichtete. Er übergab das Geschäft, das er so kräftig emporgebracht und wobei er es sich, nach seinen Worten, hatte sauer werden lassen, im Oktober 1815 den beiden älteren Söhnen

[1] *Vgl. Bd. II, S. 546 ff*
[2] *Ebda., S. 281 f.*
[3] *Ebda., S. 184, 276*
[4] *Test. Verfügungen 26. 4. 1795 u. 18. 5. 1817, Kammerger. B III 301*

Carl Ferdinand und Friedr. Gottlieb, die es unter der Firma F. Beyrich Söhne fortführten, während der dritte Sohn das Gut übernahm. An der Tresorschein-Anleihe von 1817 beteiligte sich die Firma und Carl Beyrich besonders mit je 25 000 Tl., wieder fast als einzige Fabrikanten.

Carl Beyrich besaß 1820 ein Lustschloß Monchoix bei Strausberg; er gehörte 1820—25 dem Ältesten-Kollegium an und muß dann schon gestorben sein, so daß er den im Juni 1817 verstorbenen Vater nicht lange überlebte. Seine beiden Töchter heirateten adlige Herren. Die Firma Beyrich Söhne wird 1831 noch erwähnt.

Carl Beyrich hatte die ältere der beiden Töchter des bedeutenden Baumwoll- und Wollfabrikanten Etienne du Titre, Poststraße 26, geheiratet. Dieser hatte sein Geschäft vor 1806 seines Alters wegen aufgegeben und lebte noch als hochbetagter Rentner und zweifacher Hausbesitzer im Aug. 1813. Er sollte 2000 Tl. zur Anleihe geben, wurde von den Kaufleuten sogar auf 5000 heraufgesetzt, behauptete aber, kein reicher Mann mehr zu sein, da er seit dem Kriege zu große Verluste erlitten und, da Staatspapiere nichts einbrachten, nur von Hypothekenzinsen lebe[1]. Ein Benjamin du Titre, Unter den Linden 71 wohnhaft, besaß damals ein Gut Lichterfelde und wollte im Jan. 1813 eine darauf ruhende staatliche Hypothek von 15 000 Tl. ablösen[2]. Etiennes Witwe Marie, geb. George, das bekannte Original († 22. Juli 1827), setzte 1824 den beiden Töchtern Beyrichs je 10 000 Tl. als Prälegat aus, schloß aber deren Vater von Verwaltung und Nießbrauch des ganzen Erbes ausdrücklich aus; die Kinder des anderen Schwiegersohns, des großen Bankier Benecke, waren nicht besonders bedacht[3].

Auch die anderen größeren Seidenfabrikanten haben die Notzeit überstanden, ja, in keinem anderen Zweige haben sich die, vorwiegend französischen, Firmen des 18. Jhs. so dauerhaft erhalten. Um 1820 finden sich fast alle noch in nächster Nähe des Schlosses, der vornehmsten Gegend, vereinigt[4]. Sie trieben Handel mit eigenen und fremden Seidenwaren und ließen nicht

[1] *Rep. 151 h III 1. 21, vol. III*

[2] *Rep. 74 N XV 38. I*

[3] *Test. 1. 10. 1824, Stadtger. 3570*

[4] *Über Girard und Baudouin vgl. Bd. II, S. 87 u. 89*

im Hause, sondern im Verlag fabrizieren. Als besonders tüchtig wird damals die Firma George Gabain[1] gerühmt, unter der technischen Leitung und seit 1824 im Besitz des ausgezeichneten Carl Gropius, der u. a. den als „Gros de Berlin" weitbekannten Seidenstoff herausgebracht hat. Ein Werkführer dieses Hauses, der vorherige Seidenwirker Joh. Adolf Heese aus Berlin (1783—1862), machte sich 1822 mit einem Kaufmann Hermann am Petriplatz selbständig und gründete 1827 ein alleiniges Geschäft in Raules Hof, Alte Leipziger Str. 1. Dieses ganze Grundstück konnte er 1847 für 91 000 Tl. erwerben und kaufte 1855 die Gabainsche, später auch die ehemals Girardsche Handlung auf. Er dürfte sonach der führende Mann in der Seidenbranche geworden sein. Heese hat auch die Seidengewinnung neu aufgenommen, seit 1840 in Steglitz, das er zum Mittelpunkt des deutschen Seidenbaus machte; er siedelte 1847 ganz dahin über, die Berliner Warenhandlung mehr den Söhnen überlassend, und starb da 1862[2].

Heese ist nicht zu verwechseln mit Hermann Heesen, einem Niederländer, der nach den Freiheitskriegen eine Fabrik feiner Tuche und Kaschmire hier anlegte und in den Räumen der vormaligen Sieburgschen Fabrik am Pariser Platz betrieb[3].

Moses Hirsch oder, wie er seit 1812 umbenannt war, Carl Moritz Hellborn, der bei den Anleihen als ganz besonders vermögender Fabrikant erscheint, gehörte zu den jüdischen Verlegern, die nach 1770 die Baumwollfabrikation auf neuer kaufmännischer Grundlage hochgebracht haben. Er erwarb 1804 das Haus Königstr. 10 für 30 000 Tl., war 1808 Rückbürge für 10 000 Tl., lieh in demselben Jahr 33 000 Tl. für die Kurmark durch A. Gans und war auch bei den Darlehen für die Neumark beteiligt. Im August 1813 wurde er, nachdem er bei den 3 vorhergehenden Anleihen vor allen Fabrikanten herangezogen worden war, auf 12 000 Tl. veranlagt, was er als unverhältnismäßig bezeichnete. Er zahlte nach der kaufmännischen Taxe 6000 Tl., die er nach seiner Angabe aufnehmen mußte und nur

[1] *1763—1826. Bär 1886*

[2] *Vermischte Schriften d. Ver. f. d. Gesch. Berlins, Namhafte Berliner, Tafel 9; Bär, 1882, 1886, 1887*

[3] *Bd. II, S. 279*

durch wohlfeilen Warenverkauf abtragen konnte. Als er noch 3600 Tl. nachzahlen sollte, erklärte er das mit Hinweis auf seine Außenstände in Polen, Schlesien und der Mark und die geleisteten Darlehen für unmöglich, da er dann seine Kattunfabrik, die Hunderte von Menschen ernähre, nicht fortsetzen könne[1]. Er bot als äußerstes an, einen Wechsel von 1000 Tl. auf 4 Wochen zu akzeptieren, womit man sich anscheinend begnügte. Hellborn beteiligte sich freiwillig an dem Tresorschein-Geschäft von 1817 mit 20 000 Tl. Er starb 1826 sehr wohlhabend, als Besitzer vieler Hypotheken[2]. Sein einziger Sohn Philipp, der seit 1810 Teilhaber des Vaters war, hat die Fabrikation offenbar aufgegeben und wird immer als Bankier bezeichnet. Er genoß namentlich in den jüdischen Kreisen unbedingtes Vertrauen, was durch die häufige Bestellung als Kurator und Vormund bekundet und mehrfach besonders versichert wurde, war auch in der jüdischen Wohlfahrtspflege hervorragend tätig. Mit den jüdischen Bankiers Moritz Borchardt, Anton M. Ewald und Gebr. Heymann war er verschwägert. Er starb 1853 und hinterließ nur eine minderjährige Tochter.

Unter den Baumwollfabrikanten wird Liebermann Schlesinger von Kunth 1810 als einer der bedeutendsten, wenn nicht der bedeutendste bezeichnet. Zu den Anleihen seit 1812 war er jedoch sehr niedrig, weit hinter vielen anderen, veranlagt. An Bildung und Ansehen übertraf er allerdings die anderen und war daher als einziger Fabrikant neben lauter Bankiers in dem Siebener-Comitee 1812—15. Er wurde 1810 vom Innenminister nebst den Bankiers J. H. Beer, Bergius u. Brüstlein um Vorschläge für eine neue Organisation der Berliner Kaufmannschaft ersucht und reichte (18. Aug.) einen Entwurf ein, der ihn als Mann von feiner Bildung und philosophischem Geist erkennen läßt und der für die späteren Statuten wesentlich maßgebend wurde. Er nahm auch an den im Herbst 1817 aufgenommenen Verhandlungen über die Neuorganisation neben den Bankiers Benecke, Mendelssohn und Wagener teil, erscheint aber später nicht unter den Ältesten;

[1] *Rep. 151 h III 1, nr. 21, vol. VI*

[2] *Test. v. 1824. Stadtger. 3525*

vielleicht war er tot oder zu alt. Schlesinger gehörte auch zu den Kuratoren des L. M. Wulffschen Nachlasses seit 1812.

Während die Baumwollverfertigung, namentlich die Spinnerei, sich nach den Freiheitskriegen gegen den überlegenen englischen Wettbewerb kaum behaupten konnte, ist die Druckerei von Kattunen und sonstigen Geweben zu einem der bedeutendsten Berliner Gewerbezweige entwickelt worden, so daß Berliner Kattune mit der Zeit bis nach China Ansehen gewannen. Bahnbrecher war hierfür J. F. Dannenberger, ursprünglich ein angestellter Drucker und Farbenbereiter, der 1812 eine eigene kleine Zeugdruckerei, Köpenicker Str. 3, eröffnete und durch vorzügliche Arbeit rasch in Aufnahme kam. Unter Hermbstädts Anleitung erfand er ein eigenes, vereinfachtes Verfahren für den Türkischrotdruck (1814) und eine verbesserte Walzendruckmaschine (1816); in beidem war man bis dahin vom Ausland abhängig. Er legte nun, finanziert von den Kattunhändlern J. S. Nauen und D. Wallach, die erste maschinelle Druckerei Berlins an; zum Antrieb dienten zunächst nur 2 Roßmühlen, seit 1819 eine englische Dampfmaschine. Der Maschinendruck setzte sich seitdem siegreich gegen die Handdruckerei durch; in den 40er Jahren war die Berliner Kattundruckerei schon verhältnismäßig weitgehend mechanisiert. An der Spitze stand neben der Fabrik Dannenberger, die seit 1838 in jüdischen Händen (Löwe, Nauen, Wallach, Eschwe) war, die zu noch größerem Umfang emporgebrachte von Ruben Goldschmidt und dessen beiden Söhnen, Köpenicker Str. 24.

In diesem Betriebszweig, der seit etwa 1840 einen fabelhaften Aufschwung nahm, traten die von den Brüdern Joachim und namentlich Joseph Liebermann in der Spandauer Straße begründeten Händlerfirmen führend hervor. Joseph Liebermann (um 1783—1860), der sich rühmte, den englischen Wettbewerb durch die Gründung der maschinellen Kattundruckerei nach englischem Vorbild geschlagen zu haben, soll seinen 9 Kindern je 100 000 bis 150 000 Tl. hinterlassen haben. Seine Söhne setzten erfolgreich fort und gingen zur Fabrikation, einschließlich Maschinenbau, über; der älteste und bedeutendste, Benjamin, betrieb um 1870 die Dannenbergersche Fabrik, und die Goldschmidtsche wurde wenig später durch die Liebermanns zum Erliegen gebracht. Ein Enkel Josephs war der Maler Max Liebermann.

Unter den aus dem Handwerkerstande hervorgegangenen Zeugfabrikanten hat sich Joh. Heinrich Weydinger schon im ausgehenden 18. Jahrhundert besonders tüchtig emporgearbeitet. Sein Stamm erlosch bereits mit seinen Söhnen, von denen der ältere und überlebende, Joh. Heinrich (1774—1837), das Andenken seiner Familie erhalten hat durch die hochherzige Stiftung von 100 000 Tl., die er zur Versorgung bedürftiger alter Leute aus dem Weberstande der Stadt vermachte. Er hinterließ außerdem mehrere Häuser an 2 Nichten und eine Menge von Legaten an viele Verwandte. Sein Wohnhaus, Unterwasserstraße 5, das er im Innern von Schinkel künstlerisch hatte ausstatten lassen, gehörte zu den Schmuckstücken Alt-Berliner Wohnkunst, hat aber neuerdings dem Neubau der Reichsbank weichen müssen; Teile der Innenausstattung sind an anderen Stellen bewahrt.

In der Wollfabrikation machte sich der erfindungsreiche Schwendy, nachmals Kommerzienrat, durch viele Neuschöpfungen verdient. Durch geschickte Aneignung der niederländischen Fortschritte kam seit den Freiheitskriegen die Tuchfabrik von Georg Busse in Luckenwalde empor. Sie siedelte um 1820 mit ihrer kaufmännischen Leitung samt den Verfeinerungsbetrieben nach Berlin über und wurde hier lange Zeit von dem im Berliner Wirtschaftsleben sehr maßgebenden Heinr. Conrad Carl geleitet, der 1846—58 Vorsteher der Kaufmannschaft war und Geheimer Kommerzienrat wurde. Er hat dem mechanischen Webstuhl Bahn gebrochen (um 1840).

Mit der Bekleidungsindustrie standen in engem Zusammenhang die Anfänge des nachmals in Berlin zur größten Bedeutung gelangten Maschinen- und Werkzeugbaus, denn er ist hauptsächlich für den Bedarf jener in das Leben gerufen worden, ja teilweise war beides in einer Hand vereinigt. So verband schon der erste, der Spinnmaschinen nach englischer Art selbst baute, Wilhelm Tappert[1], damit die Spinnerei, vermutlich weil er vom Verkauf seiner Maschinen nicht leben

[1] *Vgl. Rachel, Berliner Wirtschaftsleben im Zeitalter des Frühkapitalismus (1931), S. 150 f, 191*

konnte. Er hatte schon 1791 mit staatlicher Unterstützung begonnen; 1810 erwarb er die ehemalige Artilleriekaserne vor dem Stralauer Tor, Holzmarktstr. 9, und betrieb da Maschinenbau, Spinnerei und sogar Tuchfabrikation zusammen; später konnte er eine englische Dampfmaschine von 16 Pferdekräften, die der ältesten in der kgl. Porzellanmanufaktur schon gewaltig überlegen war, für 9600 Tl. anschaffen.

Viel großartiger war jedoch das Unternehmen, das die Gebrüder Charles-James und John Cockerill aus Verviers im Frühjahr 1815 auf Anregung von Beuth begründeten. Die Regierung gab das ehemalige Kunheimsche Kasernengebäude, Neue Friedrichstr. 26—28, Ausbau und Einrichtung geschah auf eigene Kosten. Da wurde nun die Wollspinnerei mit den neuesten Maschinen und überhaupt die Wollfabrikation in allen Zweigen betrieben. Die größte und vollkommenste Dampfmaschine, die es damals in Preußen gab, mit 26—30 Pferdestärken, an 26 000 Tl. kostend, trieb sämtliche Arbeitsmaschinen und gab zugleich die Heizung, indem der Dampf durch Röhren geleitet wurde. Etwas unerhört Neues war auch die Beleuchtung aller Räume mit selbsterzeugtem Kohlengas. Die Seele des Unternehmens war der jüngere Cockerill, John (1790—1840), eine geniale Persönlichkeit von erstaunlicher Kühnheit und weltumspannender Tätigkeit, seit 1825 der alleinige Leiter[1]. In Berlin war er nur vorübergehend, der Sitz des Geschäfts, das sich bis nach Rußland und Indien erstreckte und bis 60 Etablissements umfaßte, war in Lüttich, in dessen Nähe die ganz großartigen Werke von Seraing angelegt wurden (seit 1817). Die Berliner Fabrik brannte 1831 ab, und der Betrieb, wenigstens der einige Jahre vorher eingerichteten Kammgarn-(Fein-) Spinnerei, wurde nach Cottbus verlegt. Der älteste der Brüder, William, hatte, getrennt von den andern, seit 1816 eine große Spinnerei in Guben errichtet und damit die industrielle Entwicklung dieser Stadt angebahnt.

Äußerst vielseitig war Joh. Kaspar Hummel (1776—1850), ein Schlosser aus Kassel, der 1799 mit staatlicher Hilfe eine Werkstatt, Johannisstr. 2, errichtete, um Bohrmaschinen für Gewehrläufe und Geschütze und andere nützliche Apparate zu

[1] *H. Lotz, John Cockerill in s. Bedeutg. als Ingenieur u. Industrieller (Beiträge z. Gesch. d. Technik u. Industrie, 10, 1920)*

verfertigen. Als der wirtschaftliche Niedergang nicht mehr genug zu tun gab, verlegte er sich 1812 auf die Herstellung von Metallknöpfen für Herrenanzüge mit Maschinen eigener Erfindung. Seinem regen Erfindergeist gelangen ferner: neuartige Tuchschermaschinen (seit 1820), eine Lederspaltmaschine, Graviermaschinen für Kupferwalzen der Kattundruckerei (1826), Kalander für die Leinweberei (1828), die erste inländische Einfarben-Walzen-Druckmaschine für Textilien (1830) und die Dreifarbendruck-Perrotine (1837), die Kupferdruckpresse für die Hauptverwaltung der Staatsschulden (1836) u. a. Druckpressen (1838), eine Schnellpresse (1847). Von ihm wurde auch die 1814 zurückgebrachte Viktoriagruppe des Brandenburger Tors wieder instandgesetzt und aufgestellt sowie die Eisenkonstruktion und die Wasserversorgung für das neue Schinkelsche Schauspielhaus angelegt. Die Fabrik bestand bis kurz vor dem Weltkriege.

Den Bau von Damptmaschinen begann hier der junge Niedersachse Georg Christian Freund (1793—1819). Nachdem er in Kopenhagen gelernt hatte und dann in der Berliner kgl. Münze als Mechaniker tätig gewesen, konnte er mit Hilfe des Geh. Rats Pistor eine Spezialfabrik in der Mauerstraße 1815—16 gründen. Er baute die erste gut arbeitende deutsche Maschine für die seit 1805 und jetzt noch bestehende Tressen- und Plattierwarenfabrik von Hensel u. Schumann in der Niederwallstraße[1]; sie war noch bis 1902 im Gebrauch und befindet sich jetzt im Deutschen Museum. Freund richtete jene Fabrik, die sich übrigens 1813 in trauriger Lage befand, mit Apparaten englischer Art neu ein und legte auch für diese Gasbeleuchtung an. Seine gegen die englischen verbesserten Dampfmaschinen wurden 1818 für Preußen patentiert. Der hochbegabte Mann wurde leider seinem Werk allzu früh entrissen, dieses aber durch seinen jüngeren Bruder Julius Conrad mit gutem Erfolg fortgesetzt. Es wurde 1871 in eine Aktiengesellschaft „Charlottenburger Masch.-Fbrk. u. Eisengießerei“ umgewandelt.

Der Münsterländer F. A. Egells gründete 1821 in der Lindenstraße eine Maschinenbau-Werkstatt, nachdem er in seiner Heimat mit einem gleichen Versuch nicht den rechten

[1] *Berl. Wirtschaftsleben S. 141*

Boden gefunden hatte. Er baute Dampf- und Textilmaschinen, später auch Mühlenwerke. Das Werk gewann Bedeutung, als Egells zusammen mit einem gewissen C. Woderb — einem unehelichen Bredow mit umgedrehtem Namen — 1828 eine Eisengießerei vor dem Oranienburger Tor (Chausseestr. 3/4) anlegen und seinen bisherigen Betrieb damit verbinden konnte. Bis dahin bestand nur die 1804 angelegte und nach dem Befreiungskrieg erweiterte kgl. Eisengießerei an der Panke (Invalidenstraße), längere Zeit die größte Metallfabrik Berlins überhaupt, in der auch Egells als Schlosser gearbeitet hatte. Seine Neue Berliner Eisengießerei war also die erste private; es folgten die von Freund (1838), Wöhlert (1842), Hoppe (1844) u. a. Die sehr angesehene Fabrik von Egells, aus der auch tüchtige Unternehmer: Spatzier (Holzmarktstr.), Borsig, Wöhlert, Hoppe, hervorgingen, bestand bis in die Gründerzeit. Damals, Jan. 1874, endete auch das Dasein der kgl. Eisengießerei.

Eine wahrhaft geniale Persönlichkeit erscheint in August Borsig, einem der größten Unternehmergenies, die Deutschland hervorgebracht hat[1]. Sohn eines Breslauer Bauhandwerkers kam er 1823 als 19jähriger Zimmergeselle nach Berlin, um sich an dem 2 Jahre zuvor von Beuth gegründeten kgl. Gewerbe-Institut fortzubilden, wendete sich dem Maschinenbau zu, lernte praktisch bei Egells und wurde da 1827 als „Faktor" angestellt. Im Februar 1837 schied er aus, um sich selbständig zu machen, nachdem er schon im Herbst des Vorjahrs Grundstücke neben der Egellsschen Fabrik erworben und den Bau eines massiven Hüttengebäudes begonnen hatte, dem ein Kontorgebäude folgte. Als Mittel standen zur Verfügung: 5300 Tl. an ersparten Gehältern und Tantiemen, eine Abgangsprovision von 3204 Tl., die er schon 1828 ausbedungen hatte, und zwei hypothekarische Freundschaftsdarlehen von 9000 und 40 000 Tl., die mit 1885 Tl. jährlich zu verzinsen waren. Da schließlich für eine Grundstückserweiterung im Jan. 1838 noch 10 000 Tl. Restkaufgeld stehen blieben, so begann Borsig mit 8500 Tl. eigener und 59 000 Tl. fremden Kapitals überschuldet. Für einen Kupolofen und eine Dampfmaschine fehlten noch die Mittel, und es mußten anfangs

[1] *Vgl. Herm. Schöler, Helden der Arbeit, 1925; K. Doogs, Die Berliner Maschinenindustrie usw., 1928; P. Benaerts, Borsig et les débuts des fabrications des locomotives en Allemagne, 1933*

2 große, von Menschenkraft bediente Blasebälge und ein Roßwerk mit 2 Gäulen aushelfen. Das Werk begann mit rund 50 Arbeitern und Lehrlingen, 17 Jahre später, beim Tode des Gründers, beschäftigte es 1850 Angestellte und Arbeiter. Es wurden zunächst kleinere Arbeiten aus Gußeisen hergestellt, zu Anfang 1838 aber schon die erste Dampfmaschine, und bald wurde mit dem Lokomotivenbau das Gebiet betreten, auf dem die Firma Weltruf gewinnen sollte. Borsig war nicht der erste Deutsche, der Lokomotiven baute; die ersten deutschen hatte sein älterer Nachbar, die kgl. Eisengießerei schon 1816—17 für industrielle Zwecke in Oberschlesien und an der Saar gefertigt, sie waren jedoch untauglich. Erst Borsig brachte es fertig, daß das auf diesem Felde mit weitem Vorsprung und fast monopolartig herrschende England nicht nur eingeholt, sondern auch geschlagen werden konnte. Im Sommer 1841 fuhr die erste Borsigsche und überhaupt deutsche Lokomotive auf der neuen Anhalter Bahn; bis dahin waren nur englische Fabrikate in Gebrauch. Borsig konnte in den beiden nächsten Jahren schon 18 Lokomotiven liefern und zeigte sich schon 1843 der englischen Konkurrenz überlegen. Mit diesem überraschend schnellen Siege hatte er die unbestrittene Führerstellung auf diesem Gebiet erreicht und wußte sie unablässig zu behaupten und zu befestigen. Im Jahr seines Todes wurde die 500. Lokomotive vollendet; es wurde von der ganzen Stadt als stolzer Sieg der Arbeit gefeiert. In demselben Jahre 1854 waren zwei weitere Siege zu verzeichnen: die englische Lokomotive war völlig vom deutschen Markt verdrängt, und es kamen die ersten Aufträge auf Borsigsche Lokomotiven aus dem Ausland, wo sie sich zunehmend gegen das englische Fabrikat durchzusetzen begannen. Die 1000. Lokomotive kam schon 1858, die 2000. 1867 heraus. Von den bis 1870 durch die preußischen Eisenbahnen bezogenen 3147 Lokomotiven hat Borsig 1885 geliefert.

Borsig beschränkte sich jedoch keineswegs auf den Lokomotivenbau. Er lieferte auch die Eisenarbeiten für den Bahnbau und sonstige Bauten, Dampfmaschinen der verschiedensten Art, namentlich Schiffsmaschinen; er baute schon 1838 die Löwenbrücke im Tiergarten und 1842 die Dampfkraft für die Wasserkünste von Sanssouci in dem noch erhaltenen merkwürdigen, eine Moschee darstellenden Maschinenhaus an der Havel. Gutes

Eisen mußte noch immer für teures Geld aus England bezogen werden. So war es zugleich eine vaterländische Tat, wenn Borsig sich kühn entschloß, bestes Qualitätseisen selbst herzustellen, um darin nicht weiter von England abhängig zu sein. Er legte 1847—49 ein Eisenhütten- und Walzwerk im damaligen Vorort Moabit an und erwarb dazu 1850 die nahegelegene Maschinenfabrik der Seehandlung mit 309 Arbeitern für 140 000 Tl. In dem weiten Gartengelände bei den Moabiter Fabriken ließ er als wahre Residenz eines königlichen Kaufmanns eine prächtige Villa im Stil der späten Schinkelzeit errichten; sie ist nicht lange vor dem Weltkrieg verschwunden.

Kurz vor seinem Tode begann der unermüdliche Mann mit dem weit ausschauenden Blick ein neues gewaltiges Werk. Um sich eine eigene Steinkohlen- und Eisengrundlage zu sichern, erpachtete er vom Grafen Ballestrem drei Grubenfelder nahe Biskupitz in Oberschlesien und begann mit den ersten Zechen- und Hüttenbauten des späteren riesigen Borsigwerks.

Die Leistung von August Borsig ist überwältigend, zumal da sie in einem Zeitraum von nur 17 Jahren geschaffen war. Denn ein plötzlicher Tod entriß den großen Mann allzu früh (7. Juli 1854) seinem gewaltigen Schaffen. Das Unternehmen, in dem schon 5 Mill. Tl. investiert waren, wurde von seinem Sohn Albert (1829—78) mit ererbter Tatkraft fortgeführt und erweitert. Als auch dieser vorzeitig, erst 49 Jahre alt, starb, trat unter zaghafter vormundschaftlicher Leitung ein längeres Stocken ein, bis die 3 Enkel des Gründers zu ihren Jahren kamen. Der älteste, Arnold, starb 30jährig, dagegen war es den anderen, Ernst und Conrad, vergönnt, das Unternehmen in seinem mächtigen Umfang und seiner unglaublichen Vielseitigkeit weiter zu entwickeln. Die Berliner Betriebe wurden durch sie 1898 in der imposanten Neuanlage in Tegel vereinigt.

Borsig war schon früh mit Gebr. Schickler in Geschäftsverkehr getreten: schon im Dez. 1838 entlieh er von ihnen 2000 Tl. auf 2 Monate zu 5%, 2 Jahre später wieder 3000 Tl. Seit 1839 ließ er viele Zahlungen nach England durch sie besorgen, nach 1845 wurden sie seltener und hörten mit 1858 auf; man brauchte England eben weniger und dann gar nicht mehr. Gegen die bescheidenen Darlehen der Anfangsjahre hebt es sich einigermaßen ab, wenn Gebr. Schickler im Nov. 1855 dem groß gewordenen Unternehmer einen Kredit über 100 000 Tl. auf ein Jahr zu 5% Zinsen und 1/8% Provision gegen hypothekarische Sicherheit eröffnen[1].

Um die gleiche Zeit wie Borsig und ganz in dessen Nähe, Chausseestr. 7—9, begann F. A. Pflug Eisenbahnmaterial herzustellen, aber nicht Lokomotiven, sondern vor allem Wagen. Er folgte Borsig darin, daß auch er seit Anfang der 50er Jahre gewaltige Ländereien in Moabit längs der Spree günstig ankaufte und dahin den Schwerpunkt seiner Fabrikation verlegte. Sein Unternehmen verwandelte er im Aug. 1856 in eine Aktiengesellschaft für Fabrikation von Eisenbahnbedarf, mit 1 1/2 Mill. Tl. Kapital; die Moabiter Grundstücke allein waren dabei mit 1 Mill. Tl. angesetzt und müssen Pflug schon riesigen Gewinn gebracht haben. Die Fabrik lieferte den größten Teil der Wagen für die in Berlin zusammenlaufenden Bahnlinien und beschäftigte im Jan. 1870 1950 Arbeiter, hörte aber vor 1880 auf zu bestehen; auf ihrem weiten Gelände entstanden seit 1886 eine Reihe von Wohnstraßen. Pflug hatte, auch darin Borsig folgend, sich eine schöne Villa mit prachtvollem Park, Alt-Moabit 117/118, erbaut (bis 1860); sie wurde nach 1870 Eigentum des Militärfiskus und Sitz des Generalkommandos des Gardekorps. Pflug starb 1886 als Kommerzienrat und Rittergutsbesitzer.

Es sind noch drei Unternehmer zu nennen, die nach Egells und Borsig und in deren Nachbarschaft vor der nördlichen Stadtgrenze Maschinenbau-Anstalten, verbunden mit Eisengießereien, anlegten. Joh. Friedr. Ludw. Wöhlert, ein Tischler aus Kiel (1797—1877) seit 1818 in Berlin, hatte bei Egells, dann bei Borsig gearbeitet, als er sich 1842 in der Chausseestr. 36/37 selbständig machte. Das Kapital schoß die Seehandlung dem durch frischen Wagemut ausgezeichneten Mann vor. Das Werk, in dem auch der Lokomotivenbau erfolgreich betrieben wurde, ist 1872 in eine Aktiengesellschaft umgewandelt worden, die aber schon 1879 den Betrieb einstellen mußte.

Carl Theodor Hoppe, Pastorensohn aus Naumburg (1812 bis 1898), arbeitete nach Studium am kgl. Gewerbe-Institut eine Zeitlang bei Egells und gründete 1844 eine Fabrik in der Gartenstraße 9. Sie beschäftigte 1848 schon 300 Arbeiter

[1] *Schicklersches Hausarchiv I B 100 u. II B 33*

und machte sich u. a. durch kühne Hebearbeiten bekannt, hat aber den Gründer nicht lange überlebt. Hoppe besaß einen gleichnamigen Berufsvorgänger in dem Mechaniker Hoppe, der schon seit Ende des 18. Jahrhunderts den Maschinen- und Werkzeugbau in der Linienstraße betrieb[1] und noch auf der ersten Gewerbe-Ausstellung, 1822, mit Textilmaschinen vertreten war.

Louis Schwartzkopff aus Magdeburg (1825—92) gründete, nachdem er auf dem kgl. Gewerbe-Institut studiert und u. a. 2 Jahre bei Borsig gearbeitet hatte, im Okt. 1852 eine weitere Maschinenfabrik und Gießerei in der Chausseestraße, wo nachgehends das große, noch bestehende Verwaltungsgebäude (Nr. 23) entstand. Seit 1866 wurde zum Bau von Lokomotiven übergegangen. Die Firma, seit 1871 Aktiengesellschaft, wurde ein Weltunternehmen; aus den zu Beginn des neuen Jahrhunderts weit hinaus verlegten Betrieben erwuchs eine neue Stadt der Arbeit, Wildau bei Königswusterhausen.

Aus dem großen Bereich der Metallfabrikation seien noch folgende Namen wichtiger Gründer angeführt:

Der Kupferschmied Carl Justus Heckmann aus Eschwege (1786—1878), baute seit 1819 Apparate für Brennereien und Zuckerraffinerien und gründete 1837 ein großes Kupfer- und Messing-Walzwerk vor dem Köpenicker Tor. Er konnte später Niederlassungen in Breslau, Hamburg und Moskau anlegen, besaß noch 2 Zuckerfabriken und 3 Güter. Das Heckmannsche Vermögen gehörte schon um 1860 zu den größten Berlins.

Der Schlosser August Hamann, der in England 5 Jahre lang den Maschinenbau erlernt hatte, gründete 1829 eine Fabrik für Drehbänke und Werkzeuge, die erste derartige in Preußen.

Der Schlossermeister S. J. Arnheim begann 1833 mit dem Bau von Panzerkästen und Geldschränken; auch sein Name ist zum Begriff geworden.

Der Klempner Julius Pintsch (1815—84) machte sich 1843 selbständig und lieferte seit 1851 Gasapparate, die bis dahin ausschließlich aus England eingeführt werden mußten. Auch daraus ist ein riesiges Unternehmen erwachsen, das u. a. auf

[1] *Berl. Wirtschaftsleben, S. 151, 191*

dem Gebiet der Eisenbahnbeleuchtung bahnbrechend wurde. Die Anlagen der Aktiengesellschaft befinden sich seit langem in Fürstenwalde.

Im feineren Metallgewerbe wurde Joh. Georg Hossauer bahnbrechend[1]. Er entstammte einer aus dem Vogtland im 18. Jh. zugewanderten Familie, hat in Berlin als Klempner gelernt, dann in Paris gearbeitet und sich neue Methoden angeeignet. Auf Veranlassung des Königs und mit dessen Unterstützung ließ er sich 1819 in Berlin nieder. Er führte die Fabrikation gold- und silberplattierter Waren ein, rief das Gewerbe der Metalldrücker hervor, verfertigte die ersten Neusilber-Arbeiten und gab der Goldschmiede- und Ziselierkunst manche neue Antriebe. Die Fabrik dieses Hofgoldschmieds, 1829 in der Leipziger Str. 66, beschäftigte 1844 im Hause 63 Personen und außer dem Hause noch 43 Meister.

Auf diesem Sondergebiet begann auch der zweite ganz Große unter den Unternehmern Berlins. Der 25jährige Artillerieleutnant Werner Siemens[2] in Magdeburg erwarb 1841 ein 5jähriges Patent für ein Verfahren der galvanischen Vergoldung und Versilberung. Er kam 1842 nach Berlin und schloß gegen Ende des Jahres mit einem Neusilber-Fabrikanten einen Vertrag über Anlage einer Anstalt zur Auswertung dieses Verfahrens, verkaufte jedoch dem Fabrikanten 1845 seinen Anteil für nur 500 Tl., da er Geld zur Unterstützung seiner Angehörigen benötigte. Jener Fabrikant kann nur Hossauer gewesen sein, der tatsächlich 1842 ein neues Galvanisierungsverfahren herausgebracht hat. Den Leutnant Siemens aber führte sein Genius auf eine neue Bahn: er erfand 1846 den vervollkommneten elektrischen Zeigertelegraphen und gewann im folgenden Jahr den Mechaniker Joh. Georg Halske aus Hamburg (1814 bis 1890), der nicht lange vorher eine kleine Werkstatt begründet hatte, für den Bau der Apparate. Beide eröffneten 12. Okt. 1847 eine Werkstatt mit 3 Drehbänken und 10 Arbeitern in der Schöneberger Straße. Gründungskapital war ein Darlehen von 6000 Tl., das ein Vetter Werners, Justizrat Georg Siemens, der Vater des gleichnamigen Gründers der Deutschen Bank, gegen 6jährige Gewinnbeteiligung geliehen hatte. Für

[1] *Ausführlicher Brecht in Berliner Vermischte Schriften I, 1*
[2] *H. Schöler, Helden der Arbeit (1925)*

die Werkstatt und die im gleichen Haus befindlichen Wohnungen von Siemens und Halske waren 300 Tl. Jahresmiete zu zahlen. Das war die bescheidene Keimzelle des weltumspannenden Siemens-Konzerns, der 1913 mit einem Kapital von 368 Mill. Mark und einer Gefolgschaft von 82 500 Menschen arbeitete. Das Geschäft ging von vornherein gut, getragen von dem rastlosen Erfindergeist Siemens, der im Juni 1849 den Militärdienst verließ, um ganz Unternehmer und Erfinder zu werden. Die gemeinsame „Telegraphenbau-Anstalt" wurde schon 1851 nach der Markgrafenstraße 94 in wesentlich größere Wohn- und Werkräume verlegt und dehnte sich bald sehr stattlich bis zur Charlottenstraße aus. Sie besaß schon 1870, bei nur 400 Arbeitern, Weltruf, ihre Apparate waren überall verbreitet, ihre Ingenieure und Mechaniker in allen Erdteilen tätig. Selbst die Regierung des einst scheinbar unerreichbar führenden Industrielandes England bestellte damals ihren ganzen Bedarf an Schreibtelegraphen bei Siemens in Berlin und der schon in London bestehenden Geschäftsstelle, und sie wurden mit einer Pünktlichkeit geliefert, wie keine andere Werkstatt der Welt auch nur annähernd es hätte leisten können. Der ganze imposante Werdegang dieses gewaltigsten Berliner Unternehmens kann hier nicht geschildert werden; es sei nur bemerkt, daß die Führung, wie bei Borsig, stets in den Händen der Familie Siemens geblieben ist, und daß die Brüder und Nachkommen des großen Erfinders, seine Mitarbeiter und Fortsetzer, als Ingenieure und Geschäftsleute Hervorragendes geleistet haben. Halske ist 1867 ausgeschieden. Werner Siemens gehörte seit 1861 dem Ältesten-Kollegium der Berliner Kaufmannschaft an.

Es sei hier auch die 1829 gegründete Gummiwarenfabrik Fonrobert u. Pruckner erwähnt, mit der sich Siemens 1850 zur Herstellung von Bleikabeln nach dem von ihm erfundenen Verfahren verband.

In den großenteils aus dem Handwerkerstande hervorgegangenen Gründern der so mächtig emporgediehenen Berliner Metallindustrie offenbart sich eine eindrucksvolle Fülle von Begabung, Mut, Tatkraft und unermüdlicher Einsatzbereitschaft. Nur überlegenes Können, eiserner Fleiß und selbstloses Dienen am Werk hat sie so Großes erreichen lassen. Jüdischer Händlergeist, der sonst in Berlin so stark hervortrat, so namentlich im

Bankwesen, in der Baumwollbranche und der hier als besondere Eigenart entwickelten, arg ausbeuterischen Konfektion, hatte dort keinen Platz. So ist denn in der Metallindustrie Jahrzehnte hindurch kein Jude zu finden. Sie tauchen bezeichnenderweise erst auf mit der Einführung der amerikanischen Nähmaschine, also in engem Zusammenhang mit der verjudeten Bekleidungsindustrie. 1855—56 wurden hier die ersten Nähmaschinenfabriken von Beermann und von Gutmann gegründet. Viel später erst kamen die bekanntesten jüdischen Industriellen, Ludwig Löwe und Emil Rathenau, auf, nicht mit Erzeugnissen eigenen Geistes, sondern wieder solcher amerikanischer Herkunft: Werkzeugmaschinen bzw. Glühlampen.

Die Tonwaren-Industrie weist zwei hervorragende Vertreter auf. Tobias Christian Feilner aus Weiden/Opf. (1773—1839), seit 1793 in Berlin, wirkte in seiner Fabrik am Rande der Luisenstadt, in der Hasenhegergasse, dann Feilnerstraße genannt, bahnbrechend für die technische und künstlerische Ausgestaltung der Keramik und wurde im besonderen der Schöpfer des geschmackvollen, weißen Berliner Kachelofens, der durch ihn weiten Ruf gewann. Feilner gehörte zu den volkstümlichen Gestalten des alten Berlin und stand in regem Verkehr mit den großen Künstlern seiner Zeit; sein noch bestehendes Haus schuf ihm sein Freund Schinkel (1829—30). Feilner hatte keinen männlichen Nachkommen und ebenbürtigen Nachfolger; sein Werk lebte fort in seinem und Schadows Schüler Ernst March (1798—1847) der im Jan. 1836 eine eigene keramische Fabrik in Charlottenburg am Landwehrkanal gründete und zu hohem Ansehen, auch in künstlerischer Hinsicht brachte. Das Unternehmen, seit 1865 „Ernst March Söhne", wurde von seinen Nachfahren weiter betrieben, auch nachdem es mit anderen zu einer Aktiengesellschaft verbunden ward. Auch die Schöpfer des Deutschen Stadions und des Reichssportfeldes sind unmittelbare Nachkommen von Ernst March.

Die mächtige Entwicklung der chemischen Industrie Berlins gehört einer späteren Zeit an, wenn auch ihre Anfänge weiter zurückreichen[1] und die nachmals weltbedeutenden Unternehmen

[1] *Vgl. Rachel, Berl. Wirtschaftsleben, S. 212*

in der hier behandelten Zeit entstanden sind. Aber die von Riedel, seit 1814, und Schering, seit 1851, waren noch Nebenbetriebe von Apotheken, und das von Kahlbaum hat sich erst um die Mitte des Jahrhunderts aus der Brennerei und Spritherstellung entwickelt.

Anderer, kapitalistischer Art war nur die von dem Bankier S. B. Berend in Verbindung mit dem vormaligen Heereslieferanten, dann Materialwarenhändler S. Heinrich (ursprünglich Samuel Hirsch) Kunheim in dessen Hause am Molkenmarkt 1826 gegründete chemische Fabrik[1]. Der größere Zuschnitt geht schon daraus hervor, daß die wissenschaftlich-technische Leitung dieses von Kaufleuten geführten Unternehmens dem Professor Hermbstädt oblag. Seit 1829 bereits ging es für alleinige Rechnung von Kunheim und wurde bald nach der Lindenstraße und dem Kreuzberg hinausverlegt. Wissenschaftlicher Teilhaber wurde dann Dr. Wagenmann; der Sohn und die weiteren Nachfolger waren studierte Chemiker. Das Kapital betrug 1837 40 000, der Erlös 66 700, der Reingewinn 13 500 Tl. Dr. Louis Kunheim, der die Firma, seit 1838 „Kunheim u. Co.", 1847—78 führte, gab 1. April 1848, als er wie viele andere Fabrikanten um einen Staatsvorschuß nachsuchte, an, er arbeite mit einem eigenen Fonds von 90 000 Tl. und beschäftige trotz notwendiger Entlassungen noch 90 Arbeiter[2]. Er kaufte 1851 das seit zwei Jahren stillgelegte staatliche Alaunwerk Freienwalde für rund 20 000 Tl. und steckte noch 14 000 für neue Einrichtung hinein, mußte aber auch nach einigen Jahren den Gruben-, dann den Hüttenbetrieb einstellen und legte dafür Ziegeleien an. Er gründete 1870 das bedeutende Werk Grube Ilse in der Niederlausitz und begann mit der neuen, großen Fabrikanlage in Niederschöneweide. Die Firma, die sich besonders lange, durch 4 Generationen, vom Vater auf den Sohn vererbt hat, ist seit 1922 Aktiengesellschaft und nach mehrfachen Angliederungen 1928 in die „Kali-Chemie-A. G." verwandelt worden.

Noch dauerhafter war auf demselben Gebiet der Familienbetrieb in dem von Joh. Gottfried Braumüller 1784 als chemische Fabrik angelegten Geschäft[3], das als „Großhandlung für Drogen

[1] *„100 Jahre Kunheim". Firmen-Denkschrift von L. Spiegel, Dez. 1925*
[2] *Rep. 120 A VIII 1, nr. 31*
[3] *Rachel, Wirtschaftsl., S. 212*

und Chemikalien J. G. Braumüller u. Sohn" in dem 1787 vom König geschenkten Hause, Zimmerstr. 35, bis 1924 bestand.

Ein bemerkenswerter Unternehmer war ferner Leberecht Pistorius aus dem Magdeburgischen (1777—1858), Kaufmann in Berlin. Durch seinen neuen Brennapparat (1817) und die Verwendung des Wasserdampfes hat er die mächtige Entwicklung der Kartoffelbrennerei angebahnt, durch die der preußische Sprit den Weltmarkt eroberte und Berlin der Hauptsitz des Sprithandels wurde. Das 1821 erworbene Rittergut Weißensee machte er zu einem Mustergut. Die Mineralwasser-Fabrikation auf chemischem Wege wurde durch Fr. A. Struve (1781—1840) begründet, der 1823 mit dem Apotheker C. H. Soltmann die bekannte Fabrik und Trinkwasser-Anstalt, Husarenstr. 19, errichtete. Soltmann brachte übrigens 1842 den Wheatstoneschen Typendruck-Telegraphen nach Berlin, durch den Siemens die entscheidende Anregung erhielt.

Der Färber J. J. W. Spindler (1810—73) führte im März 1854 als erster in Deutschland die chemische Reinigung nach Pariser Vorbild ein und hatte damit riesigen Erfolg, so daß sich sein Unternehmen ungewöhnlich schnell zu erstaunlichem Umfang entwickelte.

Die Fabrikation lackierter Waren hatte ihre hervorragendsten Vertreter in der aus Braunschweig stammenden Familie Stobwasser, die sie seit 1797 hier in ununterbrochener Geschlechterfolge betrieb.

Es sei schließlich noch eines Tabakfabrikanten gedacht. Joh. Heinrich Neumann, seit 1804 Besitzer des prächtigen Hauses Breitestr. 11, dessen Fassade er mit Reliefs schmücken ließ, war verbunden mit der berühmten Magdeburger Firma von Gottlieb Nathusius und seit 1806 berechtigt, unter deren Namen zu fabrizieren. Bei der Zwangsanleihe von März 1812 mit 10 000 Tl. veranlagt, wies er unter Ausfällen gegen die willkürliche Einschätzung nach, daß er keine Barzahlung leisten könne, und stellte endlich Wechsel über 3000 Tl. aus. Doch konnte er 1818 die Güter Blankenfelde und Rosenthal erwerben und wurde später geadelt. Vordem, 1824, hat er seine Fabrik samt dem Hause für 40 000 Tl. an Wilhelm Ermeler (1784—1866) verkauft, der seit 1808 konzessionierter Fabrikant am Mühlendamm war. Dessen Name blieb nun mit dem Hause verbunden, und sein Tabak wurde so volkstümlich wie vorher der von Richter u. Nathusius.

Private Kapitalisten

Reiche Privatleute, die über erworbenes oder ererbtes Kapital so ausgiebig verfügten, daß sie ein vornehmes Dasein ohne Berufstätigkeit führen konnten, waren in diesem kargen Lande nicht häufig, und auch von auswärts zogen solche nur selten, durch Titel und Würden angelockt, zu. Im vorigen Bande begegneten deren zwei: der aus Frankreich herbeigezogene erste Baron Vernezobre und die Demoiselle Ficker, mit erheblich kleinerem, aber hier erwachsenem Vermögen[1]. Die Nachkommen des ersteren lebten in der hier behandelten Zeit, doch war das Vermögen wie auch der Zusammenhang mit Berlin verloren, während jene alte Dame hier in gutem Wohlstand lebte und erst 1834 hier starb. Es waren aber noch mehrere aus dem 18. Jahrhundert stammende Vermögen hier vertreten.

Aus ähnlichen Gründen wie Vernezobre hatte sich im Anfang der Regierung Friedrichs II. Stephan Lorenz Neale (1688 bis 1762), ein sehr reicher Amsterdamer Kaufmann, der riesige Besitzungen in Surinam hatte, hier niedergelassen und ein Palais in der Münzstraße erworben. Er wurde kgl. Kammerherr und in den Grafenstand erhoben (1750) und wird vom Grafen Lehndorff als äußerst abstoßend geschildert[2]. Sein Sohn Ferdinand bekleidete gleichfalls Hofämter beim König, dann, samt seiner Gattin, geb. Baronin Keller, beim Prinzen Ferdinand, in dessen Palais sich auch seine Gemäldesammlung befand. Er bezog neben seinem Gehalt von 1000 Tl., jährlich 30 000 bis 40 000 fl. ausländische Einkünfte und stand mit der Seehandlung in ständigen Geschäften, die 30 000 bis 50 000 Tl. im Jahr ausmachten. Nach seinen Angaben von 1811[3] aber war sein Reichtum dahin, da er gegen 1/2 Million Tl. in Paris und England verloren habe und aus seinen westindischen Besitzungen keine

[1] *S. 92 ff bzw. 232 f*
[2] *Tagebücher, S. 66*
[3] *Rep. 74 N XXIX 13*

Überschüsse mehr erhielt; er bat, ihm auf Seehandlungs-Obligationen in Höhe von 15 000 Tl. einen Abschlag zu zahlen, mußte sich aber mit Erstattung der rückständigen Zinsen begnügen. Der Graf starb erst 1841, offenbar uralt und vergessen, in Wilhelmstr. 78 und hinterließ nur 2 Töchter, deren eine unverheiratet, die zweite verwitwet war[1].

Ein alles überragender, wahrhaft fürstlicher Reichtum befand sich dagegen in der Hand der verwitweten Fürstin Christiane Charlotte Sophie von der Osten-Sacken, geb. Freiin v. Dieskau aus Thüringen. Sie hatte 1754, mit 20 Jahren, den jedenfalls sehr viel älteren kursächsischen Geh.-Rat Grafen Gebhard v. Hoym geheiratet und bei dessen Tod, 1769, seine reichen Güter in Sachsen und Oberschlesien geerbt. Dann heiratete sie (1771) ihren Schwager, den in Kurland sehr reich begüterten Reichsgrafen Karl von der Osten genannt Sacken, der preußischer Oberkammerherr und Staatsminister und von Friedr. Wilh. II. 1786 in den Fürstenstand erhoben wurde. Er starb zu Ende des Jahres 1794, seine Witwe lebte in ihrem Palais, Wilhelmstr. 73, jetzt Reichskanzlei, noch bis 6. Juli 1811. Sie besaß außer den kurländischen Gütern, deren Wert schon daraus erhellt, daß daraus nur zur Abfindung von Seitenerben fast 180 000 Tl. ausgezahlt wurden, 4 Herrschaften in Oberschlesien mit 26 Dörfern, 4 Kolonien, 28 Vorwerken, großen Forsten und Hüttenwerken, und 5 Rittergüter in Kursachsen sowie sehr hohe Hypothekenansprüche. Sie hatte nur eine Tochter, aus erster Ehe, die mit dem Fürsten Friedrich Ludwig zu Hohenlohe-Ingelfingen, dem bekannten preußischen General, verheiratet war, diesen aber nach 17jähriger Ehe und nachdem sie ihm 6 Kinder geboren, verlassen hatte (1799). Für diese Tochter hatte die Mutter schon sehr viel bezahlt, sie war aber noch so verschuldet, daß sie enterbt werden und sich mit etwa 11 000 Tl. Jahresrente bescheiden mußte. Haupterbe wurde der zweite Enkel, Prinz Adolf, demnächst der älteste, Fürst August; für die 4 anderen Enkelkinder fielen immerhin je 156 000 Tl. ab. Die kurländischen Besitzungen fielen an den Osten-Sackenschen Mannesstamm. Die alte Fürstin war hervorragend umsichtig in der Verwaltung ihrer ungeheueren und weitschich-

[1] *Test. v. 16. 12. 1802, publ. 9. 6. 1841. Ka.-Ger. N II 34*

tigen Besitzungen und in ihren Verfügungen über ihr kaum übersehbares Vermögen. Sie wird auch als tugendhaft, fromm, wohltätig und als menschlich gegen ihre zahlreichen Untertanen gerühmt; für ihr großes Dienstpersonal vom Haushofmeister bis zum Läufer hat sie nicht unerhebliche Beträge und Pensionen festgesetzt, für die Armen nur mäßige Schenkungen[1].

Für den Staat in seiner Not hatte sie anscheinend nichts übrig, wenigstens wird sie als Darlehnsgeberin nie genannt. Als ihr Nachlaß aber von den Zwangsanleihen erfaßt werden sollte, setzte sich der verwaltende Vormund, der Geh.-Rat Ferdinand Ernst Cosmar — Obervormund war der Justizminister — so entschieden zur Wehr, als wenn es gälte, einem Notleidenden zu helfen. Im März 1812 wurde der Nachlaß an der Spitze der Privatvermögen mit 30 000 Tl. veranlagt, doch wurden dank Cosmar nur 2000 gezahlt, während viele wenig Bemittelte harten Maßnahmen ausgesetzt wurden. Im August 1813 sollten 10 000 Tl. beigesteuert werden; als dies nicht geschah, wurde am 10. Aug. Versiegelung und Beschlagnahme angeordnet und 11. den Gebr. Schickler befohlen, aus den bei ihnen deponierten Bargeldern und 36 800 Tl. Pfandbriefen des Nachlasses etwa 10 000 Tl. dem Seehandlungsbuchhalter Ebert auszuliefern. Doch erschien mit diesem am 12. Mittags der Geh.-Rat Cosmar auf dem Schicklerschen Kontor, erhob feierlichen Einspruch gegen jede Herausgabe und wollte nur der Gewalt weichen; wenn aber gegen ihn persönlich Maßregeln ergriffen würden, wollte er die dazu ermächtigende kgl. Cab.-Ordre sehen. Erst als Ebert am Nachmittag mit 2 Gendarmen auf dem Schicklerschen Kontor erschien, wurden ihm die deponierten 1100 Tl. Cour. und 14 100 Tl. Pfandbriefe ausgeliefert und letztere für 5900 Tl. verkauft. Mit diesen 7000 Tl. begnügte man sich. Der energische Cosmar wurde aber nun persönlich mit 1000 Tl. angesetzt, was er 19. Aug. als ganz unverhältnismäßig bezeichnete, wenn die Sackenschen Erben 10 000, Graf Redern 2000 zahlen sollten. „Wie viele 1000 müßten dann Fürst Hatzfeld, Geh.-Rat v. Itzenplitz, Minister v. Voß, Feldmarschall v. Möllendorf, die Arnim-Boitzenburg-, v. Thulemeyer-, v. Faudelsche Curatel und verschiedene Geh. Staatsräte usw. geben!" rief er

[1] *Testamente von 1806—1811, Ka.-Ger. S II 279; B. Hoeft, Berühmte Männer u. Frauen Berlins u. ihre Grabstätten (1919), S. 47—51*

ebenso entrüstet wie anzüglich und erbot sich zu 200 Tl.[1] Die genannten reichen Privatpersonen und -vermögen blieben demungeachtet verschont, der Hofmarschall Graf Redern gab nur 500, der reiche, doch auch nur mit 2000 Tl. veranlagte Hofmarschall Graf Reuß nichts. Dagegen ergingen 12. Aug. noch Aufforderungen an 42 Private und Beamte, Beiträge zu leisten, die aber nur 44 000 Tl. zusammen ausmachten.

Die Franzosen hatten im April 1808, nachdem die Berliner Kaufleute schon ausgiebig herangezogen worden waren, 6 sonstige Privatleute für besondere Leistungen in Aussicht genommen, die demnach als die reichsten dieser Art galten[2]. Außer den schon genannten, Fürstin Sacken und Graf Reuß, waren es: Baronin Labes, der alte Geh.-Rat Humbert (Paul), Rentier George (Benjamin) und die Witwe eines Bankiers Schulz — kein Berliner —, die nun mit einem Leutnant Heidenreich verheiratet war. Humbert war Besitzer des Adreß-, d. h. Pfandleih-Hauses, das demnach ein recht gut gehendes Geschäft war[3]; George, ehemaliger Branntweinbrenner[4] und Besitzer ausgedehnter Grundstücke am Weiden- und Schiffbauerdamm. Er hatte gegen Ende des 18. Jahrhunderts das sumpfige Gelände südlich der Spree, wo die Georgenstraße nach ihm benannt ist, der Bebauung erschlossen und sich selbst dort, Friedrichstr. 139/141, angebaut; das Grundstück erwarb 1822 der Fiskus für die militärärztliche Akademie (Pepinière). Humbert und George wurden zur Zwangsanleihe im März 1812 mit 10 000 bzw. 15 000 Tl. herangezogen, sträubten sich aber entschieden dagegen[5].

Die Baronin Caroline Marie Elisabeth v. Labes war das dritte Kind des Bankiers und Gründers der Potsdamer Gewehrfabrik Gottfried Adolph Daum (1679—1743)[6] aus dessen zweiter Ehe mit Caroline Roloff. Dieser hatte er sein stattliches Haus in Potsdam, Priesterstr. 2, mit großem Garten und allem

[1] *Rep. 151 h III 1, nr. 21, vol. I u. VII*
[2] *H. Granier, Berichte aus der Berliner Franzosenzeit 1807—09, S. 223*
[3] *Vgl. Bd. II, S. 79 f*
[4] *Vgl. ebda. S. 282*
[5] *Rep. 151 a II 12*
[6] *Vgl. Bd. II, besonders S. 223 f u. Stammbaum IV*

Zubehör sowie 80 000 Tl. bar hinterlassen. Die einzige Tochter heiratete 1753 den bekannten Geheimkämmerer Friedrichs des Großen, Michael Gabriel Fredersdorf, danach einen Rittmeister v. Aschersleben und schließlich einen Angehörigen der Danziger Kaufmannsfamilie Labes, der, vermutlich auf dieselbe Weise wie Vernezobre und Neale, Freiherr und Geheimer Rat geworden ist. Sie überlebte auch diesen und starb 10. März 1810; sie hinterließ nur einen Sohn, Hans Frhr. v. Labes, der es aber schon zum Grafen Schlitz gebracht hatte und kgl. Legationsrat, dann Strelitzscher Gesandter in Paris war, also ein rechtes Kavalierdasein führte. Die Vermögensverhältnisse erhellen daraus, daß allein auf die Erbhälfte des Sohnes entfielen: Das Berliner Wohnhaus am Brandenburger Tor — der Potsdamer Besitz war 1780 verkauft worden —, 5 Güter im Ruppinschen Kreis und ein Kossätengut in Pankow, dieser ganze Grundbesitz äußerst niedrig mit 111 000 Tl. angesetzt, ferner 108 500 Tl. Gold, die er schon als Vorschüsse erhalten hatte, und ein unbestimmtes Vermögen in westpreuß. Pfandbriefen. Die andere Hälfte fiel den Kindern der einzigen, verstorbenen Tochter, verehelicht gewesenen v. Arnim, zu; darauf waren 80 700 Tl. vorweggezahlt[1].

Sehr bescheiden nehmen sich dagegen die Vermögens-Umstände einer bekannten, gleichfalls der alten Zeit angehörigen Persönlichkeit aus, des Buchhändlers Christian Friedrich Nicolai, „Dr. der Weltweisheit und Mitglied der Kgl. Akademie der Wissenschaften". Er bekennt in seinem, im Juni 1808 abgefaßten Testament:[2] „Ich habe bei diesen höchst traurigen Zeiten seit November 1806 die Hälfte meines Vermögens und darüber eingebüßt, meine Häuser kosten viel mehr als sie eintragen, meine hypothekarischen Obligationen, öffentlichen und privaten Geldpapiere und ausstehenden Schulden verlieren täglich mehr an Wert, meine Handlung sinkt und wird wegen des schlechten Geldes ohne Vorteil geführt; ich habe seit 1806 schon ansehnliche Kapitalien borgen müssen und werde wegen der schweren Kontributionen und Ausgaben auch künftig, allenfalls auf schwere Bedingungen, aufnehmen müssen." Die

[1] *Testamente v. 1805 u. 1809. Ka.-Ger. L III 114*

[2] *Test. Cölln 3225, sehr ausführlich, 64 Folioseiten umfassend*

Grundstücke — die beiden Häuser in der Brüderstraße 13 und 14 und ein Garten in der Vorstadt — seien leider jetzt fast wie schlechte Schulden anzusehen, da sie wegen der Kontributionen und Einquartierungen weit mehr kosteten als sie eintrügen. Von ausstehenden Schulden seiner beiden Buchhandlungen in Berlin und Stettin aber sei nicht die Hälfte exigibel. Den für seine Nachkommen verfügbaren Nachlaß veranschlagt Nicolai zurzeit auf 52 000 Tl.Cour. netto, befürchtet aber, daß er, wenn es so schlecht weitergehe, noch sinken könne, und trifft Vorsorge für den Fall, daß er bis auf 30 000 Tl. herunterginge. Außerdem konnte er an Legaten und für wohltätige Zwecke insgesamt über 10 000 Tl. festsetzen, sowie 500 Tl. jährliche Pensionen für Personal; ferner sollte, was an Handwerks- und andere arme Leute gegen Schuldscheine verborgt war, nicht eingefordert werden, wenn es nicht in sein Geheimbuch eingetragen war. Unter den Stiftungen befanden sich 3000 Tl. für eine Anstalt, aus der nach den Vorschlägen „des berühmten Franklin" verarmten Bürgern kleine Darlehen gegen Kaution vorgestreckt werden sollten.

Nicolai starb am 8. Jan. 1811 in seinem Hause, Brüderstr. 13; da 2 Söhne und seine ältere Tochter früher gestorben waren, so waren nur noch die jüngere, unverehelichte Tochter und der Witwer der älteren, Nicolais Geschäftsnachfolger Hofrat Friedrich Parthey, mit 2 Kindern, am Leben.

Um beim Buchhandel zu bleiben, so war darin Georg Andreas Reimer aus Greifswald (1776—1842), seit 1800 in Berlin, später auch nach Leipzig übergreifend, der glänzend aufsteigende Stern. Er erwarb 1815 das Sackensche Palais und machte aus dem vornehm-stillen Witwensitz einen Sammelplatz erlesener Geister. Schon 1792 hatte ein älterer Führer im Buchgewerbe, der Geheime Oberhofbuchdrucker George Jakob Decker, seinen Sitz in dem benachbarten Palais, Wilhelmstraße 75, dem jetzigen Auswärtigen Amt, aufgeschlagen[1].

Ein hervorragend gewandter und erfolgreicher Geschäftsmann jener Zeit war Jean Balthasar Henry[2]. Er war 1764 in Berlin

[1] *Rachel, Berliner Wirtschaftsleben (1931), S. 182 ff*

[2] *Vgl. Gottfried v. Ising in Mitt. d. Ver. f. d. Gesch. Berlins 1931. Artikel „Sakrow"*

als Sohn eines Goldschmiedes am Schloßplatz geboren, hatte in der Börgerschen Handlung seine Lehre durchgemacht und heiratete schon mit 20 Jahren in Elbing die Tochter des Großkaufmanns Silber. Als preußischer Commerz-Agent ging er 1798 nach Paris, machte da gute Geschäfte und kehrte 1804 nach Berlin zurück, wurde aber 1805 als Geschäftsträger nach Madrid gesandt und brachte einen für die Ausfuhr schlesischer Leinwand günstigen Handelsvertrag zustande, der jedoch infolge des Krieges nicht wirksam wurde. H. kehrte als reicher Mann nach Berlin zurück, ging aber bald nach Königsberg und machte da mit Umgehung der Kontinentalsperre sehr umfangreiche und vorteilhafte, obwohl gewagte Geschäfte, besonders mit Zucker über Rußland. Von der Regierung, die das im Finanzinteresse heimlich unterstützte, wurde der darin äußerst geschickte Mann durch die Ernennung zum Handelskommissar gedeckt (Okt. 1808). Als es mit dieser Konjunktur aus war, kehrte H. mit vermehrtem Reichtum und dem Titel eines Geheimen Kommerzienrats nach Berlin zurück und beeilte sich, sein Geld auf die derzeit günstigste Weise in Gütern anzulegen (1811). Er kaufte 3 Güter im Barnim, östl. Berlin, vom Grafen Haeseler und das Rittergut Sakrow bei Potsdam, dies für 30 000 Tl., sowie als Berliner Wohnsitz das Haus Wilhelmstraße 67. Er hatte außerdem Besitzungen in Elbing und „ausstehende Kapitalien". Als einer der reichsten Privatleute wurde er bei der Frühjahrsanleihe 1812 mit 20 000 Tl. veranlagt, sträubte sich jedoch, weil er Gutsbesitzer sei, und verstand sich schließlich zur Hergabe von 6000 Tl. Im August 1813 konnte er von seinem Anschlag mit 4000 Tl. ganz freikommen. Er starb bereits am 28. Sept. desselben Jahres und hinterließ 6 Töchter[1], ein Sohn war schon 1801 „nach schändlicher Aufführung" nach Amerika gegangen und wurde enterbt. Sämtliche Güter, zusammen 6, wurden 1815/16 auf Veranlassung der Witwe, die wieder heiratete, der Erbauseinandersetzung halber verkauft. Der Gatte der ältesten Tochter, der Königsberger Bankier Rudolph Rosentreter, hatte 1812, dem Beispiel des Schwiegervaters folgend, Klein-Glienicke gekauft.

In noch großartigerem Maße als George betätigte sich später

[1] *Test. v. 16. 9. 1813. Ka.-Ger. H III 166*

Christian Wilhelm Griebenow (1784—1865) in der Erschließung von Berliner Baugelände und legte damit den Grund eines großen Vermögens. Er war ein Büchsenmacher aus Prenzlau und erhielt durch seine Heirat mit der Tochter eines Ackerbürgers vom Wedding bei der Separation 1822 eine große Fläche Landes auf Berliner Flur. Er nahm zugleich das kgl. Vorwerk vor dem Schönhauser Tor in Erbpacht und war ständig auf Vergrößerung seines Besitzes bedacht, begnügte sich aber nicht mit der durch das Wachstum der Stadt allmählich zu erwartenden Wertsteigerung, sondern wirkte tatkräftig für die Anlage von Straßen und Wohnbauten auf dem weiten Ödgelände. Er wurde so, seit 1826, der Schöpfer der Oranienburger und Schönhauser Vorstadt, „der Kolonisator Berlins", wie er von sich rühmte[1]. Er konnte schon 1840 zwei große adlige Güter bei Lübben kaufen, die er später wieder aufgab, nachdem er zuvor, wohl ein einzigartiger Fall, als Privatunternehmer die Eisenbahn Luckenwalde—Wittenberge gebaut hatte. Von ihm erwarb Borsig kurz vor 1850 das große Gelände an der Spree für die Anlage seines Eisenwerks. Der Sohn Griebenows hat als Generalpächter des Berliner Abfuhrwesens den Reichtum erheblich gesteigert; der Enkel dagegen, der es in eitler Großmannssucht zum kleinstaatlichen Kammerherrn und zu einem operettenhaften, nicht anerkannten Grafentitel brachte, ein Vermögen von 4—5 Millionen Mark[2] vertan, so daß er fast mittellos vor einigen Jahren starb.

[1] *W. Griebenows Erlebnisse, Berlin, 1864*

[2] *So nach R. Martin, Jahrbuch der Millionäre, Bd. 8 (1912)*

Christian Rother

Der Mann, der in den Geld- und Kreditverhältnissen Berlins von den Freiheitskriegen bis zur Märzrevolution am stärksten hervortrat, war weder Kaufmann noch Kapitalist, sondern Staatsbeamter. Christian Rother, 14. Nov. 1778 in Schlesien (Ruppertsdorf bei Strehlen) geboren, aus gutbäuerlichem Hause, trat mit 16 Jahren als Lehrling in die Steuerverwaltung und fand dann im preußischen und polnischen Behördendienst verschiedenerlei Verwendung. Die mangelnde Schulbildung hat er durch eigenen Fleiß gehoben, doch blieb etwas Unausgeglichenes in seinem Stil erkennbar. Was ihn emporbrachte, war hervorragende natürliche Begabung, unermüdliche Arbeitskraft und umfassende Sachkunde. Zu Anfang 1810 kam er nach Berlin in der bescheidenen Stellung als Kalkulator und Sekretär bei der General-Staatskasse unter Staegemann, seit 1812 mit dem Titel Rechnungsrat. Mit der Zeit lernte ihn auch der Staatskanzler Hardenberg selbst als äußerst brauchbar, geschickt und vertrauenswürdig schätzen und hat ihn seit 1813 zu allerlei Aufträgen verwendet. Rother wurde 1814 Geh. Ober-Rechnungsrat und Vorsteher des Zentralbüros im Finanzministerium, Febr. 1817 Geh. Ober-Finanzrat und Vortragender Rat im Büro des Staatskanzlers, daneben gegen Ende desselben Jahres Direktor in dem neugebildeten Schatzministerium. Zugleich gewann er mit dem Ausscheiden des Finanzministers Graf Bülow, zu dem er sachlich und persönlich in scharfem Gegensatz stand, die unumstrittene Stellung als ausschlaggebender Fachmann in Finanzsachen. Er war schon beim Organisationsplan für den Staatsrat, 1816, eine wesentliche Stütze Hardenbergs; vollends der große Finanzreformplan, der durch C. O. vom 17. Jan. 1820 angenommen wurde, war hauptsächlich sein Werk. Rother erhielt damit die längst erstrebte selbständige Stellung, indem er zum Präsidenten der neuen Hauptverwaltung der Staatsschulden und zum Chef der nun vom Ministerium unabhängigen Seehandlung ernannt wurde. Beides hatte er schon als Ministerialdirektor unter sich; daß es nun auf sein Betreiben in einer Hand zusammengefaßt blieb, erwies sich als äußerst günstig für den Staat. Rother blieb mit Hardenberg bis zu dessen Tode (26. Nov. 1822) eng verbunden, als Mitarbeiter, dann auch Freund und Vertrauter; er war in dessen letzten Jahren der eigentliche Leiter des preußischen Finanzwesens und ist es bis zum eigenen Ausscheiden (April 1848) geblieben[1].

Mit der Berliner Handelswelt kam Rother zuerst in Berührung, als er die von ihm selbst befürwortete Zwangsanleihe von August 1813 neben Heydebreck und Staegemann durchführte; es war eine höchst unerfreuliche Begegnung, da mit unerhörter Härte vorgegangen werden mußte. Im Anfang April 1815 hatte Rother im Auftrage des Finanzministers wieder eine Anleihe bei der Berliner Kaufmannschaft aufzunehmen, diesmal allein. Es handelte sich nur um eine Neuauflage der Anleihen von 1813 und 1814, doch war der Zeitpunkt dafür denkbar ungünstig, da sich mit einer starken Geldflaute eine Börsenpanik infolge der Rückkehr Napoleons vereinigte. Rother schaffte durch seine bestimmten Versicherungen, daß der Staat seine Verbindlichkeiten erfüllen werde, Beruhigung und ermäßigte den aufzubringenden Betrag von 1,5 auf 1,2 Millionen Tl., vorbehaltlich höherer Genehmigung. Er konnte sich dieser Aufgabe jedoch nur wenige Tage widmen, da er mit Benecke, mit dem er schon seit Anfang 1814 geschäftliche Beziehungen hatte, zu neuen Finanzverhandlungen nach Wien berufen wurde. So blieb die weitere Durchführung der Anleihe dem dafür wieder eingesetzten Siebener-Comitee überlassen. Nach dessen Schlußbericht vom 17. Juni sind nur wenig über 1 Million Tl. eingekommen[2].

Rother traf noch im Herbst desselben Jahres ein Abkommen mit den Hauptbankiers von Frankfurt (Main), wonach diese die französische Kriegsentschädigung von 700 Mill. fr. einzogen und

[1] *Hildegard Thierfelder, Rother als Finanzpolitiker unter Hardenberg 1778—1822, in FBPG. Bd. 46, S. 70—111; Adolf Trende, Im Schatten des Freimaurer- und Judentums. Ausgewählte Stücke aus dem Briefwechsel des . . . Rother (1938). Da auch die weitere Literatur über R. Sonst namentlich: Niebuhr u. v. Poschinger, Bankwesen; L. Krug, Staatsschuldenwesen; Brockhage, Kapitalexport (1910)*

[2] *Rep. 151 h III 1, nr. 29 u. 30*

bevorschußten. Er hatte dabei wohl zum erstenmal mit dem Hause M. A. Rothschild u. Söhne zu tun. Seine Einstellung zu diesem führend werdenden Hause war zunächst wenig freundlich, denn er bekämpfte im nächsten Jahr den Plan des Finanzministers, dort eine Anleihe aufzunehmen, u. a. mit dem Einwand, daß die Familie Rothschild „bei den diesseitigen Geldgeschäften schon unerhörte Summen" verdiene. Nach Ausweis der Akten[1] wurden für die Vorschüsse 10—11 % an Provisionen und Zinsen jährlich berechnet. Die fragliche Anleihe kam jedoch 5. Februar 1817 über 5 Mill. Fl. rhein. zustande. Nicht lange danach sah sich Rother selbst genötigt, mit jenem Hause abzuschließen, als es zu Anfang 1818 galt, 20½ Mill. Tl. „fliegender", d. h. kurzfristiger und mit hohen Zinsen und Prolongationskosten belasteter Schulden durch eine große langfristige Staatsanleihe zu ersetzen und möglichst noch ein Mehr für eigenen Bedarf aufzubringen. Darüber wurde mit Nathan Rothschild und Kommerzienrat Barandon in London verhandelt, daneben insgeheim, doch erfolglos, durch Rother in Amsterdam, und schließlich traten auch überraschend die Berliner Häuser Schickler, Benecke, Friebe und Mendelssohn mit einem Anleiheangebot hervor. Mit diesen wurde am 11. Februar ein vorläufiges Abkommen im Schatzministerium durch Friese und Rother vereinbart. Nun setzte aber ein förmlicher Wettlauf um die Anleihe ein und die Angebote steigerten sich gegenseitig. Nathan Rothschild eilte mit Barandon nach Berlin, machte günstigere Vorschläge und bot bis 30 Mill. Tl. Aber auch die Berliner brachten einen neuen Plan mit vorteilhafteren Bedingungen vor und boten 20 statt 15 Millionen. Im Ministerium erklärte sich aber nur Friese für sie, die anderen waren für die englische Anleihe; doch Rother brachte nun einen dritten Plan vor, nämlich die Anleihe ohne Unternehmer durch eine staatliche Kommission, mit ihm selbst und dem Seehandlungs-Direktor Nikolai an der Spitze, durchzuführen. Das hielt auch der König für das zweckmäßigste, Hardenberg aber beauftragte Rother, zunächst noch zu versuchen, günstigere Bedingungen für die englische Anleihe zu erreichen. Rother fuhr nun nach London und brachte in schwierigen Verhandlungen mit Nathan und

[1] *Rep. 134 LII 5, nr. 5 u. 7*

Salomon Rothschild dieses erste ganz große Anleihegeschäft am 31. März zum Abschluß, und zwar zu über Erwarten vorteilhaften Bedingungen: 5 Mill. £ oder 30 Mill. Tl. zu 5% Jahreszinsen und einem Durchschnittskurs von annähernd 72%[1].

Von anderer Seite wurde das Ergebnis weniger günstig beurteilt. Humboldt bezeichnete die Anleihe als unvorteilhaft für den Staat, und Niebuhr schätzte den tatsächlichen Zinssatz auf $7^1/_7$%. Es wurde Rother auch verdacht, daß er von seinem eigenen Plan abgegangen sei, und die Berliner Bankiers vollends waren gegen ihn schwer verstimmt. Sie hatten schon anfangs 73% geboten, konnten allerdings nur 20 Mill. zusagen und davon nur die Hälfte garantieren. Rother warf ihnen dagegen vor[2], man habe von ihnen ein Angebot von wenigstens 80% erwartet, ihre Spekulation sei nur durch ihre eigene Knauserei mißlungen und sie hätten vor allem nachteilige, ja unerhörte und erniedrigende Bedingungen gestellt: daß keine andere Anleihe gemacht und die als Sicherheit zu verpfändenden Domänen in ihre Administration übergeben werden sollten. Das war indessen nur im Anfang, nachher waren sie bereit, sich, wie Rothschild, mit der Übergabe von Pfandbriefen zu begnügen. Die Berliner Bankiers wurden nun ziemlich rücksichtslos behandelt und erst am 13. Mai amtlich benachrichtigt, daß ihr Angebot nicht genehmigt sei, nachdem die englische Anleihe schon längst an der Berliner Börse gehandelt wurde, und zwar am 7. Mai bereits zu 82—83%, also 11% höher als der Begebungspreis.

Rother hatte bei den Verhandlungen mit den beiden Rothschild sein öfter gerühmtes Geschick in der Behandlung von Menschen erwiesen, indem er seinen jüdischen Partnern durch größte Höflichkeit, vertrauenbekundende Offenheit und Freundschaftsversicherungen schmeichelte und Auszeichnungen für sie erwirkte. Er selbst aber ließ sich durch keinerlei persönliche Vorteile von ihnen verlocken und gewann durch seine unantastbare Rechtlichkeit ihre Bewunderung und eine starke Stellung. Die Beziehungen blieben seitdem dauernd recht eng.

Im Frühjahr 1822 schloß Rother für die Seehandlung eine

[1] *Rep. 74 N XV 47; Rep. 134 LII 5, nr. 8; Brockhage, Kapitalexport, S. 106 ff; R. Ehrenberg, Gr. Vermögen, Rothschild, S. 86—96*

[2] *In einem Bericht v. 9. 3. 1830; Rep. 85 CXXVIII, Gen. 22*

zweite Anleihe in London mit Nathan Rothschild ab über $2^1/_4$ — ursprünglich $3^1/_2$ — Mill. £ oder 14 Mill. Tl., zu einem Anfangskurs von 84%. Schon bei der ersten hatte er seine entschiedene Vorliebe für ausländische Anleihen bekannt: weil die inländischen Kapitalien besser gewerblichen Anlagen dienen sollten und weil die Einfuhr baren Geldes aus dem Ausland nötig sei, um den hohen Marktpreis des Inlandgeldes und den wucherlichen Zinsfuß hinabzudrücken. Auch jetzt äußerte er zu Hardenberg seine Befriedigung, daß damit viel bares Geld gegen eine Masse Papier in das Land gezogen und größtenteils darin verwendet werde, „welches dadurch über 100% Früchte trägt". Wenn anderseits die Berliner Bankiers schon 1818 bedauerten, daß der Staat Geld im Ausland borge, das er mit geringeren Kosten im Inland haben könne, so hielt er dem entgegen, daß London das Zehnfache von Berlin leisten könne. Dem jüdischen Anerkennungsbedürfnis wußte er auch jetzt zu schmeicheln, indem er Hardenberg und selbst den König zu Belobigungsschreiben veranlaßte. Rother selbst sah sich auch nach Abschluß dieses Geschäfts gewissen Vorwürfen ausgesetzt, und zwar seitens höfischer Kreise, wogegen ihm sein Freund Salomon v. Rothschild versicherte, daß er für das Interesse der kgl. Finanzen unmöglich hätte besser handeln können[1].

Rother war seit 1820 tatsächlich die Seele der preußischen Finanzverwaltung, als die unbestritten erste Autorität auf diesem Gebiet. Seine Stellung beleuchtet eine derzeit in der Berliner Gesellschaft umgehende Scherzfrage: Warum wird Friedrich Wilhelm der Dritte genannt? Weil Hardenberg der Erste, Rother der Zweite ist[2]. Sein Geschäftsbereich wurde noch vermehrt, indem er 1834 die Leitung des Chausseebauwesens, Jan. 1835 die der Handels-, Fabriken- und Bausachen erhielt, die er aber im April 1837 abgab, nachdem er das Präsidium der Kgl. Bank im Januar übernommen hatte. Er wurde 29. Oktober 1836 zum Staatsminister ernannt und 30. April 1837 in den Adelstand erhoben, was er zunächst nur für seine Nachkommen annahm; zum 50jährigen Dienstjubiläum, 14. Nov. 1847, erhielt er den höchsten Orden vom Schwarzen Adler und damit den Adel auch für seine Person. Seine feste Gesundheit war durch

[1] *Trende, a. a. O., S. 114, 121*
[2] *Thierfelder, a. a. O., S. 88*

anhaltende übermäßige Arbeitsanspannung und Aufregungen, hervorgerufen durch vielfache Angriffe auf seine dem Zeitgeist nicht entsprechende Amtsführung, allmählich erschüttert, so daß er 1845 an seinen Rücktritt dachte. Doch blieb er, der unersetzlich schien und das Vertrauen des Königs behielt, im Amt, bis die Ereignisse von 1848 es dem Siebzigjährigen verleideten, und er im April den Abschied nahm. Nicht lange konnte er der Ruhe genießen auf seinem geliebten Gut Rogau bei Liegnitz, das er schon 1816 von den ihm nach dem Befreiungskrieg durch die verbündeten Herrscher gemachten Geschenken gekauft hatte. Er starb da 7. Nov. 1849. Seine männlichen Nachkommen sind im Besitz der Güter Rogau und Koitz (erworben 1820) geblieben, doch lebte 1929 nur noch ein, 1880 geborener, Urenkel.

Bank und Seehandlung

Um Rothers Wirksamkeit im einzelnen zu verfolgen, ist es zunächst notwendig, die Lage, in der die beiden staatlichen Geldanstalten sich seit dem unglücklichen Kriege befanden, zu betrachten.

Die kgl. Bank, die für Berlin wichtigste Geldanstalt, hatte solche Verluste erlitten, daß sie tatsächlich zahlungsunfähig war, Sie wurde aber durch den Staat selbst genötigt, weiter zu bestehen, weil dieser andernfalls als Garant für ihre Verbindlichkeiten hätte aufkommen müssen. Der Staat sorgte auch dafür, daß ihr Zustand mit seinem gewaltigen Defizit streng geheim gehalten wurde. Er verwendete ferner die ihr zufließenden Gelder an eingetriebenen Forderungen und Depositen in seiner Not für Vorschüsse zu eigenem Bedarf. Die Bank genoß daher keinerlei Vertrauen und konnte für die Privatwirtschaft von keinem Nutzen sein. Ein Fortschritt war es, daß sie nach einem Rotherschen, längere Zeit von Bülow bekämpften Plan eine selbständigere Stellung erhielt, indem sie aus der Abhängigkeit vom Finanzministerium durch C. O. vom 3. Nov. 1817 gelöst wurde. Chef wurde der Geh.-Rat Friese, der zugleich Präsident in dem neuen Schatzministerium (bis 1819) und somit Rothers Vorgesetzter war. Die Aufsicht erhielt ein Kuratorium, bestehend aus dem Gouverneur von Berlin, dem Justizminister und einem Geh. Staatsrat, zuerst Staegemann, dem vorherigen Leiter der Bank. Seitdem erst wurden die Zinsen wieder regelmäßig gezahlt und Tilgungen entschiedener vorgenommen. Der vorher ganz schwach aufgenommene Geschäftsbetrieb wurde nun belebt, um mit Diskontieren und Wechselkäufen die Einnahmen zu steigern; 1819 wurde auch das Lombardgeschäft wieder eröffnet. Allerdings war der ganze Beleihungsverkehr noch längere Jahre nur beschränkt und unregelmäßig, wie es gerade die schwachen Betriebsmittel zuließen. Immerhin soll die Bank bei der im Winter 1825/26 eingetretenen Krediterschütterung dem Handelstand schon erhebliche Hilfe haben gewähren können[1].

Viel günstiger als die Bank stand die kgl. Seehandlung, die während des Krieges aus einem unter staatlicher Verwaltung stehenden Aktienunternehmen ein reines Staatsinstitut geworden war. Denn ihr 1807 ablaufendes Privileg wurde nicht erneuert, und ihre Schuldenverhältnisse wurden durch das Edikt vom 27. Okt. 1810 derart geordnet, daß der Staat ihre Obligations- und Aktienschulden, 18½ Mill. Tl., nebst rückständigen Zinsen, 3¼ Mill. Tl., in Anrechnung der ihm von ihr geleisteten Vorschüsse auf sich nahm und den Gläubigern dafür 4%ige Staatsschuldscheine und Zinsscheine gab. Damit hörte die Beteiligung von Privatpersonen völlig auf, wenn auch die alte Bezeichnung „General-Direction der Seehandlungs-Societaet“ fortbestand. Die Seehandlung litt nun an keiner Verschuldung mehr und hatte sogar Ende 1819 ein eigenes Vermögen von über 1 Mill. Tl., das allerdings später nebst Zinsen an den Staatsschatz abgeführt wurde. Ihre Geschäfte waren 1814: Der Ein- und Verkauf des überseeischen Salzes, die Abwicklung der seit 1812 gemachten in- und ausländischen Anleihen und die Zahlungen für Rechnung der Gen.-Verpflegungspartie[2]. Sie wurde 1817 dem neuen Schatzministerium untergeordnet und besorgte dessen Geldgeschäfte als Kommissionär und Administrator, hatte jährlich 100 000 Tl. an den Staat abzuführen, mußte aber auch die sogen. fliegenden Staatsschulden, die zeitweise bis über 12 Mill. Tl. anstiegen, „durch ihre Wechselnegotiationen, sogenannte Reitereien auf andere Plätze, unterhalten“,

[1] *Niebuhr, a. a. O., S. 118, 146, 148*
[2] *Rep. 74 N XXXI 12*

deren Kosten und Provisionen ihr aus der Gen.-Staatskasse ersetzt wurden. Die Seehandlung betrieb daneben dieselben Geschäfte wie die Bank, in kleinerem Umfang: Sie nahm Depositen an, wofür sie, wie früher, höhere Zinsen als die Bank (4, dann $3^1/_3$%) vergütete, sie diskontierte Wechsel und gab Vorschüsse auf Waren u. a. Unterpfänder. Ihre besondere Bedeutung beruhte in ihren ausgebreiteten Auslandsbeziehungen, zu denen die Bank schon wegen mangelnden Kredits nicht befähigt war, die aber auch nicht in deren Wirkungsbereich lagen. Die Seehandlung dagegen stand mit angesehenen Bankhäusern an allen größeren auswärtigen Handelsplätzen — voran den Frankfurter Rothschilds — in fortlaufenden festen Beziehungen, großenteils Kontokorrentverkehr, und besorgte für die Berliner Bankiers die ausländischen Geldsorten und Wechsel, die sie benötigten[1]. Die Seehandlung nahm auch zur Verstärkung ihrer Kassenbestände Fonds von Particuliers auf 3 Monate Zeit auf gegen Verpfändung von Effekten; dies Geschäft besorgte für sie der Bankier J. N. Lieman, und es wurde dafür ein besonderes Engagements-Conto geführt, das sich zu Ende 1818 auf 1 620 183 Tl. belief[2].

Wie einige Jahre zuvor die Bank, so wurde die Seehandlung aus ihrer Unterordnung unter die Finanzverwaltung befreit durch das Gesetz vom 17. Jan. 1820, durch das in der Hauptsache das Staatsschuldenwesen reorganisiert wurde. Die Seehandlung wurde jetzt wieder ein selbständiges Unternehmen, das, wie vorher, die kaufmännischen und Geldgeschäfte des Staates besorgte, nun aber in Kommission gegen übliche Vergütung ($^1/_3$% Provision) und die staatlichen Kreditoperationen unterstützte. Sie war das „Handlungs- und Bank-Comptoir" der Regierung. Mit der Staatsschuldenverwaltung blieb sie nur noch durch die Person des Leiters, Rother, verbunden.

Die beiden staatlichen Geldanstalten gaben seit 1820 Kassenscheine über ihre Depositen in Umlauf, da ein Bedürfnis nach der Vermehrung der Zahlungsmittel bestand. Zu einer Wiederausgabe von Banknoten, die Friese im Februar 1820 „bei dem vermehrten Geschäftsbetrieb der Bank" vorschlug konnte man sich nicht entschließen; dabei sprach auch die Besorgnis mit, daß

[1] *Monatsabschlüsse von 1818—20 in Rep. 134 VIII 4.1*
[2] *Rep. 134 LII 2,9*

sie dem Umlauf der staatlichen Tresorscheine hinderlich sein könnten. Die Bank mußte sich mit der Ausgabe von Kassenscheinen begnügen, wie sie schon 1798—1806 umliefen. Sie waren auf den Namen des Deponenten ausgestellt, wurden aber jedem Vorzeiger ohne Prüfung der Legitimation eingelöst.

Die Seehandlung folgte dem Beispiel der Bank alsbald, nur um, wie Rother 18. Juli angab, den Geldverkehr in Berlin zu erleichtern. Denn es wurde allgemein über dessen Schwierigkeiten geklagt, die „besonders in den so verschiedenartig ausgeprägten Courant-Stücken und in der eingeschlichenen Unredlichkeit beim Geldzählen und dem Adjustiren der Geldbeutel seitens der kleinen Geldwechsler" ihren Grund hätten[1]. Beiderlei Kassenscheine waren jedoch, in ängstlicher Rücksicht auf das staatliche Papiergeld, auf den örtlichen Umlauf beschränkt und konnten nur in runden Beträgen nicht unter 100 Tl., die der Seehandlung sogar nur auf 500 und 1000 Tl., ausgestellt werden. Der Betrag der Seehandlungsscheine sollte zunächst nicht 250 000 Tl. überschreiten; von der Bank liefen in den ersten Jahren durchschnittlich für etwa 400 000 Tl. um, 1834 bis 1836 aber etwa 4,4 Mill. Tl.[2]

Die Seehandlung war wieder, wie 1795—1806, zu allen Geld-, Handels- und Reederei-Geschäften mit Ausnahme des Detailhandels befugt. Damit gedachte Rother Aufgaben von größter volkswirtschaftlicher Bedeutung zu übernehmen. Auf seinen Antrag wurde der Seehandlung das Salzeinkaufsgeschäft abgenommen und ihr anderseits zugestanden, daß sie sich bei solchen Handels- und Fabriken-Unternehmungen beteilige, die segensreich für die inländische Gewerbsamkeit seien, aber wegen ihrer Ausdehnung und Schwierigkeit nicht durch Private begonnen werden könnten. Rother entfaltete daraufhin bald eine umfassende Wirksamkeit, wobei er die Nöte seiner schlesischen Heimat besonders berücksichtigte[3]. Um dem schlesischen Leinen

[1] *Rep. 134 VIII 4,2*

[2] *Niebuhr, a. a. O., S. 143, 241. Ausgabe 1820—33 26 Mill. Tl.*

[3] *Das Folgende hauptsächlich nach Rothers großer, mit kgl. Genehmigung 18. 2. 1845 gedruckter Denkschrift: Die Verhältnisse des Kgl. Seehandlungs-Instituts u. dessen Geschäftsführung u. industrielle Unternehmungen Rep. 92, Rother Db 9*

Absatz zu verschaffen, begann er 1822 in Verbindung mit einem Bremer Hause unmittelbare Handelsverbindungen mit Südamerika anzuknüpfen. Den schlesischen Wollwaren wurde der Seeweg nach China eröffnet, was aber nur mit eigenen Schiffen lohnend war. Daher wurden Seeschiffe in eigener Reederei gebaut und Schiffsbeteiligungen erworben; 1845 hatte die Seehandlung 4 Schiffe und 5 Schiffsparten. Sie errichtete 1823 eine Faktorei in New York und 1824 ein Kontor in Stettin, um die Ausfuhr von Fabrikaten und die Einfuhr von Kolonialwaren zu betreiben. Doch konnte man gegen die überlegene Konkurrenz der westlichen Industriestaaten nicht aufkommen, und so wurde die Faktorei 1827, das Kontor 1833 aufgegeben. Es wurden ferner Vorschüsse auf Wolle gegeben und daraus eigene Sortierungs- und Verkaufsgeschäfte entwickelt; so bestand auch in Berlin seit 1828 ein Wollsortierungskontor der Seehandlung (Alexanderstr. 22). Rother ging aber noch weiter, indem er mehrere großartige maschinelle Spinnereien und Bereitungsanstalten gründete, um dem Elend der schlesischen Textilarbeiter zu steuern, Brotlose zu beschäftigen und zugleich die Erzeugung zu vervollkommnen (seit 1838). Ähnlich gab die schon 1822 aufgenommene Ausfuhr von Weizenmehl nach Südamerika Anlaß, auch zu eigener Herstellung in großen, nach amerikanischer Art eingerichteten Mühlwerken überzugehen, wofür u. a. die große Schicklerschen Wassermühlen zu Bromberg (1842) angekauft und eine bedeutende Dampfmühle zu Potsdam neu angelegt wurde (1841—43).

Die Seehandlung betrieb schon seit 1820 das Münz-Affinierungsgeschäft, teils in Verbindung mit Privaten, teils für alleinige Rechnung. Sie beteiligte sich an einer als Aktien-Unternehmen 1819 gegründeten Berliner Patentpapierfabrik, um sie zu stützen, seit 1821 als Hauptaktionär mit maßgebendem Einfluß; es wurden dort die Staatsschulden-Dokumente unter amtlicher Aufsicht hergestellt. Die Seehandlung gründete später noch eine große Maschinen-Papierfabrik an Stelle des staatlichen Hüttenwerks und der Schicklerschen Spiegelmanufaktur bei Neustadt (Dosse), die beide aufgegeben wurden; auch da galt es, der brotlos gewordenen Arbeiterbevölkerung wieder Verdienst zu schaffen (1835 ff.). Die von dem Apotheker Dr. Hempel 1814 begründete chemische Produktenfabrik zu Oranienburg wurde mehrfach unterstützt, dann in Verwaltung genommen (1832) und schließlich ganz gekauft (1841). Eine von den Bankiers Oppert und Saling 1827 gegründete Berliner Dampfschiffahrts-Gesellschaft, bei der auch der König sich mit 50 Aktien à 200 Tl. beteiligte, ist anscheinend nicht zum Ziel gelangt; jedenfalls sprang auch hier die Seehandlung ein und richtete seit 1831 die Dampfschiffahrt auf der Spree, Havel und Elbe mit 7 Dampfbooten und 10 Schleppschiffen ein. Für deren Bau und Reparatur wurde 1837 eine eigene Maschinenbau-Anstalt in Moabit angelegt, dann zur Ausführung auch von Privatbestellungen erweitert, dazu 1843 eine Eisengießerei errichtet.

Rother hat mit dem allem die staatswirtschaftlichen Bestrebungen Friedrichs des Großen in großzügiger Weise wieder aufgenommen. Er erkannte klar und hat es nachdrücklich betont, daß die Fortschritte der Technik den maschinellen Großbetrieb verlangten an Stelle der gewerblichen Handarbeit und hat daher diesen ausschließlich gefördert. Er beschränkte sich dabei auf das ostelbische Preußen, das darin weit hinter dem Westen zurückstand und wo auch Kapitalbereitschaft und Unternehmertum noch sehr wenig entwickelt waren, so daß sich dort der staatlichen Initiative in der Tat ein fruchtbares Feld eröffnete. Das bestätigt auch der Plan eines privaten Industrie-Vereins auf Aktien von 1834, der davon ausging, daß es in Preußen noch sehr an maschinellen Anlagen, zumal Spinnereien, fehlte, so daß jährlich 2½ Mill. Tl. allein für Spinnerlohn nach England gingen[1]. Da aber für diese Gründung staatliche Unterstützungen, namentlich unentgeltliche Belieferung mit Bauholz und Wasserkraft sowie mehrjährige Zinsgarantie erbeten wurden, so läßt sich die Meinung Rothers, dann lieber eigenstaatliche Unternehmungen anzulegen, bei seinem Tatendrang wohl verstehen. Um dieselbe Zeit hat er den Antrag von zwei Berliner Firmen, den Alleinverkauf für die notleidenden preußischen Alaunwerke, 2 staatliche und 2 private, zu übernehmen, abgelehnt, dasselbe aber nachher (1836) der Seehandlung übertragen. Offenbar dachte er, ein Monopol dürfe nicht von Privaten, wohl aber von einer Staatsanstalt ausgeübt werden;

[1] *Vgl. oben S. 54 f*

im Publikum war man darüber anderer Ansicht. Rother hat sogar, als die Bankiers Chr. W. Reichenbach u. F. H. Ewald, dann auch J. Crelinger in Gesellschaft sich 1823 erboten, den Bau der geplanten preußischen Kunststraßen auf drei Jahre für etwa 4 Mill. Tl. gegen Verpfändung aller Chausseegelder zu übernehmen, und das Staatsministerium dem einhellig zustimmte, auch dieses Geschäft an die Seehandlung gezogen, die 1824—27 Chausseen für 4 Mill. Tl. baute[1]. So trat er mehrfach in mehr als nötige Konkurrenz zu Privaten, deren Kapitalkraft und geistige Eigenschaften er gering schätzte. Er wollte auch, wie er selbst sagte, beweisen, daß ein Staatsbeamter kaufmännische und industrielle Unternehmen ebenso mit Erfolg leiten könne wie ein Privatmann.

Sogar auf den Grundbesitz, den er als „fast ganz kreditlos“ bezeichnete, erstreckte sich Rothers Fürsorge. So hat er die landschaftliche Kreditanstalt für Schlesien gegründet und durch die Seehandlung eine Reihe von Gütern, um sie zu halten, aufkaufen lassen, so daß auch ein umfangreicher Gutsbesitz unter deren Verwaltung stand.

Ferner wurde für das Kreditbedürfnis der kleinen Leute, wenigstens in Berlin, dadurch gesorgt, daß die Seehandlung 1834 das kgl. Pfandleihamt gründete, nachdem die Stadt nicht zu bewegen war, eine solche Anstalt zu errichten. Außer der ersten Anstalt, Jägerstraße 64, wurden weitere Abteilungen 1840 in der Klosterstraße und 1848 in der Elsasser Straße angelegt.

Dagegen verhielt sich Rother sehr ablehnend gegen den von angesehenen Berlinern betriebenen Plan, eine Berlinische Lebensversicherungs-Gesellschaft zu gründen[2]. Er versicherte im Mai 1834 bestimmt, daß nach seiner genauen Kenntnis des hiesigen Publikums eine solche Anstalt hier im Gegensatz zu England nicht Fortgang gewinnen könne, zumal da schon drei derartiger in Deutschland beständen (!); er wollte daher von einer Beteiligung der Seehandlung keinesfalls etwas wissen. In einem später von ihm geforderten Gutachten äußerte er sich eingehend darüber, ob und wie der Betriebsfonds nutzbar gemacht werden könne, und wiederholte dabei einleitend, der Plan ent-

[1] *Brockhage, a. a. O., S. 93*
[2] *Rep. 109 B XI 10*

spreche weder einem fühlbar gewordenen Bedürfnis noch lasse er eine allgemeine Teilnahme im Interesse der Unternehmer erwarten (28. Okt. 1835). Die Gesellschaft konnte dennoch im August 1836 ihre Tätigkeit eröffnen, nachdem ihre Statuten geprüft und umgearbeitet waren und die kgl. Genehmigung erhalten hatten. Die Direktion bestand aus den Bankiers W. Brose, C. G. Brüstlein, Z. Friebe, F. G. von Halle und dem Stadtrat Lobeck; zur Aufsicht war ein kgl. Kommissar bestellt.

Rother hat sich seinerseits sehr lebhaft für die Errichtung einer allgemeinen Versorgungsanstalt nach dem Muster der österreichischen von 1825, die statt Zahlung eines Kapitals die Aussicht auf lebenslängliche Renten gewährte, eingesetzt und hielt eine solche für ein wahres und dringendes Bedürfnis, nachdem die allgemeine Witwen-Verpflegungsanstalt seit 1. April 1831 nur noch Beamten vorbehalten war. Die angestrebte „Preußische Renten-Versicherungs-Anstalt" konnte endlich nach kgl. Genehmigung vom 9. Okt. 1838 ins Leben treten; zu ihren Gründern gehörten, neben Justizrat Bode, Joseph Mendelssohn und der nunmehrige Rentier J. M. Fränkel, im Kuratorium waren neben Mendelssohn der Bankier und Zuckersiedereibesitzer Bernhard S. Berend, sonst 4 Stadträte und höhere Beamte. Agenten wurden in den meisten preuß. Kreisstädten und in anderen norddeutschen Staaten gehalten[1]. Auch die Lebens-Versicherungs-Gesellschaft gründete, mit kgl. Genehmigung vom 22. März 1844, eine „Berlinische Renten- und Capitals-Versicherungs-Bank"; der vermutlich gemeinsame Fonds betrug 1 Mill. Tl.

Rother und das Staatsschuldenwesen

Durch das Gesetz vom 17. Jan. 1820 wurde aus den vielerlei Einzelposten der Staatsschulden eine einheitliche, unkündbare 5%ige Staatsschuld hergestellt und die noch bestehende Hauptverwaltung der Staatsschulden geschaffen unter Rother als Präsident. Auf dessen Betreiben hörte nun auch das alte

[1] *Rep. 109 B XI 11*

markische Kreditwerk auf zu bestehen, nachdem es schon durch die Steuerreform von 1810 seine eigenen Steuern verloren und dafür ein Aversum aus der Staatskasse erhalten hatte. In die Hauptverwaltung wurde auch der Berliner Bankier David Schickler jr. berufen, der damit aus seiner Firma ausschied, nach kaum $1^1/_2$ Jahren aber auch den neuen ehrenamtlichen Posten verließ; er war offenbar eine Null. Dagegen war ein Enkel des Bankiers Schütze, der Geh. Ober-Reg.-Rat Friedrich Wilh. v. Schütze, bis 1841 besoldetes Mitglied.

Rother entfaltete sogleich eine lebhafte und erfolgreiche Tätigkeit für die Hebung des Staatskredits. Zu seinen ersten größeren Maßnahmen gehörte eine Operation, durch die neben den umlaufenden Staatsschuldscheinen in Höhe von 56,6 Mill. Taler, deren Kurs sich um 66% bewegte, solche für 30 Mill. Tl. untergebracht werden sollten. Da bei dem noch sehr schwachen Staatskredit der Umsatz auf gewöhnlichem Wege nicht möglich war, wurde das mit einer Auslosung von Prämien verbunden. Es wurden 300 000 Prämien-Staatsschuldscheine zu je 100 Tl. zum Parikurs ausgegeben und darauf Prämien in Höhe von 18 bis 100 000 Tl. im Gesamtbetrage von 11 164 800 Tl. in 10 halbjährlichen Ziehungen ausgespielt.

Vorangegangen war eine österreichische, bei Rothschild aufgelegte Losanleihe, die auch in Berlin schon lebhaftes Interesse erregte. Ihr Erfolg mag Rother auf den Gedanken gebracht haben, das kleine, brachliegende Inlandskapital, das sonst nicht an den Markt kam, durch Anregung des Spieltriebs hervorzulocken, während er mit den großen Anleihen sich lieber an das Ausland wandte, um das inländische Kapital der gewerblichen Betätigung nicht zu entziehen[1]. Als Unternehmer wurden 18 einheimische, fast alles Berliner, und 4 auswärtige Häuser gewonnen; diese waren M. A. Rothschild u. Söhne in Frankfurt, Sal. Heine in Hamburg und die angesehenen Leipziger Bankhäuser Frege u. Co. und Reichenbach u. Co. Die Berliner Bankiers drängten sich, wie es heißt, zur Übernahme oder wenigstens Teilnahme an der Anleihe. Hauptunternehmer waren neben Rothschild Gebr. Benecke und Gebr. Schickler; sonst waren folgende Berliner Häuser beteiligt: Anton Bende-

[1] *Vgl. Brockhage, S. 16*

mann, Geh.-Rat Crelinger, Delmar et Co., H. F. Fetschow u. Sohn, Zach. Friebe, C. Heine, M. Jacobsohn, Liman u. Sohn, B. L. Lindau, L. Lipke u. Co., J. M. Magnus, Mechow u. Pietsch, J. u. A. Mendelssohn, Reinhardt u. Goltz. Der mit den Unternehmern geschlossene Vertrag erhielt 7. Aug. 1820 die Genehmigung des Königs[1]. Damit waren zum ersten Mal Berliner Bankiers zu einem Konsortium für eine große preuß. Anleihe als Hauptbeteiligte tätig, auf sie entfiel auch, trotz Rothschild, der größere Teil der Anleihe, und Berlin war zweifellos der Hauptmarkt für diese.

Aber das Geschäft ließ sich zunächst über alles Erwarten schlecht an. Der Hauptgrund war, daß auch mehrere andere Staaten Anleihen aufgelegt hatten, und daß solche verlockender waren als diese preußische, die solide war, aber dem Spekulationstrieb weniger bot. Besonders die österreichischen Losanleihen beschäftigten 1820 fast 3/4 der Börse, so daß Rother wünschte, wenn ausländische Wertpapiere nicht ganz zu verbieten seien, sollten wenigstens die Kursberichte über sie unterdrückt werden[2]. Ferner soll nach Rothers Angabe[3] ein Teil der hiesigen Juden, an der Spitze J. Herz Beer, durch allerlei Kabalen dagegen gewirkt haben. So blieben von vornherein 6 Mill. Tl. Prämienscheine unabgesetzt, weitere 4 Mill. wurden nachher nicht abgenommen, 2 Mill. mußte die Bank übernehmen und nur 18 Mill. wurden durch die Privatunternehmer untergebracht.

Die Scheine wurden anfangs, vom 5. Sept. 1820 an, zu 102—103 1/2 gekauft, in der ersten Oktoberhälfte noch zu durchschnittlich 101, dann stockte der Absatz; der Kurs sank im Anfang 1821 auf unter 100 und bis Ende Sept. auf 94 1/2[4] Man mußte den schwer geängstigten und auch geschädigten Unternehmern einige Erleichterungen gewähren: den Zinssatz von den nach 1. Jan. 1821 von ihnen zu leistenden Einzahlungen von 5 auf 4% herabsetzen und die Einzahlungen auf 20 Monatstermine (1. 1. 1821 bis 1. 9. 1822) ausdehnen, um das Ausbieten und Verschleudern der Prämienscheine zu verhindern. Auch

[1] *Rep. 109, Anh. I 4; Brockhage S. 113—117*
[2] *Brockhage, S. 155*
[3] *Immediatantrag v. 18. Sept. 1821. Rep. 89 E V 8*
[4] *Krug, Gesch. der pr. Staatsschulden, S. 260*

mußte Rother bedeutende Rückkäufe vornehmen und, da die liegengebliebenen Scheine nicht völlig zu verkaufen waren, bei Rothschild in London 1. Mai 1822 die oben erwähnte neue Anleihe von 2¼ Mill. £ Sterling zu 5% gegen Verpfändung von 14 Mill. Tl. Staatsschuldscheinen aufnehmen, und zwar für die Seehandlung, da Staatsanleihen seit 1820 ohne Genehmigung von Reichsständen nicht mehr zulässig waren. Mit dieser Anleihe beschaffte Rother den durch das Prämiengeschäft nicht aufzubringenden Betrag und erzielte noch an 3 Mill. Tl. Kursgewinn aus den hinterlegten Staatsschuldscheinen, die 1830 zurückgeliefert wurden.

In einer späteren Darstellung des Prämiengeschäftes hat Rother alles Verdienst sich, die Mängel des Erfolges den Berliner Kaufleuten zugemessen[1]. Von vornherein sei die Maßregel von mehreren Seiten „mit eben nicht gemäßigten Ausdrücken" getadelt und sei behauptet worden, die schon auf 66% gefallenen Staatsschuldscheine würden dadurch auf 50% heruntergehen müssen. Dagegen habe er 30 Mill. zu 70% bar umgesetzt.

Das Prämienscheingeschäft wurde nach Verlauf des ersten Jahres besser. Der Kurs stieg von Okt. 1821 an wieder, kam im Mai 1822 über pari, Ende Aug. 1823 über 110, Jan. 1824 über 120 und hielt sich seit April 1824 auf 147—150.

Mit dem öffentlichen Beginn des Geschäftes im Jan. 1821 wurde zum Besten des Prämienfonds und um den Inhabern eine Erleichterung zu verschaffen, eine Diskontokasse aus den zur Zahlung der Prämien bestimmten Geldern eingerichtet, aus der die mit den Prämienscheinen verbundenen Staatsschuldscheine zu 80, vom 16. Februar an 90% des Nominalwertes beliehen wurden[2]. Die Vorschüsse sollten nicht unter 5000 Tl. betragen, für jeweils 3 Monate, mit beliebiger Verlängerung, gegen Ausstellung trockener Wechsel gegeben und mit 5% jährlich verzinst werden. Die Unternehmer konnten bei ihren Einzahlungen sogleich $^{8}/_{10}$, evtl. auch mehr, als Vorschuß zurückbehalten gegen verhältnismäßiges Pfand. Auf Anregung Beneckes konnten vom 8. Febr. 1821 an aus dem Prämienfonds auch Wechsel diskontiert werden, das geschah zum börsenmäßigen Diskontsatz. Davon wurde auch ausgiebiger Gebrauch

[1] *Immediatbericht v. 9. März 1830. Rep. 89 C XXVIII, Gen. 22*

[2] *Gedr. Grundsätze v. 13. Jan. 1821. Rep. 109, Anh. I 4*

gemacht, das ließ aber bald nach, als der Wechseldiskont sank: daher wurde 1823, um die Prämienkassenbestände besser zu verwerten, die Beleihung auch auf Obligationen der englischen Anleihen und Staatsschuldscheine (66²/₃%) ausgedehnt und die auf Prämien-Staatsschuldscheine auf 95% erhöht. Ja, Benecke konnte 20. Februar 1824 an der Börse zu deren Befriedigung mitteilen daß Prämienscheine nun mit Vorschüssen von 110% zu 4% anno diskontiert würden. Die Prämienverteilungskasse aber hat die Funktion als interimistische Leihebank kräftig ausgefüllt und nach einem Bericht Rothers vom 23. Nov. 1825 bis dahin 30 Mill. Tl. auf Effekten und daneben auszustellende Wechsel ausgeliehen[1].

Die schlechten Erfahrungen, die man anfangs mit dem Prämiengeschäft machte, bewogen Rother, andere Pläne zu erwägen, wie der Staatskredit zu befestigen und den Bedürfnissen nach Bargeld abzuhelfen sei. Im Frühjahr und Sommer 1821 fanden lebhafte Auseinandersetzungen über diese Frage statt[2]. Rother traf dabei mit den Wünschen der Berliner Bankwelt zusammen, die auf Errichtung einer vom Staat unabhängigen, zur Papiergeld-Ausgabe befugten Nationalbank hinausgingen. Es war der Gedanke, der schon 1810 in einer Denkschrift des Fürsten Wittgenstein und auch später von Hardenberg vertreten, vom damaligen Leiter der kgl. Bank, dem berühmten Niebuhr, aber leidenschaftlich bekämpft worden war. Jetzt, 1821, wurde er namentlich durch Joseph Mendelssohn und den Agenten Bloch verfochten und fand wieder im Präsidenten der Bank, Friese, den schärfsten Gegner. Dieser behauptete in einem Bericht an Hardenberg (9. Juli), die Bank dürfe für den damaligen Geldverkehr des Staates ausreichen, zumal da ihr Umsatz von Jahr zu Jahr steige und ihre Verhältnisse geordneter würden. Er widerriet auch entschieden ihre von Hardenberg vorgeschlagene Umwandlung in eine Nationalbank, wofür ohnehin kaum der erforderliche Kapitalfonds aufzubringen sei, und hielt es wenigstens für nötig, damit zu warten, bis die Bank ihre alten Obligationen vollständig realisieren könne.

[1] *Rep. 89 C XXIX 8*
[2] *Rep. 109 B XI 1*

In den Beratungen, die Rother mit einigen sachverständigen Teilnehmern am Prämiengeschäft, worunter vornehmlich Benecke und Mendelssohn, über den Gegenstand abhielt, kam man überein, daß eine allmähliche Umwandlung der Königlichen in eine Nationalbank allerdings der zweckmäßigste Weg sei; da aber der Staat durchaus nicht imstande sei, die hohen Bankschulden abzuwickeln, so konnte sobald nicht daran gedacht werden. Inzwischen hielt man aber ein Aushilfsmittel für erforderlich, und es wurde darüber in mündlichen Beratungen ein Plan entwickelt, den Rother 18. Sept. 1821 dem König unterbreitete[1]. Man dachte, das bestehende kaufmännische „Riscontierungs-Comptoir" unter der Bezeichnung „Kaufmännisches Geld-Institut" zu einer allgemeinen Aktien-Bank umzugestalten, die außer dem zu erweiternden Giroverkehr auch die anderen bankmäßigen Geschäfte: Depositen-, Darlehnsgeschäfte, Escomptierung von Wechseln „auf dem Platz" betreiben und Noten ausgeben sollte. Die Aktionäre sollten Staatsschuldscheine einlegen und 22% von deren Betrag in barem Geld, 22% in Wechseln einschießen, dagegen 66% des Betrages in Noten ausgefertigt erhalten, die ganz als bares Geld kursieren sollten. Die Bank- und Seehandlungs-Kassenscheine und andere derartige Geldzeichen aber sollten eingezogen und gegen bares Courant umgetauscht werden. Die Bank und Seehandlung sollten beitreten können, darüber hinaus wollte Rother aber keine etwaigen Vorschüsse des Staats für die restlichen 22% zusichern. Er meinte auch, ein derartiges Institut werde zwar als eine vom Staat unabhängige Anstalt beim Publikum größeres Vertrauen finden, für das gegenwärtige Bedürfnis des Staates aber nicht ausreichen, weswegen er noch andere Vorschläge machte.

Aus jenem Plan ist jedoch nichts geworden, und das Bedürfnis nach Verbesserung der Anstalten zur Beförderung der Umlaufmittel im Staate bestand weiter. Der Gedanke, dafür durch Errichtung einer preußischen Landesbank Abhilfe zu schaffen und damit eine Konvertierung der Staatsschulden von 5 auf 4% verbinden, wurde von Rother im Nov. 1823 beim König angeregt. Durch eine C. O. vom 21. Jan. 1824 zu weiterer Verfolgung des Planes aufgefordert, hat Rother darüber in den

[1] *Rep. 89 E V 8*

ersten Monaten des Jahres mit seinem Freunde, dem Baron Salomon von Rothschild in Wien, den er schon früher vertraulich eingeweiht hatte, und auch mit anderen führenden Bankiers verhandelt. Sie waren, wie Rother selbst, überzeugt, daß nicht eine bloße Reform der bestehenden Bank, sondern die Gründung einer völlig neuen Anstalt erforderlich sei; wie das in einem ausführlichen Gutachten W. C. Beneckes vom 21. Mai 1824 entwickelt wird[1].

Rother nahm mit ministerieller Erlaubnis 8. Okt. vertrauliche Besprechungen[2] mit den namhaftesten Mitgliedern der hiesigen Börse: W. Chr. Benecke, Crelinger, Zach. Friebe, Jos. Mendelssohn, Gebr. Schickler (Brüstlein) sowie Chr. Wilh. Reichenbach aus Leipzig, auf; an den bis 30. Nov. fortgesetzten Verhandlungen nahmen dann noch der Agent A. Bloch und der auf Rothers Einladung Ende Oktober eigens aus Wien gekommene Baron Rothschild teil. Alle Beteiligten mußten durch Handschlag versprechen, vom Inhalt der Beratungen nichts ins Publikum zu bringen. Der von Rother vorgelegte Verfassungsentwurf fand größtenteils Beifall, die schwierigste Frage war nur, wie die Angelegenheiten der aufzulösenden kgl. Bank abzuwickeln und ihre Verpflichtungen zu übernehmen seien, da deren Zustand bisher völlig geheim gehalten war. Man mußte sich entschließen, eine Übersicht darüber vorzulegen; die darüber eingeholte Genehmigung des Königs wurde nach einigen Bedenken (30. Okt.) nur ungern erteilt und mit der Bedingung, daß die Teilnehmer sich nochmals besonders verpflichten mußten, das strengste Geheimnis darüber zu beobachten. Die Bank hatte bezeichnenderweise 2 Übersichten (Stand vom 30. Juni 1824) vorgelegt: die erste, bei der prozentuale Abschreibungen an den Aktivposten vorgenommen waren, ergab ein Defizit von 3,7 Mill. Tl.[3], die andere, in der alles für voll gerechnet war, einen Überschuß von 941 000 Tl. Nur diese, der Wirklichkeit durchaus nicht entsprechende durfte vorgelegt werden. Daß sie auch mit einiger Skepsis zur Kenntnis genom-

[1] *Vgl. oben S. 89 f*

[2] *Rep. 89 C XXIX 8; Rep. 89 E V 7; Rep. 109 B XI 1—3*

[3] *Das tatsächliche Defizit ist bei Niebuhr, S. 110, sogar auf über 7 Mill. angegeben*

men wurde, läßt die Erklärung der Bankiers vom 2. Nov. erkennen: Der Zustand der alten Bank möge wirklich vorteilhaft sein, aber das größere Publikum, dem die Lage nicht vorgestellt werden könne, werde dadurch von seiner gegen das jetzige Institut einmal vorgefaßten Meinung nicht im mindesten ablassen. Wenn die Übernahme des Aktiv- und Passivzustandes der Bank in die Statuten des neuen Instituts aufgenommen werde, so müsse das diesem im öffentlichen Glauben, vorzüglich im Auslande, ungemein schaden und ein Anstoß werden, woran das ganze Unternehmen scheitern könne.

Indessen wurde schon der bloße Plan, ohne Kenntnis der Einzelheiten, im In- und Auslande günstig aufgenommen. Auf die erste Nachricht davon stiegen die Kurse der preuß. Fonds rasch. Schon 26. Juni erboten sich Gebr. Bethmann in Frankfurt, für 500 000 Tl. Aktien zu übernehmen, im Oktober und November liefen die Anträge massenhaft ein, darunter Rothschild in London 1 Mill. £ Sterl.; Frhr. von Süßkind, Augsburg, 1 Mill., wenn aber die Aktie auf 500 statt 1000 Tl. gestellt werde, 2 Mill. Tl. Die bayrischen Hofbankiers Frhr. von Eichthal (vormals Seligmann) wollten 1,8 Mill. Tl. zeichnen lassen, die damit beauftragten Berliner Häuser teilten ihnen aber mit, der Andrang sei so groß, daß sie kaum ihren eigenen Bedarf decken, daher ihren Auftrag nicht ausführen könnten. Bei Gebr. Benecke lagen bis 27. Nov. schon Aufträge von über 1 Mill. vor. Selbst kleinere Berliner Bankiers erhielten namhafte Aufträge von auswärts. Jedenfalls war schon bald eine mehr wie ausreichende Beteiligung sichergestellt, ja, man mußte an eine Umlage denken. Es findet sich eine Aufzeichnung, wonach 70 000 Aktien à 560 Tl. = 39,2 Mill. Tl. ausgegeben werden sollten; davon sollte allein die Hälfte auf Rothschild entfallen, die übrigen eingeweihten Teilnehmer sollten erhalten: Benecke, Mendelssohn und Reichenbach je 4000, Schickler und Crelinger je 2000, Friebe 1000 Aktien, für Subskribenten 18 000 übrig bleiben.

Als Gegner des Projektes meldete sich schon gleich Niebuhr in Bonn, der bedeutende Historiker, der aber in der Finanzpolitik nie produktiv, sondern immer entwicklungshemmend auftritt und jetzt, wie 1810, schon bevor er die Einzelheiten kannte, eindringlich davor, als einem Unglück für den Staat, warnte, dann aber sich in maßlosen Ausfällen gegen den Plan und seine Befürworter erging[1]. Ferner der Oberpräsident von Schön, der eine Überschwemmung mit Papiergeld davon befürchtete; und Ernst v. Bülow-Cummerow, der nur seinen schon lange vertretenen Vorschlag ritterschaftlicher Provinzialbanken in Verbindung mit den landschaftlichen Kreditinstituten für heilsam, eine sog. große Nationalbank aber für ein großes Unglück hielt. Nach seiner Meinung war es schon mit der Würde des Thrones kaum vereinbar, „ein gemeinschaftliches Bankierhaus" mit einer Sozietät von Kapitalisten, in- und ausländischen Spekulanten, Personen, die nur durch die Verschuldung des Staates, den Papierhandel und Lieferungen reich geworden seien, zu etablieren. Mit dem pomphaften Namen der Nationalbank stehe es in grellem Widerspruch, daß neben der kgl. Seehandlung 3 Ausländer, einige jüdische Häuser und nur ein altchristliches Haus (Schickler) an der Spitze dieser neuen Leihbank stehen sollten. Dadurch würde jedenfalls die Geldaristokratie auf ewig befestigt, der Grundadel aber ganz verdrängt werden.

So sonderbar dieses Hineinmengen feudaler Tendenzen in eine Bankangelegenheit heute erscheint, in jener Zeit strammer Reaktion mögen sie nicht ohne Eindruck gewesen sein. Vor allem sollten mit dem ganzen Plan und den darüber geführten Verhandlungen zusammen auch die sachkundigen Einwände Niebuhrs gründlich geprüft werden. Das geschah durch eine Kommission von 8 Mitgliedern des Staatsrats, die von 3. Febr. bis 25. April, vielfach in Gegenwart des Kronprinzen, darüber konferierten. Die Mehrheit — 6 Minister und 3 Staatsräte — erkannten ein solches Privatbank-Institut als nützlich für die Wirtschaft wie für die Staatsfinanzen an; neben Schön waren Präsident Friese und der Kronprinz ausdrücklich dagegen. Der Entwurf Rothers[2] wurde in wesentlichen Punkten abgeändert und im Mai 1825 dem König vorgelegt. Erst am 29. Aug. wurde Rother das Ergebnis der Prüfung zugefertigt und Erstattung eines Gutachtens aufgetragen. Rother hatte aber offenbar infolge der schleppenden Behandlung und der starken Gegner-

[1] *v. Poschinger a. a. O., I, S. 240 f; A. Trende, B. G. Niebuhr als Finanz- u. Bankmann (1929), S. 205—234*

[2] *1. Dezember 1824 eingereicht, 233 Paragraphen enthaltend, Grundkapital 100 000 Aktien à 525 (560) Tl. Cour. Rep. 109 B XI 3 II*

schaft die Lust verloren, er antwortete erst 23. Nov. Er nahm allerdings keinen Anstand, die Nützlichkeit eines solchen Instituts mit seinem Leben zu verbürgen, „um mit dem Geh -Staatsrat Niebuhr zu sprechen, der seinen Kopf für das Gegenteil einsetzt", meinte aber, wenn man sich nicht entschließen könne, den von der Kommission vorgelegten Plan zu genehmigen, sondern das Institut mit einer geringeren Aktieneinlage und mit Verzicht auf die für die Staatsfinanzen berechneten Vorteile ins Leben rufen wolle, sei es besser, die ganze Sache fallen zu lassen. Er brachte nun ein ausschließliches Staatsinstitut ohne alle Teilnahme von Privatpersonen, das zwar bei weitem nicht von so umfassendem Nutzen sei, aber den Vorteil weniger Gegner habe, in Vorschlag. Als besonderen Vorteil des ursprünglichen Projektes hatte er zuvor (9. April) hervorgehoben, daß der Zinsfuß von über 50 Mill. Tl. Staatsschulden kostenfrei und in möglichst kurzer Frist von 5 auf 4% herabgesetzt und der Zinsfuß von 4% im Privatverkehr des Landes festgestellt werde. Er hatte aber auch in den Verhandlungen mit den Bankiers, „um sie zu günstigeren Propositionen inbezug auf die dem Staate zu sichernden Vorteile zu vermögen", die Äußerung fallen lassen, daß der Zweck auch ohne sie zu erreichen wäre, und den Gedanken, ihn beim Scheitern der Verhandlungen durch Reform und Erweiterung der alten Bank zu erreichen, nicht aufgegeben.

Allerdings sollte es auch mit dessen Ausführung 21 Jahre dauern. Zunächst nämlich kam es wie so oft, daß gar nichts geschah, und daß man es nach den umständlichen Beratungen einfach bei „den jetzigen traurigen Verhältnissen" (Bülow) bewenden ließ. Dabei hatte sich nach dem zunächst günstigen Ausgang der Ministerialkonferenzen wieder lebhaftes Interesse bekundet; im April und Mai 1825 liefen wieder zahlreiche Meldungen ein, so von 2 Pariser Bankhäusern (durch Mendelssohn) 800000, Friesener-Breslau 1 Mill., der Magdeburger Kaufmannschaft wenigstens 1 Mill. Tl., doch, wie Oberpräsident von Motz schrieb, nur auf direktem Wege, nicht durch Berliner Bankiers. Und trotz Bülows erregter Warnungen ging selbst aus seinen eigenen Kreisen eine Meldung ein: F. von Bismarck auf Kniephof bei Naugard, der Vater des Reichskanzlers, wünschte 17. April Aktien für 200000 Tl., offenbar für ein ritterschaftliches Konsortium. Auch ein Graf Redern meldete sich bei

Rother als Interessent. Der Geschichtsschreiber der Bank[1] rühmt es als einen Erfolg seines Vaters, das, wie er sagt, sehr roh auf Agiotage und grenzenlose Zettel-Emmission gerichtete Projekt vereitelt zu haben; zu dem Ausgang hat aber mindestens ebensoviel die bekannte Scheu des Königs vor durchgreifenden Maßnahmen und die Gegnerschaft des Thronfolgers mitgewirkt.

Nach dem Scheitern des Planes wurde die Errichtung einer Kreditanstalt durch und für die gesamte Kaufmannschaft in Aussicht gefaßt, da der bestehende Kassen-Verein als ein bloß von Einzelnen, zu eigenem Gewinn, mit beschränkten Zwecken und ohne allgemeine Bürgschaften errichtetes Comptoir nur eine sehr untergeordnete Rolle spielte[2]. Aber auch diese Absicht glückte nicht, namentlich wieder infolge des Widerstandes der Hauptbank.

Mit dem Scheitern des Nationalbank-Projektes 1825 war auch die geplante Konversion der Staatsschulden zunächst vereitelt. Es gelang Rother erst 1830, sie teilweise zu verwirklichen, indem die erste englische Anleihe von 1818 in eine 4%ige verwandelt wurde. Im Sommer 1829 begann er darüber mit Rothschild in London, dann mündlich mit dem Frankfurter Hause zu verhandeln[3]. Zu seinem großen Ärger wurden diese Verhandlungen durch Berliner Bankiers gestört, die sich selbst um Übernahme oder Beteiligung bemühten und durch ihre Einmischung die Ansprüche des Frankfurter Hauses in die Höhe trieben. Rothers Voreingenommenheit gegen die Berliner Bankiers wurde dadurch noch gesteigert und äußerte sich in abfälligen und teilweise ungerechten Urteilen über sie[4]. Er lehnte jene Bedingungen ab und erklärte, das Geschäft durch die Seehandlung über den ihm befreundeten Sal. von Rothschild in Wien machen zu wollen. Dieser zog dabei W. Chr. Benecke in enges Vertrauen. Beide kamen überein, daß sie nach dem Scheitern der Nationalbank-Angelegenheit die Ausführung der Zinsreduktion als eine Ehrensache ansehen wollten, und Benecke sollte bei dem 3 860 400 £ betragenden Geschäft sich persönlich mit 200 000 £

[1] *Niebuhr, S. 113*

[2] *Allg. Zeitung v. 11. Okt. 1828*

[3] *Immediatbericht v. 9. März 1830. Rep. 89 C XXVIII, Gen. 22*

[4] *Vgl. Brockhage, S. 125, 132*

beteiligen, was er unbedenklich annahm[1]. Salomon Rothschild hat dann in einem Abkommen in Troppau, 24. Dez. 1829, vorbehaltlich der Genehmigung seines Londoner Bruders Nathan, Bedingungen zugestanden, die Rothers Erwartungen weit übertrafen. Dieser mußte bei Unterzeichnung besonders versprechen, dem König anzuzeigen, daß Salomon dieses Geschäft nicht um Geldgewinn mache, sondern es als eine Ehrensache betrachte. Rother bestätigte dies auch später (18. Jan. 1831), denn es sei dabei auch bei den allerbesten Konjunkturen nichts zu gewinnen gewesen, und der „brave" Salomon werde wegen seiner gemachten Zugeständnisse vom größten Teil seiner Familie hart mitgenommen. Diese ließ es sich große Mühe kosten, zu besseren Bedingungen zu gelangen, bis der endgültige Vertrag mit dem dazu bevollmächtigten Sohne Salomons, Anselm, zu Stande kam und 26. Febr. 1830 die kgl. Genehmigung erhielt. Die neue Anleihe war die erste, die ohne besonderes Unterpfand nur unter Garantie des Staatsschuldengesetzes vom 17. Jan. 1820 gewährt wurde; die für die vorherigen englischen Anleihen gestellten Pfänder, 21½ Mill. Tl. Domänen-Pfandbriefe und 14 Mill. Tl. Staatsschuldscheine, wurden zurückgegeben[2].

An dem Rothschildschen Umwandlungsgeschäft beteiligten sich außer Benecke viele Berliner und auswärtige Häuser; sie erlitten alle durch die infolge der politischen Wirren von 1830 eintretenden Kursstürze bedeutende Verluste, wie damals überhaupt eine arge Krisis eintrat und mehrere Firmen zusammenbrachen. Schon im Anfang Mai 1830 entstand an der hiesigen Börse, vorzüglich durch die übertriebenen Spekulationen, in die sich der größte Teil der Kaufmannschaft auf fremde Staatspapiere eingelassen hatte, veranlaßt, ein Mangel an barem Geld, der die höchste Verlegenheit verursachte, und es drohte einer Menge von Handelshäusern der Umsturz[3]. Die Bank half dadurch, daß sie ihren Wechsel- und Lombardverkehr bedeutend verstärkte, aber die französische Julirevolution führte eine allgemeine Zer-

[1] *Schreiben Beneckes an S. v. Rothschild, 25. 11. u. 12. 12. 1829 (Trende, Rother-Briefe, S. 131 ff), an Minister Graf Lottum, Rom, 14. 1. 1830. Rep. 89, XXVIII, Gen. 22*

[2] *Bericht Rothers v. 8. Sept. 1830*

[3] *Bericht des Chefs der Bank v. 30. 7. 1831. Rep. 89 C XXIX 10 11*

rüttung des Geldmarktes herbei, und der Bank wurden infolge ungewöhnlicher Kündigungen usw. so viele laufende Mittel (über 7½ Mill.) entzogen, daß sie zu scharfen Einschränkungen genötigt war. Von Ende Juni bis Ende Dezember hat sie ihr Wechselportefeuille von 5,3 bis fast 2 Mill., die Darlehen im Lombard-Verkehr von über 5 auf nicht ganz 3 Mill. Tl. heruntergesetzt. Sie mußte eben infolge ihrer prekären Lage, da sie nur mit fremden, und zwar größtenteils mündelsicheren Geldern operierte, in kritischen Zeiten, in denen Gewerbe und Handel ihrer Unterstützung besonders bedurften, versagen, da gerade dann ihre Betriebsmittel ihr in nicht vorzusehendem Maße entzogen wurden. Die dringenden Klagen der Kaufmannschaften wurden als begründet anerkannt und bewirkten wenigstens, daß die Bank ihren Geschäftsverkehr nicht ganz sperrte und sich dadurch etwas weiter half, daß sie für über 1½ Mill. Tl. Staatsschuldscheine mit Verlust verkaufte. Erst 1832 wurde der Verkehr wieder normal.

Nach einem Immediatbericht Rothers vom 18. Jan. 1831 hatte das Haus Rothschild damals noch über die Hälfte der englischen Obligationen nicht abgesetzt und bei einem Kursrückgang von 19% über 2½ Mill. Tl. Verlust. Außerdem sei ein Teil der Mitunternehmer durch eingetretene Bankerotte zur Abnahme unfähig geworden, andere, sogar bemittelte, verweigerten die Abnahme bei dem gesunkenen Kurse, wobei wohl noch ½ Mill. Tl. verloren gingen. Rother riet, den auf Abwandlung des Vertrages drängenden Rothschilds möglichst entgegenzukommen, denn die Erfahrung habe gelehrt, daß Geldgeschäfte, bei denen die Rothschilds nicht als Vermittler, sondern als Gegner aufträten, keinen Fortgang hätten, ja sogar ganz scheiterten, wenn man sich mit gewinnsüchtigen und kraftlosen Individuen, wie sie leider die hiesige Börse aufzuweisen habe, einlasse. Rother war besorgt, durch die Troppauer Abmachung bei den anderen Brüdern Rothschild „in Verruf geraten" zu sein, wurde aber durch seinen Freund Salomon darüber beruhigt, der den nicht vorauszuahnenden welterschütternden Ereignissen von 1830 die Schuld beimaß[1]. Die leidige Angelegenheit zog sich noch lange hin, bis endlich (18. Jan. 1837) die Seehandlung von dem Rest

[1] *Wien, 9. Juli 1834. Trende, Rother-Briefe, S. 149*

der 5%igen Obligationen von 1818 nahezu die Hälfte, für 400 000 £, zur Einziehung für eigene Rechnung den Rothschilds abnahm. Die Konvertierung der übrigen Staatsschuldscheine, der Pfandbriefe und der provinziellen und städtischen Obligationen auf 4 und 3½% konnte allmählich bis 1842 durchgeführt werden[1]. An der der Pfandbriefe beteiligten sich 1838—39 Gebr. Schickler mit 2,3 Mill. oder 16% des Gesamtbetrages, sonst noch Friebe und F. M. Magnus[2].

Inzwischen hatte sich die Aufnahme einer neuen preußischen Anleihe von 10—15 Mill. Tl. als notwendig erwiesen. Da aber nach dem Staatsschuldengesetz vom 17. Jan. 1820 für künftige direkte Anleihen die Zustimmung von Reichsständen erforderlich war, mußte aus politischen Gründen ein Umweg gewählt werden, und die Seehandlung als Selbstschuldnerin eine Prämienanleihe übernehmen, bei der ihre Forderungen für ausgeführte Chausseebauten und die staatlichen Chausseebaugelder als Sicherheit dienen sollten[3]. Jene Forderungen wurden mit 12 Mill. Tl. angegeben, während sie nach einer anonymen Gegenschrift höchstens 6 Mill. betrugen. Noch mehr wie 1817/18 war nun die Frage berechtigt, ob diese Anleihe nicht am Berliner Markt unterzubringen sei. Der Handel in Staatspapieren hatte an der hiesigen Börse längst allen anderen Verkehr überholt. Die Berliner Effektenbörse war zunächst der Frankfurter dafür am wichtigsten geworden und wies schon ein ähnlich internationales Gepräge auf. Die preußischen Papiere allerdings waren so gut fundiert, daß sie als Mittel einer sicheren Kapitalsanlage fast ganz in feste Hände gekommen waren, an der Börse kaum noch umgesetzt wurden, und ihr Kurs sich unabhängig von den schwankenden Konjunkturen gleichmäßig auf oder über pari behauptete. Dagegen hat der Handel in fremden Staatspapieren so erstaunlich zugenommen, daß in der Mannigfaltigkeit der kursierenden Papiere die hiesige Börse um 1830 beinahe die Universalität der Amsterdamer erreicht hat[4].

[1] *Brockhage, S. 127, 178*

[2] *Lenz-Unholtz, S. 332*

[3] *Rep. 89 C XXX 32; Rep. 109, Anh. I 4; II, nr. 1—4; Krug, Staatsschuldenwesen, S. 255 ff*

[4] *Berlin, wie es ist, 1831, S. 221 f*

Trotzdem wandte sich Rother auch jetzt mit einer Anleihe nach auswärts. Er hielt die Berliner Bankiers allein nicht für kräftig genug zu dergleichen großen Unternehmungen und nur 3: Gebr. Schickler, Mendelssohn u. Co., Jacobson u. Rieß, als Teilnehmer geeignet[1]. Er reiste im Frühjahr 1832 eigens nach Frankfurt/M., London und Hamburg, um die Rothschilds und andere Häuser für das Prämiengeschäft zu gewinnen und trat erst danach mit hiesigen Bankiers in Verhandlung. Denn die Rothschilds hatten wenig Neigung, von den Frankfurtern wurde gesagt, sie hätten nur anstandshalber 400 000 Tl. gezeichnet. Es wurde dann auch der größere Teil in Berlin untergebracht, und es wäre ohne weiteres für das ganze möglich gewesen, da viele Anmeldungen zurückgewiesen werden mußten und die Zuteilung geradezu als Vergünstigung galt. Das Geschäft vermittelte hier der Agent Bloch, als Hauptunternehmer wurde Joseph Mendelssohn gewonnen, der allein für $2^1/_2$ Mill. Tl. übernahm. Eine öffentliche Zeichnung wurde nicht aufgelegt, sondern die Teilnehmer mußten sich einzeln schriftlich anmelden, von 19. Juni an, und wurden dann je nach Ermessen berücksichtigt. Es wurde nur eine beschränkte Auswahl zugelassen und mit einem größeren oder geringeren Teil der gewünschten Beträge bedacht; am höchsten Rothschild (1,6 Mill.), Oppenheim-Königsberg (800 000), Jacobson u. Rieß (400 000 statt 1 200 000), Gebr. Schickler (400 000 statt 500 000). Von 7,8 Mill. Tl., die begeben wurden, entfielen 5,15 auf Berlin. 4 Mill. Tl. behielt die Seehandlung ganz, 200 000 zu weiterer Verwendung zurück.

Die Kontrakte mit den Unternehmern wurden hauptsächlich 1.—3. Aug. geschlossen. Die Prämienscheine à 50 Rtl. wurden mit $47^{13}/_{21}$ Tl. Cour. bezahlt, davon gingen noch $1^1/_2$% Provision ab. Das Kaufgeld war in 10 Monatsterminen in bar oder Effekten zu entrichten, gegen jedesmalige Übergabe der Scheine. Die Käufer hatten für die übernommene Verbindlichkeit eine Daraufgabe (Arrha) zu entrichten, die zugleich die Stelle einer Wandelpön vertreten sollte, und an den 10 Terminen absteigend mit 100 bis 55‰ des Kaufgeldes im voraus bar zu zahlen war. Verzinsung 5%, Tilgung binnen 25 Jahren, aus den Chaussee-Einkünften.

[1] *Bericht v. 30. März 1831. Rep. 89 C XXVIII, Gen. 22*

Die Kurse stiegen alsbald nach der Bekanntmachung des Prämiengeschäftes[1] rasch an, so daß bei denen, die sich zur Teilnahme nicht gemeldet hatten oder zurückgewiesen waren, große Unzufriedenheit entstand. So beklagte sich nachträglich Jos. Mendelssohns Bruder, Abraham Mendelssohn-Bartholdy, daß er zum erstenmal bei einem preußischen Anleihegeschäft ohne Teilnahme geblieben sei[2]. Das Anleihegeschäft machte übrigens einiges Aufsehen, da es als eine Umgehung des Verfassungsversprechens erkannt wurde. Es ist auch bei Hoffmann u. Campe in Hamburg eine ziemlich bissige Schrift darüber erschienen, die in Preußen verboten und nach deren Verfasser — als Friedr. Lewald angegeben — gefahndet wurde.

Nicht erhobene Prämien dieser Anleihe wurden nebst Überschüssen des kgl. Leihamts für die Gründung der „Rother-Stiftung", 1840—1842, verwendet; sie diente der Versorgung von 40 Töchtern unbemittelt verstorbener treuer Staatsdiener.

Der Berliner Geldmarkt und die Eisenbahnen

Das Berliner Privatbankgeschäft verhielt sich noch recht ablehnend gegen inländische Gelderfordernisse, so bei dem stoßweise auftretenden Bedarf für das Getreide- und das Wollgeschäft. Die jährlichen Berliner Wollmärkte erlangten gerade seit 1820 stark zunehmende Bedeutung[3]. In bezug auf die finanzielle Seite aber bemerkt Rother in einem Immediatbericht vom 18. Sept. 1821[4]: Beim letzten Wollmarkt konnte in Berlin einige Tage weder klingend Geld noch diesem gleichstehende Geldzeichen selbst bei Anbietung des höchsten Disconto geschafft werden. Das bestätige die Erfahrung, daß zu gewissen Zeiten die Anschaffung des baren Geldes auf dem hiesigen Platze nicht nur sehr schwierig, sondern daß es auch bei bester Sicherheit und größten Aufopferungen ganz unmöglich sei, große Summen disponibel zu machen. Er fügt, wohl mit einiger aus seiner Ab-

[1] *30. Juli 1832. Rep. 89 C XXX 32*
[2] *Vgl. oben, S. 110*
[3] *Festschrift der Korporation, 1870, S. 92 f*
[4] *Rep. 89 E V 8*

neigung erklärlichen Übertreibung hinzu: „Die hiesige Börse kann man — bei dem sehr geringen Vermögen der Berliner Kaufmannschaft und dem sehr beschränkten Credit derselben auf auswärtigen Plätzen — gegen die Geldmärkte von London, Paris, Amsterdam, Hamburg und Wien nur eine Krämer-Gesellschaft nennen". Man müßte aber vor allem den Mangel eines leistungsfähigen öffentlichen Kreditinstituts als Ursache der Misere hinzufügen. War doch nirgends der Diskont so sprunghaft wie in Berlin, infolge der armseligen Mittel, über die die kgl. Bank verfügte[1]. Es fehlte auf dem Berliner Markt an Diskontwechseln, das Lombardgeschäft überwog. Die Finanzierung der Wollmärkte aber wurde in der Tat Sache der Bank und der Seehandlung; so gab die Bank für den Berliner Wollmarkt 1829 durch Darlehen und Diskontieren 1½ Mill. Tl.[2], die Seehandlung hat 1828 ein Wollsortierungskontor, Alexanderstraße 22, errichtet.

Rothers Streben war dahin gerichtet, die Kapitalsbewegung möglichst nach seinen, ausgesprochen merkantilistischen Anschauungen zu leiten. Wenn er in seiner Anleihepolitik das inländische Kapital zu schonen und vielmehr solches aus dem Ausland hereinzuziehen suchte, so wollte er damit bewirken, daß die überschüssigen Geldmittel der einheimischen Erzeugung, namentlich der gewerblichen, aber auch der Landwirtschaft, dem Grund- und Hausbesitz zu gute kämen. Der Geldmarkt aber folgte nicht Erwägungen des volkswirtschaftlichen, sondern des individuellen Nutzens und dabei sehr stark spekulativen Neigungen. Bevorzugt wurden solche Anlagen, bei denen neben dem Zins die Aussicht auf Kursgewinn winkte, auch wenn anderseits mit Verlust zu rechnen war. Während Rother das Geld für den Staat im Ausland suchte, verlegten sich die inländischen Überschüsse zunehmend auf Anlagen im Auslande. Seit 1816—17 wurden fremde Staatspapiere auf der Berliner Börse gehandelt und im Kurszettel des Maklers Hertel aufgeführt, denn der amtliche Kursbericht brachte sie nicht. Sie wurden auch fast nur durch sogenannte Pfuschmakler verkehrt, da die amtlich vereidigten Makler keine Tips geben durften. Mit ihnen kam zugleich das Zeitgeschäft wieder mehr in Auf-

[1] *Spangenthal, Berl. Börse, S. 36*
[2] *Brockhage, S. 90*

nahme. Österreichische und holländische Anleihen erschienen zuerst, bald auch russische und nordische; eine norwegische wurde sogar 1820 in Berlin aufgelegt, durch Benecke. Das Geschäft in Staatspapieren erreichte 1824 unter wilden Schwankungen seine Höhe; die Käufe wurden fast nur auf Zeit gemacht, unter 10, wie es heißt, kaum einer gegen bares Geld. Ein schwerer Börsenkrach brachte im Februar 1826 eine größere Zahl von Handlungshäusern zu Fall, darunter 3 höchst angesehene: Gebr. Benecke, Crelinger u. Reichenbach, Meißner u. Co. Doch lebte der Handel mit fremden Papieren bald wieder auf, ja, Berlin wurde für russische und polnische Werte der bevorzugte Markt, daneben blieben österreichische dauernd im Vordergrund. Seit 1829/30 kamen südeuropäische und exotische, meist reine Spekulationspapiere, hinzu, von denen namentlich die spanischen die Spielwut immer wieder in ungesundester Weise anstachelten. Wie sehr dieser Verkehr an der Berliner Börse zugenommen hat, zeigt ein Vergleich der Notierungen in den Hertelschen Kursberichten, in denen zuerst, 4. Jan. 1817, nur 3 verzeichnet waren, 6. Mai 1830 aber 26, darunter 7 österreichische, 7 russische und polnische, sonst solche von 8 anderen Staaten. Bis 1835 kamen noch 17 hinzu und waren die spanischen bis auf 8 gestiegen. Jene Kurszettel, die seit Anfang 1813 zweimal wöchentlich erschienen, wurden seit Juli 1825 dreimal und seit Mai 1830 werktäglich herausgebracht, was gleichfalls die Zunahme des Börsenverkehrs beweist.

Rother war natürlich entschiedener Gegner des Verkehrs in ausländischen Staatspapieren. Er hätte schon 1820 am liebsten auf ein völliges Verbot hingewirkt, wie es in Österreich bestand. Da dies aber ihm selbst aus politischen Rücksichten untunlich erschien, wollte er wenigstens die Berliner Kursberichte über ausländische Wertpapiere verboten wissen. Hardenberg unterstützte das auch, doch brachte erst eine C. O. vom 31. März 1831 ein solches Verbot. Es blieb zudem erfolglos, schon weil es umgangen wurde, so durch die Zeitungen; ja, die Spekulationslust nahm noch zu und ergriff alle Kreise bis auf das Land hinaus. Hypotheken wurden in Mengen aufgekündigt, um das Geld im Börsenspiel anzulegen, wie 5. Sept. 1834 aus Berlin berichtet wird. Wenn durch C. O. vom 13. März 1840 auch den öffentlichen Blättern verboten wurde, die inländischen Kurse ausländischer Papiere zu melden, so wurde das bald nicht mehr beachtet. Gegen die Zeitkäufe in Staatspapieren als die Wurzel des Übels hatte der bekannte Geheimrat Schmalz 1824 eine grimmige Schrift: Die Stockbörse und der Handel mit Staatspapieren, losgelassen, worin er sogar Zuchthausstrafe dafür vorschlug. Endlich erklärte, nachdem infolge der Reduktion der spanischen Staatsschuld schwere Verluste eingetreten waren, ein Gesetz vom 19. Jan. 1836 Zeitgeschäfte, nicht Kassageschäfte, in spanischen Papieren als nichtig und strafbar für Kontrahenten und Vermittler. Die Spekulation in Spaniern wurde damit in Berlin fast völlig unterbunden, während sie an fremden Plätzen weitere Opfer forderte. Zeitgeschäften in allen anderen nichtpreußischen Wertpapieren wurde durch Gesetz vom 13. Mai 1840 der Rechtsschutz versagt und den vereideten Maklern wurde bei Amtsentsetzung verboten, solche zu vermitteln. Viel Wirkung hatte dies nicht, da Treu und Glauben auch ohne Rechtshilfe im allgemeinen ausreichten. Es genügte auch kaum den Wünschen Rothers, der im Mai 1838 grimmig geäußert hatte: diese Effekten, wodurch den Untertanen schon so manches Unglück zugefügt worden sei, müßten aus dem Lande verdrängt und dem so nachteiligen Schwindelhandel mit solchen Schranken gesetzt werden. Dabei hatte er schon einen kräftigen Riegel vorgeschoben, indem er im Anfang 1837 jede Beleihung ausländischer Wertpapiere durch die kgl. Bank einstellte. Vorher, unter Friese, hatte diese das nämlich in weitestem Umfang getan, und damit jenem Verkehr die wirksamste Förderung angedeihen lassen, was zugleich als eine unwürdige, unzulässige und auch unvorsichtige Konkurrenz mit den Privatgeschäften in der Presse verurteilt wurde[1]. Unbeabsichtigt hat aber auch Rother selbst dem erbittert bekämpften Verkehr Vorschub geleistet, denn seine konsequente Tilgungspolitik brachte 1820—40 mindestens 37 Mill. Tl. dem Inlande zu, und diese wurden weit überwiegend in Wertpapieren, vornehmlich ausländischen, angelegt. Desgleichen führten diesen die Konvertierungen der preußischen Papiere (1838—42) wieder bedeutende Beträge zu[2].

[1] *Allg. Zeitung v. 11. Okt. 1828. Ausführlich darüber Brockhage, a. a. O., S. 139—142, 175 f*

[2] *Vgl. Brockhage, S. 130, 179, 202*

Gegen den Eisenbahnbau verhielt sich Rother anfangs durchaus ablehnend, während er sich zu Chausseebauten geradezu gedrängt hatte[1]. In einem großen Bericht an den König, mit dessen Inhalt sich dieser unterm 5. Sept. 1835 einverstanden erklärte, bezweifelte er, daß Eisenbahnanlagen in größerem Umfang ein Bedürfnis seien und daß sie die riesigen Kosten tragen würden; nach seiner Meinung genügte für den Verkehr der weitere Ausbau von Kunststraßen und Verbilligung der Frachtpreise. Jedenfalls habe der Staat noch keine Veranlassung, Eisenbahnen, die als Handelsstraßen dienen sollten, auf eigene Kosten anzulegen oder durch Beteiligung mit ansehnlichen Beträgen zu unterstützen oder ihnen andere namhafte Opfer zu bringen und Vorrechte einzuräumen. Nach seinen, für die Eisenbahn-Aktiengesellschaften wenig günstigen Vorschlägen wurden, nachdem das Staatsministerium einiges gemildert, die allgemeinen Bedingungen für Konzessionen vom 14. Febr. 1836 festgesetzt. Sie bilden, mit noch manchen nötig gewordenen Änderungen, den Kern des Gesetzes über die Eisenbahn-Unternehmungen vom 3. Nov. 1838, das von diesen als derart einschränkend empfunden wurde, daß es zunächst eine förmliche Lähmung hervorrief. Die Handhabung war indessen wesentlich freundlicher, als die von Rotherscher Strenge beeinflußten Bestimmungen befürchten ließen.

Rother hatte inzwischen (April 1837) die Eisenbahn-Angelegenheiten nebst dem Handelsdepartement an das Finanzministerium abgeben müssen, nachdem er mit dem eisenbahnfreundlichen Kronprinzen deshalb im Staatsrat zusammengestoßen war. Sein mittelbarer Einfluß darauf blieb aber noch bedeutend. So hat er den Plan der Berlin—Hamburger Bahn, der schon im März 1837 dem Finanzminister vorgelegt wurde, bekämpft und anscheinend für mehrere Jahre verhindert, so daß sie erst 1842—46 gebaut wurde. Dabei sprach mit, daß die Chaussee nach Hamburg erst 1838 fertig wurde und daß der Dampfschiffahrt der Seehandlung nach Hamburg eine gefährliche Konkurrenz drohte. Wenn schon im Februar 1836 in Berlin ein Sturm auf die Aktien der Potsdamer Bahn einsetzte und

[1] *Das Folgende nach Rep. 109 B VI 2; ergänzend dazu: Bergengruen, David Hansemann; Brockhage, Kapitalexport; Neidlinger, Effektenspekulation: Leiskow, Spekulation u. öffentl. Meinung*

diese sprunghaft hochtrieb, wenn schon bald von Eisenbahnschwindel und Aktienwucher geredet werden konnte, wenn die Regierung nach dem Eisenbahngesetz vom 3. Nov. 1838 allzu freigebig Konzessionen erteilte, so war das alles gewiß nicht nach dem Sinne Rothers. Er bezeichnete es in einem Immediatbericht vom 9. Jan. 1843 über die vermutlich von ihm abgelehnte Mitwirkung der Seehandlung als notwendig, den Geldmarkt nicht auf einmal mit einer zu großen Masse neuer Eisenbahnpapiere zu überschwemmen und die Kräfte auf wenige, zunächst notwendige Bahnen zu beschränken. In einem späteren Immediatbericht (14. Mai 1845) gab er 10 bis 12 Mill. Tl. als äußersten Betrag an, der ohne erheblichen Nachteil für die übrigen Gewerbe dazu jährlich verwendet werden dürfe.

Diese Mahnungen zur Besonnenheit kamen jedoch zu spät. Der Staat hatte selbst eine fieberhafte Bewegung dadurch entfesselt, daß eine C. O. vom 29. Nov. 1842 den schon genehmigten Eisenbahnen eine staatliche Zinsgarantie in Höhe von 3½% zusicherte, gegen Rothers Meinung, der 3% für genügend hielt und eine Übernahme der Eisenbahnen durch den Staat vorgezogen hätte. Denn infolge der Zinsgarantie mußte dieser für die Fehleinnahmen der unrentablen Linien aufkommen, während die Gewinne der anderen den Gesellschaften zuflossen. Da nun die Eisenbahnaktien ein sicheres Einkommen in der nunmehrigen Höhe der Staatsschuldscheinzinsen gewährleisteten, darüber aber die Aussicht auf höheren Gewinn boten, so wandte sich das Kapital ihnen sogleich entschieden zu, und die Spekulation nutzte die Bewegung natürlich aus. Alle Kreise versuchten ihr Glück auf dem Eisenbahnaktienmarkt, und der Andrang verstärkte sich, als der Staat 22. Dez. 1843 die zinsgarantierten Eisenbahnaktien für mündelsicher erklärte. Zahlreiche neue Gesellschaften waren inzwischen gegründet worden und brachten das Kapital spielend leicht auf; im Nov. 1843 wurden schon 17 Eisenbahnpapiere an der Börse notiert, gegen 3 bzw. 6 in den beiden vorhergehenden Jahren, 1844 stieg die Zahl auf 29. Die Spekulationswut kannte kaum noch Grenzen, sie wandte sich auch den nicht zinsgarantierten Aktien zu, ja Aktienpromessen der neu gegründeten Gesellschaften wurden mit 20—30% Agio gehandelt. Um die Glückspapiere zu kaufen, verminderten Kaufleute ihr Betriebskapital, wurden viele Hypotheken gekündigt; langfristige Gelder waren fast nicht aufzutreiben. Dabei wurde weit mehr durch Zeit- und Prämiengeschäfte als mit barem Gelde gehandelt. Die Schranken, die in dem Eisenbahngesetz vom 3. Nov. 1838 gegen Agiotage und leichtsinnige Spekulation gesetzt waren, wurden in der Praxis leicht umgangen, wie auch trotz Verbots die Kurse auch der fremden Papiere veröffentlicht wurden.

Rother ließ in den ersten Monaten 1844 dringende Warnrufe über „die zur Epidemie gewordene Spekulationswut, unterstützt durch die Operation leichtsinniger Bankiers und Geldwechsler", erschallen und wies darauf hin, wie der Hypothekenmarkt dadurch benachteiligt, den Gewerbetreibenden und „der kaum aufgeblühten Industrie" der Kredit entzogen werde. Auch der Kurs der inländischen Staats- und Kommunalpapiere und Pfandbriefe sei dadurch im Fallen. Er beantragte: 1. allen Handel mit Eisenbahn-Papieren fremder Staaten an den Börsen oder wenigstens die Bekanntmachung ihrer Kurse in den öffentlichen Blättern zu verbieten und Zeitkäufe in solchen für ungültig zu erklären; 2. Zeitkäufe in inländischen Eisenbahn-Papieren oder wenigstens in sogenannten Quittungsbogen und Zusicherungsscheinen zu verbieten und für ungültig zu erklären. Wenn ein unbedingtes Verbot der Zeitkäufe nicht für angemessen erachtet werde, sollte man doch veranlassen, daß dergl. Fondsgeschäfte nur unter Kaufleuten und Börsenmitgliedern geduldet, dem weiteren Publikum aber erschwert würden. Die jetzigen ephemeren Zeichner von Eisenbahn-Aktien seien größtenteils unbemittelte Spekulanten, die ihre Zusicherungsscheine mit 10, 15 bis 20% Gewinn sofort verkauften, in der Folge aber, wenn die baren Einzahlungen geschehen mußten, gewiß das Geld nicht aufbringen könnten. Demgemäß erging, nachdem das Staatsministerium noch eine Warnung erlassen (11. April), die einschneidende Verordnung vom 24. Mai 1844, wonach 1. Aktienzeichnungen für Eisenbahn-Unternehmungen ohne ausdrückliche Genehmigung des Finanzministers nicht eröffnet werden, 2. alle Zeitgeschäfte in Aktienpromessen, Interimsscheinen und Quittungsbogen rechtlich ungeschützt und unklagbar sein sollten, 3. den vereidigten Maklern und Agenten bei Amtsentsetzung verboten wurde, solche Zeitgeschäfte und 4. Verträge über ausländische Eisenbahn-Papiere und Anleihe-

Obligationen auch bei Barzahlung abzuschließen oder zu vermitteln.

Es wurden also Zeitgeschäfte nicht unbedingt verboten, was auch Rother für nicht angemessen hielt, man wollte nur das größere Publikum davon abhalten und sie auf den rein kaufmännischen Verkehr beschränken. Das wurde auch erreicht: die Spekulation hörte sogleich auf, die große Masse des Publikums zog sich unter empfindlichen Verlusten von der Börse zurück, aber die Kurse fielen auch um 10 bis 20%. Die großen Bankhäuser und alten Geschäfte wurden von der Baisse nicht sonderlich erschüttert, sie hatten vorher schwer verdient, wohl auch ihre Gewinne rechtzeitig realisieren können. Aber die Rückschläge an der Börse verursachten augenblicklich eine allgemeine Versteifung am Geldmarkt, es traten Fallissements ein, und die Lage wurde recht kritisch. Rother wurde, wesentlich durch den Finanzminister Flottwell, bewogen, daß er sich zu Beleihungen von Eisenbahnpapieren bis zur Höhe von 3 Mill. Tl. durch die Bank und Seehandlung bereit erklärte. Da aber die Bahnbauten zunehmend fortgesetzt, immer erneute Einzahlungen ausgeschrieben und neue Konzessionen erteilt wurden, so gingen die Kurse der Eisenbahn- und zugleich die der anderen Effekten, zumal der Staatsschuldscheine, dauernd herunter, und traten auch in den folgenden Jahren wieder Krisen ein. Der Bankdiskont mußte, nachdem er über 7 Jahre auf 4% gestanden, im Okt. 1844 auf 4½ und nach zeitweiliger Senkung im Okt. 1845 gar auf 5% erhöht und im nächsten Jahre sogar empfindlich eingeschränkt werden. Der König griff selbst ein, ließ im Okt. 1845 der Bank, deren Depositenbestand 1844—46 von 30 auf 24,6 Mill. Tl. herunterging, aus dem Staatsschatz 3 Mill. Tl. für Wechseldiskontierungen am hiesigen Platz vorschießen und drang im folgenden Herbst, bei der zögernden Haltung Rothers, entschieden auf ausgedehntere und schleunige Beleihung von Eisenbahn-Effekten durch die Bank, denn die Seehandlung war nach Rothers Erklärung zu einer weiteren nicht imstande. Um die Kurse zu stützen, ließ dieser selbst gegen 3 Mill. Staatsschuldscheine ankaufen, doch gingen diese weiter zurück und standen gegen Ende 1846 auf 92%, während sie zu Anfang 1844 auf 102% gestanden und selbst bei der vorherigen Zinsreduktion, von 4 auf 3½%, nur um 2% nachgegeben hatten.

Der Staat hat auch, um die noch stärker sinkenden Eisenbahn-Effekten zu stützen, im Anfang 1846, wider Rothers Meinung, Quittungsbogen und Aktien in sehr bedeutendem Maße angekauft. Rother selbst bewog, mit königl. Genehmigung, seinen Freund Rothschild zu einer Anleihe für einige Eisenbahn-Gesellschaften, doch stellte dieser drückende Bedingungen: Verpfändung von Staatsschuldscheinen und Garantie der Seehandlung für pünktliche Rückzahlung.

Die Berliner Kaufmannschaft und ihre Vertretung, die Ältesten, sahen als Hauptursache des Übels die Eingriffe der Regierung in den Börsenverkehr, zumal die letzte Zeitkauf-Verordnung, die überhaupt gewaltiges Aufsehen erregte, an und gingen in immer wiederholten Eingaben erbittert dagegen vor. Diese Verordnung habe das Vertrauen gründlich erschüttert und schrecke alle Kreise von der Beteiligung am Eisenbahn-Aktienhandel ab, ja, sie sei moralisch und handelsrechtlich anfechtbar und zudem unwirksam, da sie durch gerissene Spekulanten und unbefugte Makler umgangen werde, und demoralisierend, da sie die Möglichkeit bot, sich eingegangenen Verpflichtungen straflos zu entziehen. Dieser Beurteilung schlossen sich auch der Finanzminister Flottwell und das staatliche Handelsamt an. Rother hingegen behauptete, die Ursache der Krisen sei nicht Mangel an Vertrauen, sondern an Kapitalien; dieser aber sei durch dauernde übermäßige Beteiligung an auswärtigen Anlagen hervorgerufen; er wurde lebhaft beunruhigt, als 1846 wieder eine Hamburger Anleihe — die zweite, nach der sogen. Feuerkassen-Anleihe gelegentlich des Brandes von 1842 — und eine Hannoversche Eisenbahn-Anleihe größtenteils in Berlin aufgelegt wurden. Rother sprach sich in ausführlichen Berichten gegen jede Änderung der erlassenen Vorschriften aus und fand damit die Billigung des Königs.

Die allgemeine Unzufriedenheit über die Lage des Geldmarkts und die Maßnahmen der Regierung: übermäßige Konzessionserteilungen und verheerende Eingriffe in das Börsengeschäft, sowie die unzulängliche Hilfe der Bank fand schließlich in einer Eingabe der Ältesten der Kaufmannschaft an den König vom 12. Sept. 1846 Ausdruck. Sie wurde mit größter Gründlichkeit behandelt, und Gutachten wurden von allen Seiten eingefordert, wobei die Meinungen erheblich auseinandergingen.

Rother blieb entschiedener Gegner einer Abänderung und gestand nur zu, daß die Bank in der Beleihung von Eisenbahn-Effekten allmählich auf 4 bis 5 Mill. Tl. heraufgehen könne. Das Staatsministerium trat ihm 26. Okt. 1847 mit 7 gegen 4 Stimmen bei und lehnte die Anträge, die Zeitkauf-Verordnungen zu mildern und den weiteren Eisenbahnbau auf 5 Jahre zu unterbrechen, ab. Jene Verordnungen von 1836, 1840 und 1844 wurden nach vielen weiteren Vorstellungen erst unter der neuen Ära, im Mai 1860, aufgehoben.

Die Finanzierung des Eisenbahnbaus machte trotz aller Schwierigkeiten erstaunliche Fortschritte. Der Kapitalbedarf der ganz oder teilweise preußischen Bahnen (ohne die ostpreußische), der ausschließlich in Berlin gehandelt wurde, betrug Ende Sept. 1846 133 110 800, Ende Dez. 1847 148 062 700 Tl. Davon waren eingezahlt bis Ende 1844 51 866 600, bis Ende Sept. 1846 93 171 650, bis Ende 1847 124 583 200 Tl., so daß zuletzt nur noch 23 479 500 Tl. ausstanden.

Die so nachdrücklich betriebene Förderung des Eisenbahnbaus aber war für die ganze Entwicklung Berlins von einschneidender Bedeutung. Denn damit vollzog sich der entscheidende Wandel in der Verkehrslage der Stadt. Während bislang Berlin nur für den Osten ein maßgebender Verkehrsplatz war, an zentraler Bedeutung im Binnenhandel aber hinter Leipzig und Frankfurt a. M. zurückstand, wurde es durch den energischen Ausbau eines radial nach allen Richtungen ausstrahlenden Eisenbahnsystems der wichtigste Verkehrsknotenpunkt von ganz Deutschland. Die Gründung des deutschen Zollvereins (1833) hatte dem schon wirksam vorgearbeitet. Nun aber konnte Berlin namentlich den deutschen Westen in seinen Wirkungsbereich ziehen, was sich schon äußerlich dadurch bekundete, daß rheinische Handels- und Fabrikhäuser Niederlassungen in Berlin anzulegen begannen. Die Berliner Börse aber hat in jenen Zeiten einen entscheidenden Aufschwung gewonnen und eine erstaunliche Leistungsfähigkeit bewiesen. Ein genauer Kenner, der Geh. Kommerzienrat Wilh. Beer, sagt darüber in einem Schreiben an Rother vom 24. Okt. 1845: In Berlin begann nach dem Frieden von 1815 allmählich ein Handel mit fremden Fonds, die zuvor höchst unbedeutende Berliner Börse schwang sich innerhalb von 20 Jahren zu einer der ersten in Deutschland empor, und die während dieser Zeit eintretenden Verluste wurden hundertfach durch den Gewinn überwogen. Allerdings kam es ihr zustatten, daß die preußischen Finanzen sich unter Rothers großartiger Leitung weit über die der anderen Großmächte erhoben. Als die Eisenbahnen das Triebrad der Zeit wurden, konnte die Börse vermöge ihrer so sehr gewachsenen Kapitalfähigkeit sich desselben so gänzlich bemeistern, daß sie der Leiter aller anderen großen Börsen Deutschlands geworden ist. Ihre Leistungen in den letzten Jahren sind erstaunlich. Während die Wiener Börse 5 oder 6 Eisenbahnen auf ihrem Kurszettel notiert, hat Berlin deren etwa 50. Und doch steigen oder fallen die wenigen dortigen nach dem von Berlin gegebenen Impulse. Bei der gefährlichen Krise im Juni vorigen Jahres entlud ganz Norddeutschland seinen Eisenbahn-Aktienbesitz auf Berlin, jeden Tag brachte die Post große Stöße davon zur Versilberung an die Berliner Börse, und diese war erstaunlicherweise imstande, dies alles zu verschlucken, ohne daß irgend ein Quittungsbogen oder eine voll eingezahlte Aktie unter pari ging. Zu dieser Höhe wäre die Berliner Börse ohne den Handel in fremden Fonds und Eisenbahn-Aktien nie gelangt.

Nach Rothers Ansicht hatte sich aber die Berliner Börse übermäßig darauf eingelassen, der Betrag der darin steckenden inländischen Kapitalien überstieg nach seinem Bericht vom 5. Okt. 1846 „allen Glauben" und man leide infolgedessen unter Kapitalmangel. Nach Angabe der Ältesten von Juni 1844 betrug das Nominalkapital der hier gehandelten Eisenbahnpapiere 130 Mill. Tl., und auf ebenso hoch wurden die monatlichen Umsätze vor der Mai-Verordnung geschätzt, was nach Rother eine erschreckende Höhe des Eisenbahn-Schwindels an der hiesigen Börse bekundete.

Bank und Kassen-Verein

Da die Bank seit 1806 ausfiel oder versagte, trat teilweise die Selbsthilfe der Kaufmannschaft ein. So hat der Berliner Handelsstand zu Ende 1806 den Kontributionslombard geschaffen, der allerdings nicht zur Wirksamkeit gelangen konnte. Es bestand aber später, wie ein Bericht Rothers vom 21. Sept. 1821 ergibt, ein kaufmännisches „Riscontierungs-Comptoir", d. h. eine Giro-Anstalt, denn es sollten dadurch die Zahlungen und Abrechnungen der durch Einschüsse teilnehmenden Handlungshäuser mittelst Ab- und Zuschreiben auf ihre Konten erleichtert werden. Dessen Erweiterung war vermutlich das „Berliner Abrechnungs-Comptoir", das 1823 durch ein Konsortium von 15, dann 33 Firmen errichtet wurde, um mit einem durch Commanditen zusammengebrachten Kapital von 3 Mill. Tl. den Abrechnungsverkehr und weitere Geldgeschäfte zu betreiben. Es ist anscheinend nicht viel daraus geworden, dagegen erwies sich eine kurz vorher zusammengetretene Vereinigung führender Bankiers als äußerst lebensfähig. Es war ein Privatverein nach dem Muster des Londoner Clearinghouse; er trat zunächst ohne förmlichen Vertrag, nur durch eine am 18. April getroffene Vereinbarung von 9 Bankiers mit 1. Mai in Tätigkeit. Ein förmlicher Gesellschaftsvertrag wurde erst 23. Febr. 1824 geschlossen, zunächst für 5 Jahre, ab 1. Jan. 1824, gültig, und dabei der Firmenname „Berliner Cassen-Verein" angenommen[1]. Zu Anfang 1826 vereinigte sich das oben erwähnte Abrechnungs-Comptoir mit ihm, da beide unter verschiedenen Grundsätzen einen gleichen Zweck verfolgten; es geschah in der Form, daß die beiden angesehensten Firmen des Comptoirs dem Kassen-Verein als Gesellschafter beitraten. Dessen Mitgliederzahl stieg bis 1850 nie über 10 bis 12.

Der Verein wollte, wie als sein Gegenstand und Zweck bezeichnet wurde, das Zahlungsgeschäft im Handel und Wandel dadurch erleichtern, daß bare Zahlungen aus einer Hand zur

[1] *Rep. 120 A XI 2, nr. 1 adhib.; Gedenkschrift: Die Bank des Berliner Kassen-Vereins. Zum 1. Okt. 1900*

anderen entbehrlich gemacht würden, den dazu dienenden baren Fonds aber mit der erforderlichen Sicherheit und Vorsicht verwerten. Er nahm also von jedermann bares Geld als unverzinsliches Depositum an und besorgte die Einziehung in Berlin zahlbarer Wechsel, Anweisungen und Schulddokumente unentgeltlich; er gab über die eingezahlten oder einkassierten Beträge Depositen- oder Kassenscheine, die jederzeit und an jeden Inhaber zahlbar waren, unter solidarischer Verpflichtung und Unterschrift sämtlicher Gesellschaftsmitglieder, oder es wurde solchen, die mit dem Kassen-Verein in laufender Rechnung stehen wollten, gutgeschrieben und quittiert. Der Betrag der auszugebenden Scheine sollte bis zu weiterem Beschluß 3 Mill. Tl. nicht übersteigen, bis 23. 2. 1824 waren es 1 Mill. Tl. Sie wurden über Beträge von 100, 200, 300, 500 und 1000 Tl. ausgestellt. Bis zur Hälfte des Betrages der ausgegebenen Scheine konnte ausgeliehen werden, im übrigen war das Diskontieren von Wechseln, die in Berlin zahlbar waren, das Hauptgeschäft. Jedes Gesellschaftsmitglied hatte 5000 Tl. zinsbar einzulegen, zur Deckung der Kosten und etwaiger Verluste. Die Mitglieder der Gesellschaft hafteten solidarisch gegen dritte und untereinander und hatten gleichen Anteil am Gewinn oder Verlust, der am Ende jeden Jahres verteilt wurde.

Prokura hatten neben den Mitgliedern 2 besoldete, als „Bevollmächtigte" bezeichnete Geschäftsführer. Ein monatlich wechselnder Direktor aus den Gesellschaftsmitgliedern führte die Aufsicht, natürlich unentgeltlich, und zog für gewisse Fälle seinen Nachfolger im Amt mit herbei. Am Schluß jeden Monats prüfte eine Versammlung sämtlicher Mitglieder die Diskontgeschäfte und das Vermögen. Die Bestimmungen über verbindliche Unterschriften (§ 13—15) wurden unterm 26. Februar zur Kenntnis des Publikums gebracht, im Intelligenzblatt vom 2. März. Das Comptoir befand sich in Burgstr. 25, wo auch die Anleihe-Comitees der Kriegszeit ihren Sitz gehabt hatten.

Für den Berliner Verkehr hatte das Bestehen des Kassen-Vereins die günstige Wirkung, daß die Hauptbank dadurch zu regerer Geschäftstätigkeit angespornt wurde. Sie begann im Herbst 1826, dem Beispiel des Kassen-Vereins folgend, die Einziehung von Wechseln und Assignationen für Privatpersonen am Platze unentgeltlich zu besorgen, was zwar Mühe und auch Kosten verursachte, aber nach dem Bericht des Bankchefs vom 22. Juni 1827 hinlänglich dadurch ersetzt wurde, daß das kaufmänische Publikum mehr herbeigezogen und andere nutzbare Geschäfte damit ermöglicht, anderseits aber der Geschäftsbetrieb des Kassen-Vereins sehr beeinträchtigt wurde. Denn die Bank erhalte dadurch einen großen Teil von dessen Kassenscheinen in Zahlung, die sie nicht wieder ausgebe, sondern vom Verein realisieren lasse und so vorläufig außer Umlauf bringe[1]. Die Bank wandte sich sogar, teils um ihre Gewinne zu steigern, teils um sich aus Rivalitätsgründen den derzeitigen geschäftlichen Bedürfnissen anzupassen, dem Wertpapierhandel zu. Sie kaufte nicht nur seit 1827 Effekten in spekulativer Absicht zum Wiederverkauf, sondern sie unterstützte auch den privaten Effektenverkehr durch ihr 1827—34 betriebenes Kassendarlehnsgeschäft und namentlich das seit März 1828 eingerichtete Kassenlieferungsgeschäft, das fast ausschließlich in Beleihung ausländischer Wertpapiere bestand und sehr lebhaft ging[2]. Die oft nur auf wenige Tage gegebenen Kassendarlehen machten, wie es 1830 heißt, den weitaus größten Teil der Lombardgeschäfte aus

Die Hauptbank ließ es indessen nicht bei bloßer geschäftlicher Konkurrenz wider den Kassen-Verein bewenden, sondern bemühte sich auch, ihn ganz zu beseitigen. Die Börsenkrise vom Februar 1826, der auch 2 Mitglieder des Kassen-Vereins zum Opfer fielen, gab einen günstigen Anlaß zum Vorstoß gegen diesen. Daran beteiligte sich auch Rother namens der Seehandlung. Beide Präsidenten machten in einem längeren Schreiben vom 10. März 1826 den Minister des Innern, von Schuckmann, auf das Unzulässige aufmerksam, daß eine private Association von Bankiers Billets au porteur, die wie Banknoten circulierten, ausgebe, und zwar im Betrage von 1½—2 Mill. Tl., ohne die für eine Zettelbank erforderliche königl. Genehmigung, ohne obrigkeitliche Aufsicht und Kontrolle, und ohne daß das Publikum eine Gewähr oder eine rechtliche Handhabe bei Nichtzahlung besitze. Die Gefahr für dieses sei namentlich groß, wenn eine Krise oder ein Krieg eintrete, wie denn auch bei der gegenwärtigen Krise der Kassen-Verein sich in großer Geldverlegenheit befinden solle. Die Erleichterung des kaufmännischen Ver-

[1] *Rep. 89 C XXIX 10 I*

[2] *Vgl. Brockhage, S. 136 f. 139 f*

kehrs sei ein bloßer Vorwand, denn diesem genügten die von der Hauptbank und der Seehandlung ausgegebenen Kassen-Scheine hinlänglich. Die wahre Absicht gehe vielmehr dahin, sich durch die Scheine ein bedeutendes Kapital zu verschaffen, das keine Zinsen koste, aber solche bringe.

Der Minister ordnete darauf eine Untersuchung durch 2 Kommissare an, und der Vorsteher W. Chr. Benecke und Justizrat Marchand gaben diesen unterm 31. März ausführliche Auskunft über die Zwecke und die unzweifelbare Sicherheit des Kassen-Vereins. Dieser habe gerade den Beweis der Zuverlässigkeit bewiesen, „indem er in der letzten, beispiellosen Handelskrisis, bei einigen 30 teils sehr bedeutenden, teils kleineren Fallissementen, welche der hiesige Platz zählte, nicht einen Groschen verloren hat" und beim Kassenabschluß vom 25. März mehr bar in der Kasse hatte, als Scheine wirklich im Umlauf waren. Ja, indem jedes Mitglied über das Vereinsvermögen hinaus auch mit seinem ganzen Vermögen und seiner Person hafte, sei damit eine Sicherheit wie bei keiner einzigen Bank geboten. Eine genaue Kassenrevision ergab, daß von 2 Mill. Tl. überhaupt ausgefertigter Kassenscheine nur 652000 Tl. umliefen, und daß diese nicht nur vollständig gedeckt, sondern daß darüber noch die 50000 Tl. Interessenten-Einschüsse vorhanden waren. Demnach faßten die Kommissare ihr Urteil 18. April dahin zusammen, daß der Kassen-Verein „1. eine gesetzlich erlaubte Handelsgesellschaft und 2. für den Berliner Handelsstand sowohl als für das gesamte Publikum, das Geld einzukassieren hat, von einem entschiedenen Nutzen sei, wovon sich die Kommission unter anderem durch Ansicht der sogenannten Abrechnungsbogen überzeugt habe, nach welcher einzelne Handlungshäuser Summen bis zur Höhe einer halben Million Thaler durch den Kassen-Verein eingezogen und ausgezahlt hatten; 3. daß der Handelsstand und die Geldgeschäfte treibenden Individuen in Berlin in eine bedeutende Verlegenheit gesetzt werden würden, wenn der Kassen-Verein aufgelöst und die ehemalige Verwirrung hinsichtlich des Geld-Manquo wieder hergestellt werden sollte, daß 4. besonders in dem gegenwärtigen traurigen Zustande des allgemeinen Mißtrauens eine große Beruhigung für den Geldmarkt verloren gehen würde, wenn ihm die auf so festen Gründen ruhende Dazwischenkunft des K.-V. und der solidarische Kredit der ersten Häuser Berlins plötzlich entzogen würde, daß 5. der K.-V. sonach der öffentlichen Wohlfahrt nicht nur nicht schädlich, sondern sogar sehr nützlich sei, daß 6. der Hauptbank und Seehandlung so lange kein Recht zustehe, auf die Auflösung des K.-V. zu drängen, als sie nicht ermächtigt seien, jedes Bankiergeschäft zu untersagen, daß 7. nach den vorliegenden Statuten der K.-V. durchaus nicht als eine Zettelbank betrachtet werden könne, daß endlich 8. eine Kontrolle von Seiten des Staates sich weder rechtfertigen lasse noch als notwendig angesehen werden könne, da die solidarische Verpflichtung aller Mitglieder und die deshalb in den Statuten festgesetzten bis ins Detail gehenden Vorsichtsmaßregeln so erschöpfend und sichernd seien, daß man eine kräftigere Controlle als die des allseitigen eigenen Interesses nicht zuzusetzen wisse. Auch habe die Solidität des K.-V. während der letzten Monate, wo auf einmal jeder Besitzer von Kassenscheinen sich zur Realisation drängte und Zahlung in barem Gelde verlangte und erhielt, eine Probe bestanden, welche jeden weiteren Verdacht billig entferne. Leider ist bei der sonst eingehenden Untersuchung ein wesentlicher Punkt nicht berücksichtigt, nämlich, welchen Gewinn das Unternehmen seinen Teilhabern bot.

Der Minister entschied daraufhin 9. Mai, daß zu der beantragten Auflösung kein Anlaß sei. Auch als der Bankpräsident 24. Jan. 1828 einen erneuten Vorstoß machte und beantragte, daß alle Kassenscheine des K.-V. bis Ende des Jahres eingezogen und keine weitere Emission gestattet werden solle, lehnte der Minister 16. Februar 1828 es ab, eine Verbindung von Kaufleuten zu stören, die zu den ersten Handlungshäusern des Platzes gehörten und sich zu einem Geschäft solidarisch vereinigt hätten, das jedem einzelnen erlaubt sei, also dem Publikum eine vielfache statt der einfachen Sicherheit gewähre. Der Verein selbst beschloß in einer Generalversammlung vom 14. April 1828 einstimmig die unveränderte Verlängerung des Gesellschaftsvertrages um 5 Jahre, bis 31. Dezember 1833. Da der Bankpräsident sich 16. Juni unmittelbar an den König wandte, widerlegte der Minister des Innern in einem ausführlichen Votum vom 22. Aug. die wider den K.-V. vorgebrachten Vorwürfe und wies eingehend nach, daß dessen Gebaren den gesetzlichen Bestimmungen keineswegs zuwiderlaufe, daß er eine bessere als die sonst gewöhnliche Sicherheit biete, daß er für den Handelsstand große Vorteile biete und die unrichtigen Kassenbeutel entbehrlich gemacht habe, und daß die Hauptbank selbst seine Kassenscheine beständig in großen Mengen realisiere. Das Staatsministerium schloß sich dieser Auffassung an, beantragte aber 22. Mai 1829 beim König, daß man an eine Ergänzung der gesetzlichen Bestimmungen denken möge, wonach solche Vereine, die an jeden Inhaber zahlbare Verschreibungen ausstellen wollten, künftig nur mit behördlicher Genehmigung, nach vorhergehender Prüfung der Sicherheit und unter Aufsicht zulässig sein sollten. Dem stimmte eine C. O. vom 6. Juni zu.

Es gelang dann doch, den Verein an einer Stelle zu treffen. Der Finanzminister Maaßen (1830—34) hielt die auch im breiteren Publikum umlaufenden Depositenscheine des K.-V. dem Verkehr des staatlichen Papiergelds für nachteilig. Es waren das die sog. Kassenanweisungen, die seit 1825 an die Stelle der Tresorscheine getreten und in Höhe von über 17 Mill. Taler ausgegeben waren. Maaßen verhinderte 1831, daß der K.-V. Scheine auch über 50 Tl. ausgab, und hatte selbst gegen die zu 100 Tl. Bedenken. Ja, es gelang ihm, ein Gesetz vom 17. Juni 1833 auszubringen, nach dem Papiere, die eine Zahlungsverpflichtung an jeden Inhaber enthielten und so dem Papiergeld gleichkamen, von anderen als öffentlich dazu autorisierten Gesellschaften nicht ausgegeben und die schon ohne landesherrliche Genehmigung ausgestellten aus dem Verkehr zurückgezogen und vernichtet werden sollten. Das zielte eigens auf den K.-V. und seine in Höhe von 1,78 Mill. Tl. ausgefertigten Scheine ab. Der Verein suchte, nachdem er eine dreimonatige Frist erwirkt (26. Juli), um eine königliche Genehmigung zur Ausgabe von auf jeden Inhaber lautenden Papieren nach (18. Okt.), was abgelehnt wurde (17. Jan. 1834). Er hatte schon vorher Ersatz zu schaffen versucht, indem er trockene oder Sola-Wechsel auszugeben gedachte, in denen die Haftung des Ausstellers für ein namentliches Indossament ausgeschlossen und jedem Vorzeiger Zahlung versprochen wurde. Dies wurde jedoch auf Veranlassung des Finanzministers als den Vorschriften des Allg. Landrechts zuwiderlaufend untersagt (21. Okt. 1833). Man fand endlich ein unanfechtbares Aushilfsmittel in Wechseln, die von einem Vereinsmitglied auf alle übrigen gezogen, auf jeden Inhaber gestellt und drei Jahre lang zahlbar waren und die, auf runde Beträge, wie vorher, lautend, von Mai 1835 an in Umlauf gebracht wurden. Eine gesetzliche Handhabe gegen diese offensichtliche Umgehung des Gesetzes hatte man nicht, stimmte aber im Ministerium dem Antrage der Hauptbank zu, daß eine solche geschaffen werden müsse. Inzwischen suchte man dadurch entgegenzuarbeiten, daß dergleichen Wechsel bei den kgl. Geldinstituten zwar in Zahlung angenommen, jedoch nicht weiter ausgegeben, sondern sogleich, und zwar jedesmal quittiert, damit sie der Stempelsteuer unterlagen, an den K.-V. zur Zahlung zurückgegeben wurden. Einen Erfolg hatte das jedoch, wie Präsident Friese 29. Februar 1836 zugibt, nicht, die Masse der Wechsel vermehrte sich sogar.

Schon vorher hatte der Kassen-Verein sich zu einer wesentlichen Erweiterung seines Inkasso- und Giroverkehrs über den Kreis seiner Mitglieder hinaus entschlossen. Durch Circular vom 27. März 1834 stellte er sich für alle derartigen Dienste dem ganzen kaufmännischen Publikum zur Verfügung und wurde dadurch zu einem regelrechten offenen Bankgeschäft. Aus diesem Grunde wurde zum ersten Mal eine gedruckte Geschäftsordnung für diesen Verkehr ausgegeben und in den am 9. April 1834 erneuten Sozietäts-Vertrag aufgenommen. Die Einlage jedes Gesellschafters wurde von 5000 auf 10 000 Tl. erhöht; die Geschäftsleitung einem Verwaltungs-Ausschuß, bestehend aus den Sozietären F. G. von Halle, Leonhard Lipke und Joseph Mendelssohn übertragen.

Unmittelbar danach führte auch die Hauptbank den Giroverkehr, der seit 1767 eingestellt war, wieder ein, durch Regulativ vom 1. April 1834. Aber er unterlag noch sehr einschränkenden Bestimmungen: die Teilnehmer mußten eine Einzahlung von 1000 Rt. für Einrichtung eines Girokontos leisten und für dieses eine jährliche Provision zahlen, die durch „Checks" angewiesenen Beträge mußten am Tage der Ausstellung erhoben werden. Wie schwer man sich auch zu diesem Wagnis entschloß, geht daraus hervor, daß eine nachträgliche königliche Genehmigung eingeholt und durch C. O. vom 8. Aug. 1835 erteilt wurde.

Rother hatte, als über den Immediatantrag des K.-V. ministerielle Gutachten eingefordert wurden, 20. Nov. 1833 beantragt, daß selbst den staatlichen und öffentlich genehmigten

Geldanstalten nicht mehr gestattet werden solle, Papiere auf den Inhaber auszugeben, damit nur ein Papiergeld, die entsprechend zu vermehrenden staatlichen Kassenanweisungen, umlaufe, und so auch Fälschungen besser begegnet werden könne. Das wurde auch genehmigt, doch erst nach geraumer Zeit durchgeführt. Erst 1837/38 wurden 5½ Mill. Tl. neue Kassenanweisungen ausgegeben und dagegen die Kassenscheine der, Bank, der Seehandlung und der 1824 errichteten pommerschen Ritterschaftsbank einbezogen. Für den Berliner Zahlungsverkehr soll es nicht hinreichenden Ersatz gewährt haben, da das allgemeine Papiergeld sich schnell in der ganzen Monarchie und darüber hinaus im Zollvereinsgebiet verbreitete und gerade dann, wenn der Geldverkehr sich steigerte, nur gegen Aufgeld zu erhalten war. Daher nahm der Bargeld-Verkehr mit seinen Beschwerlichkeiten notgedrungen wieder zu, und es kamen wieder Verfälschungen von Kassenbeuteln, die vorher ganz aufgehört hatten, vor.

Es ist schon erwähnt worden, daß Rother nach Frieses Tod im Jan. 1837 die Leitung auch der kgl. Bank als „Chef" erhielt. Seine Tatkraft hat jedoch schon vorher auf diese Anstalt hinübergewirkt. So geht aus seinem großen Immediatbericht vom 31. März 1840[1] hervor, daß er es war, der die Wiederaufnahme des Giroverkehrs als ein wesentliches Bedürfnis nicht nur für die Bank selbst, sondern auch für den Handelsstand allgemein befürwortet hat.

In der Verwaltung der Bank kehrte nun ein frischerer Geist ein. Zwar wird auch das bis dahin Erreichte gerühmt; der kaufmännische Verkehr der Bank habe bis 1836 wieder den Umfang von 1806 erreicht, und sogar eine noch höhere Wirksamkeit, da namentlich gezogene Wechsel in einem früher nicht gewohntem Maße diskontiert und gekauft wurden. Dem Handelsstand waren Ende 1836 fast 11 Mill. Tl. vorgeschossen[2]. Aber dieser Aufschwung war großenteils durch Aufnahme neuer Geschäfte herbeigeführt, die volkswirtschaftlich höchst anfechtbar waren und die Bank von ihrer gemeinnützigen Hauptaufgabe ablenkten, Geschäfte, wie sie von R. stets als schädlich

[1] *Rep. 89 C XXIX 50*

[2] *Niebuhr a. a. O., S. 120.*

bekämpft wurden. Vermutlich hat dieser schon 1828 veranlaßt, daß die Bank ihre spekulative Betätigung in ausländischen Papieren aufgeben mußte und daß sie durch C. O. vom 8. Aug. 1835 angewiesen wurde, solche in der Regel nicht zu beleihen. Das wurde allerdings nicht auf das sog. Kassenlieferungsgeschäft bezogen, das sogar in zunehmendem Umfang weiterbetrieben wurde[1].

Rother fand schon bei Übernahme der Bank, abgesehen von dem sehr bedenklichen Defizit von fast 5 Mill. Tl., wesentliche Mängel der Organisation und Geschäftsführung vor. Dafür, daß die Bank über 8 Mill. Tl. zu zinsfreier Benutzung hatte, darunter über 4½ Mill. Tl. umlaufende Kassenscheine, waren die Überschüsse sehr mäßig — in den 5 letzten Jahren 522 000 Tl. — die Verwaltungskosten unverhältnismäßig hoch — jährlich an 150 000 Tl. Nicht gehörig überlegte Spekulationen hatten zuweilen nicht geringe Verlegenheiten bereitet, bei den Provinzial-Kontoren, deren Leiter noch immer auf Tantiemen standen, herrschten dauernd große Mißstände. Rother erreichte zunächst eine ansehnliche Verstärkung des Betriebsfonds, indem zu den kurz vorher erhaltenen 3 Mill. Tl. Kassenanweisungen noch 3 Mill. überwiesen wurden und von der Verwaltung des Staatsschatzes ein zinsfreier Vorschuß von 2 Mill. gewährt wurde[2]. Er hat die Verwaltung gereinigt, erneuert und vereinfacht: Geh.-Rat von Lamprecht, der Frieses Stelle als Präsident des Hauptbank-Direktoriums erhielt, ersetzte zugleich den 77jährigen Direktor Hundt, der mehr hinderte als nützte. Die Beträge für Besoldungen und Pensionen konnten auf 119 000 Tl. ermäßigt werden.

Vor allem wurden die kaufmännischen Geschäfte den Erfordernissen des Verkehrs angepaßt, während vorher die monopolartige Stellung der Bank auch g e g e n die Bedürfnisse der Zeit verteidigt wurde[3]. Rother setzte von 1. Juli 1837 an den Zinsfuß im Diskont- und Lombardverkehr von 5 auf 4% herab und bestimmte, daß er nur mit Genehmigung des Chefs der Bank geändert werden dürfe. Dadurch wurden die, zumal bis 1827, häufigen und plötzlichen Schwankungen, die alle kauf-

[1] *Brockhage, a. a. O., S. 137, 140 f*

[2] *Rothers Berichte v. 30. 1. 1837 u. 19. 9. 1840. Rep. 89 C XXIX 10 III*

[3] *Vgl. Niebuhr, S. 157—162; Poschinger, I, S. 225 f*

männische Kalkulation ungemein erschwerten, beseitigt; der Diskontsatz blieb die nächsten 7¼ Jahre unverändert. Der Diskont- und Lombardverkehr wurde außerordentlich gesteigert: während 1834 darin durchschnittlich kaum 6—8 Mill. Tl. angelegt wurden, waren es 1844 über 18—23 Mill. Der Geschäftsumsatz stieg in den 9 Jahren bis Anfang 1846 von 117,4 auf 254 Mill. Tl. Ferner wurde durch vermehrten und klug geregelten Ankauf von Wechseln auf das Ausland das Schwanken der Wechselkurse gemäßigt. Dagegen hat Rother jede Beteiligung an Geschäften mit fremden Staatspapieren und deren Beleihung sogleich abgestellt, dadurch allerdings auch verursacht, daß in den folgenden Jahren, wie er selbst angab, die Bestände nicht genügend beschäftigt werden konnten. Rother hat endlich den Giroverkehr wesentlich erleichtert und vereinfacht: alle Gebühren für Benutzung wurden vom 1. Juli 1837 an aufgehoben, die Giroanweisungen durften auch auf den der Ausstellung folgenden Tag zahlbar gestellt werden, ja im August 1838 wurden statt ihrer formulierte Giro-Quittungen eingeführt, die 30 Tage, von Februar 1839 an 3 Monate nach Ausstellung laufen konnten. Es war nämlich durch jene Einschränkungen doch nicht zu verhindern, daß die Quittungen statt baren Geldes umliefen, und ihre Realisierung konnte auch bei späterer Vorlage nicht verweigert werden.

Der Verwaltungsausschuß des K.-V. hat daraufhin unterm 21. Juni 1839 dem Finanzminister Grafen Alvensleben eine der „unter dem Namen „Bank-Cheks" bekannten Giro-Quittungen" der Hauptbank, die von einem Handlungshause, über 100 Rt. lautend, ausgestellt und durch den Vermerk „Zahlbar" des Giro-Comptoirs der Hauptbank genehmigt war, eingesandt und angezeigt, er beabsichtige ähnliche Quittungen von den mit ihm in Geschäftsverbindung stehenden Handlungshäusern ausstellen und mit einem gleichen Vermerk versehen zu lassen. Denn offenbar könnten diese Quittungen nicht als solche Papiere angesehen werden, durch die Zahlung an jeden Inhaber versprochen werde, da doch die Hauptbank sie ohne landesherrliches Privileg in Verkehr gesetzt habe. Rother, um ein Gutachten ersucht, sah darin nur einen Versuch, den Geldscheinverkehr, von der Stempelabgabe befreit, wiederherzustellen, „fast zur Verspottung des Gesetzgebers", und warf überhaupt den Interessenten des K.-V. sehr gewinnsüchtige und gehässige Absichten vor. So war nach seiner Darstellung vom 25. Sept. 1839[1] der Zweck des K.-V. zunächst der Zinsengewinn, der aus dem fortgesetzten Umlauf zinsloser Scheine hervorging, während das Kapital größtenteils in zinstragenden Papieren angelegt war; dann aber auch die von mehreren Mitgliedern unverhohlen ausgesprochene Absicht, die staatlichen Geldinstitute, namentlich die Bank, aus allen Geschäften nach und nach zu verdrängen, „und den Geld- und Effektenverkehr des Staats und der Privaten ausschließlich zu seinem Nutzen in seinen Bereich zu ziehen" (!) „Das Geschäft des Vereins", so fährt er fort, „war umso leichter, als die Gelder damals zu täglicher Wiedereinziehung bei der Bank belegt werden konnten. Der hieraus sich ergebende Gewinn von 2% genügte aber bald nicht mehr und so hat der K.-V. seitdem den baren Bestand in Disconto- und Darlehnsgeschäften genutzt. Wenn die Handelsverbindungen und das Ansehen der zusammengetretenen Banquiers an der Börse dem K.-V. eine Gewalt beilegten, der andere Kaufleute durch verweigerte Annahme der K.-V.-Scheine nicht entgegen zu treten wagen durften, so genossen die Vereins-Mitglieder einen bedeutenden sicheren Vortheil auf Kosten ihrer Mitbürger, wie ihn der Staat von dem Papiergelde bezieht. Es leuchtet von selbst ein, welche große Versuchung zur Vermehrung der K.-V.-Scheine in dem in gleichem Maße steigenden Gewinne lag; in demselben Verhältnisse erwuchs aber daraus eine höchst bedenkliche Gefahr für das Publikum, besonders da der im Interesse des Grundbesitzes und des inländischen Gewerbfleißes von den Geld-Instituten des Staates zurückgewiesene Verkehr mit ausländischen Staatspapieren sich dorthin wandte und der größte Theil der Fonds auf solche Effecten angelegt und ohne alle Controlle ein die Mittel der Vereinsmitglieder weit übersteigender Betrag von Papiergeld in Umlauf gesetzt wurde".

Doch geht aus Rothers Ausführungen auch hervor, daß nur die Konkurrenz des K.-V. die Bank veranlaßt habe, Erleichterungen im Giroverkehr eintreten zu lassen. Auch Rother gibt zu, daß die Giroquittungen der Bank im Berliner Zahlungsverkehr wie bares Geld gebraucht würden und eine wahre

[1] *Rep. 120 A XI 2,1 adhib.*

Wohltat für das örtliche Geldgeschäft geworden seien; doch waren sie in dieser Absicht nicht geschaffen, sondern nur, um den Konto-Inhabern das persönliche Ab- und Zuschreiben auf der Bank zu ersparen. Denn dieses, wie es doch in Hamburg geschehe, widerstrebe hier so sehr den bestehenden Gewohnheiten der Kaufleute, daß diese nicht einmal zu bewegen gewesen seien, wie es anfänglich vorgeschrieben war, monatlich einmal persönlich die Rechnung abzuschließen, so daß auch dafür ein kurzes schriftliches Verfahren eingeführt worden sei. Man sieht, daß die unnötigen Scherereien, womit dieser Verkehr belastet wurde, von der Kaufmannschaft abgelehnt und geradezu sabotiert wurden, und Rother gibt selbst zu, daß das persönliche Verfahren ohne bedeutende Personalverstärkung gar nicht durchführbar gewesen wäre, da der Umsatz des Giro-Comptoirs im ersten Halbjahr 1839 sich auf über 27 Mill. Tl. belief.

Der Finanz- wie auch der Justizminister blieben trotz der Ausführungen Rothers der Ansicht, daß die unter dem Namen von „Bank-Cheks" umlaufenden sog. Giro-Quittungen Inhaber-Papiere im Sinne des Gesetzes von 1833 und daher ohne landesherrliche Autorisation auch seitens der Bank nicht zulässig und auf jeden Fall stempelpflichtig seien[1]. Es mußte daher die königliche Genehmigung für die Bank, „auf jeden Inhaber ausgestellte Anweisungen der Giro-Interessenten auf deren Guthaben im Giro zu acceptieren", erwirkt werden (C. O. v. 31. Jan. 1841), worauf „Giro-Anweisungen au porteur" denen auch Stempelfreiheit zugestanden war, vom 1. April 1841 an eingeführt wurden, mit einer Lauffrist von 3, seit 1. Juni 1842 6 Monaten[2]. Sie fanden großen Beifall und ihr Betrag stieg bis 1845 auf 6,7 Mill. Tl.

Rother legte dem Giro-Verkehr die größte Bedeutung bei, weil dadurch die Bank mit allen bedeutenden Handelshäusern unausgesetzte Verbindung erhielt und eine Einsicht in den Gesamtverkehr des Platzes, die ihr ermöglichte, wie alle gut fundierten Banken des Auslandes, den Mittelpunkt des Geldverkehrs zu bilden und ohne Gefahr für die Sicherheit ihrer Fonds den Handelsstand kräftig zu unterstützen und den allgemeinen Wohlstand zu befördern.

[1] *Denkschriften v. 1840. Rep. 89 C XXIX 50*

[2] *Niebuhr, S. 162*

Inzwischen wurde die Frage erörtert, ob die umlaufenden Wechsel des K.-V., durch die er, wie der Minister bemerkte, seine Absicht, ein für jeden Inhaber gültiges Geld-Circulationsmittel zu schaffen, vollkommen erreichte, nicht zu unterdrücken seien. Da aber das Gesetz Personen, die kaufmännische Rechte besaßen, die Ausstellung auf jeden Briefinhaber lautender Wechsel ausdrücklich gestattete, konnte man dagegen nicht vorgehen; auch der Versuch, aus der wiederholten Ausgabe der quittierten Wechsel eine Steuerhinterziehung herzuleiten, scheiterte. Indessen erwog man eine Deklaration des Gesetzes zum mindesten dahin, daß ein bezahlter Wechsel bei Wiederausgabe als verbotenes Papiergeld anzusehen wäre (1840). Zunächst aber war den behördlichen Schikanen ein Ende bereitet und der Umlauf der Wechsel nahm rasch zu; seit 1848 aber wurden sie aus dem Verkehr gezogen.

Es war immerhin ungewöhnlich, daß der Staat zwei, teilweise miteinander konkurrierende Bankinstitute hielt. Das Staatsministerium erklärte dies auch selbst 1833 für inkonsequent und eine Kostenverschwendung. Nur weil man die Bank zurzeit ohne großen Nachteil nicht auflösen könne, möge man sie weiter bestehen lassen wie bisher, ohne Veröffentlichung ihres Standes und ohne Reformen, bis ein günstiger Zeitpunkt gekommen sei, um sie entweder mit erweitertem Wirkungskreis und vermehrten Hilfsmitteln als einziges Geld- und Handelsinstitut des Staates neu zu organisieren oder ganz aufzulösen. Rother aber hielt, auch als er beide Institute unter seiner Leitung hatte, ihr getrenntes Fortbestehen für notwendig, da sie verschiedene Zwecke hätten, da die Bank wesentlich ein Hilfsinstitut für Handel und Gewerbe und für den Geldverkehr im allgemeinen sei, und da durch ihre Sonderstellung vermieden werde, daß dem Handels- und Gewerbeverkehr die gewohnten Hilfsmittel in dem Augenblick entzogen würden, wo beide der Hilfe und Förderung am meisten bedürften. Da die Bank auch Verwalterin von weit über 20 Mill. gerichtlicher Deposital- und Pupillengelder war, mußte sie vorsichtig operieren und konnte sich nicht, wie die Seehandlung, auf gewagte Spekulationen, namentlich im Auslande, einlassen. Für den heimischen Geldmarkt hatten beide allerdings die gleiche Aufgabe: für möglichste Gleichmäßigkeit im Geld-, Wechsel- und Effektenverkehr zu sorgen und jähe Erschütterungen und Sprünge zu verhüten[1].

Mit dem Anwachsen der Hauptstadt und der überraschend schnellen Entwicklung des Geldmarktgeschäftes hielten die staatlichen Kreditinstitute trotz Rothers Rührigkeit nicht Schritt. Bei dem kräftig erwachten Unternehmungsgeist, dem Aufschwung von Handel und Industrie und der reißend schnellen Ausdehnung der Eisenbahn-Unternehmungen mußten weitere Maßnahmen getroffen werden, um den stark gewachsenen Geldbedarf zu befriedigen. Es rächte sich, daß man die längst brennende Frage: Gründung einer Landesbank auf Aktien oder durchgreifende Umwandlung der Hauptbank, nicht gelöst, sondern verschleppt hatte. Wenn die kgl. Bank um 1820 nicht genügte, so konnte sie auch 1845 trotz beachtlicher Fortschritte im Betrieb nicht ausreichen. Denn die Bevölkerung der Hauptstadt hatte sich inzwischen verdoppelt, und der Wohlstand, Verkehr und Geldumlauf hatten in der langen Friedenszeit in noch weit stärkerem Maße zugenommen. Aber Rother war zu sehr Beamter und Autokrat, um in dieser Hinsicht unbefangen zu sehen; ihn bekümmerte die seiner Bank erwachsende Konkurrenz vor allem. Das läßt sein Jahresbericht vom 18. Mai 1843 erkennen[2], worin er die Überzahl der Anstalten beklagt, die derzeit in Berlin Bankgeschäfte teils durch Beleihungen auf Effekten, teils auch durch Diskontieren von Wechseln, direkt oder durch Mittelspersonen, betrieben. Als solche werden aufgezählt: der kgl. Tresor, der Kassen-Verein, die Zuckersiederei-Kompagnie, die 6 Berliner Versicherungs-Gesellschaften und die Agenturen auswärtiger Versicherungs-Anstalten, endlich die hiesigen Direktionen von Eisenbahn-Gesellschaften. Dergleichen Anstalten, klagt Rother, vermehrten sich fortwährend, und es sei daher für die Bank eine schwere Aufgabe, bei „Eingriffen" dieser Art die gesetzlichen Zinsen für die belegten Gelder und noch Überschüsse zur Deckung eines bedeutenden alten Defizits zu erwerben.

Diese Besorgnis vor der Konkurrenz jener Anstalten erscheint umso befremdlicher, als sie größtenteils nur nebenher und mit geringen Mitteln Bankgeschäfte trieben und als sonst immer

[1] *Vgl. Niebuhr, S. 153 f; v. Poschinger, I, S. 223 f*

[2] *Rep. 89 C XXIX 10 IV*

über Mangel in dieser Hinsicht geklagt wird. Denn die kgl. Bank war durch ihre inneren Schwierigkeiten in der Wahrnehmung volkswirtschaftlicher Obliegenheiten stark gehemmt und an der Grenze ihrer Leistungsfähigkeit angelangt, die Seehandlung konnte bei ihrer über den ganzen Staat ausgedehnten Tätigkeit dem lokalen Bedarf nur in geringem Maße dienen. Zudem kamen beide, wie auch der Kassen-Verein, nach ihren statutarischen Leihebestimmungen nur den wechselfähigen Kaufleuten und Fabrikanten zustatten. Das Leihegeschäft war daher weitaus vorwiegend in der Hand der einzelnen Geldhändler. Da waren vor allem die ordnungsmäßigen Bank- und Wechselgeschäfte, deren 1820 bei der Korporation der Kaufmannschaft 60 eingeschrieben waren, das waren also etwa ebensoviel wie 1806. Bis 1846 haben sie sich auf 110 (mit 205 Abhängigen), bis 1858 auf 140 (mit 244 Buchhaltern) vermehrt. Das entsprach nicht ganz dem Wachstum der Bevölkerung und noch viel weniger dem der wirtschaftlichen Verhältnisse, ist doch die Zahl der en gros handelnden Kaufleute 1816—46 von 182 auf 712 gestiegen[1]. Daneben spielte wie immer die nicht faßbare Masse der Pfandleiher und Wucherer eine nicht geringe Rolle. Für die große Masse der Gewerbetreibenden und Grundstücksbesitzer war es aber oft schwer, Kredit zu erträglichen Bedingungen zu finden, und es wird viel geklagt, daß sie von der Willkür und dem Eigennutz der Geldleiher abhängig waren und je nach Konjunktur auch gar keinen Kredit erlangen konnten.

Es tauchten daher vielerlei mehr oder minder ausgereifte Pläne zur Abhilfe auf, namentlich in Zeiten, da die Spekulation große Mittel an sich zog und die Kreditnahme besonders erschwert war. So um 1825 während der Staatspapiere-Hausse und noch viel dringlicher in den 40er Jahren, als die durch die Eisenbahnspekulanten verursachten Kredit-Erschwerungen und -Kündigungen einen wirklichen Notstand bei den Grundeigentümern und Gewerbetreibenden hervorriefen. Es setzte nun eine wahre Hochflut von Gründungsplänen ein.

Im Mai 1844 wurde von den Bankhäusern Mendelssohn u. Co., Gebr. Schickler und J. Fürst der Plan einer Aktiengesellschaft zu hypothekarischer Beleihung von Grundstücken un-

[1] *Vgl. v. Poschinger, I 261; Berl. Schriften, Heft 46, S. 25; Dieterici, Handbuch der Statistik, S. 675*

mittelbar beim König eingereicht, aber schon nach einigen Monaten zurückgezogen, da die Antragsteller es noch für bedenklich hielten, damit hervorzutreten, und eine günstigere Zeit abwarten wollten[1]. Sie sind aber nicht mehr wiedergekommen und taten gut daran, denn die Regierung verhielt sich gegenüber diesen von Privaten ausgehenden Anregungen, wie eben ihre ganze Haltung war: gewissenhaft prüfend, aber innerlich widerstrebend und zufrieden, wenn sie ablehnen und alles beim alten belassen konnte[2]. Rother bestritt in einem Gutachten von 17. April 1845 über 3 ernsthafte Hypothekenbank- und Pfandbriefamt-Anträge, daß überhaupt ein Bedürfnis vorliege, denn es sei noch immer Geld für gute erste Hypotheken zu 4% und auch für zweite zu höherem Zinsfuß zu haben, und weder die Mieten noch die Grundstückswerte seien gesunken, daher sei von einem Notstand der Hauseigentümer keine Rede; nur Häuserspekulanten, die leichtfertig und ohne Mittel gekauft, seien in Verlegenheit. Auch das vorgeschlagene, auf dem Grundsatz der Gegenseitigkeit beruhende Pfandbriefsystem schien ihm keine Vorteile zu bieten, und der Plan, damit ein Discontogeschäft zu verbinden, „worauf es freilich dem Herrn Epenstein sehr ankommen wird," ganz unstatthaft. Gemeint war der dahinterstehende 84jährige Kommerzienrat Epenstein, Unter den Linden 62, der sich während des Freiheitskrieges durch Stiftung der Vaterländischen Frauen-Vereine und anderer segensreicher Vereine verdient gemacht und mit dem Eisernen Kreuz ausgezeichnet worden war; er hatte schon 1825 einen Plan zur Verbesserung des städtischen Hypothekenwesens eingereicht, der auch ehrenvoll anerkannt wurde, aber nicht zur Ausführung gelangte, weil kein dringendes Bedürfnis vorliege.

Es liefen noch weitere Pläne von Hypotheken-Banken oder Assekuranzkassen ein — allein 1846 und 1847 sind 5 von Berlinern verfaßte Projekte bekannt[3] —, die alle keinen Erfolg hatten.

In der Entwicklung des Bankwesens war Preußen erheblich hinter anderen Staaten zurückgeblieben. Mit Recht sah man

[1] *Rep. 120, A XI 2,2 I*

[2] *Ebda.; Rep. 95 B XIV 16; v. Poschinger, II, S. 243*

[3] *Poschinger, I, S. 266*

allgemein gerade in der Organisation und der Monopolverwaltung der rein behördlichen, nichtöffentlichen Bank das stärkste Hindernis eines zeitgemäßen Fortschreitens. In einer Flut von Schriften und Anträgen wurde 1844—46 die Frage des Geld- und Kreditwesens, der Bankenreform, der Errichtung privater Notenbanken oder einer preuß. Landesbank behandelt. Allgemein war das Verlangen nach Vermehrung der Kreditanstalten und Umlaufsmittel wie auch der Unwille über die Teilnahmlosigkeit der Regierung und ihren Mangel an Verständnis für die Lage des Geldmarktes. Besonders entschieden setzte sich Ernst Gottfried v. Bülow-Cummerow (1775—1851) für die Errichtung einer zentralen, unabhängigen Privatbank und die Ausgabe von 25 Mill. Tl. Banknoten ein und fand damit den Beifall angesehener Börsenmänner, anfangs auch des Königs, an den er sich mit seinen Anträgen im Dez. 1844 und Juli 1845 unmittelbar wandte. Wenn auch schließlich sein Plan abgelehnt wurde, so hat er durch sein entschiedenes Vorgehen immerhin erreicht, daß die ganze Frage bei den maßgebenden Stellen gründlich erörtert und die Notwendigkeit einer Vermehrung der Umlaufsmittel und einer neuen Organisation des Bankwesens festgestellt wurde.

Rother entfaltete demgegenüber eine erstaunliche gutachtliche Tätigkeit, verhielt sich aber vorwiegend scharf ablehnend. Er erklärte dabei u. a.,daß er von dem großen Nutzen einer Landesbank wie vor 20 Jahren überzeugt sei, doch nur, wenn sie unter der Aufsicht des Staates stehe, während er Privatbanken ausnahmslos für mißlich hielt und darin durch die Beispiele der amerikanischen und englischen Banken sowie neuerdings der industriellen Bank in Belgien bestärkt wurde. Die Befugnis, Papiergeld zu machen, dürfe keinesfalls dem Eigennutz Privater überlassen, und ebensowenig dürfe die 80jährige segensreiche Institution der Bank, zumal als Verwalterin der pupillarischen, charitativen und gerichtlichen Gelder aufgeopfert werden[1]. Der Finanzminister Flottwell stimmte Rother (12. Mai) darin bei, daß eine Vermehrung der Umlaufsmittel ein Bedürfnis sei, daß dies nicht durch weitere Kassenanweisungen, deren schon an 25¾ Mill. Tl. zirkulierten, sondern durch neue Bankscheine bis

[1] *Gutachten v. 18. März 1845; Rep. 120 A XI 2,1 1*

zu 10 Mill. Tl. befriedigt werden könne, und daß deren Emission durch die kgl. Bank der Errichtung privater Notenbanken vorzuziehen sei. Er bemerkte aber auch anzüglich, daß die Bank dann nicht in Zeiten, wo das Publikum ihrer Hilfe am meisten bedürfe, zu erschwerenden Maßregeln, wie Beschränkung des Kredits und Erhöhung der Zinsen schreiten, sondern gerade dann ihren Vorzug vor einem Privatinstitut bewähren solle, indem sie die Interessen des Handelsstandes berücksichtige, ohne die augenblickliche Konjunktur zu ihrem Vorteil auszubeuten und diesen als Hauptzweck zu verfolgen. Auch dürfe bei der gewährten großen Vergünstigung der Notenemission mit Grund erwartet werden, daß dem Publikum neue Erleichterungen geboten würden. Andernfalls würde der Vorwurf erhoben werden, daß der Staat eine Anstalt in bevorrechteter Stellung halte, die anderwärts der Privatunternehmung überlassen sei und dem Publikum bereitwillig in ausgedehnterem Maße zu dienen pflege. Ein Gutachten des Handelsamts vom 2. Juni gibt folgende von anderen Äußerungen abweichende Ansicht der über die Frage vernommenen Ältesten der Berliner Kaufmannschaft wieder: Eine Lokalbank für Berlin sei kein Bedürfnis, indem es hier weder an Zirkulationsmitteln noch an Gelegenheit für Kaufleute und Gewerbetreibende fehle, sich Geld gegen genügende Sicherheit zu verschaffen. Dagegen sei die Errichtung einer Nationalbank in Berlin mit Filialen in den Provinzen dringend notwendig, da die wichtigste Aufgabe darin bestehe, einen beständigen Ausgleich des Geldumlaufs zwischen Berlin als dem zentralen Geldmarkt eines großen Teils der Monarchie und den Provinzen zu schaffen.

Wie notwendig es war, daß etwas dergleiches in Preußen geschah, zeigte der unverfrorene Plan (1845/46), in dem kleinen Dessau, also in möglichster Nähe Berlins, eine „Deutsche Nationalbank" mit nicht weniger als 100—200 Mill. Tl. Kapital und ebenso hoher Notenemissionsbefugnis zu gründen. Dem Organisationskomitee des merkwürdigen Unternehmens gehörte neben 3 Pariser Bankiers u. a. ein Vertreter des Prinzen Karl und ein Berliner L. Stegmüller, Rosenthaler Str. 13, der sich als Bankier bezeichnete und in 2 Eisenbahn-Direktionen beteiligt war, an. Er gehörte später zu den wenigen, die bei der Berliner Darlehnskasse einen größeren Betrag (9900 Tl.) gegen Unterpfand geliehen und bis März 1852 nicht zurückgezahlt haben. Aus jenem Plan aber ist schließlich nur die Dessauische Landesbank mit $2^1/_2$ Mill. Tl. Kapital hervorgegangen[1].

Rother versicherte in einem Immediatbericht vom 24. Aug. 1845, die Bank werde mit dem verstärkten Betriebsfonds ihre Aufgabe nur um so vollständiger erfüllen können, und erklärte ferner: „Weit entfernt, namentlich mit den Privatbanquiers in eine für dieselben verderbliche Concurrenz zu treten, wird sie vielmehr auch diesen die wünschenswerte und bisher geleistete Hülfe in größerem Maße zu gewähren vermögen. Früher oder später werden vielleicht die vorhandenen Kreditvermittlungs-Institute einer weiteren Entwicklung und Ausbildung bedürfen, und glaube ich, in den Kassen-Vereinen, Gesellschaften, die mit vereinigten Fonds unter solidarischer Verhaftung Bankgeschäfte betreiben, den Keim zu einer solchen gedeihlichen Entwicklung zu erkennen. Ich werde dieselben auch ferner im Auge behalten und zu einer Zeit die etwa erforderlichen Vorschläge wegen ihrer zweckmäßigen, die Bedingungen und Grenzen ihrer Wirksamkeit regelnden Organisation vorzulegen nicht ermangeln"[2]. Der Berliner Kassen-Verein dürfte von dieser interessanten Sinnesänderung des ihm vorher so feindlichen Chefs der Bank keine Kenntnis erhalten haben.

Gegen die Anlage privater Notenbanken blieb jedoch Rother entschieden ablehnend und fand dabei sogar die Unterstützung des sonst so oft von ihm abweichenden Finanzministers Flottwell. So erscheint es wenigstens in einem gemeinsamen Bericht an den König vom 9. Sept. 1845[3]. Darin wird wieder weitläufig der große Vorteil der Staatsbank vor den nur dem Eigennutz dienenden Privatbanken auseinandergesetzt. Ganz besonders gebe die Emission von Banknoten, welche zu einem für alle wechselnden Konjunkturen ausreichenden Geschäftsbetriebe allerdings erforderlich erscheine, in den Händen einer Privatanstalt erheblichen Bedenken Raum. Es erscheine auch in politischer Hinsicht nicht ohne Bedenken, durch Gründung von Privat-Banken mit der Befugnis zur Noten-Emission eine vom Staate unabhängige Geldmacht zu konstituieren. Diese könnten

[1] *v. Poschinger, II, S. 266 ff*
[2] *Rep. 95 B XIX 45*
[3] *Rep. 120 A XI 2,1 1; auszugsweise bei Poschinger, I, S. 263 ff*

unter manchen Konjunkturen der Staatsverwaltung Verlegenheit bereiten, deren Umfang sich im voraus gar nicht übersehen lasse. Nicht minder könnten sie für den Handelsstand und das Publikum durch ihre Herrschaft über den Geldmarkt große Verlegenheiten und Verluste herbeiführen, Schwankungen in dem Preise der Waren und der Fonds hervorrufen, welche alle Berechnung täuschten.

An der Organisation der Hauptbank wollte Rother nichts geändert wissen, vor allem nicht, daß ihr Grundkapital durch Privatmittel vermehrt, und Privatleuten Einfluß auf ihre Verwaltung gestattet werde. Flottwell dagegen befürwortete ihre Umwandlung in eine privilegierte Aktienbank, da er die Vergrößerung ihres Stammkapitals aus Staatsmitteln für bedenklich hielt, und wurde darin durch den Präsidenten des Handelsamts, Rönne, kräftig unterstützt. Im Staatsministerium kam es zu längeren Kämpfen; endlich entschied sich die Mehrheit trotz Rothers Widerspruch für ein gemischtes System. Danach sollte die kgl. Bank durch Hinzuziehung von Privatpersonen und privatem Kapital ergänzt werden, mit der Maßgabe, daß jenen zwar ein wesentlicher Einfluß auf die Verwaltung einzuräumen, die überwiegende Einwirkung des Staates, seine formelle und materielle Teilnahme aber beizubehalten sein würde[1]. Zuvor aber müßten unbedingt die Vermögensverhältnisse der Bank vollständig ins Reine gebracht und ihre älteren Verpflichtungen gänzlich abgedeckt werden, damit die beabsichtigte Maßregel nicht mit Mißtrauen angenommen werde und der frühere verschuldete Zustand der Bank, der dem Publikum nicht unbekannt sei, nicht zu Mißdeutungen und Anfechtungen Anlaß gebe.

Demgemäß wurde durch zwei Cab.-Ordres vom 11. April 1846 die Umwandlung der Hauptbank in eine halb staatliche, halb private Anstalt verfügt und die Errichtung von Privatbanken mit solidarischer Verhaftung aller Teilnehmer in den Provinzen gestattet. Damit wurde endlich eine liberalere Bankpolitik eingeleitet und dem auf das höchste gesteigerten Bedürfnis nach Vermehrung der Umlaufsmittel Rechnung getragen. Diese gegen seinen Willen erfolgte Entscheidung hätte Rother, der abgesagter Gegner aller privaten Bankunternehmungen blieb, veranlassen müssen, auszuscheiden und nicht weiter einer Sache zu dienen, die er für verderblich hielt. Rother war ohnehin fast

68 Jahre alt und durch eine Überlast von Arbeit, aufregende Kämpfe und mehrfache Krankheitsfälle so mitgenommen, daß er schon im Vorjahr ernste Rücktrittsabsichten hatte[1]. Durch das alles war er auch recht verdrießlich und unumgänglich geworden; in ergötzlicher Weise erzählt davon der Präsident der Düsseldorfer Handelskammer, der mit Rother wegen Privatbanken zu sprechen wünschte, dafür aber bei dessen bekannter Knurrigkeit eigens einen günstigen Tag abwartete und erst hinging, als er erfuhr, daß Exzellenz am Morgen zu lächeln geruht habe[2]. Was Rother nunmehr vom Rücktritt abhielt, war vielleicht sein preußisches Pflichtgefühl, das einen Befehl des Königs ohne Rücksicht auf eigene Meinung und „ohne Raisonnieren" auszuführen gebot, vielleicht aber auch der Wunsch, bei der ihm obliegenden Ausführung so weit wie möglich zu bremsen. Das tat er auch. Er veröffentlichte am 20. Juli die von ihm ausgearbeiteten Bestimmungen über die Beteiligung von Privatpersonen bei der kgl. Bank, aber sein Entwurf über die Errichtung von Privatbanken wurde erst zu Ende des nächsten Jahres fertig und enthielt solche Einschränkungen, daß er die Gründung von Zettelbanken eher zu erschweren als zu fördern schien. Die Genehmigung von Privatbanken wollte er nur ohne das Recht der Notenausgabe vorschlagen, was einem Verbot gleichkam. Tatsächlich kam keine Privatbank zustande, solange Rother das Bankwesen leitete, erst nach seinem Abgang wurde als erste in Preußen die städtische Bank in Breslau 10. Juni 1848 genehmigt.

Die Hauptbank erhielt aus dem Staatsschatz einen extraordinären Zuschuß von 2 Mill. Tl. zur Deckung ihres Defizits und Anlage eines eigenen Betriebsfonds bewilligt. So konnte sie am Ende des Jahres statt des vorherigen Defizits von 1,4 Mill. zum ersten Mal einen Vermögensüberschuß von 1,2 Mill. Tl. nachweisen. Ein weiterer Fonds von 10 Mill. zur Ausgabe von Banknoten sollte durch Privatpersonen beigebracht werden, die sich als „Eigner" (Aktionäre) bei der Bank beteiligten; die Bedingungen wurden 25. Juli bekannt gegeben. Die Zeichnungen konnten schon 1. Sept. geschlossen werden, sie beliefen sich auf

[1] *Vgl. Schreiben seines Freundes Jordan v. 8. 4. 1845. Trende, Briefwechsel, S. 179, auch 186*

[2] *Schreiben an Hansemann v. 3. 8. 1846. Bergengruen, S. 309*

fast 16 Mill., davon über 10 Mill. inländische, beinahe 6 Mill. ausländische. Salomon v. Rothschild, der zu den Meistbeteiligten gehörte, beglückwünschte Rother zu dem glänzenden Ergebnis, das ungeachtet der ungünstigen Geldverhältnisse und einer heftigen Opposition erreicht und wohl größtenteils der Person Rothers und dem allgemeinen Vertrauen zu ihm zuzuschreiben sei (16. Sept.). Da der Gesamtbetrag 10 Mill. nicht übersteigen sollte, wurden größtenteils 57 oder 60% zugeteilt. Die 10 000 Anteile zu je 1000 Tl. waren Ende 1847 verteilt an 501 Inländer mit 6026, 313 Ausländer mit 3974 Anteilen. In den Generalversammlungen hatten nur 200 preußische Eigner mit 6 und mehr Anteilen als „Meistbeteiligte" Stimmrecht. Dem Central-Ausschuß von 15 Mitgliedern gehörten 5 Berliner Bankiers an: Geh. Commerz.-Rat Wilh. Beer, J. F. L. Gelpcke, Alexis Meyer, C. D. Oppenfeld, Uhde Phil. Veit und 5 andere Vertreter der Berliner Kaufmannschaft: Geh. Commerz.-Rat Carl, P. C. Conrad, Herm. Eschwe, Stadtrat K. H. W. Keibel, J. Chr. H. Kupfer. Das Bank-Curatorium bestand aus 5 Mitgliedern.

Die Kontrolle über Anfertigung und Ausgabe der Banknoten war anfänglich der Hauptverwaltung der Staatsschulden übertragen; da aber 2 von deren Mitgliedern ihre Teilnahme mit Hinweis auf ihren Eid verweigerten, weil sie die Emission von Banknoten für eine Verletzung des Staatsschuldengesetzes von 17. Jan. 1820 hielten, so wurde diese Kontrolle durch C. O. von 16. Juli 1846 einer besonderen Immediat-Commission übertragen. Zu deren 3 Mitgliedern gehörte der jeweilige Vorsteher des Ältesten-Collegiums (Carl, dann Baudouin[1]).

Nach der von Rother verfaßten neuen Bankordnung[2] durften nicht nur 10, sondern 15 Mill Tl. Banknoten sogleich in Umlauf gesetzt werden, denn zu dem von Privatpersonen eingeschossenen Kapital, das 10 Mill. nicht überschreiten sollte, trat die Staatsbeteiligung, bestehend aus dem Überschuß von 1. Jan. 1847 und den dazutretenden Zinsen. An Stelle der 1849 zurückzuzahlenden 6 Mill. Kassenanweisungen konnten noch ebensoviel weitere Banknoten ausgegeben werden; im ganzen also 21 Mill. Bis Ende 1847 waren Banknoten für 19 Mill. Tl. ausgegeben, davon 10 Mill. in den kleinsten Stücken zu 25 Tl.,

[1] *Rep. 89 C XXIX 26 u. 33*

[2] *Genehmigt 5. 10. 1846, Gesetz-Slg., S. 435—462*

die sehr begehrt waren. Die geschäftlichen Bedingungen blieben wie früher: diskontiert werden nur solche am Ort zahlbare Effekten, die nicht über 3 Monate laufen und der Regel nach 3 solide Verbundene haben; im Lombard wird in der Regel nicht über 3 Monate und nicht unter 500 Tl. beliehen; Depositen sollen mindestens 50 Tl. betragen und werden mit 3, $2^1/_2$ und 2% verzinst.

Mit 1. Jan. 1847 trat die „Preußische Bank" an Stelle der alten „Königlichen Bank" in Tätigkeit. Über sie gaben nun die im Druck veröffentlichten Verwaltungsberichte Auskunft, die jährlich gegen Ende Februar erschienen.

Die aus ministeriellen Beratungen als Kompromiß hervorgegangene Neuordnung entsprach nicht den Wünschen der Handelswelt. Die Veröffentlichung des neuen Bankprojekts hatte gar keinen Eindruck gemacht und hatte die rückläufige Bewegung der Effekten nicht aufhalten, die Stockung und Mutlosigkeit nicht beleben können. Zudem wurde übel vermerkt, daß Eisenbahn-Effekten nicht unter den Papieren genannt waren, die von der Bank beliehen werden konnten. Die Ältesten der Berliner Kaufmannschaft hatten 3. Sept. 1846 dem Finanzminister ihre Ansicht dahin geäußert, daß dem immer noch bestehenden Mangel an Zirkulationsmitteln nur durch eine Nationalbank oder eine Staatsbank, deren Wirkungskreis mit dem Bedürfnis in Verhältnis stehe, abzuhelfen sei, daß aber die bestehende Bank auch nach ihrer Reorganisation durch die neuesten Anordnungen die genügende Aushilfe nach ihrer festen Überzeugung nicht leisten werde[1]. Diese Ansicht fand eine Bestätigung darin, daß auch weiterhin die Abhebungen von Depositen die Einzahlungen überstiegen, und daß die Bank dem Ansturm vom März 1848 nicht gewachsen war. Das Ergebnis des ersten Jahres war sonst günstig, die Bank konnte sogar mit Anfang Juli 1847 den Zinsfuß teilweise herabsetzen, während er auf allen übrigen Geldmärkten eine ungewöhnliche Höhe erreichte.

Gegen die Organisation und Leistungen der Bank wurden auch im Abgeordnetenhause 1849 Angriffe gerichtet, und Rothers Nachfolger Hansemann erkannte 1851 ihre Mängel und Ver-

[1] *Rep. 109 B VI 2*

besserungsbedürftigkeit an[1]. Selbst die Frage, ob die Organisation der Bankleitung mit der Verfassung und die Ausgabe der neuen Banknoten mit dem Staatsschuldengesetz vereinbar sei, blieb umstritten[2].

Das Jahr 1848 und Rothers Abgang

Die wirtschaftliche Entwicklung Berlins begann bereits seit der Mitte der 40er Jahre zu stocken. Dies wurde wesentlich verursacht durch die großen Mißernten von 1846 und 1847, die überall die Konsumkraft auf das äußerste einschränkten. Eine schwere Wirtschaftskrise war schon vorhanden, als die Unruhen des „tollen Jahres" 1848 besonders heftige Erschütterungen und zeitweilig eine völlige Lähmung auf dem Geldmarkt, in der Produktion und dem Absatz hervorriefen. Infolge der französischen Februar-Revolution trat zu Ende dieses Monats mit Kursstürzen und zahlreichen auswärtigen Fallissements eine schwere Börsenkrise ein und wurde durch die deutschen Märzunruhen gewaltig verschärft[3]. An der Berliner Börse erlitten die Papiere Einbußen von 30 bis 45%, kein Bankier ließ sich noch auf Diskontieren ein, allein die Preußische Bank genügte, wie die Ältesten der Kaufmannschaft 28. März anerkannten, noch allen billigen Anforderungen aus allen Teilen der Monarchie und verhütete einen allgemeinen Zusammenbruch. Aber es drohte dadurch bald eine Erschöpfung ihrer Kräfte, die disponibeln Mittel wurden 28. März auf nur noch 258 000 Tl. angegeben. Am 27. März mußte der Wechsel- und Lombardzins auf 5, der letztere am 31. gar auf 6% erhöht werden. Am 28. baten sowohl die Ältesten der Kaufmannschaft, wie der Central-Ausschuß der Bank den König dringend, ihr schleunigst ein Kapital von 5 Mill. zur Verfügung zu stellen, sonst müßte die Bank ihre Hilfe beschränken oder versagen, und dies werde zahlreiche Bankerotte und den Stillstand fast aller Fabriken unvermeidlich zur Folge haben. Nach anfänglicher Weigerung

[1] *v. Poschinger, II, S. 25, 30*
[2] *Ebda., S. 18, 31*
[3] *Spangenthal, 63 f; Lenz-Unholtz, 345*

bewilligte der König auf Antrag des Staatsministeriums, um einem Erliegen der Industrie und einer für die öffentliche Ordnung gefährlichen Arbeitslosigkeit vorzubeugen, 30. März der Bank aus dem Staatschatz einen Vorschuß von 2 Mill. Tl. auf 6 Monate gegen 4%, zur Erweiterung ihres Diskont- und Lombardverkehrs. Außerdem wurde die Benutzung von 2 Mill. Tl. eingezahlter Staatsgelder auf 3 Monate gestattet.

An demselben Tage richteten 32 Berliner Kaufleute und Fabrikanten, darunter die Bankiers W. Beer, C. Breest und J. v. Mendelssohn an Rother eine bewegliche Vorstellung[1], worin es heißt: „. . . Es zeigt sich in jetziger Krisis augenscheinlich, wie wenig die Banque den Zweck zu erfüllen im Stande ist, den Verkehr im allgemeinen zu erleichtern. Die Banque discontiert nur prima Wechsel und kann auch diese, ohne Angabe der Gründe zurückweisen. In gewöhnlichen Zeiten weiß der kleine Fabrikant und der Händler sich zu helfen, indem die Banquiers und Privat-Disconteurs ihnen irgend sichere Mittelwechsel gegen eine mäßige Provision abnahmen, welches für sie ein um so dringenderes Bedürfnis geworden, als der größte Teil ihrer Außenstände ihnen in solchen Wechseln gezahlt wird, und sie überhaupt zur Betreibung ihres Geschäftes auf Credit wesentlich angewiesen sind. Jetzt aber sind alle diese Hülfsquellen versiegt, ja es ist sehr schwer, selbst für prima Wechsel baares Geld zu erhalten, und der solide Geschäftsmann mittleren Ranges sieht sich außer Stande, seine Verpflichtungen zu erfüllen, selbst wenn er hinlängliche suffisante Deckung dafür in Händen hat. Zwar bis zu diesem Augenblick haben die Kaufmannschaft so wie die Fabrikanten Berlins durch unerhörte Anstrengungen ihren Ruf ehrenvoll behauptet; wir hören bis jetzt nur von wenigen Zahlungseinstellungen; allein wie lange wird es ihnen noch gelingen, diesen Kampf gegen die Macht der Verhältnisse durchzuführen? Wir fürchten, kaum einige Tage noch, wenn nicht schleunige Hülfe gewährt wird. Von Privatkräften ist keine Rettung zu hoffen. Leider befindet sich in unserer Stadt kein Mann, der die Kraft oder den Willen hat, das Vertrauen dadurch zurückzuführen, daß er sich zum Discontieren bereit erklärt, wie es der hochherzige Salomon Heine

[1] *Rep. 120 A VIII 1, nr. 3 I*

in Hamburg zur Zeit des großen Brandes that." Sie baten, daß eine zweite, von der Hauptbank unabhängige Discontobank errichtet und vorläufig mit einer Million Thaler dotiert werde, und schlugen zu deren Vorstehern 5 namhafte Fabrikanten und Kaufleute vor, „die genaue Kenntnis von den Verhältnissen der kleinen Fabrikanten und Zwischenhändler besitzen". Die neue Bank möge zur Diskontierung aller kleinen und Mittelwechsel, bei denen das Kapital nach Ermessen der Vorsteher gesichert sei, ermächtigt werden, selbst wenn die Bezogenen und die Trassanten nicht der Korporation angehörten. Die Antragsteller waren überzeugt, „daß, so bald diese Bank ihre Tätigkeit nur einige Tage fortgesetzt haben wird, alsdann das Vertrauen wiederkehren und die jetzt verstopften Quellen der Circulation des Geldes wieder zu fließen beginnen werde". — Aber schleunige Hülfe tue not, „denn schon in wenigen Tagen dürfte es zu spät sein!" —

Rother reichte den Antrag am 1. April an die Staatsminister Camphausen und Hansemann weiter mit folgenden Worten: „Ich muß die Gründe, womit die Bittsteller ihr Gesuch zu unterstützen suchen, im Allgemeinen als richtig anerkennen, und halte die Bewilligung dessen, was sie verlangen, mit vielleicht einigen Modifikationen, gerade in der jetzigen bedrängten Zeit in der Billigkeit und in der Nothwendigkeit begründet, da der Mittelstand aufrecht erhalten werden muß, wenn nicht höchst nachtheilige und gefährliche Rückwirkungen auf den von demselben abhängigen Arbeiterstand eintreten sollen. Die erbetene Maßregel und die dadurch gewährte Unterstützung — die nach meiner Ansicht wichtiger und erfolgreicher sein würde als die den unteren Klassen zugestandene unentgeltliche Rückgabe der 5 Thaler und weniger betragenden Pfänder — würde mächtig dazu beitragen, das gesunkene Vertrauen wieder zu beleben und einen geordneten Zustand der Verhältnisse zurückzuführen; auch dürfte bei einer vorsichtigen Leitung des Geschäfts für den Staat, welcher die Geldmittel dazu hergeben soll, kein sonderlicher Verlust zu befürchten sein. Ich kann daher auch nicht umhin, dem gestellten Gesuche das Wort zu reden, aber ich befinde mich außer Stande, demselben weitere Folge zu geben, da mir weder bei der Bank noch bei der Seehandlung die Mittel dazu zu Gebote stehen. Ich habe überdies mit Rücksicht auf meinen höchst geschwächten Gesundheitszustand wiederholt um meine Dienstentlassung gebeten, und stelle anheim, das Gesuch in weitere Erwägung zu nehmen." Gleichzeitig teilte Rother dem Vorsteher der Korporation, Geh. Kommerzienrat Carl, mit, daß er das Gesuch befürwortend weitergegeben habe, da die Ausführung mächtig dazu beitragen würde, das gesunkene Vertrauen wieder zu beleben und einen geordneten Zustand der Verhältnisse zurückzuführen[1].

Schon an demselben Tage fand eine Konferenz der Minister Camphausen und Hansemann mit angesehenen Bankiers, darunter Mendelssohn und Brüstlein, über die Errichtung einer zweiten Diskontobank zu wirksamer Hilfeleistung in der augenblicklichen Kreditlosigkeit statt. Doch schon Tags darauf kam es zu Zahlungseinstellungen angesehener Firmen, Angst- und Zwangsverkäufen. Die Hilfe erfolgte nun doch nicht in der vorgeschlagenen Weise, vielmehr wurden am 4. April auf Antrag des Staatsministeriums der Preußischen Bank noch 1 Mill. Tl. überwiesen und 1 Mill. dem Finanzminister zur Verfügung gestellt, um Diskonto- und Beleihungsanstalten in Städten, wo das Bedürfnis dazu am dringendsten sei, zu begründen. Hieraus wurde auch den Ältesten der Berliner Kaufmannschaft ein Fonds bewilligt, um Kaufleuten und größeren Fabrikanten kurzfristige Darlehen gegen Sicherheit zu gewähren. Dahin wurden die im April sehr zahlreich eingehenden Unterstützungsgesuche verwiesen[2]. Der Berliner Magistrat hat ferner ein Notdarlehen bei den wohlhabenden Bürgern zu 3½% aufgenommen, wobei Gebr. Schickler mit 5000 Tl. teilnahmen[3].

Der Bankzins konnte schon 5. Juli für Wechsel wieder auf 4, für Lombarddarlehen auf 5%, von 1. Sept. 1849 an gleichfalls 4% herabgesetzt werden; doch bezeichnete Hansemann 1850 diesen als zu niedrig im Verhältnis zu dem bei privaten Lombarddarlehen üblichen[4]. Die Staatsvorschüsse konnte die Bank schon nach einigen Monaten wieder zurückzahlen. Die tief gesunkenen Kurse zogen erst im November 1848 wieder an, ohne jedoch den Stand von Ende 1847 zu erreichen.

[1] *Rep. 95 B XIV 47*
[2] *Rep. 120 A VIII 1,3 1*
[3] *Lenz-Unholtz, S. 336*
[4] *Poschinger, II, S. 23, 28*

Während die Bank im März 1848 ihren Posten einigermaßen ausfüllen und dem Wirtschaftsleben eine lebenswichtige Stütze sein konnte, hat das andere, an Umfang und allgemeiner Bedeutung immerhin sehr viel geringere staatliche Geldinstitut, die Seehandlung, vollkommen versagt. Sie konnte in der großen Geldkrise nicht nur keinerlei Hilfe leisten, sondern mußte selbst bei der Bank eine Anleihe machen und aus dem Staatsschatz 1 Mill. Tl. Vorschuß erhalten für ihre eigene dringende Notlage. Sie war auch nicht imstande, ihrer eigentlichen Stellung als Staatsbank entsprechend eine Anleihe für den Staat zu kontrahieren, sondern die Regierung mußte selbst eine solche freiwillige Anleihe von 15 Mill. aufnehmen. Dieses beschämende Versagen hatte seine Ursache darin, daß sie ihre Geschäfte in allerlei Unternehmungen viel zu weit ausgedehnt und allzu große Beträge darin festgelegt hatte. In Reedereien, Fabriken, Mühlen, Webereien, Spinnereien und einem ausgedehnten Güterbesitz waren zu Ende 1847 über 9½ Mill. angelegt, bis Ende Juni 1848 stieg der Betrag noch auf über 10½ Mill. Tl.[1]

Die Privatwirtschaft war längst in wachsendem Maße beunruhigt durch die immer weiter ausgreifenden Unternehmungen einer staatlichen Anstalt, die der privaten Konkurrenz in vieler Hinsicht überlegen war, schon weil sie über gewaltige Mittel verfügte und ohne Rücksicht auf Ertragsnutzen vorgehen konnte. Seit 1841 wurden zahlreiche Beschwerden, namentlich von Mühlenbesitzern, bis an höchster Stelle vorgebracht; 1843 wurde beim brandenburgischen Provinzial-Landtag über die Beschwerden von 33 Berliner Kaufleuten wider die Betätigung der Seehandlung, zumal deren Mehlgeschäfte, verhandelt[2]; auch in der Presse und durch anonyme Veröffentlichungen wurden heftige Angriffe erhoben wider die Eingriffe der Seehandlung in das Erwerbsleben. Rother wußte sich durch seine Berichte stets vollkommen zu rechtfertigen und sich hohe Anerkennung zu sichern, so daß alle Beschwerden und Anträge abgewiesen wurden. Er erklärte sich auch wiederholt bereit, die aus gemeinnützigen Gründen angelegten Unternehmungen jederzeit an Private oder Gesellschaften gegen Selbstkostenpreis zu überlassen. Dabei wurde allerdings übersehen, daß sie großenteils

[1] *Vgl. v. Poschinger, II, S. 58 ff*

[2] *Berl. Stadtarch., Gewerbes. Gen. 58*

zu kostspielig angelegt und unrentabel waren. So war es ein Grundirrtum, daß in Schlesien teure maschinelle Anstalten für die Flachsbereitung gegründet waren, da diese sich nur als landwirtschaftliches Nebengewerbe durch überschüssige Arbeitskräfte lohnte. Rother trat auch mit seiner Rechtfertigung in die Öffentlichkeit, indem er seinen eingehenden Immediatbericht vom 30. Nov. 1844 mit kgl. Genehmigung im Febr. 1845 im Druck veröffentlichte[1]. In demselben Jahre wurde eine anonyme Apologie den Provinzialständen gewidmet, und trat der jüdische Journalist Gustav Julius mit einer Schrift: Die kgl. Preuß. Seehandlung und das bürgerliche Gewerbsvorrecht, gegen eine Angriffsschrift auf. Dieser Julius hat dann Rother zu überreden gewußt, daß es nötig sei, dauernd gegen die feindliche Presse tätig zu bleiben, und gründete mit Unterstützung der Seehandlung ein Börsenblatt und eine Lesehalle; diese wurde scherzhafterweise im Sturmjahr 1848 das Hauptquartier der demokratischen Erzfeinde des Geldgebers.

In den ungeheuer weitgespannten Unternehmungen Rothers liegt zweifellos etwas Großartiges, ja, Geniales; ihr Grundgedanke, Kapitalien in einer volkswirtschaftlich und sozial nützlichen Weise zu beschäftigen, war gesund und bezeugt eine ethisch und staatsmännisch hohe, friderizianische Auffassung. Man vergleiche damit, auf welche Abwege die Bank vor Rother verfiel, indem sie zu gleichem Zweck das herrschende Spekulationsfieber mitmachte und unterstützte. Anderseits machte selbst eine für Rother sehr wohlwollende Stimme darauf aufmerksam, daß die in ihm vereinigten Eigenschaften des scharfblickenden Staatsmanns, des großen Finanzmanns und des Industriellen selten beieinander zu finden seien, daß daher die Seehandlung sich aus ihren derzeitigen verwickelten Geschäften mehr werde zurückziehen müssen und hoffentlich möglichst bald einen Abbau werde vornehmen können[2]. Die Seehandlung hatte sich in jeder Hinsicht über ihre Kräfte belastet und sich damit unendliche Mühen, Scherereien und Verluste aufgebürdet. Wenn Rother erweisen wollte, daß eine Behörde ebenso gut, wenn nicht besser, Unternehmer spielen könne als Private, so war das gründlich mißglückt, und gerade das Gegenteil zu Tage getreten,

[1] *Rep. 92, Rother, Db 9*

[2] *Allg. Zeitg., Augsbg., 14. 3. 1845*

denn der Außenbetrieb der Seehandlung war von vornherein unverhältnismäßig kostspielig, infolge bürokratischer Leitung nicht anpassungsfähig und auf die Dauer nicht nur unrentabel, sondern äußerst verlustbringend. Dadurch war das Ansehen des Instituts gesunken und Mißtrauen in der Öffentlichkeit erwacht, was sich in ungewöhnlich starken Abforderungen von Depositen bekundete.

Rother zog aus dem Fiasko die Folgen und schied im April 1848 aus dem Staatsdienst aus. Mit ihm fiel seine amtliche Stellung dahin, da sie nur auf seiner hervorragenden Persönlichkeit aufgebaut war und einer organischen Behördengliederung wenig entsprach. Die unter ihm zusammengefaßten Geldinstitute: Bank, Seehandlung und Staatsschuldenverwaltung, wurden wieder, wie es naturgemäß war, dem Finanzministerium unterstellt, nachdem es zwei Jahre zuvor der energische Flottwell nicht hatte erreichen können und deshalb seinen Ministerposten aufgegeben hatte. Ein weiterer Beweis, wie stark Rothers Stellung und Ansehen gewesen ist, denn Flottwell war einer der allerfähigsten hohen Beamten.

A. Bloch

Die unter Rothers Leitung zusammengefaßten Staatsbetriebe wurden getrennt durch die nächstgeordneten Beamten weitergeführt: die Staatsschuldenverwaltung durch den Geh. Finanzrat Natan († 1861), die Bank durch den Präsidenten v. Lamprecht, dem nach einigen Monaten allerdings Hansemann als Chef übergeordnet wurde, die Seehandlung durch den bisherigen, alten Direktor Kayser. Diese wurde durch C. O. vom 17. April dem Finanzministerium unterstellt, und erhielt am 3. Mai einen zweiten Direktor, dem bald, da Kayser schon 11. Aug. gleichfalls zurücktrat, der Vorsitz der General-Direktion zufiel. Der neue Leiter der Anstalt war der schon öfter erwähnte getaufte Jude und vorherige Agent August Friedr., früher Abraham, Bloch, geboren zu Teplitz 1781, also schon 67 Jahre alt. Dieser, durch C.-O. vom 29. Januar 1850 zum Präsidenten ernannt, wurde somit der Nachfolger des großen Rother an der von ihm so lange geleiteten Anstalt. Die eigentümliche Wahl soll auf den damaligen Minister Hansemann zurückgehen, der Blochs Hausgenosse, Askanischer Platz 3, war.

Bloch war in Berlin zunächst als verkrachter Spekulant und jahrelang lästiger Supplikant aufgetaucht[1]. Er hatte 1810 in Königsberg zusammen mit Levin Isaak, bei einem eigenen Vermögen von nur 15 000 Tl., 7140 Ztr. Kolonialwaren für 300 000 Tl. gekauft, um sie in Berlin mit hohem Gewinn weiter zu verhandeln. Die beiden sandten die Waren nach Berlin an Gebr. Schickler und H. D. Cohn zum Verkauf in Kommission. Doch noch ehe sie hier ankamen, wurde der neue Kolonialtarif, und zwar mit rückwirkender Kraft, eingeführt und die Waren, die nach dem alten Tarif vorschriftsmäßig mit 9830 Tl. versteuert waren, bei Ankunft auf dem Packhofe mit Beschlag belegt, bis die neuen Gefälle, weit über 80 000 Tl., darauf berichtigt wären (Nov. 1810). Nur ein Teil konnte nach und nach durch Bürgschaftsstellung ausgelöst und verkauft werden, die Hauptmasse blieb in Beschlag und sollte endlich im Mai 1812 auf Anordnung der Behörde versteigert werden; ihr Wert betrug nach Schätzung durch dazu berufene Unparteiische, die Häuser Fetschow und Zach. Fraenckel (Ephraim), noch etwa 206 000 Tl. Um die Verschleuderung zu verhüten, brachten die beiden Kommissionäre den erforderlichen Steuerbetrag auf: Schickler 42 535 Tl., wovon ihnen 30 535 auf ihre Forderung für Gewehrlieferungen angerechnet wurden, Cohn 38 350 in zweimonatlichen Wechseln. Der unglückliche Bloch, der offenbar das ganze Geschäft auf sich genommen hatte, und sich deswegen zwei Jahre in Berlin unter Versäumung seines sonstigen Geschäfts mittellos aufhalten und mit Wechselreiterei durchhelfen mußte, gab später (1814) seinen Gesamtverlust auf 138 999 Tl. an. Er wurde zahlungsunfähig und blieb allein den drei Hauptgläubigern — es war neben Schickler und Cohn das Königsberger Haus Schwinck, Rosentreter u. Co. — etwa 130 000 Tl. schuldig. In einem zu Berlin am 8. Febr. 1813 geschlossenen Abkommen, dem aber Gebr. Schickler für ihre nun auf 52 073 Rt. bemessene Forderung erst zwei Jahre später beigetreten sind, verzichteten die Gläubiger auf gerichtliches Vorgehen, wogegen

[1] *Rep. 74 M 51, nr. 3 u. 8*

Bloch ihnen die lagernden Waren zum Verkauf überließ, ihre Kostenrechnungen anerkannte und versprach, das Fehlende nach Vermögen zurückzuzahlen und seine Umstände alle 3 Jahre darzulegen[1]. Die Gläubiger konnten 1815 von der Staatskasse eine Entschädigung von 10 000 Tl., unter Verzicht auf ihre sonstigen Forderungen erlangen. Auch Bloch erhielt 10 000 Tl. als Entschädigung, nachdem ihm schon früher nach und nach auf unaufhörliche Supplikationen 12 000 vergütet waren. Denn offenbar war in dieser Sache durch Engherzigkeit und Ressorteifersucht der Behörden schwer gesündigt worden.

Bloch, der ganz nach Berlin übergesiedelt war — Jan. 1817 wohnhaft Unter den Linden 48 —, wurde 1818 mit weiteren Ansprüchen abgewiesen, doch nur, um nicht noch anderen einen Anlaß zu derartigen Forderungen zu geben[2]. Er suchte nun als Makler zu Erwerb zu kommen und möglichst seine Schulden abtragen zu können. Auf Veranlassung Hardenbergs wurde er im Januar 1819 zum Agenten des Schatzministeriums bestellt und sollte auch von der Seehandlung zu Geschäften verwendet werden[3]. Er war unter Rother Agent der Staatsschuldenverwaltung und der Seehandlung und wird 1832 als Generalagent bezeichnet. Auch als Agent des Hauses Schickler ist er von 1830 bis 1847 nachweisbar[4]. So konnte er seine Einnahmen auf 15—20 000 Tl. jährlich steigern und wird seine Gläubiger allmählich befriedigt haben. Seine Stellung verschaffte ihm bedeutenden Einfluß im Bank- und Börsenleben. So hat ihn der Kassen-Verein bei der Gründung, 1823, als einziges nichtkaufmännisches Mitglied aufgenommen, allerdings ohne Anteil an der Verwaltung und an der Solidarhaftung. Bloch war offenbar höchst gewandt und brauchbar, dabei sicher nicht ungebildet. So war er mit Nicolais Schwiegersohn und Nachfolger, Hofrat Parthey († 1822) befreundet, der ihm beim Übertritt zum Christentum behilflich war; auch mit Joseph Mendelssohn stand er in enger Verbindung. Rother verwandte ihn zu vielen Aufträgen, später auch in Vertrauenssachen, und zur Berichterstattung. Bei allen Anleihegeschäften findet sich der stets rührige

[1] *Schickler-Archiv, II B 53*
[2] *Rep. 134 XLIV 3*
[3] *Rep. 134 XLIV 3*
[4] *Schickler-Archiv, I B 89*

Bloch und wird auch dabei gut verdient haben; so wurde ihm beim Prämiengeschäft von 1832 eine besondere Provision für seine Bemühungen zuerkannt, die ihm über 20 000 Tl. einbrachte. Rother hat seine Fähigkeiten als tüchtige Hilfskraft benutzt, aber auf Abstand gehalten. Das geht aus einem Schreiben Blochs aus Homburg vom 17. Aug. 1843 an den in Teplitz weilenden Rother hervor, in dem jener unter Versicherung tiefster Ergebenheit rührselig klagt, daß er trotz seiner langjährigen Dienste nur halbes Vertrauen genieße und dem Chef nicht näher käme[1]. Einen Vorschlag Blochs vom 22. Okt. 1829, durch Verkauf eines größeren Postens Staatsschuldscheine deren Kurs zu heben, hatte Rother mit dem sarkastischen Vermerk versehen: Herr Bloch will gern Courtage verdienen[2]. Sicher wäre es Rother nie in den Sinn gekommen, daß dieser semitische Agent sein Nachfolger bei seiner Seehandlung werden würde. Bloch vertrat in den 40er Jahren bei Versammlungen von Eisenbahn-Gesellschaften, bei denen der Staat beteiligt war, dessen Interessen. Er machte dabei die Bekanntschaft von Hansemann, die ihm nachher so nützlich wurde.

Der Blochschen Verwaltung fiel die Aufgabe zu, den angeschwollenen Außenapparat der Seehandlung so weit wie möglich abzubauen und diese wieder ihrer eigentlichen Bestimmung zuzuführen. Es wurde nach und nach der größere Teil der Fabriken, Schiffe und Güter verkauft, wenn auch dabei weitere Verluste nicht zu vermeiden waren. Ende 1853 waren im Besitz der Seehandlung nur noch das Verwaltungsgebäude, ein Wollspeicher und das kgl. Pfandleihamt; ferner 2 Schiffsanteile, 2 Maschinenspinnereien, 1 Papierfabrik, 3 Mühlen, 1 Zinkwalzwerk, 4 Güter, insgesamt im Buchwert von 3,9 Mill. Tl. Die seit 1831 betriebene Dampfschiffahrt der Seehandlung hat schon 1848 nach großen Verlusten eingestellt werden müssen. Die Flußdampfboote, Schlepper und Seeschiffe wurden verkauft, von diesen eins an die preußische Marine, mehrere nach Hamburg. Die dafür gegründeten Fabriken hatten seit 1848 keine Bestellungen mehr. Von ihnen hatte die mit unverhältnismäßigem Kostenaufwand angelegte Maschinenbauanstalt in Alt-Moabit sich in keiner Weise als konkurrenzfähig

[1] *Trende, Rother-Briefwechsel, S. 173*

[2] *Rep. 109 B VII, nr. 5*

mit den Privatunternehmungen erwiesen und 1840—47 allein mindestens 120 000 Tl. Verlust gebracht. Man mußte zufrieden sein, daß A. Borsig sie 1850 für 140 000 Tl., in 6 Jahresraten zahlbar, kaufte, obwohl sie mit 276 000 Tl., allerdings ohne Abschreibungen, zu Buche stand. Die Chemische Produkten-Fabrik Oranienburg, deren Wert ohne den Betriebsfonds auf über 97 000 Tl. festgestellt war, ging gleichzeitig für 80 000 Tl. an den bisherigen Vorsteher, den Seehandlungs-Rechnungsrat Cochius. Die großartigen Wollfabrikations-Anlagen zu Wüste-Giersdorf in Schlesien, die alles derartige in Preußen übertrafen, kaufte samt dem dazugehörigen Scholtiseigut das jüdische Handlungshaus N. (Nathanael) Reichenheim u. Sohn in Berlin und Magdeburg, das den Betrieb schon im Januar 1848 sehr vorteilhaft gepachtet hatte, 1849 für 210 000 Tl. Der Buchwert wurde mit 300 000 Tl. angegeben; der neue Besitzer, Leonor Reichenheim (1814—1868), soll jedoch den Ankaufspreis allein an den Warenbeständen hereingeholt haben und machte mit diesem Werk ein großes Vermögen. Es war von Rother gegründet worden, um der notleidenden Webereibevölkerung Arbeit zu verschaffen, wie auch mehrere Spinnereien und Flachsbereitungsanstalten in Schlesien nur als Ersatz für die zugrunde gerichtete Leinenindustrie dienten und mit enormen Verlusten arbeiteten. So hatte eine Kammgarnspinnerei in Breslau, die 1849 an den Dürener Leop. Schöller für nur 67 000 Tl. verkauft wurde, in kaum 6 Jahren (1842—48) an 210 000 Tl. Verlust gebracht[1].

Die Seehandlung wandte sich seit 1848 wieder der Aufgabe zu, Verkehr und Gewerbe durch Darlehen und Vermittlung von Anleihen zu unterstützen, anstatt durch Selbstbetrieb Konkurrenz zu machen. Der Erfolg trat sehr bald ein, das Vertrauen kehrte wieder, die beunruhigenden Rückforderungen hörten auf, seit 1850 überstiegen wieder die Einlagen. Im Juli 1849 konnte bereits der vorjährige Vorschuß von 1 Mill. an den Staatsschatz zurückgezahlt, und eine kurzfristige Anleihe von 1½ Mill. fl. an Österreich (5% Zinsen, ½% Provision) gemacht, am Ende des Jahres eine 4½%ige Staatsanleihe für Lübeck von 3,2 Mill. Rt. Courant negotiiert werden, woran die Seehandlung sich

[1] *Berichte in Rep. 89 C XXX 8*

selbst mit 1 Mill. beteiligte. Sie hat dann seit 1850 mehrere preußische Staatsanleihen, ohne Provision, negotiiert, 1850 Silber an die Münze geliefert und das frühere Darlehen von 2 Mill. Tl. Kassenanweisungen zurückerstattet, wogegen sie die deponierten 3½%igen Staatsschuldscheine im gleichen Betrage zurückerhielt.

Das Bestreben der Blochschen Verwaltung, die Wirksamkeit der Seehandlung auf die Zwecke eines „Staats-Banquierhauses" zurückzuführen und die zahlreichen Etablissements auszuscheiden, wurde wiederholt von der Kammer gebilligt. Der Fortbestand des Instituts wurde „nicht nur für gerechtfertigt, sondern für ein Bedürfnis des Staates" erklärt. So heißt es 1851 im Bericht der Kommission zur Prüfung des Staatshaushalts, deren Berichterstatter der Abgeordnete und spätere Kanzler v. Bismarck-Schönhausen war: „Preußen ist wesentlich durch die Seehandlung vor den Krebsschäden bewahrt worden, welche sich in anderen Ländern durch die direkte Concurrenz der großen Banquierhäuser bei den Staatsgeschäften ausgebildet haben"[1]. Bloch selbst aber sah sich später heftigen Angriffen der Kreuzzeitung ausgesetzt. Nachdem er in einer Denkschrift von März 1854 über seine Verwaltung Bericht erstattet, nahm er den Abschied, der ihm am 1. Aug. 1854 erteilt wurde. Sein Nachfolger wurde der spätere Finanzminister Otto Camphausen.

[1] *v. Poschinger, II, S. 81*

David Hansemann

und die Anfänge der Großbanken

Mit Hansemann[1] trat wieder, wie in längstvergangener Zeit[2], ein Kaufmann aus dem Rheinland in das Berliner Wirtschaftsleben und brachte ihm neue Anregungen. David Justus Hansemann, 12. Juli 1790 als Pfarrerssohn in Finkenwerder bei Hamburg geboren, gründete 1817 ein Kommissions-, dann Großhandelsgeschäft für Wolle in Aachen und wurde bald wohlhabend. Ihm war jedoch das eigene Geschäft, das Geldverdienen keineswegs ausschließlicher Lebenszweck, ihn beherrschte vielmehr immer ein ungewöhnlich starker, ja unbändiger Drang, seine Kräfte in den Dienst des gemeinen Wohls zu stellen, er war Altruist mit hochentwickeltem Bürgersinn. Seine Gabe, einen größeren Kreis zu gemeinsamem Vorgehen um sich zu sammeln, bewies er zuerst 1825 mit der Gründung der Aachener, jetzt Aachen-Münchener Feuerversicherungs-Sozietät und des Vereins zur Beförderung der Arbeitsamkeit. Er wurde dann bekannt als Vorkämpfer des Eisenbahnwesens im Westen, seit 1836. Über ihn schrieb Bloch, der ihn eigens in Aachen aufsuchte, 17. Aug. 1843 an Rother: H. habe ohne Eigennutz für die Eisenbahn gewirkt, sich von aller Spekulation ferngehalten und sich nur seine baren Auslagen vergüten lassen; er vertrete nur das Rechte nach seiner Überzeugung und würde wohl die Sache aufgeben, wenn er es nicht durchsetzen könne. Fürwahr, ein höchst rühmliches Zeugnis in einer Zeit allgemeinen, wilden Spekulationstaumels. Eine so tüchtige, lautere und stets einsatzbereite Persönlichkeit sah sich denn auch durch allgemeines Vertrauen vielfach berufen. H. war Mitglied des Stadtrats und der Handelskammer in Aachen, wurde 1845 Abgeordneter im Rheinischen Landtag und 1847 im

[1] *Al. Bergengruen, David Hansemann, 1901. W. Däbritz, Gründung u. Anfänge der Disconto-Gesellschaft Berlin, 1931.*
[2] *Vgl. Bd. I, S. 320 ff*

Vereinigten Landtag. Der Regierung war er schon 1830 und 1833 durch freimütige Denkschriften mißliebig geworden; jetzt wurde er als einer der Führer der konstitutionell-liberalen Opposition volkstümlich. Im März 1848 war er bei den Anregern der Frankfurter Nationalversammlung, kam dann aber von Heidelberg nach Berlin, um im Ministerium seines rheinischen Landsmannes Ludolf Camphausen das Finanzministerium zu übernehmen (29. März), das er auch in dem folgenden, von ihm gebildeten Ministerium Auerswald beibehielt (26. Juni bis 11. Sept. 1848). Nach dessen Sturz wurde H. zum Chef der Preußischen Bank ernannt (21. Sept.).

H. hat sich in den schweren Monaten seines Ministeriums um die Stützung des erschütterten Staats- und Privatkredits Verdienste erworben. Er hat ferner den Einsatz staatlicher Mittel veranlaßt, um beim Zusammenbruch des geschäftlichen Kredits dem arg bedrängten Gewerbe- und Handelsstand beizuspringen, und die Darlehnskassen geschaffen, um da auszuhelfen, wo die Bank es nicht konnte (April 1848). Er selbst aber verlor in diesem Jahr, da er seine Geschäfte nicht wahrnehmen konnte, den größeren Teil seines Vermögens. Er war nämlich, durch seine vielseitige öffentliche Tätigkeit zu sehr beansprucht, seit 1844 nur noch als Kommanditär an seinem Wollgeschäft in Aachen mit 70 000 Tl. beteiligt und büßte das durch Ungeschick des Nachfolgers ein. Der Verlust wurde später eingebracht durch den Aufschwung einer Tuchfabrik zu Eupen, an der H. mit 40 000 Tl. beteiligt war.

Auch dem Bankwesen wandte H. frühzeitig sein Interesse zu. Er veröffentlichte schon 1828 den geistreichen Plan einer Niederrheinischen Aktien-Notenbank und trat in einem namens der Aachener Handelskammer an die Regierung abgegebenen Gutachten, Dez. 1829, entschieden für zeitgemäße Kreditorganisation und Notenbankfreiheit ein. Auch 1846 versuchte er eine Notenbank für das Rheinland zu gründen. Als Minister setzte er die Umwandlung der fallierten Kölner Privatbank Abr. Schaaffhausen in eine Aktienbank mit teilweiser staatlicher Garantie durch und hat ferner die Ausführungsbestimmungen für die nach C. O. vom 11. April 1846 zulässige Errichtung von Privatbanken in den Provinzen verfaßt, die am 15. Sept. 1848 genehmigt wurden. Sie waren noch immer sehr vorsichtig gehalten, aber die ursprüngliche beschränkende Bestimmung, daß alle Teilnehmer solidarisch verhaftet sein sollten, war aufgehoben. Darauf kam der Berliner Kassen-Verein bei H.'s Nachfolger (v. Rabe) um die Erlaubnis ein, sich in eine Aktienbank umwandeln und Agenturen an anderen Orten errichten zu dürfen[1]. H., nunmehr Bankchef, wandte sich in mehreren Gutachten dagegen mit einer Entschiedenheit, die bei seiner liberalen Einstellung wundernimmt. Folgende Gründe werden dagegen angeführt: die Konkurrenz einer Privatbank werde die ohnehin sehr schwierige Übersicht der Kreditverhältnisse am Platz erschweren, die Geschäfte der Hauptbank und damit den allgemeinen Verkehr benachteiligen, dagegen würde die Hilfe für den Gewerbe- und kleineren Handelstand in kritischen Zeiten bestimmt der Hauptbank allein überlassen bleiben. So sei der Nutzen einer neuen Bank sehr fraglich, ein Bedürfnis dazu entschieden nicht vorhanden, ja, eine weitere Konzentration der Kapitalien in der Hauptstadt sei bedenklich. H. vertrat damit die Ansicht seines von ihm so sehr verschiedenen Vorgängers Rother, der nach dem Beispiel Englands in der Hauptstadt und deren nächster Umgebung keine Privatbank errichtet wissen wollte. Er fand aber nur die nachdrückliche Unterstützung des Justizministers Simons, während die Minister von der Heydt und Rabe ganz entgegengesetzt urteilten und das mit triftigen Gründen belegten. Ihrem Antrag gemäß wurde die neue Bank, mit dem Recht des Betriebs aller Bankgeschäfte, doch nur in Berlin, und der Notenausgabe bis 1 Mill. Tl., vom König unterm 15. April 1850, genehmigt.

H. hatte indessen mit seiner Ablehnung in seinem Promemoria vom 9. Mai 1849 einen anderen Vorschlag verbunden[2]. Nach seiner Meinung war für die Bedürfnisse des größeren Handelsstandes durch die Preußische Bank hinlänglich gesorgt, so daß eine demselben Zweck dienende Privatbank nicht erforderlich war. Dagegen fehlte es noch immer, und seit den Ereignissen des Vorjahres mehr wie je, an einer derartigen Einrichtung für die große Masse der Gewerbetreibenden, kleinen Kaufleute und Fabrikanten, die den Kredit der Bank

[1] *Rep. 120 A XI 2, nr. 1 I*

[2] *Das Folgende nach den Akten des Handelsministeriums, Rep. 120 A XI 2, nr. 5, die Bergengruen für seine große Biographie nicht zugänglich waren.*

wegen deren statutarischen Bedingungen nicht benutzen konnten. Auch die nach der Märzrevolution zur Behebung des dringendsten Notstandes aus Staatsmitteln geschaffenen Darlehnskassen konnten gerade den kleineren Leuten nicht zugute kommen, weil diese die dafür geforderte dingliche Sicherstellung nicht zu leisten vermochten, waren auch nur eine vorübergehende Einrichtung. In dieser Richtung waren schon manche Vorschläge gemacht, aber stets abgelehnt worden, weil sie Staatshilfe dafür erforderten. Gerade damals lag wieder ein solcher Plan einer Industrie- und Handwerker-Bank vor, den ein Kaufmann Lebenheim mit Zustimmung angesehener Fabrikanten entworfen hatte. Hansemann ging andere Wege; sein Entwurf einer Berliner Kredit-Gesellschaft folgte einem neuen Vorbild, das sich aber schon trefflich bewährt hatte. Es war der im Sommer 1848 in Brüssel gegründete, auf Gegenseitigkeit beruhende Kreditverein, dessen Zweck war, kleineren Geschäftsleuten durch Vergesellschaftung mit größeren einen ihren Verhältnissen angemessenen und billigen Kredit zu verschaffen. Nach Hansemanns Plan sollte der Einzelne persönlichen Kredit finden bis zur Höhe desjenigen Betrages, für den er von der Aufnahme-Kommission gut befunden wurde, und so hoch sollten seine Wechsel und Promessen von der Gesellschaftskasse bis auf drei Monate diskontiert werden können. Das Eigenartige dabei war, daß die Mitglieder der Gesellschaft zugleich Aktionäre und Geschäftskunden waren: sie hatten 10% — in Brüssel 5% — des Geschäftsanteils, bis zu dessen Höhe sie Kredit erhalten konnten, bar einzuzahlen und hafteten unbegrenzt.

Hansemann fügte in seinem Promemoria hinzu: „Die Ausführung wird durch die jetzige allgemeine Wechselfähigkeit wesentlich erleichtert, findet einstweilen aber darin noch einige Schwierigkeit, daß die angeseheneren Handelshäuser, wenn auch von der Nützlichkeit des Unternehmens überzeugt, demselben sich noch nicht anschließen mögen, weil dabei nicht sowohl ein großer Gewinn für die Teilnehmer als vielmehr eine Förderung des Gemeinwohls in Aussicht steht. Es ist aber, um dem Unternehmen von Hause aus eine solide Grundlage zu geben und das öffentliche Vertrauen dafür zu erwecken, wünschenswert, daß wenigstens eine gewisse Zahl der angeseheneren Handlungshäuser demselben von Anfang an beitreten, und würde es nur darauf ankommen, inwiefern etwa durch Bewilligung besonderer Vorteile die Teilnahme dafür zu erregen wäre. Die Bank würde z. B. dem Institut vielleicht durch eine Ermäßigung des Zinsfußes für die bei ihr zu diskontierenden Wechsel oder von ihr aufzunehmenden Darlehen zu Hilfe kommen können. Seitens des Staates würden vielleicht ebenfalls einige Begünstigungen, die demselben keine Opfer kosten, . . . gewährt werden können . . ." Diese Hoffnungen allerdings sollten sich ganz und gar nicht erfüllen, ja, der Plan wurde in den maßgebenden Ministerien, dem des Handels (von der Heydt) und der Finanzen (v. Rabe), mit offenbarem Übelwollen verschleppt und kritisiert, obwohl kein Recht zur Notenausgabe darin vorgesehen war, und solchen Banken nach einer Erklärung des Handelsministers kein Hindernis bereitet werden sollte. Der Finanzminister wollte in seinem Plan nur eine „anderweitige Gelegenheit zum Schuldenmachen" sehen.

Hansemann warb indessen bei Kaufleuten und Handwerkern auf das rührigste und veröffentlichte Mitte Mai eine Darstellung seines Plans. Nachdem gegen 300 Geschäftsleute beigetreten waren, hat die Gesellschaft sich am 26. Juni 1850 vorläufig konstituiert, ein Verwaltungs-Comitée von 8 und eine Aufnahme-Kommission von 14 Mitgliedern erwählt und die landesherrliche Genehmigung des beschlossenen Statuts nebst Verleihung des Korporationsrechts beantragt. Bis 2. Nov. waren 529 Mitglieder angemeldet mit über 1 Mill. Tl. Geschäftsanteilen. Es waren vorwiegend kleinere und mittlere Kaufleute, Fabrikanten und Gewerbetreibende, auch 3 Gutsbesitzer, denn der Geschäftskreis sollte den ganzen Regierungsbezirk Potsdam, Stadt und Land, umfassen. Von bekannten Namen finden sich: Duncker (u. Humblot), Gabain, Kunheim, Ravené, Reimer, Schumann (Porzellan), Wöhlert; große derzeitige Firmen fehlen ganz.

Während der Hansemannsche Plan bei den Ministerien geprüft wurde, beantragte der Vorstand der hiesigen polytechnischen Gesellschaft in der gleichen Absicht die Gründung einer „Beleihungskasse für Fabrik und Industrie", wobei allerdings auf staatliche Beihilfe gerechnet wurde[1]. Hansemann selbst hatte

[1] *16. Dez. 1850. Rep. 120 A XI 2, nr. 4*

seine Hoffnung auf staatliche Unterstützung schon längst auf Gewährung eines geeigneten Geschäftslokals herabgestimmt, was allerdings auch noch übertrieben war. Denn die Minister beharrten nach langen Erwägungen, auch zweimaliger Erkundigung über den Stand der Brüsseler Anstalt, bei ihrer Ablehnung (31. März 1851), hauptsächlich weil sie die im Statut vorgesehene Befugnis, verzinsliche Depositen, selbst von Mitgliedern, anzunehmen und überhaupt Bankgeschäfte zu betreiben, nicht zuerkennen wollten. Denn der Staat habe den Privatbanken das Recht zur Annahme verzinslicher Kapitalien versagt, nur deshalb, weil es mit großen Gefahren für das beteiligte Publikum und die Anstalten selbst verbunden sei. Es ließe sich nicht rechtfertigen, die Kreditgesellschaft in dieser Hinsicht günstiger zu stellen als die Privatbanken. Das Recht, andere als Mitgliederwechsel zu diskontieren, würde sie zu einer Konkurrenzanstalt der am Ort bestehenden Banken machen.

Der Oberpräsident Flottwell hatte in bezug darauf in seinem Gutachten (27. Februar) bemerkt, daß diese allerdings im Kreditverein unleugbar einen Konkurrenten erhalten würden, doch sei für diesen das Bankgeschäft unentbehrlich, und die durch ihn bewirkten Vorteile überwögen jenen Nachteil. Anstatt aber den wesentlichen Zweck und den Vorteil des Unternehmens: den kleineren Leuten Kreditmöglichkeit zu schaffen, zu würdigen, argumentierte man im Finanzministerium so: die wenigen wohlhabenden Kaufleute und Fabrikanten, die um des allgemeinen Nutzens willen beiträten, hätten genug Möglichkeit, sich billigeren Kredit zu verschaffen, dagegen müsse durch die Menge aufzunehmender Handel- und Gewerbetreibender, die in Ermangelung jeder andern Gelegenheit die hohe Verzinsung von 6, 7% oder mehr nicht scheuten, die Gefahr für die soliden Beteiligten sehr anwachsen. So groß war die obrigkeitliche Fürsorge selbst für das Wohl oder Wehe freiwillig Beitretender. Dagegen erkannte eine mit Untersuchung der Kredit-Institute des Landes betraute Kommission der 2. Kammer in ihrem Bericht vom 8. Mai 1851 die Sicherheit der Kredit-Gesellschaft lobend an und hielt die Einwände der Regierung gegen sie für nicht begründet; der Plan sei vielmehr reiflich durchdacht, und die Anstalt entspreche einem großen Bedürfnis.

Hansemann war inzwischen der Reaktion zum Opfer gefallen.

Sein Amt als Chef der Bank sah er nicht als gut bezahlte Sinekure an, sondern brachte seine bessere kaufmännische Einsicht der bürokratischen Leitung gegenüber zur Geltung. Er machte sich damit den Präsidenten des Hauptbank-Direktoriums, v. Lamprecht, der unter Rother sehr selbständig gewesen war, zum scharfen Gegner, und dieser wurde kräftig unterstützt von der nun herrschenden Richtung. So wurde Hansemann am 6. April 1851 mit einem jährlichen Wartegeld von 2000 Tl., 1/3 seiner bisherigen Bezüge, zur Disposition gestellt und sein Amt dem Handelsminister von der Heydt übertragen. Hansemann aber kam erst durch sein Ausscheiden in die Lage, seinen Plan ohne Rücksicht auf den Widerstand der Regierung weiter zu treiben. Da Korporationsrechte nicht zu erlangen waren, so fand Hansemann, sachkundig beraten von einem hervorragenden Juristen, Justizrat Geppert I, einen ebenso einfachen wie genialen Ausweg: eine bloße Handelsgesellschaft zu errichten, die keiner Bestätigung bedurfte und die beabsichtigten Ziele noch freier verfolgen konnte. Der Gedanke war so neu und kühn, daß selbst Hansemanns Sohn, der klarblickende Adolph, in die praktische Durchführbarkeit Zweifel setzte[1]. Aber die Neuschöpfung wurde am 6. Juni 1851 in das Leben gerufen, denn an diesem Tage beschloß eine Versammlung der Berliner Mitglieder der Kredit-Gesellschaft, von denen etwa 2/3 sich anschlossen: falls die landesherrliche Konzession bis zum 15. Sept. nicht erreicht sein sollte, auf Korporationsrechte zu verzichten und zur Erreichung des nämlichen Zwecks und mit dem gleichen Statut einen Privatverein unter dem Namen Disconto-Gesellschaft zu bilden, unter einem oder mehreren Geschäftsinhabern und mit einer unbeschränkten Zahl von stillen Teilhabern. Der Name wies darauf hin, daß das Diskontieren von Wechseln Gegenstand der Geschäfte war; die endgültig gewählte Bezeichnung „Direction der Disconto-Gesellschaft" besagte, daß nur die Direktion, bestehend aus den allein und solidarisch haftenden Geschäftsinhabern und den mit Gehalt und Tantiemen angestellten Geschäftsführern (Prokuristen), Träger der Handelsfirma waren, die Eigentum erwerben und staatlich anerkannte Rechte ausüben konnten. Die stillen Teilhaber waren ihr gegen-

[1] *H. Münch, Adolph v. Hansemann (1932), S. 10*

über durch einen Verwaltungsrat von 14 Personen vertreten. Sie hafteten nicht und konnten nach der Höhe ihrer mit 4% verzinslichen Bareinlagen am Reingewinn teilnehmen.

Die Zahl der Geschäftsinhaber, die nur Anteil am Gewinn, kein bestimmtes Einkommen genossen, sollte nicht über 9 und nicht unter 3 betragen, aber bis Ende 1853 sollte nur ein Inhaber zulässig sein; das war natürlich der Begründer, Hansemann. Dies hatte seinen Grund nur darin, daß die Erträge vorerst nicht hoch genug waren, um andere angesehene Leute zum Eintritt in die Direktion zu bewegen, nicht etwa in Eigennutz oder Herrschsucht Hansemanns. Wie wenig diesen Eigennutz beherrschte, geht daraus hervor, daß er im Frühjahr 1853 das verlockende Angebot, die Leitung der neu gegründeten Bank für Handel und Industrie in Darmstadt mit sehr hohen Bezügen zu übernehmen, ausschlug, weil er bei seiner Schöpfung nicht zu entbehren war. Er hat ferner einen Verlust von 12000 Tl., der in seiner Abwesenheit durch Unredlichkeit eines Prokuristen und mangelnde Aufsicht seines Stellvertreters entstanden war, selbst gedeckt, damit das Ansehen seines Werks keinen Schaden erlitte (Frühjahr 1855). Erst mit 1. Mai 1857 wurde ein zweiter Geschäftsinhaber gewonnen in Hansemanns ältestem Sohn Adolph, der die Tuchfabrik in Eupen geleitet hatte und sie nun an seinen Bruder Gustav weitergeben konnte. Die statutenmäßige Mindestzahl von 3 Geschäftsinhabern wurde erst nach dem Tode von David Hansemann erreicht.

Unterm 10. Oktober zeigte die Direktion der Korporation der Kaufmannschaft an, daß die Gesellschaft durch Vertrag zwischen Hansemann als Geschäfts-Inhaber und mehreren stillen Teilnehmern begründet sei und ihre Geschäfte am 15. eröffnen werde; zugleich wurden die Unterschriften des Geschäftsinhabers und der beiden gegenzeichnenden Geschäftsführer mitgeteilt. Die Geschäftsräume waren anfangs sehr bescheiden, nahe dem Hackeschen Markt, seit Jan. 1858 aber im eigenen, für 136250 Tl. erworbenen Doppelhause Behrenstr. 43/44.

Die Gesellschaft verfügte über die Einlagen der Mitglieder, die statutenmäßig mindestens 10% ihrer Geschäftsanteile betrugen, und nahm von Mitgliedern und Fremden verzinsliche Depositen an. Die Gelder wurden in erster Linie für den Wechselkredit der Mitglieder verwendet; dies machte aber, wie sich in der Folge zeigte, mit Ausnahme eines Jahres noch nicht 40% des Gesamtbetrages der Geschäftsanteile aus. Im übrigen durfte die Gesellschaft sich nur mit dem Diskontieren und Beleihen von Wechseln abgeben, dagegen war ihr alle spekulativen Unternehmungen ausdrücklich untersagt. Die Entwicklung der Gesellschaft war dank dem allgemeinen Vertrauen, das die Persönlichkeit ihres Gründers und Leiters genoß, befriedigend, blieb aber hinter der ihres Brüsseler Vorbildes und wohl auch hinter den Erwartungen ihrer Gründer zurück[1]. Immerhin ist der anfängliche Bestand von 236 Mitgliedern mit 1/2 Mill. Tl. Geschäftsanteilen bis 4. Mai 1853 auf 1456 Mitglieder mit 5 224 200 Tl. an 10%igen und 143 000 Tl. an voll eingezahlten Anteilen angewachsen.

Hansemann hatte ursprünglich an eine Mithilfe der Preußischen Bank — durch ermäßigten Zinsfuß für die bei ihr zu diskontierenden Wechsel der Gesellschaft oder für die von dieser aufzunehmenden Darlehen — gedacht. Davon konnte nach seinem Rücktritt von der Leitung der Bank keine Rede mehr sein, der Unternehmer wurde von dieser im Gegenteil mit äußerstem Mißwollen bedacht. Sie diskontierte Wechsel mit der Unterschrift der Gesellschaft nur dann, wenn sie auch ohne diese Unterschrift bankmäßige Sicherheit gewährten, weil die Gesellschaft ausgesprochenermaßen das Zehnfache der Teilhabereinschüsse an Kredit geben wolle, also fast ganz von fremder Hilfe abhängig sei. Das bedeutete eine förmliche Boykottierung. Hansemann suchte durch eine Druckschrift „Das Wesen der Disconto-Gesellschaft in Berlin und ihre Benutzung" (1852), aufzuklären; er bezeichnete sich darin als wirklichen Eigentümer der Firma und erklärte, für die Gesellschaftsschulden persönlich einstehen zu wollen. Die Bank zweifelte jedoch, ob Hansemann persönlich rechtsgültig für jene Unterschriften haften könne und ob er auch des Vermögens sei; sie ließ sogar den Kassen-Verein, der Wechsel mit seiner Unterschrift anstandslos diskontierte, auf ihre juristischen Bedenken vertraulich aufmerksam machen. Der Kassen-Verein hatte sich indessen, bevor er mit der „Discontokasse" in Geschäftsverbindung trat, durch seinen Syndikus, Justizrat Marchand, darüber versichert, und wies nun in Gut-

[1] *H. Münch, a. a. O., S. 20 f*

achten vom 1. und 15. Oktober 1852 nach, daß alles rechtlich unanfechtbar sei. Trotzdem beantragte die Bank 30. Okt. beim Handelsminister von der Heydt, zu erwägen, „ob genügender Anlaß zu irgend einer amtlichen Einschreitung vorliege".

Wieweit Hansemann selbst bei dem von ihm eingeschlagenen neuen Verfahren für Gesellschaftsgründung geistiger Urheber war, läßt sich kaum sicher feststellen. Bei dem hartnäckigen Widerstande, den die Regierung Derartigem entgegensetzte, lag es nahe, nach Auswegen zu suchen, und es mögen dabei die Juristen das erste Wort gehabt haben. Eine Genossenschaft, als deren Wortführer ein Rechtsanwalt Robert auftrat, ist sogar schon ganz kurz vor Hansemann ähnlich vorgegangen. Nachdem ihr Entwurf zur Bildung eines Hypotheken-Tilgungs-Vereins dem Handelsminister wiederholt vorgelegt und ihr Antrag auf Verleihung von Korporationsrechten am 30. Okt. 1850 abgewiesen worden war, hat sie sich dennoch als „Berlinische Hypotheken-Credit-Gesellschaft" konstituiert und ihre Statuten eingereicht. Die Minister der Finanzen, des Handels und des Inneren beauftragten darauf am 16. April 1851 den Oberpräsidenten Flottwell, daß aus den Statuten alles entfernt werden müsse, was zur Täuschung des Publikums diene, als wenn der Verein vom Staate genehmigt und beaufsichtigt wäre[1]. Andere, zum Teil Jahre hindurch behandelte Anträge auf Gründung von Hypothekar-Kreditanstalten waren schon der Ablehnung verfallen, da sie Staatsbeihilfe oder Notenausgabe zur Voraussetzung hatten. Dabei hatte schon ein Antrag vom 5. Nov. 1848 bemerkt, daß infolge dieser Haltung der Regierung der Ruin der Hausbesitzer eingetreten sei. In den 50er Jahren war es nicht anders, obwohl hinter den Entwürfen teilweise angesehene Bankfirmen standen, so Abr. Oppenheim, Köln und S. Bleichröder (1853) und Jacobsohn u. Rieß (1856).

Die Disconto-Gesellschaft konnte den Umfang ihrer Geschäfte bis 1856 auf beinahe das Doppelte steigern. Doch hatte Hansemanns stets reger Geist und scharfer Blick schon erkannt, daß eine gründliche Umgestaltung und Erweiterung am Platze sei. Nach den anfänglich glänzenden Erfolgen des Pariser Crédit

[1] *Rep. 120 A XI 2,2*

mobilier entstanden derartige Gründerbanken für Handel und Industrie seit 1853 auch auf deutschem Boden, doch bei der durchaus ablehnenden Haltung der preußischen Regierung nur außerhalb Preußens in kleinstaatlichen, sonst geschäftslosen Hauptstädten. Die erste wurde 2. April 1853 in Darmstadt hauptsächlich durch die Kölner Gustav Mevissen und A. Oppenheim gegründet. An der im gleichen Jahr entstandenen Braunschweigischen Bank beteiligten sich auch Gebr. Schickler und das Haus Mendelssohn, dieses auch an der Weimarischen Bank. Hansemann war es, der den neuen Banktyp in Berlin einführte, indem er seine Gesellschaft geschickt auf das Großgeschäft umstellte und wiederum die Klippe des geltenden Rechts umschiffte. Da es mit der konzessionierten Aktiengesellschaft nicht ging, fand er die neue Form der Kommanditgesellschaft auf Aktien. Die Umwandlung erfolgte 1855/56 durch verschiedene Statutenänderungen, sorgfältig vorbereitet durch Hansemann und seine nächsten Mitarbeiter, zu denen 1855—59 auch sein Freund, der bekannte badische Politiker und spätere Minister Karl Mathy gehörte. Durch die Neuordnung wurde neben den widerruflichen Einlagen der bisherigen Teilnehmer ein festes Stammkapital geschaffen und der Geschäftsbetrieb erweitert; die Generalversammlung vom 9. Januar 1856 stimmte dem zu. Demgemäß wurde neben den bisherigen stillen Gesellschaftern, nun „Mitbeteiligte" genannt, die ihre Geschäftsanteile (200 bis 60 000 Tl.) nach wie vor nur mit 10% einzuzahlen brauchten, eine neue Kategorie von Beteiligten, Kommanditäre, geschaffen, die ihre Kommanditanteile in Höhe von je 200 Tl. voll einzahlen mußten, aber bei der Dividende, die bisher 6—7% betragen hatte, 1% mehr als die Mitbeteiligten erhielten. Die Kommanditanteile wurden im Betrage von 10 Mill. Tl. ausgegeben; diese waren schon vor der Beschlußfassung, ohne öffentliche Zeichnung oder Zuhilfenahme der Börse, voll gezeichnet, wobei auch viele bisherige Mitglieder ihre Geschäftsanteile in Kommanditanteile verwandelten. Neben dem bisherigen Kreditgeschäft für die Mitglieder, „Spezialgeschäft" genannt, wurde nun das „allgemeine Bankgeschäft" in vollem Umfang einschließlich aller Gründungs- und Emissionsgeschäfte betrieben. Im Nov. 1856 wurde auch eine letzte Schranke aufgehoben, indem der Erwerb von Bergwerkseigentum und industriellen

Unternehmungen aller Art nebst zugehörigen Grundstücken abweichend vom ursprünglichen Statut als zulässig anerkannt wurde.

Damit ist die Gesellschaft aus einer im Interesse des gewerblichen Mittelstandes geschaffenen Kreditgenossenschaft mit begrenzten Mitteln zu einer Kreditbank mit einem festen und zugleich leicht vermehrbaren Kapital von beträchtlicher Höhe geworden und war die Entwicklung zur führenden deutschen Industrie- und Emmissionsbank mit internationalem Einschlag angebahnt. Das allgemeine Bankgeschäft trat immer mehr vor dem Spezialgeschäft mit den Mitbeteiligten hervor, ja, dieses wurde nach dem Tode von David Hansemann nur noch aus Pietät beibehalten und 1884 ganz aufgegeben. So wuchs die D. G. von selbst über ihren ursprünglichen Zweck hinaus. Aber die Grundsätze eines bei aller Rührigkeit vorsichtigen und besonnenen Geschäftsgebarens wurden ihr vom Gründer auf den Weg gegeben, der nachdrücklich vor dem nach seiner Auffassung unmoralischen und unredlichen Wesen der damals aufgekommenen spekulativen Aktiengründungen warnte[1].

In allem trat eben Hansemanns Eigenart hervor: die Durchdringung kaufmännischer Tätigkeit mit gemeinnützigen und staatsmännischen Gedanken. Hansemann war damals die anerkannt erste Autorität im deutschen Bank- und Geldwesen. Er konnte schon den Plan einer einheitlichen Verfassung und weiterhin des Zusammenschlusses der Privat-Zettelbanken zur Verhandlung bringen (1860). Für die preuß. Mobilmachungs-Anleihe von 1859 brachte er ein Konsortium zustande, dem außer seiner Gesellschaft die ersten Berliner Bankfirmen: S. Bleichröder, Breest u. Gelpcke, F. M. Magnus, J. Mendelssohn u. Co., Gebr. Schickler, Rob. Warschauer u. Co., angehörten, das sogenannte „Preußen-Konsortium". Auf dem ersten preußischen wie dem ersten deutschen Handelstage, 1860 und 1861, vertrat er das Berliner Ältesten-Kollegium, dem er seit 1853 angehörte, und führte auf beiden das Präsidium.

Hansemann war noch in seinen letzten Jahren für die Verbesserung des Immobiliarkredits erfolgreich tätig, ja, er erlebte es noch, daß die von ihm beantragte Preußische Hypotheken-

[1] *Vgl. Bergengruen, S. 677 ff; Däbritz, S. 62 f*

Aktien-Gesellschaft 2. Mai 1864 die königl. Konzession erhielt, wenn auch sein origineller eigenster Gedanke dabei, Mitbeteiligung der Hypothekenschuldner, aufgegeben werden mußte und das Grundkapital auf 1, statt 5 Mill. Tl. beschränkt wurde. Die neue Gesellschaft wurde mit der Disconto-Gesellschaft unter einer Leitung und in demselben Hause verbunden[1].

Hansemann bewohnte seit Mitte der 50er Jahre die Villa Tiergartenstr. 7; die für ihn und seinen Sohn Adoph bestimmte, von Hitzig erbaute Doppelvilla, Nr. 30/31, wurde erst nach seinem Tode vollendet. Er schloß sein mit unausgesetzter, segensvoller Tätigkeit ausgefülltes Leben am 4. Aug. 1864 zu Schlangenbad. Wie er das von ihm begründete Gesellschafts-Unternehmen durchaus in seinem Geiste hochpersönlich geleitet, so führte es sein gleichfalls hochbegabter Sohn Adolph (27. 7. 1826 bis 8. 12. 1903) bis zu seinem Tode weiter, nahezu als eine unter verfassungsmäßigen Formen verschleierte Autokratie. Er hat das Werk des Vaters zu einem Unternehmen von tatsächlich weltumspannender Bedeutung entwickelt, als ein wahrhaft königlicher Kaufmann und zugleich großer Grundherr, seit 1872 in den erblichen Adelsstand erhoben.

Hansemanns Kommanditgesellschaft auf Aktien sollte bald Nachfolge in Berlin finden. Mevissen beantragte im Sept. 1855 für den von ihm geleiteten A. Schaaffhausenschen Bankverein, der sich günstig entwickelte, eine Verdoppelung des Aktienkapitals auf 10 Mill. Tl., Errichtung einer Filiale in Berlin u. a. Von der Regierung wieder abgewiesen, gründete er am 12. Febr. 1856 im Verein mit Abr. Oppenheim/Köln und Alexander Mendelssohn eine neue, noch größere Aktienbank in Berlin unter der Firma „Preußisches Credit-Institut zur Beförderung von Ackerbau, Handel und Industrie". Grundkapital und Aufgabenkreis waren großzügig geplant und in diesen auch die Landwirtschaft einbezogen; daher waren im Verwaltungsrat neben 3 rheinischen und 8 Berliner Bankiers 7 Angehörige der Aristokratie vertreten[2]. Kurz danach, 19. Febr., kam der Antrag einer „Preuß.-Credit-Gesellschaft für gewerbliche und landwirtschaftliche Industrie" mit einem noch umfassenderen Programm, in-

[1] *Däbritz, S. 116 ff*

[2] *Rep. 109 B XI 26*

dem auch Versicherungsgeschäfte einbezogen waren. Im Verwaltungsrat befanden sich Gerson Bleichröder für sich und in procura des Hauses Rothschild/Frankfurt, Emil v. Haber u. a.

Nachdem die Regierung vielerlei Bedenken vorgebracht, entschied eine kgl. C. O. vom 26. März, daß den angeregten Projekten, größere Credit-Institute zur Förderung der Industrie in Preußen zu gründen, zur Zeit weitere Folge nicht zu geben sei. Da also den Mobiliarkredit-Anstalten in Preußen die Anerkennung als Aktiengesellschaften endgültig versagt wurde, gründeten die Unternehmer nach dem Vorgang der Disconto-Gesellschaft Kommandit-Gesellschaften auf Aktien, für die es keiner behördlichen Genehmigung bedurfte. Am 9. Juli 1856 teilten die Ältesten dem „Kgl. Haupt-Bank-Directorium" mit, daß die Herren H. C. Carl, P. E. Conrad und Joh. Friedr Ludw. Gelpcke ein kaufmännisches Societätsgeschäft unter der Firma „Berliner Handelsgesellschaft", die Herren Leonor Reichenheim, Abr. Meyer und Carl Daniel Wolff ein gleiches unter der Firma „Berliner Bank-Verein" konstituiert hätten. An demselben Tage wurde Herr F. L. R. Koepp unter der Firma „Direction der Waren-Creditgesellschaft" als Mitglied in die Korporation aufgenommen. Das Haupt-Bank-Direktorium, ärgerlich, daß man das Entstehen von Gesellschaftsbanken auf diese Weise nicht hindern konnte, machte 12. Juli den Handelsminister wenigstens auf den wachsenden Übelstand der Firmenbezeichnung ohne Beifügung eines Namens, was es für schädlich und gesetzlich unstatthaft hielt, aufmerksam[1].

Die beiden erstgenannten Gesellschaften sind gleichzeitig, 2. Juli, zum gleichen Zweck und mit dem gleichen Geschäftskreis: Betrieb von Bank-, Handels- und industriellen Geschäften aller Art, entstanden, auch als Grundkapital war beiderseits 15 Mill. vorgesehen, bei der Handelsgesellschaft bis auf 30 Mill. erhöhbar. Die Gründer übernahmen die Hälfte des Kapitals und legten die andere mit 10% Agio zur öffentlichen Zeichnung auf; das Agio machte bei der Handelsgesellschaft 750 000 Tl. aus. Nach dem Vorbild dieser beiden sind noch im Juli 1856 mehrere Kommanditgesellschaften in anderen preußischen Handelsstädten entstanden.

[1] *Rep. 120 B IX 1,4*

Zu der Berliner Handelsgesellschaft hatten sich die bedeutendsten Berliner Bankfirmen: S. Bleichröder, Mendelssohn u. Co., Gebr. Schickler, Robert Warschauer u. Co., mit Mevissen und Oppenheim vereinigt; ihr langjähriger Geschäftsinhaber war Paul Eduard Conrad, der seit 1831 dem Ältesten-Kollegium angehörte und 1864 bis 1884 dessen repräsentativer Vorsteher war, Geh. Kommerzienrat und Gründer der Kolonie Wannsee. Ihm folgten sein Sohn Carl Heinr. Wilhelm, der seit 1857 Teilhaber beim Bankhause Breest und Gelpcke war. Die Handelsgesellschaft besteht als eine der führenden Berliner Banken, und zwar an der gleichen Stelle, Französische Str. 42; dagegen löste der Bank-Verein, der von vornherein nur 5 Mill. Tl. Aktien mit Agio verkaufen konnte, sich schon nach Jahresfrist auf. Die Waren-Credit-Gesellschaft war nach dem Vorbild der französischen Tauschbank von Bonnard & Co. gebildet, erwies sich aber als nicht lebensfähig, so daß 1862 ihre Auflösung beschlossen wurde. Eine ihrer Eigentümlichkeiten war, daß für Vorschüsse auf Arbeitsmaterialien kein Zins, sondern nur eine mäßige Provision berechnet wurde. Im Oktober 1857 entstand noch eine Gesellschaft „Ceres“ in Berlin, die für den landwirtschaftlichen Kredit dasselbe bedeuten wollte, wie die Disconto-Gesellschaft für den kaufmännischen; Geschäftsinhaber dieser ganz kurzlebigen Commandit-Gesellschaft war ein gewisser Dünnwald. Die Bedenken der Regierung gegen diese Art Banken waren insofern nicht unberechtigt, als sie zum Teil nur dazu dienten, den Gründern augenblicklich bedeutende Mittel und Agiogewinne zu verschaffen. Nicht ganz mit Unrecht klagte der Minister v. Westphalen in einem Briefe jener Zeit über den „rasenden Kredit-, Mobilien- und Kommanditgesellschafts-Schwindel“.

Hinsichtlich der Notenausgabe versuchte die Regierung Herrin der Lage zu bleiben, indem das Privileg der Preuß. Bank durch Gesetz vom 7. Mai 1856 erweitert und ihr eine Vermehrung der Noten nach Bedarf zugestanden wurde, wogegen von den umlaufenden 30,8 Mill. Tl. Kassenanweisungen 15 Mill. durch sie eingezogen werden sollten. Dagegen war der Bank des Kassen-Vereins am 26. März die schon 1853 beantragte Vermehrung ihrer Notenausgabe um 1 Mill Tl. abgeschlagen worden. Von einer weiteren Zettelbank in Berlin konnte natürlich keine Rede sein, doch wurden in den Provinzialhauptstädten 1856/57 solche errichtet.

Das Jahr 1856 bedeutet mit der Entstehung gesellschaftlicher Großbanken und der Ausweitung der preußischen Zentralbank den Beginn einer neuen Zeit im Berliner Bankleben, auf deren Anfänge hier nur in Umrissen hingedeutet werden konnte. Es handelt sich dabei naturgemäß um Teilvorgänge eines allgemeinen wirtschaftlichen Prozesses: denn eben in den 50er Jahren setzt recht erkennbar jene großartige wirtschaftliche Entfaltung ein, die, bald durch den politischen Aufstieg von 1866 bis 1871 mächtig gefördert, Berlin aus seiner noch immer eng umgrenzten Sphäre mit überraschender Schnelligkeit zu einem der führenden Weltplätze in Industrie, Handel, Geld- und Verkehrswesen emporhob.

Sonstige Berliner Gemeinschafts-Unternehmungen

Die Korporation der Kaufmannschaft

Die Börsenkorporation von 1805 war nur ein Zusammenschluß der Handelsgilden und der an der Börse interessierten unzünftigen, namentlich jüdischen, Kaufleute und Fabrikanten für die gemeinsame Wahrnehmung der mit der Börse zusammenhängenden Angelegenheiten. Die Voraussetzungen für eine einheitliche Korporation der Kaufmannschaft mit gleichen Rechten der Mitglieder wurden erst durch die Einführung der Gewerbefreiheit vom 2. Nov. 1810 und 7. Sept. 1811 und das Juden-Emanzipationsedikt von März 1812 geschaffen. Nach langem Verhandeln, seit Herbst 1817, und Hinzögern fand das neue „Statut der Kaufmannschaft zu Berlin" 2. März 1820 die kgl. Genehmigung, und konnte sich die Korporation bilden. Diese stellte im Unterschied von den früheren Gilden den Kaufmannsstand insgesamt dar, denn alle Kaufleute im Polizeibezirk Berlin, einschließlich Charlottenburg, die die kaufmännischen Rechte nach Allg. Landrecht, Teil II, Tit. 8, in bezug auf Glaubwürdigkeit der Bücher, Wechselfähigkeit, kaufmännische Zinsen und Provision, Geschäftsfähigkeit der Handelsgehilfen usw. besaßen oder genießen wollten, mußten zur Korporation gehören, und der Besitz dieser Rechte konnte nur noch durch die Aufnahme in die Korporation erlangt werden. Es wurde jetzt auch amtlich unterschieden zwischen einem „Kaufmann", der also Korporationsmitglied sein mußte, und einem gewöhnlichen Handeltreibenden oder Handelsmann, der nur eines Gewerbescheines bedurfte. Fabrikanten, die, wie die meisten in Berlin, wirkliche Handelsgeschäfte trieben, mußten nun der Korporation beitreten, oder ihre bisherigen Handelsgeschäfte aufgeben.

Die Stellung, die der Korporation hinsichtlich der Rechte ihrer Mitglieder eingeräumt war, gab ihr ein gewisses Monopol und bedeutete somit eine Abweichung vom Grundsatz der Gewerbefreiheit. Sie war auch nicht von Dauer, denn die Allg. deutsche Wechselordnung von 1847 beseitigte das ausschließliche Recht der Wechselfähigkeit, und das Allgem. deutsche Handelsgesetzbuch von 1861 hob den landrechtlichen Begriff der kaufmännischen Rechte auf und gestand solche in vollem Umfange allen Personen zu, die gewerbsmäßig Handelsgeschäfte am Ort trieben[1]. Bis dahin stand auch das Recht, eine „Firma" zu führen, nur den in der Korporation aufgenommenen Kaufleuten zu, und hatten die Firmen- und Prokuren-Verzeichnisse des Ältesten-Kollegiums offizielle Gültigkeit: die Kgl. Bank diskontierte in der Regel nur Wechsel, deren Unterschriften sich dort nachprüfen ließen[1].

Die Ältesten der Kaufmannschaft haben zwei Aktiengesellschaften zum Besten des Verkehrs gegründet.

a) Die Elbschiffahrts- und Assekuranz-Gesellschaft, als Nachfolgerin der 1810 aufgehobenen Elbschiffahrtsgilde und eines danach errichteten freien Schiffer-Vereins, wurde für die Hamburger Schiffahrt als Verband für die Innehaltung geregelter Fahrten, Fracht- und Assekuranz-Taxen 15. Febr. 1821 von der Korporation ins Leben gerufen, doch schon 1. Juni 1822 zu einer Aktiengesellschaft erweitert. Das Kapital von etwa 40 000 Tl., das durch die Mitgliedbeiträge der Schiffer — es waren 118, nicht nur Berliner — von je 350 Tl. zusammenkam, wurde auf 200 000 Tl. durch Aktienbeteiligung vermehrt. Die Aktien, zu je 250 Tl., durften nicht zu mehr als 10 in einer Hand sein und nicht eigenmächtig veräußert werden. Die Administration bestand aus 4 Ältesten und 3 aus den Aktionären Gewählten, die auch der Korporation angehören mußten; Vorsitzender war (1826) F. G. von Halle. Ein neuer Vertrag wurde Herbst 1832 gemacht. In der gleichen Weise wurde 1835 eine Oderschiffahrts- und Strom-Assekuranz-Gesellschaft von den Ältesten begründet und mit der älteren zur Berliner Elbe- und Oder-Schiffahrts-Assekuranz-Gesellschaft vereinigt[2].

Da die Wirksamkeit dieser Gesellschaft noch immer eine begrenzte war, und viele Versicherungen noch im Ausland

[1] *Vgl. Geschichte der Korporation usw. (1920), S. 131, 134*

[2] *Stadta. Schiffersachen 12; Berlin, wie es ist (1831), S. 214; Gesch. der Korporation, S. 93 f*

(Hamburg, Triest) geschlossen wurden, so brachte der Kommerzienrat Friedr. Wilh. Behrendt, Neue Schönhauser Str. 9, eine „Berliner Land- und Wasser-Transport-Versicherungs-Gesellschaft“ auf Aktien, mit einem Grundkapital von 250 000 Tl. Cour., die Aktie zu 1000 Tl., zu Stande, die im Juli 1841 ihre Tätigkeit begann. Die Statuten erhielten erst 7. März 1845 die kgl. Genehmigung. An der Spitze stand der sehr rührige Stadtrat Heinr. Keibel[1].

Die Schiffahrtsgesellschaft der Korporation, die auch auf die Verbindung nach West- und Ostpreußen ausgedehnt wurde, bestand nur bis um die Mitte des Jahrhunderts, da die Eisenbahnen die Stückgüter an sich zogen.

b) Die Insel-Aktien-Gesellschaft. Nachdem der von Friedrich II. angelegte „Neue Packhof“ dem Bau des Alten Museums hatte weichen müssen und aufgehoben worden war, mußte die Kaufmannschaft für Ersatz sorgen. Sie erwarb zu diesem Zweck die Insel bei der Fischerbrücke mit dem darauf befindlichen ehemals Wegelyschen Fabrikgebäude[2], später staatlichem Proviantamt, die 1823 durch Tausch an die Stadt gelangt war, von dieser 1824 für den Selbstkostenpreis von 60 000 Tl. zur Einrichtung einer Ladestelle mit Warenspeicher, Kran und Wageanstalt. Die Aufbringung des Kaufpreises und der ebenso hoch veranschlagten Bau- und Einrichtungskosten geschah durch Ausgabe von 1200 Aktien zu je 100 Tl. Cour. Die erste Einzahlung von 25% erfolgte 1. Aug. 1824, womit die Gesellschaft zu bestehen begann. Es hatten sich 137 Aktionäre gemeldet, außer den 6 zur Verhandlung mit dem Magistrat ernannten Korporations-Mitgliedern; 1827 unterschrieben 124, 1829 112 Aktionäre, darunter fast alle bekannten Bank- und Handelsfirmen, außer Gebr. Schickler. Das Grundstück ging durch Kaufvertrag vom 6. Mai 1825 vom Magistrat an die Gesellschaft über, der Betrieb konnte seit Ende 1826 aufgenommen werden, die Bauten waren aber erst Ende 1827 vollendet. Die Geschäfte gingen 1. Juli 1827 von jener Sechser-Kommission an die Direktion der Gesellschaft über, die aus 3 Ältesten und 4 von den Aktionären gewählten Mitgliedern bestand. Die Statuten erhielten erst 6. Juli 1829 die ministerielle Genehmigung, da

[1] *Stadtarchiv, Kaufmsch. 24*

[2] *Vgl. Bd. II, S. 268*

der Magistrat mit allerlei Bemängelungen 2 Jahre hingehalten hatte[1].

Die Gesellschaft löste sich 1875 auf, das Grundstück wurde für 400 500 Tl. verkauft, die Aktie mit 303 Tl. eingelöst[1].

Für den Berliner Wasserverkehr war mit den genannten beiden Veranstaltungen, nach einer Angabe der Ältesten von 1832, hinreichend gesorgt. Dagegen waren beim Speditions- und Verladungsgeschäft zu Lande arge Mißstände eingerissen, da der alte kgl. Packhof dafür nicht ausreichte und der Landfrachtverkehr sich auf die zahlreichen Ausspannungen verzettelte. Indem die Gastwirte für die Fuhrleute die geschäftlichen Angelegenheiten besorgten, wurden einige dieser Häuser seit 1816 zu förmlichen Speditionsgeschäften. Seitens der Kaufmannschaft wurde aber darüber viel geklagt und dringend gewünscht, daß auch dafür eine Anstalt unter zuverlässiger Aufsicht geschaffen werde. 1832 erbot sich der Spediteur E. L. Humbert am Werderschen Markt, eine solche Verladungsstelle einzurichten, und die Ältesten befürworteten angelegentlich ein derartiges Unternehmen[2]. Vielleicht ist aus diesen Anregungen die 1836 gegründete Speicher-Aktiengesellschaft hervorgegangen, die damals den Aktienspeicher in der Kl. Präsidentenstraße durch W. Langerhans anlegen ließ. Es waren 38 Aktionäre, im ersten Direktorium waren Jos. Mendelssohn, F. G. v. Halle, C. W. J. Schultze, W. Brose, Keibel. Das Grundstück gegenüber der Museumsinsel wurde 1884 an den Fiskus verkauft für 2,6 Mill. Mark(!)[3]

Von den Versicherungs-Gesellschaften ist die älteste die Berlinische Feuerversicherungs-Anstalt, Spandauer Straße 81, wesentlich durch W. Chr. Benecke und seinen Prokuristen G. W. Averdieck 1812 gegründet. Eine Hagelversicherung bestand 1822—30; an ihrer Stelle wurde 1832 die noch bestehende Neue Berliner Hagel-Assekuranz-Gesellschaft, Behrenstraße 35, gegründet; ihr Kapital betrug 1845 500 000 Tl., der Direktion gehörten J. Mendelssohn und Keibel an. Die Berli-

[1] *Rep. 120 C IX 4, 4 I; Stadtarchiv. Kaufmsch. 18 I u. II*

[2] *Stadtarchiv, Kaufmsch. 23*

[3] *Bär 1884, S. 116 u. 319*

nische Lebensversicherungs-Gesellschaft von 1836 ist schon erwähnt.

Eine Wassermühlen-Aktiengesellschaft zum Betrieb der Mehlfabrikation wurde 1838 errichtet; Firma „Aktien-Mühle", Zwirngraben 1, Direktion Keibel u. a.

Für den Bau verschiedener Stadtbrücken — Ebert-, Jannowitz-, Kavalierbrücke — haben sich seit 1822 kleine Aktiengesellschaften gebildet; sie bestanden nur so lange, bis das aufgewendete bescheidene Kapital samt Zinsen durch die Brückengelder eingebracht war, worauf die Brücken dem Staat zufielen.

Die Errichtung des ersten bürgerlichen Theaters, des Königstädtischen am Alexanderplatz, wurde, nachdem der Rentier Cerf 1823 die Konzession dafür erhalten, gleichfalls durch eine Aktiengesellschaft ermöglicht; der Direktion gehörten W. Beer, Benecke, Henoch, J. Mendelssohn an.

Eine „Gemeinnützige Bau-Gesellschaft" zur Herstellung guter, billiger Arbeiter-Wohnungen, für die sich die namhaftesten Bankiers einsetzten, wurde 13. Sept. 1848 von anfangs 47 Personen gegründet. In ihrem schon am 28. Okt. vom König genehmigten Statut war das Recht vorbehalten, Aktien zu je 100 Tl. bis zum Betrage von 1 Million Tl. auszugeben, doch begann sie im Frühjahr 1849 mit einem Kapital von nur 27 000 Tl. Besser gedieh die von ihr 1856 mit einer zweckmäßigeren Verfassung errichtete „Alexandra-Stiftung"[1].

[1] *Bär 1888, S. 107 ff*

1. Auszüge aus den Beitragslisten zu den Anleihen von 1812—15[1]

Beträge in 1000 Tl. Wo das wirklich Gezahlte von den angegebenen Anschlägen abweicht, ist es in Klammern beigefügt.

a) Bankiers	März 1812	Juni 1812	Febr. 1813	Aug. 1813	1815
Liepmann Meyer Wulff (seit 1813 Nachlaß	50 (45)	25	80	**16** 20	32
Gebr. Schickler	40	25	40	24 **20**	40
Gebr. Benecke	30	25	30	21 **19**	25 (+ 10)
Delmar u. Co.	30	25	30	16 **8**	16
Jacob Herz Beer ..	20	10, dann 15	25	**16** 12	32
Joel Sam. von Halle	20	10, dann 20	20	**12** 8	21
Gebr. Bendemann ..	20	25	20	**12** 8	20
Sam. N. Bernsdorff	20 (15)	10, dann 25	20	**12** 8	16
Michael Bernsdorff..	10 8 5 (4)		4	**3,2** 2	4
Levin Nath. Bendix	15 10 (8)	2, dann 15	12	6,4 4 (4,8)	9,6
Joh. Matth. Magnus	20 (15)	10, dann 15	20	**8** 7	16
Zach. Fränkel Veitel Ephraim (Z. Friebe)	15	15, dann 25	15	**6,4** 5	14
J. u. A. Mendelssohn	15 (10)	25	15	9,6 **7** 6,5	20
Hirschel David Cohn, dann A. u. F. Ewald ..	20 (15)	2, dann 25	12	6,4 4 (4,8)	10
H. F. Fetschow u. S.	15	5, dann 10	12	**4,8** 4	9,6
Anhalt u. Wagener	15 (10)	5, dann 15	10	6,4 **5**	10
Ruben Sam. Gumpertz (j. Rentier)	20 (5)		10	6,4 7 **4**	8
Wolff Levy	15 (10)	5, dann 15	10	4 2,5 (3)	6
Seelig Lazarus (S. L. Lessing)	15 (10)	5, dann 15		4,8 2,5 (3,3)	
C. W. J. Schultze ..	15 (6)	5, dann 15	8	4 **2**	
G. W. Marpurg	4		4		
Mendel Oppenheim u. Wolff	15 (10)		5	1,6 1,5 (0,5)	1

[1] *Nach den Akten des Finanz-Min., Rep. 151*

	März 1812	Juni 1812	Febr. 1813	Aug 1813	1815
Em. Ezechiel u. Co.	10		10	4 (0)	
Walter van Asten sel. Erben	8 (6)		7	4,8 **3** 2,5	7
Gebr. Veit	8 (5)	10	5	2,4 **1,9** 1,5	3,8
Philipp Veit	6 (3)		7	3,2 1,5 (1,8)	3,6
Meyer Calmus u. Co.	10 8 (4)		7	3,2 **2,5**	
Meyer Pincson u. Co.	6 (3)		8	4 **2**	4
Merck u. Neubronner	6 (3)		4	1813 aufgelöst	
M. H. Mendheim ..	6 (4)	3, dann 10	6	1,5	3
J. N. Liman	3		3	1,6 1,5 (0,5)	2
Gebr. Arons	3 **2**			1 **0,8**	

b) Fabrikanten, Kaufleute, Kommissionäre

Zuckersiederei-Comp.	20		20	12 **8**	16
Gebr. Berend u. Co.	—	50	15	12 **10** 8	20
Moses Hirsch (Moritz Hellborn) ..	15	2, dann 25	15	9,6 **7**	15
L. J. Güterbock Söhne	20 (10)		12	8 **6**	10
Levin Isaak Güterbock (Vater)	10 (6)			1,6 (1,5)	
Gebr. Jordan	20 15 12 (10)	25		12 **6**	
Lincke u. Co. (W. J. Schultze) ..	15 (12)	2, dann 25	15	8 6 **5**	10
Hotho u. Welper ..	20 (10)	25	15	8 **5**	10
Veitel Heymann Ephraim	10 (8)	8, dann 15	10	6,4 **5,5** 4	11
Carl Humbert Wwe. u. Erben (Adreßhaus)	10		15	8 (5)	10
J. Crelinger, Geh.-R.	15		10	**4** 6	8
Jean Coste	20		10	**5** 4	5
Ph. Trübe	8 10		3		
Liepmann Moßner u. Co.	20 15 (12)	10, dann 20, dann 25	8	4,8 **3**	
Sam. A. Liepmann (s. Febr. 1813 getr.)	—	—	8	**4** 3	8
Reinhardt u. Goltz ..	15 10 (5)	15, dann 25	10	6,4 **3**	9
B. Simon u. A. Jacobi	15 10 (6)	2, dann 10	12	**4,8** 4	9,6
D. J. Rieß	15 12 10 (9)	3 6 15		12 **6**	
Diedr. Wilh. Engel	10 (8)		10	6 4,8 3,6 (1)	

Hirsch Philipp (Herford)	15 (8)	6 (3)	3,2 0,8 (0,3)	0,6
Phil. Math. Andersen	10 (8)		4,8 3,5	9,6
J. M. Henoch Sohn	6 2 (1,5)	10	8 4,5 (1)	12
Simon Loehr	10 (6)	4	2,4 2	
Gebr. von der Lahr	3 2 1,5 (1)		0,2 (0,1)	0,1
Mechow u. Pietsch	8 (4)	7	3,2 2,5	5
I. A. Börger	6 (4)	6	2,4 2	

Nach der Liste von März 1812 waren die höheren Privatvermögen, wie folgt, veranlagt:

Fürstl. Sackenscher Nachlaß 20, v. Thulemeyerscher Nachl. 20, Geh.-Rat Henry 20, Benj. George 15, Frau v. Blücher, Lindenstr. 15, Demoiselle Ficker 10, dann 15, Geh.-Rat Humbert, Werderscher Markt 10, Prof. Pallas 10, E. A. du Titre 10, anfangs 8, Wwe. Huot 10, anfangs 3.

Unter den Gewerbetreibenden: Brauer Bier u. Destillateur J. B. Claude 10 dann 15, Dest. Hesse 10, Brenner Moritz u. Conditor Josty 6, dann 10 Dest. Benj. Claude 6 usw.

Unter den Buchhandlungen: Nicolai 5, Haude u. Spener 2.

Aus den „freien Berufen": Geh.-Rat Heim 3.

2. Eine Vermögensschätzung der wohlhabenden Einwohner Berlins von Frühjahr 1814[1].

Die Angaben verstehen sich in Millionen Tl.

1 Gebr. Schickler, die Masse L. M. Wulff,
6/10 J. Herz Beer,
1/2 Gebr. Benecke,
4/10 Sam. Nathan Bernsdorf, J. M. Magnus,
1/3 Gebr. Bendemann, Gebr. Berend, Delmar, J. S. v. Halle, J. (W. S.? v. Halle, Gebr. Jordan, Reinhardt u. Goltz,
1/4 J. B. Claude (Branntweinbrenner, Franz. Straße), Gebr. Fische (Lederhändler), Z. Friebe, R. S. Gumperz, Güterbocks Söhne, Mose Hirsch (j. Hellborn), J. u. A. Mendelssohn, D. J. Rieß (Juwelier),
1/5 Hirschel David Cohn, D. W. Engel, Veitel Ephraim, U. d. Linden Hirsch Philipp (dazu dessen Sohn 1/10), Lincke et Co.,

[1] *Rep. 151 h III 1, Nr. 25. Dabei Vermerk: „Zu den Anleihe-Acten von Berlin. Paris 6./5. 14. Rother"*

1/6 Anhalt u. Wagner, Levin Nath. Bendix, Jean Berr, Henochsohn, Paul André Jordan, Lehmann (Heereslieferant), Seelig L. Lessing, Neubronner.

1/10 Aschards, Assur, W. van Asten, Gebr. Bamberger (Lederhändler), Bartholdy, Michael Bernsdorff, der dicke Fränkel, Paul Anton Jordan, Wolff Levy, Liepmann Moßner u. Co., Löhr, Mendel Oppenheim u. Wolff, Meyer Riese, der schwarze Schultze, Sala Taroni (Italienerwaren), Gebr. Wagner (Juwelier), Gebr. Veit,

1/15 Baudouin, Eschwe, Liman, M. H. Mendheim, 2 Robert, Saling,

1/20 Gebr. Arnous, Gebr. Arons, Deffson, H. M. Fränkel, Moses Friedländer, Gabain, Godet, Herz (Juw.), E. M. Liepmann, Wolf Salomon, Samson, L. Gerson Wulff.

Ohne Schätzung unter vielen andern: Kaufm. Andersen („sehr reich"), Fetschow u. Sohn, Hotho u. Welper, Geh.-Rat Endel, Geh.-Rat Henry, Wolf Oppenheim aus Königsberg

3. Beteiligung Berliner Häuser bei der 17. Juli 1817 zur Realisation der Tresorscheine und Kassenbillets eröffneten Anleihe von 2,1 Mill. Tl.[1]

Beträge in 1000 Tl.

Gebr. Schickler	200	Carl Beyrich	25
Gebr. Berend u. Co.	100	Fetschow u. Sohn	30
S. B. Berend	50	Carl Heine	30
Gebr. Benecke	100	Krutisch (Disp. b. Schickler)	30
Meyer Jacobson	100	S. H. Kunheim	30
J. M. Magnus	100	Anhalt u. Wagener	25
J. et A. Mendelssohn	100	Fournier et Co. (Berlin?)	25
J. S. von Halle	95	Ludwig Lessing	25
L. M. Wulffsche Verlassenschaft	90	J. N. Liman u. Sohn	25
Samuel Bernsdorff	75	Reinhardt u. Goltz	25
Gebr. Veit	55	F. Seiffert	25
M. A. Moßner	50	C. M. Hellborn	20
F. Beyrich's Söhne	25	Moritz Robert	20

Außerdem: Hauptbank-Direktorium u. Gen.-Dir. der Seehdl.-Soc. je 100; die Hamburger H. Heckscher et Co. (Durch Zach. Friebe) 125, M. J. Jenisch (durch Gebr. Berend) 100; Geh. Kom.-Rat Endell 120, Oesterreich u. Co. (Frankfurt, Oder) 50, Victor Joseph (Posen) 30.

[1] *Rep. 109 A XVIII, nr. 5*

4. Berliner Kassen-Verein

1. 3. 1823: Gebr. Benecke, — Febr. 1826
Wilh. Christian Benecke, — 1833
A. u. F. Ewald, — 1830
Heinr. Carl Heine, — 1834
Meyer Jacobsohn, — 1836
L. Lipke et Co. — 1841
Mendelssohn et Fraenckel, danach Mend. et Co.
David Jacob Rieß, — 1849
Carl Wilh. Jac. Schultze, — 1842

Anf. 1824: Gustav Benecke, — 1836
Reichenbach Meißner et Co., — Febr. 1826

19. 5. 1826: J. S. von Halle, — 1841
Jacobsohn et Rieß

1831: Gebr. Berend et Co.

1834: Moritz Bielfeld
H. F. Fetschow u. Sohn / W. Brose, — 1848
F. Martin Magnus
A. Mendelssohn-Bartholdy, — 1835
M. Oppenheims Söhne

1846: Breest u. Gelpcke
Gebr. Veit u. Co., — 1848

Bank des Berliner Kassen-Vereins

Auszug aus dem Verzeichnis der 100 Beteiligten mit Angabe der unterm 4. Febr. 1850 gezeichneten Beiträge in 1000 Tl.

50 Gebr. Berend u. Co: Bernh. Sam. Berend, Com.-R.,
Breest u. Gelpcke: Joh. Fr. Lu. Gelpcke,
Jacobsohn et Rieß: Dr. Herm. Jacobsohn, Louis Rieß,
Friedr. Martin Magnus,
Mendelssohn et Co.: Alexander Mendelssohn,
M. Oppenheims Söhne: Georg Moritz u. Carl Daniel Oppenfeld,
Gebr. Schickler: Disp. Carl Gust. Brüstlein,

40 Moritz Bielfeld: Ludwig Neuburger,

30 Rob. Warschauer et Co.: Rob. Wilh. Warschauer,

25 Paul Mendelssohn-Bartholdy,

21 Gustav Rieß, Bevollm. für ?

20 Prof. Dr. Peter Theophil Rieß,

18 Meyer et Co.: Alexis Meyer,
Gebr. Meyer: Martin Meyer,

15 Moritz Güterbock et Co.,

12 Moritz Borchardt jr.,
Conrad u. Klemme (Spedition),

10 Gebr. Arons: E. Ascher Salinger,
Wilh. Beer, Geh. Com.-Rat,

S. Bleichröder: Gerson Bleichröder,
Nathan Baruch Eschwe,
H. F. Fetschow u. Sohn: H. Fr. Wilh. Brose,
Gebr. Helfft: Disp. Hermann Helfft,
Hirschfeld u. Wolff: Israel Hirschfeld,
Fr. Jos. Jaques,
Joach. Marcus u. Söhne,
Joel Wolff Meyer, Geh. Com.-R.,
Jac. Wilh. Moßner,
Nauen Loewe u. Co.: Herm. Eschwe,
Gustav Rieß, vollziehender Direktor der Bank,
B. Simon u. A. Jacoby: Louis Simon
Gebr. Veit u. Co.: Uhde Phil. Veit,
Wolff u. Co.: Wolff Wolffsohn,

Von weiteren Aktionären seien genannt:

8 Jacquier u. Securius: F. W. Jacquier,
7 Baron Emil v. Haber,
Hermann Henoch,
6 Bankier Heymann Betzold, Com.-Rat,
N. Reichenheim u. Sohn: Louis Reichenheim,
Jacob Saling,
5 C. N. Engelhard,
Phil. Hellborn,
Sal. Herz, bevollm. Wilh. Herz,
Liebermann u. Co.: Louis Lieb.,
4 W. A. Meyer Söhne: Israel Wolff Meyer, Com.-R.

Einzahlungen: erste Hälfte 18.—25. Sept., zweite 16. Dez. 1850—15. Jan. 1851. Geschäftsbeginn 1. Okt. 1850, Burgstr. 25. Verwaltungsrat: die durch Sperrdruck bezeichneten alten Mitglieder des K.V. unter Vorsitz von F. M. Magnus. Beginn der Noten-Ausgabe 1. Febr. 1851.

REGISTER

Abkürzungen: A=Anmerkung, B=Bankier, Fb.=Fabrik, Fabrikant, Kf.=Kaufmann, Kaufleute, R.=Rat

GERD HEINRICH

QUELLEN- UND LITERATURVERZEICHNIS ZUM GESAMTWERK

(einschließlich Ergänzungs-Bibliographie)

Abkürzungen: FBPG = Forschungen zur Brandenburgischen und Preußischen Geschichte; HZ = Historische Zeitschrift; JGMOD = Jahrbuch für die Geschichte Mittel- und Ostdeutschlands; NDB = Neue Deutsche Biographie; VSWG = Vierteljahrschrift für Sozial- und Wirtschaftsgeschichte; ZPGL = Zeitschrift für Preußische Geschichte und Landeskunde. Nachtragsliteratur ist durch * bezeichnet.

*Achterberg, Erich, *Berliner Hochfinanz. Kaiser, Fürsten und Millionäre um 1900.* Frankfurt/M. 1965. [Behandelt u. a. Bleichröder, Miquel, H. Wallich, Gutmann, Fürstenberg u. a.].

Ackermann, A., *Münzmeister Lippold.* Ein Beitr. z. Kultur- u. Sittengeschichte des Mittelalters. Frankfurt/M. 1910.

Acta Borussica. Denkmäler der Preußischen Staatsverwaltung im 18. Jh. Hrsg. von der Kgl. Preuß. Akad. d. Wiss. (Bde. 1—26; Ergänzungsbde. 1—7.) Berlin 1892—1936. [Vgl. Hinrichs, Krauske, Rachel.]

Aktenstücke zur Geschichte der Rübenzuckerindustrie in Deutschland, siehe Scheibler.

Alfieri, L., u. Guiard, H., *Verzeichnis der Bücher-, Karten- und Bildersammlung des Vereins.* Berlin 1881. (= Schr. d. Ver. f. d. Gesch. Blns. H. 18.)

Amtlicher Bericht über die allgemeine deutsche Gewerbeausstellung zu Berlin i. J. 1844. Bd. 1—3. Berlin 1845.

d'Ancona, A., *Friedrich der Große und die Italiener.* Übers. v. H. Schnell. Rostock 1912.

Arendt, M., Faden, E., Gandert, O. F., *Geschichte der Stadt Berlin. Festschr. z. 700-Jahr-Feier der Reichshauptstadt.* Berlin 1937.

Baasch, E., *Der Kampf des Hauses Braunschweig-Lüneburg mit Hamburg um die Elbe vom 16. bis 18. Jh.* Hannover 1905.

Baasch, E., *Zur Geschichte des hamburgischen Heringshandels.* In: Hans. Geschichtsbll. 12 (1906), S. 61—94.

Backschat, Fr., *Joachim Ludwig Heydert, ein Hofgärtnerleben unter Friedrich d. Gr. Nach Heyderts eigenhändigen Aufzeichnungen.* In: Mitt. d. Ver. f. d. Gesch. Potsdams NF 7 (1937), S. 290—321.

Bader, Otto, *Die Korporation der Kaufmannschaft und die Handelskammer zu Berlin bis zu ihrer Vereinigung.* Diss. Erlangen 1923. (MS.)

Baer, Fritz, *Das Protokollbuch der Landjudenschaft des Herzogtums Kleve.* T. 1: Geschichte. Berlin 1936.

Bahrfeldt, Emil, *Die Gedächtnismünzen auf den Geburtstag des Ministers v. Hoym, 20. 8. 1781.* In: Berliner Münzblätter, Nr. 197 (Jan. 1897), Sp. 2159 bis 2163; Nr. 198 (Febr. 1897), Sp. 2175—2179; Nr. 199 (März 1897), Sp. 2191—2195.

Bahrfeldt, Emil, *Das Münzwesen der Mark Brandenburg unter den Hohenzollern bis zum Großen Kurfürsten von 1415 bis 1640.* Berlin 1895.

Bahrfeldt, Emil, *550 Jahre Berliner Münzgeschichte.* In: Archiv d. Brandenburgia 9 (1902), S. 104 ff.

(v. Bassewitz, Magnus Friedrich), *Die Kurmark Brandenburg im Zusammenhang mit den Schicksalen des Gesamtstaates Preußen während der Zeit vom 22. Okt. 1806 bis zu Ende des Jahres 1808.* Bd. 1. 2. Leipzig 1851-52. Desgl. ... *während d. J. 1809 u. 1810.* Lpzg. 1860.

*Baumgart, Peter, *Absoluter Staat und Judenemanzipation in Brandenburg-Preußen.* In: JGMOD 13/14 (1965), S. 60—89.

Behmer, Fr., *Novum ius controversum explicans illustriores selectioresque controversias ... maximam partem in summo tribunali regio Berolinensi collectas.* T. 1. 2. Lemgo 1771.

Benaerts, Pierre, *Borsig et les débuts de la fabrication des locomotives en Allemagne.* Paris 1933.

Bergengruen, A., *David Hansemann.* Berlin 1901.

[Berliner gemein. Baugesellschaft:] *Geschichte und Entwicklung der Berliner gemeinnützigen Baugesellschaft und der Alexandra-Stiftung.* In: Der Bär Jg. 14 (1887), S. 107—109.

[Berliner Kassen-Verein]. *Die Bank des Berliner Kassen-Vereins.* Zum 1. 10. 1900.

Berlinische Monatsschrift. Hrsg. v. F. Gedicke und J. E. Biester. Bd. 1—16. Berlin 1783—1796.

Bigwood, Georges, *Loterie aux Pays-Bas.* In: Annales de la Société Royale d'Archéologie de Bruxelles 26 (1912), S. 75—134.

Bitterauf, Theodor, *Studien zur preußischen Politik im Jahre 1805.* In: FBPG 27 (1914), S. 431—515.

Blanc, Ludwig Gottfried, *Briefe von Ludwig Gottfried Blanc an Friedrich Schleiermacher.* Berlin 1909. (= Mitt. aus dem Literaturarchiv in Berlin N. F. [Jg.] 1909.)

v. Blankenburg, Fr., *Freymüthige Anmerkungen über des Herrn Ritters v. Zimmermann Fragmente über Friedrich den Großen, von einigen brandenburgischen Patrioten.* Bd. 1. 2. Berlin u. Stettin 1791. [Sonderabdruck aus: Allgem. Deutsche Bibliothek, Bd. 119.]

Bölsche, Leonard, *Johann Kunkel, der Glasmacher und Alchymist des Großen Kurfürsten.* In: Mitt. d. Ver. f. d. Gesch. Blns. 26 (1909), S. 163—169, 184—194.

Borchardt, Georg, *Die Randbemerkungen Friedrichs des Großen.* Potsdam 1936.

*Borchardt, K., *Zur Frage des Kapitalmangels in der ersten Hälfte des 19. Jh. in Deutschland.* In: Jb. f. Nationalökon. u. Statistik 173 (1961), S. 401—421.

(v. Borcke, Adrian Heinrich), *Geheime Briefe über die preußische Staatsverfassung seit der Thronbesteigung Friedrich Wilhelms II.* Utrecht 1787.

Bornhak, C., *Die Preußische Finanzreform von 1810.* In: FBPG 3 (1890), S. 555 bis 608.

Borrmann, R., *Die Bau- und Kunstdenkmäler von Berlin.* Mit einer geschichtlichen Einleitung von Paul Clauswitz. Berlin 1893.

Boschan, R., *Der Handel Hamburgs mit der Mark Brandenburg bis zum Ausgange des 14. Jhs.* Phil. Diss. Berlin 1907.

Bracht, E., *Ständische Verhandlungen in der Kurmark unter Joachim Friedrich 1598—1608.* Hirschberg 1896.

Bratring, F. W. A., *Statistisch-topographische Beschreibung der gesamten Mark Brandenburg.* Bd. 1—3. Berlin 1804—1809. — —, Verbesserter u. bibliographisch ergänzter Nachdruck, hrsg. v. Gerd Heinrich u. Otto Büsch, Berlin 1966 (= Veröff. d. Hist. Kommission zu Berlin . . ., Nachdrucke Bd. 2.)

Brecht, Carl, *Geschichte des Dorfes Friedrichsfelde bei Berlin.* Berlin 1877.

Breysig, Kurt, *Der Prozeß gegen Eberhard v. Danckelmann. Ein Beitrag zur brandenburgischen Verwaltungsgeschichte.* Leipzig 1889. (= Staats- u. sozialwiss. Forsch. Bd. 8, 4.)

Breysig, Kurt, *Die Organisation der brandenburgischen Kommissariate in der Zeit von 1660 bis 1697.* In: FBPG 5 (1892), S. 135—156.

Breysig, Kurt, *Geschichte der brandenburgischen Finanzen in der Zeit von 1640 bis 1697.* Bd. 1. Leipzig 1895. (= Urkunden u. Aktenstücke z. Gesch. d. inneren Politik d. Kurf. Friedrich Wilhelm v. Brdbg. T. 1, Bd. 1.)

Brinkmann, Carl, *Eine neue Quelle zur Preußischen Geschichte nach dem Tilsiter Frieden.* In: FBPG 24 (1911), S. 371—445.

Brockhage, B., *Zur Entwicklung des preußisch-deutschen Kapitalexports.* T. 1: *Der Berliner Markt für ausländische Staatspapiere 1816—um 1840.* Leipzig 1910. (= Staats- u. sozialwiss. Forsch. H. 148.)

Brose, F. (Hrsg.), *Christoph Benjamin Wackenroders Corpus Bonorum des Magistrats der Königlichen Residentzien Berlin 1771.* Berlin 1888. (= Schr. d. Ver. f. d. Gesch. Blns. H. 24.)

Buchholtz, S., *Versuch einer Geschichte der Churmarck Brandenburg . . .* Bd. 1—6. Berlin 1765—1775.

*Buder, J., *Die älteste Berliner Kaufmannsfamilie Buder.* Zugl. ein Beitr. z. Herrschaftsgesch. v. Bln.-Lichterfelde 1746—70. In: Genealogie 14 (1965), S. 484—493.

Buß, G., *Die Berliner Börse von 1685 bis 1913.* Berlin 1913.

Cabinet Berlinischer Charaktere. Berlin 1808.

Capon, *Casanova à Paris.* Paris 1913.

Casanova [de Slingalt, Giovanni, Jacopo], *Erinnerungen.* Bd. 1—15. Übersetzt von H. Conrad. München u. Leipzig 1907—1913.

Clauswitz, Paul, siehe Borrmann.

(v. Cölln, Friedrich), *Vertraute Briefe über die inneren Verhältnisse am preußischen Hofe seit dem Tode Friedrichs II.* Bd. 1—6. Amsterdam (Leipzig) 1807 bis 1809.

(v. Cölln, Friedrich), *Intelligenzblatt zu den Neuen Feuerbränden.* Bd. 1—3. Amsterdam u. Köln (Leipzig) 1808.

Cramer, H., *Beiträge zur Geschichte des Bergbaus in der Provinz Brandenburg.* H. 1—10. Halle 1872—1880.

Daebritz, Walter, *Gründung und Anfänge der Disconto-Gesellschaft Berlin. Ein Beitrag zur Bank- und Wirtschaftsgeschichte Deutschlands in den Jahren 1850 bis 1875.* München usw. 1931.

*Daebritz, Walter, *David Hansemann und Adolph v. Hansemann.* Düsseldorf 1954. (= Männer der Deutschen Bank und der Disconto-Gesellschaft.)

*Dahlenburg, Egon, *Birkenwerder 1355—1955* [betr. Fam. Wins]. Birkenwerder 1955.

Dampmartin, (Anne Henri de) Viscount, *Quelques traits de la vie privée de Frédéric-Guillaume II., roi de Prusse.* Paris 1811.

Danziger Beiträge zur Staats- und Kriegsgeschichte. Danzig 1764.

(Delbrück, J. Fr. G.), *Die Jugend des Königs Friedrich Wilhelm IV. v. Preußen und des Kaisers und Königs Wilhelm I.* Tagebuchblätter ihres Erziehers Delbrück (1800—1809). Mitgeteilt v. G. Schuster. Bd. 1—3. Berlin 1907. (= Monumenta Germaniae Pädagogica, Bd. 36, 37, 40.)

Dieterici, C. F. W., *Handbuch der Statistik des preußischen Staates.* Berlin 1861.

Dietz, A., *Frankfurter Handelsgeschichte.* Bd. 1—4. Frankfurt/M. 1910—1925.

Die Disconto-Gesellschaft 1851—1901. ... Denkschr. z. 50jähr. Jubiläum. Berlin 1901.

v. Dohm, Christian Wilhelm, *Über die bürgerliche Verbesserung der Juden.* T. 1. 2. Berlin u. Stettin 1781—1783.

Doogs, Kurt, *Die Berliner Maschinenindustrie und ihre Produktionsbedingungen seit ihrer Entstehung.* Berlin 1928.

Droysen, Johann Gustav, *Geschichte der preußischen Politik.* T. 1—5. Berlin usw. 1855—1886.

Eberty, Felix, *Jugenderinnerungen eines alten Berliners.* Hrsg. v. J. v. Bülow. Berlin 1925. [Vgl. P. Wallich.]

Ehrenberg, Richard, *Große Vermögen. Ihre Entstehung und ihre Bedeutung.* Bd. 1—5. Jena 1902—1905.

*Eichholtz, Dietrich, *Junker und Bourgeoisie vor 1848 in der preußischen Eisenbahngeschichte.* [Ost-]Berlin 1962 (= Dt. Akad. d. Wiss. zu Bln., Schr. d. Inst. f. Gesch., R. 1, Bd. 11.)

Ephraim, Benjamin Veitel, *Über Goldumlauf und Papiergeld.* Berlin 1806.

Ephraim, Benjamin Veitel, *Über meine Verhaftung und einige andere Vorfälle meines Lebens.* 2. Aufl. Dessau 1808.

Erman, J. P. und Reclam, P., *Mémoires pour servir à l'histoire des réfugiés français dans les états du roi.* Berlin 1782—1799.

Erman, Wilhelm Adolf, *Paul Erman. Ein Berliner Gelehrtenleben 1764—1851.* Berlin 1927. (= Schr. d. Ver. f. d. Gesch. Berlins, H. 53.)

Faden, Eberhard, *Die Berliner „Fugger“* [Weiler, Sturm und Co.]. In: Vossische Zeitung v. 9. 9. 1925.

Faden, Eberhard, *Berlin im Dreißigjährigen Kriege.* Berlin 1927. (= Berlinische Bücher, hrsg. v. Archiv der Stadt Berlin, Bd. 1.)

*Faden, Eberhard, *Berlin und die Hugenotten.* In: Festschrift 275 Jahre Französisches Gymnasium Berlin gegr. 1689, Berlin 1965, S. 7—18.

Feige, W., *Rings um die Dorfaue. Ein Beitr. z. Gesch. Schönebergs.* Berlin-Schöneberg 1937/1938.

(Feßler, Ignaz Aurelius), *Dr. Fessler's Rückblicke auf seine siebzigjährige Pilgerschaft.* Breslau 1824.

H. F. Fetschow & Sohn. Bank, gegr. anno 1785. (Berlin 1935.)

Fidicin, Ernst, *Geschichte der Stadt Berlin.* Berlin 1842. (= Fidicin: Hist.-dipl. Beitr., T. 5.)

Fidicin, Ernst, *Die Territorien der Mark Brandenburg oder Geschichte der einzelnen Kreise, Städte, Rittergüter, Stiftungen und Dörfer in derselben als Fortsetzung des Landbuchs Kaiser Karls IV.* T. 1—4. Berlin 1857—1864.

(Fidicin, Ernst), *Kaiser Karls IV. Landbuch der Mark Brandenburg.* Berlin 1856.

(Fidicin, Ernst), *Die Chronik der Cölner Stadtschreiber von 1542 bis 1605. Die Wendlandsche Chronik von 1648 bis 1701.* Berlin 1865. (= Schr. d. Ver. f. d. Gesch. Blns., H. 1.)

(Fischbach, Friedrich Ludwig Joseph), *Historische, politisch-geographisch-statistisch- und militärische Beyträge, die Königlich-Preußische und benachbarte Staaten betreffend.* T. 1—3. Berlin 1781—1784.

Fischer, Gerhard, *Aus zwei Jahrhunderten Leipziger Handelsgeschichte.* Leipzig 1929.

Fischer, L. H., *Johann Leonhard Frisch's Briefwechsel mit G. W. Leibniz. Ein Beitr. z. Gesch. des geistigen Lebens in Berlin zu Anf. des 18. Jhs.* In: Archiv der Brandenburgia 2 (1896), S. 1—80.

Foerster, Friedrich, *Preußens Helden in Krieg und Frieden. Eine Geschichte Preußens seit dem Großen Kurfürsten bis zum Ende der Freiheitskriege.* Bd. 1. 2., 2. Aufl. Berlin 1848—1850. [Dann unter dem Titel: Neuere und neueste Preußische Geschichte. Bd. 1. 2. 3. Berlin 1854—1856.]

Fontane, Th., *Fünf Schlösser. Altes und Neues aus Mark Brandenburg.* Berlin 1889. [6. Aufl. Stuttgart u. Bln. 1920.]

Freudenthal, Max, *Aus der Heimat Moses Mendelsohns. Moses Benjamin Wulff und seine Familie, die Nachkommen des Moses Isserles.* Berlin 1900.

Freudenthal, Max, *Leipziger Meßgäste. Die jüdischen Besucher der Leipziger Messen in den Jahren 1675—1764.* Frankfurt/M. 1928. (= Schr. d. Gesellsch. z. Förderung d. Wiss. d. Judentums 29.)

Friedensburg, Walter [Hrsg.], *Kurmärkische Ständeakten aus der Regierungszeit Kurfürst Joachim II. 1535—1570.* Bd. 1. 2. München u. Leipzig 1913/1916. (= Veröff. d. Ver. f. Gesch. d. Mark Brdbg.)

[Friedländer:] *Das Handlungshaus Joachim Moses Friedländer u. Söhne, Königsberg.* Privatdruck Königsberg 1913.

Friedländer, Ernst [Hrsg.], *Berliner geschriebene Zeitungen aus den Jahren 1713 bis 1717 u. 1735.* Berlin 1902. (= Schr. d. Ver. f. d. Gesch. Blns. H. 38.)

[Friedrich d. Gr.:] *Politische Korrespondenz Friedrichs des Großen.* Bd. 1—46, hrsg. v. R. Koser u. a., ab Bd. 25 G. B. Volz. Berlin 1879—1939.

Garcaeus, Zacharias, vgl. Leutinger.

Gebhard, H., *Die Berliner Börse von den Anfängen bis zum Jahre 1896.* Diss. Berlin 1928.

v. Gebhardt, Peter [Hrsg.], *Das älteste Berliner Bürgerbuch 1453—1700*. Berlin 1927. (= Quellen u. Forsch. z. Gesch. Blns. Bd. 1.) (Veröff. d. Hist. Kommission f. d. Prov. Brandenburg u. d. Reichshauptstadt Bln. 1.)

v. Gebhardt, Peter [Hrsg.], *Die Bürgerbücher von Cölln an der Spree 1508—1611 und 1689—1709 und die chronikalen Nachrichten des ältesten Cöllner Bürgerbuches 1542—1610*. Berlin 1930. (= Quellen u. Forsch. z. Gesch. Blns. Bd. 3.) (Veröff. d. Hist. Kommission f. d. Prov. Brandenburg u. d. Reichshauptstadt Bln. 1, 3.)

Gedicke, F., *Nachricht von Siegmund Streit und seiner Stiftung für das Berlinische Gymnasium*. Berlin 1794. — [Auch in:] Berlinische Monatsschr. Juli 1793, S. 1—20.

Geiger, Ludwig, *Geschichte der Juden in Berlin*. Bd. 1. 2. Berlin 1871.

Geiger, Ludwig, *Vor 100 Jahren. Mitteilungen aus der Geschichte der Juden Berlins*. Aus: Zeitschr. f. d. Gesch. d. Juden in Deutschland, Braunschwg. 1889.

Geiger, Ludwig, *Achim v. Arnim und Moritz Itzig*. In: Frankfurter Zeitung v. 8. 2. 1895.

Gelder, Hermann, *Zur Geschichte der privilegierten Apotheken Berlins*. In: Pharmazeutische Ztg. Jg. 70 (1925), S. 108—111, 471—473, 490—492.

Gelpcke, Clara, *Zur Geschichte des Berliner Intelligenz- u. Adreßwesens*. In: Mitt. d. Ver. f. d. Gesch. Blns. 49 (1932), S. 117—125.

Georgi, Artur, *Die Entwicklung des Berliner Buchhandels bis zur Gründung des Börsenvereins der deutschen Buchhändler 1825*. Diss. Berlin 1926.

Gieraths, Günther, *Benjamin Raule. Sein Leben und insbesondere seine volkswirtschaftlichen Ansichten*. In: Economisch-Historisch Jaarboek 10 (1924), S. 219—302.

Giertz, Alexander, *Chronik der Gemeinde Weißensee bei Berlin*. T. 1. 2. Weißensee 1905—1906.

Girgensohn, Joseph [Hrsg.], *Die ältesten Berliner Kämmereirechnungen 1504 bis 1508*. Berlin 1929. (= Quellen u. Forsch. z. Gesch. Blns. Bd. 2, 1.) (Veröff. d. Hist. Kommission f. d. Prov. Brandenburg u. die Reichshauptstadt Bln. 1, 2.)

[Glückel:] *Denkwürdigkeiten der Glückel von Hameln*. Berlin 1924.

Goldschmidt, F. u. Goldschmidt, P., *Das Leben des Staatsrats Kunth*. Berlin 1881.

Gothein, E., *Die deutschen Kreditverhältnisse und der Dreißigjährige Krieg*. Leipzig 1893. (= Sammlung staatswiss. Schr.)

Gotzkowsky, Joh. E., *Geschichte eines patriotischen Kaufmanns*. 2. Aufl. (Berlin) 1769. [Auch: Schr. d. Ver. f. d. Gesch. Blns. H. 7, Bln. 1873.]

Grabower, R., *Preußens Steuern vor und nach den Befreiungskriegen*. Berlin 1932.

Granier, H., *Die Nobilitierung des Berliner Bankiers Delmar im Jahre 1810*. In: Hohenzollern-Jb. 16 (1912), S. 235—237.

Granier, H., *Die Kronprinzlichen Schulden Friedrichs d. Gr.* In: FBPG 8 (1895), S. 220—226.

Granier, H. [Hrsg.], *Berichte aus der Berliner Franzosenzeit 1807—1809*. Leipzig 1913. (= Publ. a. d. Kgl. Preuß. Staatsarchiven 88.)

Grau, W., *Wilhelm v. Humboldt und das Problem des Juden.* Hamburg 1935.

Griebenow, Chr. W., *Erlebnisse, von ihm selbst beschrieben.* Berlin 1864.

Gritzner, A. M. F., *Chronolog. Matrikel der brandenburgisch-preußischen Standeserhöhungen und Gnadenakte, enthaltend die von den Hohenzollern seit 1600 erteilten Standeserhöhungen, Adels-Renovationen usw.* Berlin 1873.

Grünhagen, C., *Eine südpreußische Kriegslieferung von 1794.* In: Zeitschr. d. Hist. Gesellschaft d. Prov. Posen 12 (1897), S. 53—60.

Gundlach, Wilhelm, *Geschichte der Stadt Charlottenburg.* Bd. 1. 2. Berlin 1905.

Haepke, R., *Benjamin Raule und seine Handelsbücher.* In: Economisch-Historisch Jaarboek 9 (1923), S. 214.

Haeckel, Julius, *Der alte Posthof in Potsdam.* In: Havelländ. Erzähler, Beil. z. Potsdamer Tagesztg. v. 30. 12. 1931.

Haeckel, Julius, *Die Anfänge der Berlin-Potsdamer Eisenbahn.* In: Mitt. d. Ver. f. d. Gesch. Potsdams NF, Bd. 6, H. 4 (1931), S. 303—334.

Haeckel, Julius, *Potsdam im Eisenbahnspiegel. Die Weiterführung der Berlin-Potsdamer Bahn bis Magdeburg.* In: Mitt. d. Ver. f. d. Gesch. Potsdams, NF, Bd. 7, H. 2 (1935), S. 90—128.

[Hallo:] *Geschichte der Firma Hallo.* 350 Jahre aus dem Leben einer deutschen Hofjuden- u. Handwerker-Familie. Privatdruck Kassel 1930.

Hansemann, David, *Das Wesen der Disconto-Gesellschaft in Berlin und ihre Benutzung.* Berlin 1852.

*Harms, Bruno, *Leonhard Thurneysser in Berlin. Leben und Wirken.* In: Der Bär von Berlin 12 (1963), S. 28—49.

Harsin, Paul, *Les doctrines monétaires et financières en France du XVIIe siècle.* Paris 1928.

Hasack, Max, *Die St. Hedwigskirche in Berlin und ihr Erbauer Friedrich der Große.* Berlin 1932.

Haß, Martin, *Die kurmärkischen Stände im letzten Drittel des 16. Jhs.* München u. Leipzig. 1913. (= Veröff. d. Ver. f. Gesch. d. Mark Brdbg.)

Haß, Martin, *Die Hofordnung Kurfürst Joachims II. v. Brandenburg.* Berlin 1910. (= Hist. Studien H. 87.)

Hasse, E., *Geschichte der Leipziger Messe.* Leipzig 1885.

Heidemann, Julius, *Geschichte des Grauen Klosters zu Berlin.* Berlin 1874.

Heidemann, Julius, *Ein Tagebuch des brandenburgischen Kanzlers Lampert Distelmeier.* Progr. Berlin 1885.

Heise, Werner, *Die Juden in der Mark Brandenburg bis zum Jahre 1571.* Berlin 1932. (= Hist. Studien H. 220.)

Heise, Werner, *Zur Wirtschaftsgeschichte Berlins in der zweiten Hälfte des 16. Jhs. Neues aus den Akten des Juden Lippold.* In: Zeitschr. d. Ver. f. d. Gesch. Blns. 51 (1934), S. 59—65.

Heller, E., *Geschichte der Stadt Freienwalde a. O.* Freienwalde 1896.

*Henderson, W. O., *The State and the Industrial Revolution in Prussia. 1740—1870.* Liverpool 1958.

*Henderson, W. O., *Die Struktur der preußischen Wirtschaft um 1786.* In: Zs. f. d. ges. Staatswiss. 117 (1961), S. 292—319.

Hinrichs, Carl, *Das Königliche Lagerhaus in Berlin.* In: FBPG 44 (1931), S. 46 bis 69.

Hinrichs, Carl, *Die Wollindustrie in Preußen unter Friedrich Wilhelm I. Darstellung mit Aktenbeilagen.* Berlin 1933. (= Acta Borussica ..., Abt. 1, 4, Bd. 1.)

Hintze, Otto, *Ein Berliner Kaufmann aus der Zeit Friedrichs des Großen (Johann Ernst Gotzkowsky).* Berlin 1893. (= Schr. d. Ver. f. d. Gesch. Blns. H. 30.)

Hinze, Kurt, *Die Arbeiterfrage zu Beginn des modernen Kapitalismus in Brandenburg-Preußen 1685—1806.* Berlin 1927. (= Veröff. d. Ver. f. Gesch. d. Mark Brdbg.) — —, Bibliographisch vermehrte u. verbesserte ... 2. Aufl. mit einer Einf. v. O. Büsch, Berlin 1963. (= Veröff. d. Hist. Kommission zu Bln. ... Bd. 9, Neudrucke Bd. 1.)

Hirschfeld, Paul, *Berlins Großindustrie.* [Hrsg.:] R. Jannasch. Bd. 1. 2. Erg.-Bd. Berlin 1897—1904.

Histoire du système des finances sous la minorité de Louis XV. pendant des années 1719 et 1720. La Haye 1739.

Hoeft, Bernhard, *Berühmte Männer und Frauen Berlins und ihre Grabstätten.* 1. [Mehr nicht ersch.] Berlin 1919.

Höniger, R., *Die Kontinentalsperre und ihre Einwirkung auf Deutschland.* Berlin 1905. (= Volkswirtschaftl. Zeitfragen ... Jg. 27.)

Höst, J. K., *Neue Schleswig-Holsteinische Provinzial-Berichte.* Kiel 1814.

Holtze, Friedrich, *Das Berliner Handelsrecht im 13. und 14. Jh.* Berlin 1880. (= Schr. d. Ver. f. d. Gesch. Blns. H. 16.)

Holtze, Friedrich, *Die Berliner Handelsbesteuerung und Handelspolitik im 13. und 14. Jh.* Berlin 1881. (= Schr. d. Ver. f. d. Gesch. Blns. H. 19.)

Holtze, Friedrich, *Creusings Märkische Fürstenchronik.* Berlin 1886. (= Schr. d. Ver. f. d. Gesch. Blns. H. 23.)

Holtze, Friedrich, *Die Berolinensien des Peter Hafftiz.* Berlin 1894. (= Schr. d. Ver. f. d. Gesch. Blns. H. 31.)

Holtze, Friedrich, *Lampert Distelmeier, kurbrandenburgischer Kanzler.* Berlin 1895. (= Schr. d. Ver. f. d. Gesch. Blns. H. 32.)

Holtze, Friedrich, *Die Brandenburgische Konsistorialordnung von 1573 und ihre Kirchenbaupflicht.* Berlin 1904. (= Schr. d. Ver. f. d. Gesch. Blns. H. 39.)

Holtze, Friedrich, *Geschichte der Stadt Berlin.* Tübingen 1906. (= Tübinger Studien f. Schwäbische u. Deutsche Rechtsgesch. Bd. 1, 3.)

Holtze, Friedrich, *Skizze einer Geschichte der Stadt Berlin.* Berlin 1908. (= Schr. d. Ver. f. d. Gesch. Blns. H. 42.)

Hüffer, H., *Die Kabinettsregierung in Preußen und Johann Wilhelm Lombard. Ein Beitrag zur Geschichte des preußischen Staates vornehmlich in den Jahren 1797—1810.* Leipzig 1891.

Isaacsohn, Siegfried, *Die Finanzen Joachims II. und das Ständische Kreditwerk.* In: ZPGL 16 (1879), S. 455—479.

Isaacsohn, Siegfried, *Geschichte des preußischen Beamtentums vom Anfang des 15. Jhs. bis auf die Gegenwart.* Bd. 1—3. Berlin 1874, 1878, 1884.

v. Ising, Gottfried, *Sakrow*. In: Mitt. d. Ver. f. d. Gesch. Blns. 48 (1931), S. 54 bis 67, 95—100.

Jacobsohn, Jacob, *Jüdische Spitzenklöpplerinnen im Netzedistrikt*. In: Zeitschr. f. d. Gesch. d. Juden in Deutschland 1 (1929), S. 152—162.

Jacobsohn, Jacob, *Die Judenbürgerbücher der Stadt Berlin 1809—1851*. Mit Ergänz. f. d. Jahre 1791—1809. Berlin 1962. (= Veröff. d. Berliner Hist. Kommission ... Bd. 4.)

[Jordan:] *Chronik der Familie Jordan*. Hrsg. v. Gustav v. Jordan, Straßburg, u. Louis Jordan, Berlin. Privatdruck Berlin 1902.

Julius, Gustav, *Die Königlich Preußische Seehandlung und das bürgerliche Gewerbsvorrecht*. Leipzig 1845.

v. Janecki, Marcelli, *Geadelte jüdische Familien*. In: Der Deutsche Herold 20 (1889), S. 114—119.

Kaeber, Ernst, *Die Stadt Berlin zu Beginn des 16. Jhs*. In: Mitt. d. Ver. f. d. Gesch. Blns. 48 (1931), S. 1—11. — [Jetzt auch in:] Kaeber, *Beitr. z. Berliner Geschichte. Ausgewählte Aufsätze* ... Bearb. v. Werner Vogel. Berlin 1964, S. 119—143. (= Veröff. d. Hist. Kommission zu Bln. ... Bd. 14.)

Kaeber, Ernst [Hrsg.], *Die Bürgerbücher und die Bürgerprotokollbücher Berlins von 1701—1750*. Berlin 1934. (= Quellen u. Forsch. z. Gesch. Blns. Bd. 4.) (Veröff. d. Hist. Kommission f. d. Prov. Brandenburg u. die Reichshauptstadt Bln. 1, 4.)

*Kaeber, Ernst, *Berlin im 17. und 18. Jh. 1618—1806*. In: Heimatchronik Berlin, Köln 1962, S. 181—346.

Kaphahn, Fritz, *Die wirtschaftlichen Folgen des Dreißigjährigen Krieges für die Altmark. Ein Beitrag zur Gesch. des Zusammenbruchs der deutschen Volkswirtschaft in der 1. Hälfte des 17. Jhs*. Gotha 1911.

Katalog der Ausstellung „Soll und Haben" im Märkischen Museum [zu Berlin]. Berlin 1929.

Kaufmann, David, *Die letzte Vertreibung der Juden aus Wien und Nieder-Österreich, ihre Vorgeschichte 1625—1670 und ihre Opfer*. Wien u. Budapest 1889.

Keller, R., *Christian v. Rother als Präsident der Seehandlung*. Diss. Rostock 1930.

(Kertbeny, C. v.), *Berlin wie es ist*. Berlin 1831.

*Klein, Ernst, *Preußens 30-Millionen-Anleihe in London vom 31. März 1818*. In: Zeitschr. f. Geschichtswiss. Jg. 4 (1956), S. 568—586. [Rothers Verhandlungen, Abdruck des Anleihevertrages, vgl. in diesem Bd. S. 202 f.].

*Klein, Ernst, *Von der Reform zur Restauration. Finanzpolitik und Reformgesetzgebung des preußischen Staatskanzlers Karl August von Hardenberg*. Berlin 1965. (= Veröff. d. Hist. Kommission zu Bln. ... Bd. 16.)

Klinkenborg, Melle, *Untersuchungen zur Geschichte der Staatsverträge Friedrichs II*. In: FBPG 17 (1904), S. 467—501.

Klöden, Karl Friedrich, *Diplomatische Geschichte des Markgrafen Waldemar von Brandenburg (1295—1323)*. Bd. 1—4. Berlin 1844, 1845.

(König, Anton Balthasar), *Annalen der Juden in den preußischen Staaten, besonders in der Mark Brandenburg*. Berlin 1790.

(König, Anton Balthasar), *Versuch einer historischen Schilderung der Hauptveränderungen, der Religion, Sitten, Gewohnheiten, Künste, Wissenschaften usw. der Residenzstadt Berlin seit den ältesten Zeiten bis zum Jahre 1786.* T. 1—5. Berlin 1792—1799.

**Von der Königlichen Bank bis zur deutschen Reichsbank. 175 Jahre deutscher Notenbankgeschichte. 20. Juli 1765—20. Juli 1940.* Berlin 1940. [Vgl. Niebuhr; Rother.]

Kolbe, Gustav, *Geschichte der Kgl. Porzellan-Manufaktur zu Berlin nebst einer einleitenden Übersicht der geschichtlichen Entwicklung der keramischen Kunst.* Berlin 1863.

[Korporation der Kaufmannschaft:] *Beiträge zur Geschichte des Berliner Handels und Gewerbefleißes aus der ältesten Zeit bis auf unsere Tage. Festschr. z. Feier des 50jähr. Bestehens der Korporation der Berliner Kaufmannschaft am 2. März 1870. . . .* Berlin 1870.

Die Korporation der Kaufmannschaft von Berlin. Festschr. z. 100jähr. Jubiläum am 2. 3. 1920. Berlin 1920.

Koser, Reinhold, *Friedrich der Große bis zum Breslauer Frieden.* In: HZ 43 (1880), S. 66—104.

Koser, Reinhold, *Die preußischen Finanzen im Siebenjährigen Krieg.* In: FBPG 13 (1900), S. 153—217, 329—375.

Koser, Reinhold, *Die preußischen Finanzen von 1763 bis 1786.* In: FBPG 16 (1903), S. 445—476.

Kosmann, I. W. A., *Denkwürdigkeiten und Tagesgeschichte der Mark Brandenburg.* Hrsg. I. W. A. Kosmann u. Th. Heinsius. Bd. 1—6. 1796—1798.

*Kramm, Heinrich, *Besitzschichten und Bildungsschichten der mitteldeutschen Städte im 16. Jh.* In: VSWG 51 (1964), S. 454—491.

*Krammer, Mario, *Berlin im Wandel der Jahrhunderte. Eine Kulturgeschichte der deutschen Hauptstadt.* Erg. v. P. Fechter. Berlin 1956.

Krauske, Otto, *Die Briefe Friedrich Wilhelms I. an den Fürsten Leopold zu Anhalt-Dessau.* Berlin 1905. (= Erg.-Bd. d. Acta Borussica.)

Kroker, Ernst, *Heinrich Kramer von Clausbruch, ein Leipziger Handelsherr des 16. Jhs.* Leipzig 1889. (= Quellen z. Gesch. d. Stadt Leipzig 2.)

*Krüger, Horst, *Zur Geschichte der Manufakturen und der Manufakturarbeiter in Preußen. Die mittleren Provinzen in der 2. Hälfte des 18. Jhs.* [Ost-]Berlin 1958. (= Schriftenr. d. Inst. f. Allgem. Gesch. a. d. Humboldt-Universität Bln. Bd. 3.)

Krug, Leopold, *Geschichte der preußischen Staatsschulden.* [Nebentitel:] *Nachgelassene Schriften . . .,* hrsg. v. C. J. Bergius. Bd. 1 (mehr nicht ersch.) Breslau 1861.

Kühn, Joachim, *B. V. Ephraims Geheimsendung nach Paris 1790/91.* Diss. Gießen 1916.

Küster, G. G., siehe Müller, J. Chr.

Lasally, O., *Israel Aron, Hoffaktor des Großen Kurfürsten und Begründer der Berliner Gemeinde.* In: Monatsschr. f. Gesch. u. Wiss. d. Judentums Jg. 79 (1935), S. 20—31.

*v. Lehe, E. [Hrsg.], *Das Hamburgische Schuldbuch von 1288.* Hamburg 1956. (= Veröff. aus d. Staatsarchiv d. Freien u. Hansestadt Hbg. 4.)

*v. Lehe, E., *Hamburgische Verbindungen mit der Mark Brandenburg in hansischer Frühzeit.* In: Altmärk. Mus. Stendal, Jahresgabe 17 (1963), S. 59—66.

(v. Lehndorff, Ernst Ahasverus Heinrich Reichsgf.), *Aus den Tagebüchern des Reichsgrafen E. A. H. v. Lehndorff, Kammerherrn der Königin Elisabeth Christine v. Preußen.* Hrsg. v. K. E. Schmidt-Lötzen. Gotha 1907.

Leiskow, Hanns, *Spekulation und öffentliche Meinung in der 1. Hälfte des 19. Jhs.* Jena 1930. (= Münchener volkswirtschaftl. Studien, NF. H. 12.)

Lenz, Fr., u. Unholtz, O., *Die Geschichte des Bankhauses Gebrüder Schickler, Festschr. z. 200jähr. Bestehen.* Berlin 1912.

Lesser, Ludwig, *Chronik der Gesellschaft der Freunde in Berlin zur Feier ihres 50jähr. Jubiläums.* (Als Ms. gedr.) [Nebst] Nachtrag. Berlin 1842, 1873.

Lesser, Ludwig, *Chronik der Gesellschaft der Freunde in Berlin zur Feier ihres Handels.* Berlin 1844.

Lessing, G. E., *Sämtliche Schriften.* Hrsg. von K. Lachmann. Bd. 1—13. Berlin 1838—1840.

(Leutinger, Nikolaus), *Collectio scriptorum de rebus Marchiae Brandenburgensis maxime celebrium Nicolai Leuthingeri de Marchia et rebus Brandenburgicis commentarii ... nec non Zachariae Garcaei successiones familiarum atque res gestae illustrissimorum praesidium Marchiae Brandenburgensis ab anno 927 ad annum 1582 cum praefatione Johann Gottlieb Krausii.* Frankfurt u. Leipzig 1729. — Edition von G. G. Küster, Frkft./O. 1729.

*Liebel, Helen, *Laissez-faire vs. Mercantilism. The rise of Hamburg and the Hamburg-Bourgeoisie vs. Frederick the Great in the Crisis of 1763.* In: VSWG 52 (1965), S. 207—238.

Lisco, Fr. Gustav, *Das wohltätige Berlin. Geschichtl.-statistische Nachrichten über die Wohltätigkeits-Übung Berlins.* Berlin 1846.

Löckel: *Marchia Illustrata oder chronologische Rechnung und Bedenken über die Sachen, so sich in der Mark Brandenburg und incorporierten Ländern von Anfang der Welt her bis ad annum Christi 1680 sollen zugetragen haben. ... zusammengetragen von M. Elia Lockelio, churfürstl. Kircheninspektore im Lande Sternberg und Pastore Primario in Drossen.* Anno 1680. (Autograph in der Dt. Staatsbibliothek [Ost-]Berlin; Abschr. 18. Jh. Geh. Staatsarchiv Bln.-Dahlem, Pr. Br. Rep. 16.)

Lotz, H., *John Cockerill in seiner Bedeutung als Ingenieur und Industrieller.* 1790—1840. In: Beitr. z. Gesch. d. Technik u. Industrie (1920), S. 103—120.

Lüdicke, Reinhard, *Geschichte der Berliner Stadtgrundstücke seit der Einführung der Grundbücher Ende des 17. Jhs. Nach den Hypotheken- u. Grundbüchern.* Bd. 1. Berlin 1933. (= Blner. Häuserbuch T. 2. Veröff. d. Hist. Kommission f. d. Prov. Brdbg. u. d. Reichshauptstadt Bln. 7, 2.)

[Märkisches Museum:] *Kulturgeschichtliche Erwerbungen.* Berlin 1935. [Siehe auch „Katalog".]

Marperger, Paul Jacob, *Geographische, historische und mercatorische Beschreibung derjenigen Länder und Provintzien, welche dem königlich Preußischen und Chur-Brandenburgischen Scepter unterworfen ...* Berlin 1710.

Mangold, Wilhelm, *Voltaires Rechtsstreit mit dem Kgl. Schutzjuden Hirschel, 1751. Prozeßakten d. Kgl. Preuß. Hausarchivs*... Berlin 1905.

[Martin, R.], *Jahrbuch des Vermögens und Einkommens der Millionäre in der Prov. Brandenburg... und allen Vororten Berlins.* Berlin: Martin 1913. (= Jb. d. Millionäre Bd. 8.)

*Martius, Lilli, *Die Villa Borsig in Berlin-Moabit.* In: Der Bär von Berlin F. 14 (1965), S. 261—280. [Mit 18 Abb.]

Mathis, *Darstellung... in Sachen der Handlung Holländer u. Sohn zu Altona ... wider die separirte Ehefrau des... David Ephraim... wegen angeblichen Pfandrechts des letztern auf die Wigaart'sche Handlung.* Berlin 1811.

Matschoß, K., *Die Berliner Industrie einst und jetzt.* Berlin 1906.

Matzdorf, Harry, *Die alte Stechbahn und ihre Bewohner. Aus Familienpapieren.* In: Zeitschr. d. Ver. f. d. Gesch. Blns. 53 (1936), S. 117—122.

Mauer, Herrmann, *Die private Kapitalanlage in Preußen während des 18. Jhs.* Hrsg. v. Ed. Wegener. Mannheim usw. 1921.

(Meffert, Erich), *Das Haus des Preußischen Finanzministeriums. Eine bankgeschichtl. Studie*... Als Manuskr. gedr. Berlin 1934.

Meinardus, Otto [Hrsg.], *Protokolle und Relationen des Brandenburgischen Geheimen Rathes aus der Zeit des Kurfürsten Friedrich Wilhelm.* Bd. 1—7. (1640—1666.) Leipzig 1889—1919. (= Publ. a. d. Preuß, Staatsarchiven Bd. 41, 54, 55, 66, 80, 89, 91.)

*Meisl, Josef, *Protokollbuch der Jüdischen Gemeinde Berlin 1723—1854.* Hrsg. ... v. Shaul Esh unter Mitw. v. Georg Herlitz. Jerusalem 1962.

Meissner, August Gottlieb, *Leben Franz Balthasar Schönbergs von Brenkendorf, Königl. Preuß. Geh. Ober-Finanz-Kriegs- u. Domänenrath.* Leipzig 1782.

v. Mensi, F. Frhr., *Die Finanzen Österreichs von 1701 bis 1740.* Wien 1890.

Meusel, Friedrich, [Rez. von:] *E. A. H. Lehndorff, Tagebücher*... [siehe dort]. In: FBPG 21 (1908), S. 284—290.

Meyer, Ad., *Prägungen Brandenburg-Preußens, betr. dessen afrikanische Besitzungen und Außenhandel 1681 bis 1810.* Berlin 1885.

Meyer, Dora, *Das öffentliche Leben in Berlin ein Jahr vor der Märzrevolution.* Berlin 1912. (= Schr. d. Ver. f. d. Gesch. Blns. H. 46.)

Meyer, Ferdinand, *Berühmte Männer Berlins und ihre Wohnstätten.* Berlin 1876.

Meyer, Ferdinand, *Zur Geschichte des Hauses Poststraße Nr. 16.* In: Der Bär Jg. 10 (1884), S. 80—82.

Meyer, Ferdinand, *Berlin im Jahre 1703. Nach Anleitung des ersten Berliner Adreßkalenders.* In: Der Bär Jg. 13 (1887), S. 626—628.

*Mieck, Ilja, *Preußische Gewerbepolitik in Berlin 1806 bis 1844. Staatshilfe u. Privatinitiative zwischen Merkantilismus u. Liberalismus.* Mit e. Einf. v. Wolfram Fischer u. Otto Büsch. Berlin 1965 (= Veröff. d. Hist. Kommission zu Bln.... Bd. 20.)

[Militärwaisenhaus:] *Geschichte des Kgl. Potsdamschen Militärwaisenhauses, von seiner Entstehung bis auf die jetzige Zeit.* Berlin und Posen 1824.

[Militärwaisenhaus:] *Das Kgl. Potsdamsche Große Militärwaisenhaus in den J. von 1824 bis 1874.* Berlin 1874.

[Militärwaisenhaus:] *Potsdamsches Großes Waisenhaus. Festschr. z. 200-Jahr-Feier.* 1724—1924. Potsdam 1924.

Mirabeau, H. G. R. Comte de, *De la monarchie prussienne sous Frédéric le Grand.* Bd. 1—7. Avec portr. et Atlas in fol. Londres 1788.

Mirabeau, H. G. R. Comte de, *Von der preußischen Monarchie unter Friedrich dem Großen* ... hrsg. v. J. Mauvillon. Bd. 1—4. Leipzig 1793—1795.

Moegelin, H., *Das Retablissement des adligen Grundbesitzes in der Neumark.* In: FBPG 46 (1934), S. 28—69 u. 233—274.

Moehsen, J. C. W., *Geschichte der Wissenschaften in der Mark Brandenburg, besonders der Arzneiwissenschaft von den ältesten Zeiten an bis zu Ende des sechzehnten Jh.* Berlin (usw.) 1781.

Moehsen, J. C. W., *Beiträge zur Geschichte der Wissenschaften in der Mark Brandenburg von den ältesten Zeiten bis zu Ende des sechzehnten Jh., enthaltend Leben Thurneisers zum Thurm. Ein Beitrag zur Alchemie.* Berlin 1783.

Mollwo, L., *Markgraf Hans v. Küstrin.* Hildesheim u. Leipzig 1926.

Moritz-Eichborn, K., *Das Soll und Haben von Eichborn & Co. in 175 Jahren.* Breslau 1903.

Müller, J. H., *Die Kipper und Wipper des 30jährigen Krieges.* In: Westermanns Illustr. Deutsche Monatshefte 12 (1862), S. 78—87.

Müller, Johann Christoph, u. Küster, Georg Gottfried, *Altes und neues Berlin.* T. 1—4. Berlin 1737—1769.

Müller, Reinhold, *Das Haus Brüderstraße 4.* In: Mitt. d. Ver. f. d. Gesch. Blns. 49 (1932), S. 108—116.

*Müller-Mertens, E., *Untersuchungen zur Geschichte der brandenburgischen Städte im Mittelalter.* In: Wiss. Zs. d. Humboldt-Universität zu [Ost-]Berlin, gesellschafts- u. sprachwiss. Reihe, Jg. 5 (1955/56), H. 3, S. 191—221; H. 4, S. 271—307; Jg. 6 (1956/57), H. 1, S. 1—28.

Müller-Mertens, E., *Berlin und die Hanse.* In: Hans. Geschichtsbll. 80 (1962), S. 1—25.

Münch, Hermann, *Adolf v. Hansemann.* München, Berlin 1932.

Müntz, Johann Heinrich, *Ausführliche Beschreibung von dem Silber- und Kupferschmelzwerk ... aufgerichtet zu Muiden bei Amsterdam, Eigentümer davon Herr B. V. Ephraim, mit accuraten und vollständigen Rissen versehen, Joh. Heinrich Müntz, Archit. u. Metallurg.* L. C. Ing. 1769 f.

Mylius, Chr. O. [Hrsg.], *Corpus Constitutionum Marchicarum,* Bd. 1—6 u. Forts. (—1750). Berlin u. Halle 1737—1755.

Neidlinger, Karl, *Studien zur Geschichte der deutschen Effektenspekulation von ihren Anfängen bis zum Beginn der Eisenbahnspekulation. Ein Beitrag zur Börsengeschichte.* Jena 1930. (= Münchener Volkswirtschaftl. Studien NF, H. 11.)

Nicolai, Fr., *Beschreibung der Königlichen Residenzstädte Berlin und Potsdam und aller daselbst befindlicher Merkwürdigkeiten* ... 3. Aufl. Bd. 1—3. Anh. Berlin 1786.

[Niebuhr, Barthold Georg,] *Die Briefe Barthold Georg Niebuhrs.* Hrsg. v. Dietrich Gerhard und William Norvin. Bd. 1. 2. Berlin 1926, 1929. (= Das Literaturarchiv 1. 2.)

(v. Niebuhr, Marcus Carsten Nicolaus), *Geschichte der Königlichen Bank in Berlin von der Gründung derselben (1765) bis zum Ende des Jahres 1845.* Berlin 1854.

Nohl, Hermann, *Die Leichenpredigten der Bibliothek des Grauen Klosters.* T. 1. Progr. Berlin 1902.

Nohl, Hermann, *Die Leichenpredigten der Bibliothek des Grauen Klosters.* In: Vjschr. f. Wappen-Kunde Jg. 31 (1903), S. 191—291.

v. Noorden, C., *Die Preußische Politik im Spanischen Erbfolgekrieg.* In: HZ 18 (1867), S. 297—358.

Odebrecht, Theodor, *Beiträge zur richtigen Würdigung Leonhard Thurneyssers.* In: Märk. Forsch. 7 (1861), S. 192—209.

Odebrecht, Theodor, *Geschichte der Preußischen Lotterie-Einrichtungen von 1763 bis 1815.* In: ZPGL 1 (1864), S. 33—46, 79—104, 156—182.

(Österreich, M.), *Beschreibung derjenigen Sammlung verschiedener Originalgemälde von italienischen, holländischen, französischen und deutschen Meistern, welche das Cabinet ausmachen von J. G. Eimke.* Berlin 1761.

Opel, J. O., *Deutsche Finanznot beim Beginn des Dreißigjährigen Krieges.* In: HZ 16 (1866), S. 213—268.

v. Orlich, Leopold, *Friedrich Wilhelm der Große Kurfürst.* Berlin usw. 1836.

Osborn, M., *Berlins Aufstieg zur Weltstadt.* Berlin 1929.

Patriotische Phantasien eines Cameralisten. Berlin 1790.

Pachtner, Fritz, *August Borsig. Leben u. Werk eines deutschen Industriegründers.* Zeulenroda 1943.

Papritz, Johannes, *Die Beziehungen des Bank- u. Handelshauses der Loitz zum brandenburgischen Kurhause.* Ein Beitrag z. Gesch. d. Frühkapitalismus. In: Korr.-Bl. d. Ges.-Ver. d. dt. Gesch.- u. Altertumsvereine 79 (1931), Sp. 84 bis 124, 158—217.

Papritz, Johannes, *Das Stettiner Handelshaus der Loitz im Boisalzhandel des Odergebietes unter besonderer Berücksichtigung seiner Beziehungen zum brandenburgischen Kurhause.* Diss. 1932.

*Papritz, Johannes, *Das Handelshaus der Loitz zu Stettin, Danzig und Lüneburg.* In: Balt. Studien 44 (1957) S. 73—94.

Passow, Siegfried, *Ein märkischer Rittersitz. Aus der Orts- u. Familienchronik eines Dorfes.* [Hohenfinow-Tornow.] Bd. 1. 2. Eberswalde 1907.

Pertz, G. H., Stein. *Das Leben des Ministers Frhrn. v. Stein.* Bd. 1: 1757—1807. Berlin 1849.

v. Petersdorff, Herman, *Elisabeth Staegemann und ihr Kreis.* Berlin 1893. (= Schr. d. Ver. f. d. Gesch. Blns. H. 30.)

Pichler, Caroline, geb. v. Greiner, *Denkwürdigkeiten aus meinem Leben.* Bd. 1.2. Hrsg. v. E. K. Blümml. München 1914.

*Pitz, Ernst, *Die Wirtschaftskrise im Spät-Mittelalter.* In: VSWG 52 (1965), S. 347—367.

Pöllnitz, Ch. L. Baron de, *Memoires pour servir à l'histoire des quatre derniers souverains de la maison de Brandenbourg.* T. 1. 2. Berlin 1791. [Dt. Übers. Bln. 1791.]

Politische Korrespondenz . . ., vgl. Friedrich d. Gr.
*Polthier, W., *Das Berliner Geschlecht Schaum und seine Lehngüter.* In: Familiengeschichtl. Bll. Jg. 37 (1939), Sp. 81—98.
Politisches Journal nebst Anzeige von gelehrten und anderen Sachen. Jg. 1796 [in 12 H.]. Hrsg. v. . . . v. Schirach zu Altona. Hamburg 1796.
v. Poschinger, H., *Bankwesen und Bankpolitik in Preußen.* Bd. 1—3. Berlin 1878, 1879.
Preuß, Johann David Erdmann, *Friedrich der Große.* Bd. 1—4. [Nebst] Urkundenbuch T. 1—5 u. Reg. Berlin 1832—1834.
Priebatsch, Felix [Hrsg.], *Politische Korrespondenz des Kurfürsten Albrecht Achilles.* Bd. 1—3. Leipzig 1894—1898. (= Publ. a. d. Preuß. Staatsarchiven Bd. 59, 67, 71.)
Priebatsch, Felix, *Der märkische Handel am Ausgang des Mittelalters.* Berlin 1896. (= Schr. d. Ver. f. d. Gesch. Blns. H. 36.)
Prod'Homme, Jacques Gabriel, *Deux collaborateurs Italiens de Gluck.* In: Rivista Musicale Italiana 23 (1916), S. 35 ff.
Pusthius (Posch), Ferdinand, *Chronicon Berolinense . . . 1307—1699.* Berlin 1870. (= Schr. d. Ver. f. d. Gesch. Blns. H. 4.)

Rachel, Hugo, *Die Handels-, Zoll- und Akzisepolitik Brandenburg-Preußens,* Bd. 1—3 (—1786). Berlin 1911, 1922, 1928. (= Acta-Borussica . . . [Abt. 1, 3, Bd. 1—3].)
Rachel, Hugo, [Rez. von:] Boissonade, P., *Histoire des premiers essais des relations économiques directes entre la France et l'Etat prussien pendant le règne de Louis XIV. (1643—1715).* Paris 1912. In: FBPG 27 (1914), S. 301—309.
Rachel, Hugo, *Ein altes Berliner Handelshaus (Bankhaus Gebr. Schickler).* In: Preuß. Jbb. 150 (1912), S. 460—472.
Rachel, Hugo, *Der Merkantilismus in Brandenburg-Preußen.* In: FBPG 40 (1927), S. 221—266.
Rachel, Hugo, *Die Juden im Berliner Wirtschaftsleben zur Zeit des Merkantilismus.* In: Zs. f. d. Gesch. d. Juden in Deutschland 2 (1930), S. 175—196.
Rachel, Hugo, *Das Berliner Wirtschaftsleben im Zeitalter des Frühkapitalismus.* Berlin 1931. (= Berlinische Bücher Bd. 3.)
v. Ranke, Leopold [Hrsg.], *Denkwürdigkeiten des Staatskanzlers Fürsten von Hardenberg.* Bd. 1—5. Leipzig 1877.
*Rave, Paul Ortwin, *Aus der Frühzeit Berliner Sammlertums 1670—1870.* In: Der Bär von Berlin, F. 8 (1959), S. 7—32.
*Rehfeld, Paul, *Die Versorgung der Stadt Berlin mit Brennmaterialien im 18. Jh. Ein Beitrag z. Verwaltungs-, Sozial- u. Wirtschaftsgeschichte.* Phil. Diss. Berlin 1942 [MS].
*Rehfeld, Paul, *Die preußische Rüstungsindustrie unter Friedrich d. Großen.* In: FBPG 55 (1944), S. 1—31.
Reimann, E. P., *Das Tabakmonopol Friedrichs des Großen.* München u. Leipzig 1913. (= Veröff. d. Ver. f. Gesch. d. Mark Brdbg.)
*Reinbacher, E., *Die älteste Baugeschichte der Nikolaikirche in Alt-Berlin.* Mit Beitr. v. E. Lehmann, Ch. Müller, W. Nitschke u. A. Suhle. [Ost-]Berlin

1963 (= Dt. Akad. d. Wiss. zu Bln., Schr. d. Sektion f. Vor- u. Frühgesch. Bd. 15.)

Richter, Otto, *Otto v. Golmen.* Berlin 1901.

Riedel, A. F. [Hrsg.], *Codex diplomaticus Brandenburgensis.* Bd. 1—36, Registerbd. 1—5. Berlin 1838—1869.

Rießer, J., *Die deutschen Großbanken und ihre Konzentration im Zusammenhange mit der Entwicklung der Gesamtwirtschaft in Deutschland.* 3. Aufl. Jena 1910.

Ring, V., *Asiatische Handelskompanieen Friedrichs des Großen. Ein Beitr. z. Gesch. des preußischen Seehandels- und Aktienwesens.* Berlin 1890.

Risch, O. Th., *Das Königliche Preußische Seehandlungs-Institut und dessen Eingriffe in die bürgerlichen Gewerbe dargestellt und beleuchtet.* Berlin 1844.

Risch, O. Th., *Notwendige Rechtfertigung als Fortsetzung der Broschüre: Das Kgl. Preuß. Seehandlungs-Institut u. dessen Eingriffe.* Berlin 1845.

Ritter, Immanuel Heinrich, *Die jüdische Reformgemeinde zu Berlin und die Verwirklichung der jüdischen Reformideen innerhalb derselben.* Mit zwei Anhängen. Aus dem Nachlaß hrsg. mit biogr. Einleitung v. S. Samuel. Berlin 1902.

Rödenbeck, K. H. S., *Beiträge zur Beschreibung und Erläuterung der Lebensbeschreibungen Friedrich Wilhelms I. und Friedrichs des Großen nebst Anhang, enthaltend ein Tagebuch aus Friedrichs d. Gr. Regentenleben von 1740—1786. Bd. 1. 2. Berlin 1836—1838.*

Röttcher, Hugo, u. Falck, Werner, *Geschichte des Hauses Wilhelmstraße 79 auf der Friedrichstadt in Berlin.* Leipzig 1936.

*Rosenberg, Hans, *Bureaucracy, Aristocracy and Autocracy. The Prussian Experience 1660—1815.* Cambridge Mass. 1958. (= Harvard hist. monographs 34.)

*Rosenberg, Hans, *Die Weltwirtschaftskrise von 1857 bis 1859.* Stuttgart 1934. (= Beihefte zur VSWG H. 30.)

*Rosenberg, Hans, *Wirtschaftskonjunktur, Gesellschaft und Politik in Mitteleuropa, 1873 bis 1896.* Berlin 1966. (= Veröff. d. Histor. Kommission zu Berlin . . ., Bd. 24.)

Rosenmöller, B., *Seehandlung und Bank unter Schulenburg-Kehnerts Leitung.* Diss. Münster i. W. 1914.

Rosenmöller, B., *Schulenburg-Kehnert unter Friedrich dem Großen.* Berlin und Leipzig 1914. (= Preußische Staatsmänner, hrsg. v. A. Meister, Bd. 1.)

v. Rother, Christian, *Die Verhältnisse des Kgl. Seehandels-Instituts und dessen Geschäftsführung und Unternehmungen.* Berlin 1845.

(v. Rother, Christian), *Geschichte der Königl. Bank in Berlin.* 1765—1845. Berlin 1848. [Vgl. Kgl. Bank; Niebuhr.]

*Rudolph, Martin, *Friedrichsgracht Nr. 58. Bilder aus der Geschichte eines Altberliner Hauses und seiner Bewohner.* In: Jb. f. brandenburgische Landesgeschichte Bd. 15 (1964), S. 98—130; Bd. 16 (1965), S. 111—115.

Rühl, Ernst, *Die Berlinische Zuckersieder-Compagnie.* In: Der Bär 2 (1876), S. 217—219.

Saring, Hans, *Die Rolle des Geheimen Staatsrats v. Heydebrek bei der Durchführung der Kontinentalsperre in Preußen.* In: FBPG 44 (1932), S. 84—129.

Schapper, Gerhard, *Die Hofordnung von 1470 und die Verwaltung am Berliner Hofe zur Zeit Kurfürst Albrechts*... Leipzig 1912. (= Veröff. d. Ver. f. Gesch. d. Mark Brdbg.)

Scheibler, Carl, *Aktenstücke zur Geschichte der Rübenzuckerfabrikation in Deutschland während ihrer ersten Entwicklung.* Festschrift zum 25 jährigen Bestehen des Vereins f. d. Rübenzuckerindustrie d. Dt. Reichs, Berlin 1875. [Nachdruck in: Zs. d. Vereins der dt. Zuckerindustrie, Bd. 65 (1915), S. 447—513.]

*Schildberger, Friedrich, *Johann Friedrich August Borsig, Maschinenbauer und Großindustrieller.* In: NDB Bd. 2 (1955), S. 476 f.

Schimmelmann, Charlotte Grevinde, *Breve til Grevinde Louise Stolberg. 1808—1815 og til Grevinde Frederik Sophie Reventlow i udvalg.* Kopenhagen 1902. (= Efterladte papirer fra den Reventlowske Familiekrets... 1770—1827, Bd. 5.)

*Schmidt-Berg-Lorenz, Silvia, *Zur Kulturgeschichte des Zuckers in Berlin und der Mark Brandenburg.* In: Jb. f. brand. Landesgesch. Bd. 14 (1963), S. 34—52.

Schmoller, G., *Russische Compagnie in Berlin 1724 bis 1738.* In: ZPGL 20 (1883), S. 1—54; 22 (1885), S. 55—116 [Aktenstücke]. [Wiederabdruck in:] *Umrisse und Untersuchungen* ..., S. 457—529; [ohne Aktenstücke].

Schmoller, G., *Umrisse und Untersuchungen zur Verfassungs-, Verwaltungs- und Wirtschaftsgeschichte besonders des preußischen Staates im 17. und 18. Jahrhundert.* Leipzig 1898.

v. Schnackenburg, V., u. Schmidt, Valentin Heinrich), *Wegweiser für Fremde und Einheimische, die die preußische Residenzstadt Berlin und Potsdam und die umliegenden Gegenden ... besuchen wollen.* Mit einem Vorwort von Fr. Nicolai. Berlin 1793. [8. Aufl. Berlin 1836.]

*Schnee, Heinrich, *Die Münzjuden in Brandenburg-Preußen, vornehmlich unter Friedrich dem Großen.* In: Dt. Archiv f. Landes- u. Volksforschung Jg. 8 (1944), S. 367—385.

*Schnee, Heinrich, *Die Hoffinanziers Friedrichs des Großen. Ein Beitrag zu Geschichte und System der Hoffaktoren in Brandenburg-Preußen.* In: Schmollers Jb. f. Gesetzgebung, Verwaltung und Volkswirtschaft 72 (1952), S. 67—92, 203—224.

*Schnee, Heinrich, *Die Institutionen des Hoffaktorentums in Brandenburg-Preußen.* Berlin 1953. (= Schnee, Die Hoffinanz und der moderne Staat 1.)

Schneider, Louis, *Das Palais Seiner Königlichen Hoheit des Prinzen Albrecht v. Preußen.* Berlin 1870. (= Schr. d. Ver. f. d. Gesch. Blns., H. 3.)

Schöler, Hermann, *Helden der Arbeit. Lebensbilder Großer Männer des deutschen Wirtschaftslebens.* 4. Aufl. Leipzig 1925.

v. Schön, Th., *Studienreisen eines jungen Staatswirts in Deutschland am Schlusse des vorigen Jahrhunderts.* Leipzig 1879.

Schoepp, Meta, *Benjamin Raule. Der Roman der Gründung der kurbrandenburgischen Marine.* Hamburg 1934.

Schreiben eines Weltweisen aus C. an einen Kaufmann in H., den wahren Charakter Friedrichs II. betreffend. Hamburg 1758.

*Schröer, Fritz, u. Heinrich, Gerd, *Das Havelland im Dreißigjährigen Kriege. Ein Beitrag zur Geschichte der Mark Brandenburg.* Köln/Graz 1966. (= Mitteldeutsche Forschungen 37.)

v. Schrötter, Friedrich Frhr., *Die schlesische Wollindustrie im 18. Jahrhundert.* In: FBPG 11 (1898), S. 375—492; 14 (1901), S. 531—630.

v. Schrötter, Fr. Frhr., *Die Münzen Friedrich Wilhelms des Großen Kurfürsten und Friedrichs III. von Brandenburg 1640—1700.* Berlin 1922.

v. Schroetter, Robert Frhr., *Das preußische Offizierskorps unter dem ersten Könige von Preußen.* In: FBPG 26 (1913), S. 429—495; 27 (1914), S. 97—167.

Schück, R., *Brandenburg-Preußens Kolonialpolitik unter dem Großen Kurfürsten und seinen Nachfolgern (1647—1721).* Bd. 1. 2. Leipzig 1889.

Schulte, Aloys, *Markgraf Ludwig Wilhelm von Baden und der Reichskrieg gegen Frankreich 1693—1697.* Bd. 1. 2. Karlsruhe 1892.

Schulte, Aloys, *Geschichte der großen Ravensburger Handelsgesellschaft 1380 bis 1530.* Bd. 1—3. Stuttgart 1923. (= Dt. Handelsakten des Ma. u. d. Neuzeit 1—3.)

Schultze, Johannes, *Geschichte der Familie Wallich.* In: Monatsschrift f. Gesch. u Wiss. d. Judentums 49 (1905) [in Fortsetzungen]. Privatdruck Preßburg 1905.

(Schultze, Johannes) [Hrsg.], *Gräfin von Voß. Neunundsechzig Jahre am Preußischen Hofe* ... 11. Aufl. Berlin 1935.

*Schultze, Johannes, *Die Mark Brandenburg.* Bd. 1—4. Berlin 1961, 1963, 1964.

Schultze, W., *Geschichte der preußischen Regieverwaltung von 1766 bis 1786. Ein historisch kritischer Versuch. T. 1: Die Organisation der Regie von 1766 bis 1786 und die Reform der Akzise von 1766 bis 1770.* Leipzig 1888. (= Staats- u. sozialwiss. Forschungen 7, H. 3.)

*Schulze, B., *Brandenburgische Besitzstandskarte des 16. Jahrhunderts. Der ritterschaftliche, geistliche, städtische und landesherrliche Besitz um 1540.* Berlin 1962. (= Veröff. d. Berl. Hist. Kommission; Hist. Atlas von Brandenburg, NF 1.)

*Schulze, B., *Berlin und Cölln bis zum Dreißigjährigen Kriege.* In: Heimatchronik Bln., Köln 1962, S. 69—180.

Schuster, Georg, *Zur Geschichte des persönlichen Besitztums des Kurprinzen Friedrich v. Brandenburg.* In: Hohenzollern-Jb. 4 (1900), S. 383—387.

Schwartz, Paul, *Bergbau bei Driesen.* In: Schr. d. Ver. f. d. Gesch. d. Neumark 24 (1910), S. 99—104.

*Schwarz, Klaus, *General Hans Georg v. Arnim und die Berliner Handelshäuser Weiler und Essenbrücher im Dreißigjährigen Kriege.* In: JGMOD 12 (1964), S. 78—102.

Schwarz, Walter, *Von einer alten Berlinerin (Tante Lewi).* In: Mitt. d. Ver. f. d. Gesch. Blns. 25 (1908), S. 261—263.

Schwarze, Hans, *Die Finanzwirtschaft der Stadt Potsdam im Anfang des 19. Jahrhunderts.* Phil. Diss. Gießen; Ohlau 1932.

Schwebel, Oskar, *Renaissance und Rokoko. Abhandlungen zur Kulturgeschichte der deutschen Reichshauptstadt.* München 1884.

Schwebel, O., *Die Reiches von Berlin.* In: Der Bär (1887/88), S. 650—654, 663 bis 665.

Schwebel, O., *Geschlecht, Stammhaus, Rittersitze und Denkmäler Derer von Blankenfelde.* In: Der Bär 15 (1889), S. 543 f., 551—553, 565 f., 577 f., 589 f., 601 f., 614—616, 628 f.

Schwemann, August, *Freiherr v. Heynitz als Chef des Salzdepartements (1786 bis 1796).* In: FBPG 7 (1894), S. 409—457.

Schwerdling, *Geschichte des uralten Hauses Starhemberg.* Wien 1830.

Die Königlich Preußische Seehandlung, ihr Wirken und die dagegen erhobenen Beschwerden. Berlin 1845.

Ségur (L. P. de) Count., *Histoire des principaux événements du règne de Frédéric Guillaume II., roi de Prusse et tableau politique de l'Europe depuis 1786 jusqu'en 1796,* etc. T. 1—3. Paris 1800.

Seidel, Martin Friedrich, *Bilder-Sammlung, in welcher hundert ... Männer vorgestellt werden.* Mit Erläuterungen ... von G. G. Küster. 3. Aufl., Berlin 1751.

*Sellenthin, H. G., *Geschichte der Juden in Berlin und des Gebäudes Fasanenstraße 79/80. Festschr. ... hrsg. v. Vorstand der Jüdischen Gemeinde zu Berlin.* Berlin 1959.

Sigerist, Georg, *Aus den Tagebüchern des alten Heim. Tagebuchaufzeichnungen E. L. Heim aus den Jahren 1759 bis 1834.* In: Archiv der Brandenburgia 7 (1901), S. 1—190.

Siemens, Georg, *Geschichte des Hauses Siemens.* Bd. 1—3. München 1947, 1949, 1952. [2. Auflage 1961.]

Silberstein, S., *Moses Mendelssohns Witwe in Neustrelitz.* In: Ztschr. f. d. Gesch. d. Juden in Dtschl. 3 (1931), S. 123—128.

Skalweit, Stephan, *Die Berliner Wirtschaftskrise von 1763 und ihre Hintergründe.* Stuttgart u. Berlin 1937. (= Beih. 34 zur VSWG.)

*Skalweit, Stephan, *Franz Balthasar Schönberg Brenkenhoff, preußischer Beamter.* In: NDB Bd. 2 (1955), S. 584—585.

Sombart, Werner, *Der moderne Kapitalismus.* Bd. 1—3. 1.—6. Aufl. München u. Leipzig 1902—1927.

Spangenthal, S., *Die Geschichte der Berliner Börse.* Berlin 1903.

(Spiegel, L.), *Kunheim 100 Jahre. Ein Rückblick auf Entstehung und Entwicklung der chemischen Fabriken Kunheim & Co. anläßlich des 100jährigen Bestehens des Unternehmens.* (Berlin 1926.)

Stammler, R., *Deutsches Rechtsleben in alter und neuer Zeit. Lehrreiche Rechtsfälle im alten Reich.* Charlottenburg 1928.

*Stephan, Walther, *Johann Friedrich Dannenberger. Ein Bahnbrecher der Berliner Großindustrie.* In: Der Bär von Berlin, F. 7 (1957/58), S. 19—37. [u. a. Abdruck der Lebenserinnerungen bis 1828, vgl. in diesem Bd. S. 178.]

Stern A., *Abhandlungen und Aktenstücke zur Geschichte der Preußischen Reformzeit.* Leipzig 1885.

Stern, Moritz, *Beiträge zur Geschichte der jüdischen Gemeinde zu Berlin.* H. 1—6. Berlin 1926—1934.

Stern, Moritz, *Eine Schmähschrift auf den Berliner Hofjuden Israel Aron 1673.* In: Ztschr. f. d. Gesch. d. Juden i. Dtschl. 1 (1929), S. 136—140.

Stern, Moritz, *Ungedruckte Gutachten und Briefe Friedländers.* In: Ztschr. f. d. Gesch. d. Juden in Dtschl. 6 (1935), S. 113—130.

*Stern-Täubler, Selma, *Der Preußische Staat und die Juden.* T. 1, Abt. 1. 2. T. 2, Abt. 1. 2. Berlin, Tübingen 1925, 1962. (= Veröff. d. Akad. f. d. Wiss. d. Judent. Hist. Sektion. Bd. 3; Schr.-R. wiss. Abhandl. d. Leo Baeck Inst. Bd. 8.)

Stern-Täubler, S., *Die Juden in der Handelspolitik Friedrich Wilhelms I. v. Preußen.* In: Ztschr. f. d. Gesch. d. Juden in Dtschl. 5 (1934), S. 207—215.

Stichler, Karl, *Ein Schweizer am Kurbrandenburgischen Hofe vor dreihundert Jahren.* In: Schweizerische Rundschau 2 (1892), S. 326—338.

Strecker, A., *Franz v. Meinders. Ein Brandenburgisch-Preußischer Staatsmann im 17. Jh.* Leipzig 1892.

*Stürzbecher, Manfred, *Michael Aschenbrenner, Apotheker und Münzmeister.* In: Medizin. Monatsschr. Jg. 11 (1957), S. 539—541.

*Stürzbecher, Manfred, *Zur Biographie Alt-Berliner Apotheker. Pharmaziegeschichtliches aus der Leichenpredigtsammlung des Gymnasiums zum Grauen Kloster in Berlin.* In: Beitr. zur Gesch. der Pharmazie u. ihrer Nachbargebiete. Nr. 2, (Ost-)Berlin 1956, S. 49—75.

*Stürzbecher, Manfred, *Beiträge zur Berliner Medizingeschichte.* Berlin 1966. (= Veröff. d. Histor. Kommission zu Berlin . . ., Bd. 18.)

v. Sybel, H., *Die Begründung des Deutschen Reiches durch Wilhelm I.* Bd. 1—7. München u. Leipzig 1889—1894.

Thaus, Erich, *Das Kassen- und Schuldenwesen Berlins und Cöllns in der zweiten Hälfte des 16. Jahrhunderts.* Berlin 1929. (= Quellen und Forschungen z. Gesch. Blns. 2, 2.) (Veröff. d. Hist. Kommission . . . 1, 2.)

Thiébault, Dieudonné, *Mes souvenirs de vingt ans de séjour à Berlin ou Frédéric le Grand, sa famille, sa cour, son gouvernement, son académie, ses écoles et ses amis littérateurs et philosophes.* Bd. 1—5. Paris 1804. [2. Aufl. 1805; 4. Aufl. 1827.]

Thierfelder, Hildegard, *Rother als Finanzpolitiker unter Hardenberg.* In: FBPG 46 (1934), S. 70—111.

Timme, F., *Handel und Fernverkehr im älteren Sachsen.* In: Bll. f. dt. Landesgesch. 99 (1963), S. 25—58.

Trende, Adolf [Hrsg.], *Forschungen zur internationalen Finanz- und Bankgeschichte. Barthold Georg Niebuhr als Finanz- und Bankmann.* Berlin 1929.

*Trende, Adolf, *Im Schatten des Freimaurer- und Judentums. Ausgewählte Stücke aus dem Briefwechsel des Ministers und Chefs der preußischen Bankinstitute Christian v. Rother.* Berlin 1938.

*Treue, Wilhelm, *Wirtschaftszustände und Wirtschaftspolitik in Preußen 1815 bis 1825.* Stuttgart 1938. (= Beih. 31 zur VSWG.)

*Treue, Wilhelm, *David Splitgerber. Ein Unternehmer im preußischen Merkantilstaat (1683—1774).* In: VSWG 41 (1954), S. 253—267.

*Treue, Wilhelm, *Das Verhältnis von Fürst, Staat und Unternehmer in der Zeit des Merkantilismus.* In: VSWG 44 (1957), S. 26—56.

*Treue, Wilhelm, *Hohenzollernfürsten und Unternehmertum.* In: Tradition 7 (1962), S. 212—222.

Tschirch, Otto, *Geschichte der Chur- und Hauptstadt Brandenburg an der Havel.* Bd. 1. 2. Brandenburg 1928.

Varnhagen v. Ense, K. A., *Denkwürdigkeiten und vermischte Schriften.* Bd. 1—9. Leipzig 1843—1859. [3. Aufl. Bd. 1—6. Leipzig 1871.]

Vermischte Schriften im Anschlusse an die Berlinische Chronik und an das Urkundenbuch. Hrsg. v. d. Verein f. d. Gesch. Blns. Bd. 1. 2. Berlin 1888.

Vogel, *Die Entwicklung des Eisenhüttenwerkes Sorge 1894—1919.* 1919.

Voigt, Christoph, *Benjamin Raules Beziehungen zu Berlin.* In: Brandenburgia 50 (1941), S. 16—25.

Wallich, Paul, *Die Konzentration im deutschen Bankwesen.* Diss. München 1905; Stuttgart 1905. (= Münchener volkswirtschaftliche Studien, Stück 74.)

Wallich, Paul, *Die deutsche Voltaire-Literatur des achtzehnten Jahrhunderts annalistisch und systematisch verzeichnet.* Bibliogr. Skizze v. P. W. u. Hans v. Müller. Berlin 1921.

Wallich, Paul, *Gebr. Berend u. Co., Berliner Heereslieferanten, Bankiers und Industrielle aus dem Anfang des 19. Jhs.* In: FBPG 33 (1921), S. 77—115.

Wallich, P., *Jugenderinnerungen eines alten Berliners (Felix Eberty).* In: FBPG 39 (1927), S. 296—300.

Wallich, Paul, Rez. von: Adolf Trende [siehe dort]: *Niebuhr.* In: FBPG 43 (1930), S. 402—404.

(Wallich, Paul), *Urkunden und Aktenstücke, Manuskripte und Drucke, Zeitungen und Adreßbücher zur Geschichte Brandenburg-Preußens, insbesondere zur Wirtschafts- und Familiengeschichte Berlins.* [Nicht im Buchhandel.] Leipzig 1938. [Umschlagtitel: *Aus der Sammlung Paul Wallich.*]

*Wandrey, Konrad, *Werner v. Siemens.* 1. München 1942.

Warschauer, Otto, *Zur Geschichte und Entwicklung der Staatsanleihen in Preußen. 1786 bis 1870.* Leipzig 1882.

Warschauer, Otto, *Geschichte der preußischen Staats-Lotterien.* T. 1. 2. Leipzig 1885.

Warschauer, Otto, *Entstehung und Entwicklung der Klassen-Lotterie in Preußen (1703—1813).* In: Ztschr. f. d. ges. Staatswiss. 42 (1886), S. 666—708.

Warschauer, O., *Die Geschäftsresultate der Klassenlotterie in Preußen und die Versuche bezüglich deren Aufhebung.* In: [Schmollers] Jb. f. Gesetzgebung usw. 10 (1886), S. 149—172.

Weber, H., *Der vaterländische Gewerbsfreund.* Bd. 1. 2. Berlin u. Leipzig 1819/1820.

*Weber, H., *Der Bankplatz Berlin.* Köln u. Opladen 1957.

*Webersinn, Gerhard, *Christian v. Rother. Ein Leben für Preußen u. Schlesien.* In: Jb. d. Schles. Friedrich-Wilhelms-Universität 10 (1965), S. 150—187.

Wegener, Eduard, *Diederich Ernst Bühring und sein Plan einer Generallandschaftskasse.* Berlin 1918.

Wentz, Gottfried, *Die Familie Krautt in Berlin und Magdeburg.* In: FBPG 38 (1925), S. 1—29.

zur Westen, Walter, *Berlins graphische Gelegenheitskunst.* Bd. 1, 1—4 b. Bd. 2, 5. Berlin 1912.

Wiedfeld, O., *Statistische Studien zur Entwicklungsgeschichte der Berliner Industrie von 1720 bis 1890.* Leipzig 1898. (= Staats- u. sozialwiss. Forsch. Bd. 16, 2.)

Wietholz, August, *Das Rittergut und Schloß Tegel.* In: Mitt. d. Ver. f. d. Gesch. Blns. 48 (1931), S. 73—84.

Wintzer, Eduard, *Die Wegelysche Porzellanfabrik in Berlin.* Berlin 1898. (= Schr. d. Ver. f. d. Gesch. Blns. H. 35.)

Wolters, Fr., *Geschichte der brandenburgischen Finanzen in der Zeit von 1640 bis 1697.* Bd. 2: Die Zentralverwaltung des Heeres und der Steuern. München u. Leipzig 1915. (= Urkunden u. Aktenstücke z. Gesch. d. inneren Politik d. Kurf. Friedrich Wilhelm v. Brdbg. T. 1, Bd. 2.)

Wotschke, Th., *Johann Theobald Blasius. Ein Lissaer Rektor des 16. Jahrhunderts.* In: Deutsche Wiss. Zeitschr. f. Polen H. 6 (1925), S. 1—30.

Wuttke, R., *Die Kipper- und Wipper-Zeit in Kursachsen.* In: Neues Archiv f. Sächs. Gesch. u. Altertumskunde 15 (1894), S. 119—156.

(Zarnack, Joachim August Christian), siehe Militärwaisenhaus, 1824.

Zielenziger, Kurt, *Das Haus Mendelsohn.* In: ders., Juden in der deutschen Wirtschaft. Berlin 1930, S. 52—63.

Zimmermann, A., *Versuch einer historischen Entwicklung der märkischen Städteverfassungen.* T. 1—3. Berlin 1837—1840.

Zimmermann, P., *Der Streit Wolff Hornungs mit Kurfürst Joachim I. von Brandenburg und Luthers Beteiligung an demselben.* In: ZPGL Jg. 20 (1883), S. 310—343.

*Zopf, Hans, u. Heinrich, Gerd, *Berlin-Bibliographie* (bis 1960). Berlin 1965. (= Veröff. der Histor. Kommission zu Berlin ... Bd. 15, Bibliographien Bd. 1.)

STAMMTAFEL

Zwischen Wirtschaft und Staat

Aus den Lebenserinnerungen von Kurt Wiedenfeld
(Aus dem nachgelassenen Manuskript herausgegeben von Friedrich Bülow)

Oktav. Mit 1 Bildnis. IV, 238 Seiten. 1960.
Ganzleinen DM 19,80

Die Arbeiterfrage zu Beginn des modernen Kapitalismus in Brandenburg-Preußen 1685—1806

Von Kurt Hinze

Bibliographisch vermehrte und verbesserte,
mit einem Registeranhang versehene zweite Auflage
Mit einer Einführung von Otto Büsch

Groß-Oktav. XX, 296 Seiten. 1963. Ganzleinen DM 36,—
(*Veröffentlichungen der Historischen Kommission zu Berlin, Band 9, Neudrucke 1*)

Von der Reform zur Restauration

Finanzpolitik und Reformgesetzgebung
des preußischen Staatskanzlers Karl August von Hardenberg
Von Ernst Klein

Groß-Oktav. X, 352 Seiten. 1965. Ganzleinen DM 48,—
(*Veröffentlichungen der Historischen Kommission zu Berlin, Band 16*)

Preußen als Unternehmer 1923—1932

Staatliche Erwerbsunternehmen im Spannungsfeld der Politik
am Beispiel der Preussag, Hibernia und Veba

Von Hans-Joachim Winkler

Mit einem Vorwort von Gert von Eynern
und einem Geleitwort von Georg Kotowski

Groß-Oktav. XVI, 224 Seiten. 1965. Ganzleinen DM 28,—
(*Veröffentlichungen der Historischen Kommission zu Berlin, Band 17*)

WALTER DE GRUYTER & CO · BERLIN 30

Stam

6.

6.:

Brendel (Veronika),
später Dorothea Friederike
24. 10. 1765 B.–3. 8. 1839 Frankfurt/Main
G. 1. 1783 Simon Veit,
gesch. 1798, † 1819
2. 1804 Friedrich (v.) Schlegel
10. 3. 1772–11. 1. 1829

Jonas (Johannes)
Veit,
Maler,
1790–1857

Philipp Veit
Maler,
1793–1877

Recha
G. vor 1792
Mendel Meyer,
Agent, Neustrelitz,
S. v. Nathan M.
(gesch. vor 1812)

Joseph
11. 8. 1770 B.–24. 11. 1848 B.
G. 1793 Henriette,
T. d. Hofagenten
Nathan Meyer, Neu-
strelitz (1740–1814)

Georg Benjamin
16.11.1794-24.8.1874
Prof. d. Geogr., Bonn,
evgl., kinderlos

Alexander
19. 9. 1798–25. 10. 1871
I. seit 1828
G. 1821 Marianne
Seeligmann, 1799–1888
Jüd., Kinder evgl.

Jente (Henriette)
1775–9. 11. 1831
Paris

Marie
1822–91
G. 1840 Robert
Warschauer,
1816–84, Bankier

Robert Warschauer
1860–1918
Bankier

Robert W.
* 1911
Historiker

Margarete
1823–90
G. Otto Georg
Oppenheim,
Obertribunalrat,
1817–1909

Hugo Oppenheim
1847–1921
Bankier, Rgutsbes.
Glasow b. Soldin,
Geh. Kom.-R.

Robert O.
* 1882
Bankier

Franz
Oppenheim
1853–1921
Dr., Chef der Agfa,
Geh. Reg. R.

Kurt
* 1886
Dr., Dir. der
I. G. Farben

Hermann
1824–91
Verlagsbuchhändler,
Leipzig,
G. Laura Gramich

3 Söhne,
2 Enkelsöhne,
alle in
Sachsen

Adolf
1826–51
Bankier

Franz
25.1.1829–20.2.1889
I. seit 1853
Geadelt 5. 5. 1888
G. Enole Biarnez,
Wwe. v. Adolf Mend.
1826–89

Robert
12. 12. 1857–
20. 8. 1917
I. seit 1884
G.1899Giulietta
Gordighiani

Eleonora
* 18. 1. 1900
Schauspiel.
3. G. Rudolf
Forster, Schausp.

Francesco
* 6. 9. 1901
Cellist

Franz
29. 7. 1865–
13. 6. 1935
I. seit 1892
G. MarieWest-
phal * 1867

Emma
* 22. 1. 1890
G. 1. Dr. Witt,
2. Bernh.
Waurick

Enole
* 4. 2. 1891
G. Frhr. The-
odor v. Haim-
berger, Wien
1886–1931

Margarete
* 9. 6. 1894
G. Dr. **Paul**
Kempner
* 30. 12. 1889
I. seit 1922

Lili
1897–1928
G. E. Bohnke

*
I.

Wilhelm
1831–92
Rittergutsbes,
Oberschlesien

Alexander
1856–1935
Jur., Geh. Rat
G. Jenny v. Leyden
3 Söhne,
2 Enkelsöhne

Beate
1833–1
G. Joe H
engl. K
Viele Nachk
„Mendelss.-F
in Eng

* Hauptsächlich nach Aufstellung von Dr. Richard Wolff, Potsdam, 1936

sohn*

in

na

Abraham (Ernst)
seit 1812 **Mend.-Bartholdy**
11. 12. 1776 B.–19. 11. 1835 B.
G. 26. 12. 1804 Lea (1882 Felicia Pauline) Salomon-Bartholdy,
6. 4. 1777–12. 12. 1842
Getauft 1822, Kinder 1816

Nathan
1782–1852
G. Henriette Marianne Hitzig

Fanny
.1805 Hambg.–
7. 5. 1847 B.
1829 Wilhelm
sel, Maler, Prof.,
1794–1861
e Nachkommen

Felix
3. 2. 1808 Hamburg–
4. 11. 1847 Leipzig
Musikmeister
G. 1837
Cécile Jeanrenaud
(Frankfurt/Main)

Rebecca (Henriette)
11. 4. 1811 Hambg.–
1. 12. 1858 Göttingen
G. 1832 Gustav Lejeune-Dirichlet,
Prof. d. Mathematik,
1805–1859

Paul (Hermann)
30. 10. 1812 B.–
21. 6. 1874 B.
I. seit 1837
Geh. Kommerz.-Rat
G. 1835 Albertine Heine, 1814–1879

Karl
2. 1838–23. 2. 1897
Prof. d. Gesch.,
eiburg, seit 1874
geisteskrank

Albrecht
1874–1936
Prof. der Rechte,
zuletzt Oxford

Marie
1839–97
G. Victor Benecke,
Großkfm.,
London

Paul
1841–80
Dr. chem.,
Begr. d. Agfa
G. 1. Else Oppenheim
2. 1875 Enole Oppenheim * 1855

Lili
1845–1910
G. Prof. jur. Adolph Wach
1843–1926

Käthe
1846–1906
G. Dr. med. Schelske

Ernst
13. 12. 1846–25. 12. 1909
I. seit 1874
geadelt 17. 2. 1896
Herr auf Börnicke, Wk.
Geh. Rat, Exz. G. 1875
Marie Warschauer

Gotthold
8. 5. 1848–9. 6. 1903
Gutsbesitzer
i. d. Oberpfalz
G. Else Wentz
11 Kinder
(4 noch leb. Söhne)

Fanny
1851–1924
G. Eugen Frhr. v. Richthofen,
Major, 1835–77
3 Töchter

Otto
* 2. 3. 1868
geadelt 29. 4. 1907,
seit 1927 Potsdam
G. Cécile Mend.-Barth.

Hugo
* 3. 8. 1894
Bankier,
jetzt London,
unverh.

Ludwig
1878–1918,
Bankdirektor,
kinderlos

Paul
* 18. 7. 1879
Dr. chem.
Dir.
I. G. Farben

Cécile
* 8. 7. 1933

Paul
14. 11. 1875–11. 5. 1935
I. seit 1902
G. 1. Charlotte Reichenheim * 1877, 2. Else v. Lavergne-Peguilhen * 1899
Kinderlos

Katharina
* 1876
G. Felix Wach,
Geh. Rat
* 1871

Charlotte
* 1898
G.
Erik Gallin

Enole
* 1879
G. Albert v. Schwerin

Maria
* 1881
G. Dr. Felix Busch
(urspr. Friedländer)

Alexander
1889–1917
G.
Frieda Paech
Keine Nachkommen

I. = Inhaber (Mitinhaber) der Firma Mendelssohn & Co.
Weitere Mitinhaber waren:
Arthur Fischel 1882–1913
Rudolf Löb seit 1921

FSC
www.fsc.org
MIX
Papier | Fördert
gute Waldnutzung
FSC® C083411

Kolibri 360 GmbH
Ferdinand-Jühlke-Straße 7
99095 Erfurt, Deutschland
produktsicherheit@kolibri360.de